国家“十三五”重点图书出版规划项目
“江苏省新型建筑工业化协同创新中心”经费资助
新型建筑工业化丛书 · 吴刚　王景全　主编
国家出版基金资助项目
装配式混凝土建筑技术基础理论丛书 · 吴刚　主编

装配整体式混凝土结构

吴　刚　冯　健　刘　明　王春林　著

东南大学出版社
SOUTHEAST UNIVERSITY PRESS
· 南京 ·

内 容 提 要

本书基于当前装配式混凝土结构理论和实践背景，梳理和汇总了以东南大学为主的一批高校在装配整体式混凝土结构方面的研究成果，从国内外规范标准总结入手，分别阐述了预制预应力混凝土装配整体式框架、无支撑装配整体式混凝土框架、节点外拼接装配式混凝土框架和预制混凝土装配整体式剪力墙结构等新形式，探讨了大直径配筋、集束配筋以及应用高性能混凝土连接等新技术，同时也对装配式混凝土结构耐久性和全寿命进行了多层次研究。

本书的研究成果可推动建筑工业化基础理论与技术的发展，加速提升我国建筑工业化科技创新能力，与同期出版的专著《新型装配式混凝土结构》互为补充，可作为我国装配式混凝土结构研发、设计、施工等行业人员的参考用书。

图书在版编目(CIP)数据

装配整体式混凝土结构/吴刚等著. —南京：东南大学出版社，2020.12

(新型建筑工业化丛书/吴刚，王景全主编. 装配式混凝土建筑技术基础理论丛书)

ISBN 978-7-5641-9258-7

Ⅰ. ①装… Ⅱ. ①吴… Ⅲ. ①装配式混凝土结构 Ⅳ. ①TU37

中国版本图书馆 CIP 数据核字(2020)第 244416 号

装配整体式混凝土结构

Zhuangpei Zhengtishi Hunningtu Jiegou

著　者 吴　刚　冯　健　刘　明　王春林

出版发行 东南大学出版社
社　　址 南京市四牌楼 2 号　邮编：210096
出 版 人 江建中
责任编辑 丁　丁
编辑邮箱 d.d.00@163.com
网　　址 http://www.seupress.com
电子邮箱 press@seupress.com
经　　销 全国各地新华书店
印　　刷 江阴金马印刷有限公司
版　　次 2020 年 12 月第 1 版
印　　次 2020 年 12 月第 1 次印刷
开　　本 787 mm×1 092 mm　1/16
印　　张 17
字　　数 368 千
书　　号 ISBN　978-7-5641-9258-7
定　　价 128.00 元

本社图书若有印装质量问题，请直接与营销部联系。电话(传真)：025-83791830

序

改革开放近四十年来，随着我国城市化进程的发展和新型城镇化的推进，我国建筑业在技术进步和建设规模方面取得了举世瞩目的成就，已成为我国国民经济的支柱产业之一，总产值占GDP的20%以上。然而，传统建筑业模式存在资源与能源消耗大、环境污染严重、产业技术落后、人力密集等诸多问题，无法适应绿色、低碳的可持续发展需求。与之相比，建筑工业化是以采用标准化设计、工厂化生产、装配化施工、一体化装修和信息化管理为主要特征的生产方式，并在设计、生产、施工、管理等环节形成完整有机的产业链，实现房屋建造全过程的工业化、集约化和社会化，从而提高建筑工程质量和效益，实现节能减排与资源节约，是目前实现建筑业转型升级的重要途径。

"十二五"以来，建筑工业化得到了党中央、国务院的高度重视。2011年国务院颁发《建筑业发展"十二五"规划》，明确提出"积极推进建筑工业化"；2014年3月，中共中央、国务院印发《国家新型城镇化规划(2014—2020年)》，明确提出"绿色建筑比例大幅提高""强力推进建筑工业化"的要求；2015年11月，中国工程建设项目管理发展大会上提出的《建筑产业现代化发展纲要》中提出，"到2020年，装配式建筑占新建建筑的比例20%以上，到2025年，装配式建筑占新建建筑的比例50%以上"；2016年8月，国务院印发《"十三五"国家科技创新规划》，明确提出了加强绿色建筑及装配式建筑等规划设计的研究；2016年9月召开的国务院常务会议决定大力发展装配式建筑，推动产业结构调整升级。"十三五"期间，我国正处在生态文明建设、新型城镇化和"一带一路"倡议实施的关键时期，大力发展建筑工业化，对于转变城镇建设模式，推进建筑领域节能减排，提升城镇人居环境品质，加快建筑业产业升级，具有十分重要的意义和作用。

在此背景下，国内以东南大学为代表的一批高校、科研机构和业内骨干企业积极响应，成立了一系列组织机构，以推动我国建筑工业化的发展，如依托东南大学组建的新型建筑工业化协同创新中心、依托中国电子工程设计院组建的中国建筑学会工业化建筑学术委员会、依托中国建筑科学研究院组建的建筑工业化产业技术创新战略联盟等。与此同时，"十二五"国家科技支撑计划、"十三五"国家重点研发计划、国家自然科学基金等，对建筑工业化基础理论、关键技术、示范应用等相关研究都给予了有力资助。在各方面的支持下，我国建筑工业化的研究聚焦于绿色建筑设计理念、新型建材、结构体系、施工与信息化管理等方面，取得了系列创新成果，并在国家重点工程建设中发挥了重要作用。将这些成果进行总结，并出版"新型建筑工业化丛书"，将有力推动建筑工业化基础理论与技术的发展，促进建筑工业化的推广应用，同时为更深层次的建筑工业化技术标准体系的研究奠定坚实的基础。

“新型建筑工业化丛书”应该是国内第一套系统阐述我国建筑工业化的历史、现状、理论、技术、应用、维护等内容的系列专著，涉及的内容非常广泛。该套丛书的出版将有助于我国建筑工业化科技创新能力的加速提升，进而推动建筑工业化新技术、新材料、新产品的应用，实现绿色建筑及建筑工业化的理念、技术和产业升级。

是以为序。

清华大学教授
中国工程院院士

2017 年 5 月 22 日于清华园

丛书前言

建筑工业化源于欧洲，为解决战后重建劳动力匮乏的问题，通过推行建筑设计和构配件生产标准化、现场施工装配化的新型建造生产方式来提高劳动生产率，保障了战后住房的供应。从20世纪50年代起，我国就开始推广标准化、工业化、机械化的预制构件和装配式建筑。70年代末从东欧引入装配式大板住宅体系后全国发展了数万家预制构件厂，大量预制构件被标准化、图集化。但是受到当时设计水平、产品工艺与施工条件等的限定，装配式建筑遭遇较严重的抗震安全问题，而低成本劳动力的耦合作用使得装配式建筑应用减少，80年代后期开始进入停滞期。近几年来，我国建筑业发展全面进行结构调整和转型升级，在国家和地方政府大力提倡节能减排政策引领下，建筑业开始向绿色、工业化、信息化等方向发展，以发展装配式建筑为重点的建筑工业化又得到重视和兴起。

新一轮的建筑工业化与传统的建筑工业化相比又有了更多的内涵，在建筑结构设计、生产方式、施工技术和管理等方面有了巨大的进步，尤其是运用信息技术和可持续发展理念来实现建筑全生命周期的工业化，称为新型建筑工业化。新型建筑工业化的基本特征主要有设计标准化、生产工厂化、施工装配化、装修一体化、管理信息化五个方面。新型建筑工业化可以最大限度节约建筑建造和使用过程的资源、能源，提高建筑工程质量和效益，并实现建筑与环境的和谐发展。在可持续发展和发展绿色建筑的背景下，新型建筑工业化已经成为我国建筑业发展方向的必然选择。

自党的十八大提出要发展“新型工业化、信息化、城镇化、农业现代化”以来，国家多次密集出台推进建筑工业化的政策要求。特别是2016年2月6日，中共中央、国务院印发《关于进一步加强城市规划建设管理工作的若干意见》，强调要“发展新型建造方式，大力推广装配式建筑，加大政策支持力度，力争用10年左右时间，使装配式建筑占新建建筑的比例达到30%”；2016年3月17日正式发布的《国家“十三五”规划纲要》，也将“提高建筑技术水平、安全标准和工程质量，推广装配式建筑和钢结构建筑”列为发展方向。在中央明确要发展装配式建筑、推动新型建筑工业化的号召下，新型建筑工业化受到社会各界的高度关注，全国20多个省市陆续出台了支持政策，推进示范基地和试点工程建设。科技部设立了“绿色建筑与建筑工业化”重点专项，全国范围内也由高校、科研院所、设计院、房地产开发和部构件生产企业等合作成立了建筑工业化相关的创新战略联盟、学术委员会，召开各类学术研讨会、培训会等。住建部等部门发布了《装配式混凝土建筑技术标准》《装配式钢结构建筑技术标准》《装配式木结构建筑技术标准》等一批规范标准，积极推动了我国建筑工业化的进一步发展。

东南大学是国内最早从事新型建筑工业化科学研究的高校之一，研究工作大致经历了三个阶段。第一个阶段是海外引进、消化吸收再创新阶段。早在20世纪末，吕志涛院士敏锐地捕捉到建筑工业化是建筑产业发展的必然趋势，与冯健教授、郭正兴教授、孟少平教授等共同努力，与南京大地集团等合作，引入法国的世构体系；与台湾润泰集团等合作，引入润泰预制结构体系。历经十余年的持续研究和创新应用，完成了我国首部技术规程和行业标准，成果支撑了全国多座标志性工程的建设，应用面积超过500万m^2。第二个阶段是构建平台、协同创新。2012年11月，东南大学联合同济大学、清华大学、浙江大学、湖南大学等高校以及中建总公司、中国建筑科学研究院等行业领军企业组建了国内首个新型建筑工业化协同创新中心，2014年入选江苏省协同创新中心，2015年获批江苏省建筑产业现代化示范基地，2016年获批江苏省工业化建筑与桥梁工程实验室。在这些平台上，东南大学一大批教授与行业同仁共同努力，取得了一系列创新性的成果，支撑了我国新型建筑工业化的快速发展。第三个阶段是自2017年开始，以东南大学与南京市江宁区政府共同建设的新型建筑工业化创新示范特区载体(第一期面积5 000 m^2)的全面建成为标志和支撑，将快速推动东南大学校内多个学科深度交叉，加快与其他单位高效合作和联合攻关，助力科技成果的良好示范和规模化推广，为我国新型建筑工业化发展做出更大的贡献。

然而，我国在大规模推进新型建筑工业化的过程中，技术和人才储备都严重不足，管理和工程经验也相对匮乏，亟须一套专著来系统介绍最新技术，推进新型建筑工业化的普及和推广。东南大学出版社出版的“新型建筑工业化丛书”正是顺应这一迫切需求而出版，是国内第一套专门针对新型建筑工业化的丛书。丛书由十多本专著组成，涉及建筑工业化相关的政策、设计、施工、运维等各个方面。丛书编著者主要是来自东南大学的教授，以及国内部分高校科研单位一线的专家和技术骨干，就新型建筑工业化的具体领域提出新思路、新理论和新方法来尝试解决我国建筑工业化发展中的实际问题，著者资历和学术背景的多样性直接体现为丛书具有较高的应用价值和学术水准。由于时间仓促、编著者学识水平有限，丛书中疏漏和错误之处在所难免，欢迎广大读者提出宝贵意见。

丛书主编　吴　刚　王景全

前　言

我国基本建设规模持续扩大，每年建设总量超过世界其他各国之和。然而，目前传统的建造方式存在劳动强度大、资源能耗高、环境污染严重、建造模式落后等缺点。为促进我国建筑业的结构调整和转型升级，自2011年以来我国明确提出了“积极推进建筑工业化”等一系列发展战略，以“绿色、工业化、信息化”为发展方向的新型建筑工业化得到重视和兴起。

装配式建筑是实现建筑工业化的途径之一，其采用工业化生产、装配化施工，顺应了国家建筑行业由粗放到精细的转型。目前，我国装配式混凝土结构形式主要以“等同现浇”装配整体式混凝土结构为主。所谓“等同现浇”是指装配式结构的设计与建造均以达到现浇结构的性能为目标，而设计方法主要沿用现浇结构。由于各国规范体系相差较大，我国对节点和构件研究尚不完善，高烈度区的应用限制严格，全寿命期设计近乎空白。此外，由于国外没有重大需求，近10年国外研究少，没有机会融入新材料、新技术和新方法，而我国的重大需求给了我们在装配整体式混凝土结构体系方面争创国际领先水平的机会。

面对当前装配式混凝土结构的技术现状，在国家重点研发计划“装配式混凝土工业化建筑技术基础理论”项目(2016YFC0701400)的资助下，以东南大学为主的一批高校展开了深入研究。本书则对上述的研究成果进行了梳理和汇总，从国内外“等同现浇”规范标准总结入手，研发了预制预应力混凝土装配整体式框架、无支撑装配整体式混凝土框架、节点外拼接装配式混凝土框架和预制混凝土装配整体式剪力墙结构等新形式，探讨了大直径配筋、集束配筋以及应用高性能混凝土连接等新技术，同时也对装配式混凝土结构耐久性和全寿命分析进行了多层次研究。该方面的研究成果可以推动建筑工业化基础理论与技术的发展，加速提升我国建筑工业化科技创新能力。本书层次清晰，内容丰富，可作为我国装配式混凝土结构研发、设计、施工等行业人员的参考用书。

本书共分10章，主要内容包括：第1章绪论，从装配整体式混凝土框架和剪力墙两方面简述了装配式结构国内外现状，突出了不同装配式连接的差异；第2章装配整体式混凝土结构受力性能与设计规定，简述了装配整体式结构的受力特点，并介绍了国内外装配整体式混凝土结构相关技术标准；第3章预制预应力混凝土装配整体式框架结构，阐述了预制框架柱与基础的连接和预制框架梁柱节点连接性能；第4章无支撑装配式混凝土框架结构，介绍了施工简便的无支撑装配整体式框架特点、性能和设计方法；第5章节点外拼接装配式混凝土框架结构，介绍了一种新型塑性铰区外接装配整体式框架，并通过试验和数值模拟确认其性能；第6章预制混凝土装配整体式剪力墙结构，其连接特点是下部墙体的竖向钢筋分组集束深入上部预制墙体的预留孔洞，通过试验研究了其受力性能，并介绍其工程应用；第7章装配式混凝土构件高效连接，探讨了适用于装配式构件连接的大直径高强灌浆套筒连接及约束浆锚连接等高效连接方式；第8章装配式框架节点高性能混凝土连接，通过应用低收缩ECC材料于节点域和塑性铰区来提升装配式框架节点性能；第9章装配式混凝土结构耐久性研究，试验研究明确构件拼接界面对离子输运、钢筋锈蚀以及锈蚀后节点力学性能的影响，结合既有研究成果及可靠度理论，提出装配式混凝土结构耐久性设计方法；第10章装配式混凝土结构寿命预测与全寿命分析，针对装配式混凝土结构的时变性能，结合既有研究成果及可靠度理论，分析影响结构使用寿命的关键因素，并为全寿命分析维护方案设计提供定量依据。

本书的撰写由重点研发计划"装配式混凝土工业化建筑技术基础理论"项目组成员共同完成(东南大学吴刚、王春林：第1、4章；同济大学薛伟辰、胡翔：第2章；东南大学冯健：第3、6章；四川大学陈江、熊峰：第5章；沈阳建筑大学刘明、闫旭、陈昕等：第7章；清华大学丁然、樊健生：第8章；浙江大学赵羽习、夏晋和东南大学郭彤：第9章；浙江大学张大伟、金伟良：第10章)，全书由吴刚、王春林统稿。

本书力争将装配整体式混凝土结构体系的最新研究及实践成果呈现给广大读者，由于时间仓促，部分新技术仍处于发展和完善阶段，理论基础、工程实践和技术积累仍然不够，本书难免有疏漏和不足之处，敬请读者批评指正。

目　　录

第1章 绪论

1.1 装配式混凝土概述

不同于在施工现场浇筑的混凝土结构，装配式混凝土结构是指主要构件在工厂或施工现场周边临时建设场地生产，在施工现场借助机械化施工技术装配而成的结构体系[1]。装配式混凝土结构与技术已经具有100多年的发展历史，最早可追溯至1875年英国William Henry Lascell提出的预制混凝土墙板方案[2]，但直到20世纪后半叶，由于住房需求的增加、大型起重设备的发展和自动化生产线的成熟等，装配式混凝土结构与技术才逐步具备了工业化的实施模式。如今，装配式混凝土结构已在房屋、桥梁和隧道等建筑工程领域被广泛应用。

装配式混凝土结构在近几十年能被广泛应用，主要是因为其具有以下三个方面的优势：

(1) 质量可控：相对现场浇筑混凝土，工厂生产通过管理技术能够提升混凝土构件的品质，同时结合较为精确的加工工艺，可生产出具有建筑表现力的预制混凝土构件，如各类外墙板等。

(2) 高效施工：装配式混凝土结构的一大独特优势是缩短生产建设工期。预制构件采用工厂生产，不再受现场条件的影响，结合科学高效的施工流程，可大幅度降低生产周期。此外，装配式混凝土结构的高效现场施工工艺也有效地加速建设周期。

(3) 降低造价：首先，预制混凝土构件工厂预制，可大幅度地提高模板的周转效率，降低模板成本；其次，工厂生产不再受自然环境条件的制约，很大程度上缩短混凝土产品的生产周期，降低生产成本；最后，工厂制品通常具备良好的质量和性能，往往减轻了混凝土结构后期维护成本。

1.2 装配式混凝土结构的研究现状

从建筑结构体系来分，装配式混凝土结构体系主要包括装配式混凝土框架、装配式混凝土框架一剪力墙结构和装配式剪力墙结构等[1]。从结构整体力学性能的差异性来分，装配式混凝土结构可分为“等同现浇”结构和“非等同现浇”结构两种类型。“等同现浇”结构是通过现浇混凝土将预制构件或预制构件与现浇构件连接在一起形成后浇整体式混凝土结构，以实现等同于现浇混凝土的节点性能，也称为“湿连接”或装配整体式混凝土结构。“非等同现浇”结构是无须现浇混凝土，预制构件通过张拉预应力筋压接、螺栓连接等方式，形成的具有自身规律和力学特性的装配式混凝土结构，也称为“干连接”或者“延性连接”装配式混凝土结构。本书的主要内容是针对于“等同现浇”装配整体式混凝土结构，因此下文国内外研究简述也会围绕“等同现浇”装配整体式混凝土框架和剪力墙结构。

1.2.1 装配式混凝土框架结构

装配式混凝土框架结构通常是指框架结构中梁、柱、楼板等主要受力部件部分或全部采用工厂预制，再进行现场连接形成整体的结构形式[3]。其中，梁、柱、楼板等的现场连接形式是影响装配式混凝土结构整体力学性能的关键因素，也是学者重点研究的对象。下文将按照节点连接形式的差异对工程中应用较为广泛的“等同现浇”混凝土框架结构的研究现状进行简单梳理。

1）带键槽连接的装配式混凝土框架体系

带键槽连接的装配式混凝土框架体系的一般形式如图 1-1 所示，其主要装配过程为：①架设预制柱；②将带 U 形槽的预制梁固定在下预制柱上；③在 U 形槽内附加贯穿梁柱节点的抗弯钢筋；④在节点和梁端 U 形槽内中浇筑混凝土，实现预制梁柱的连接。

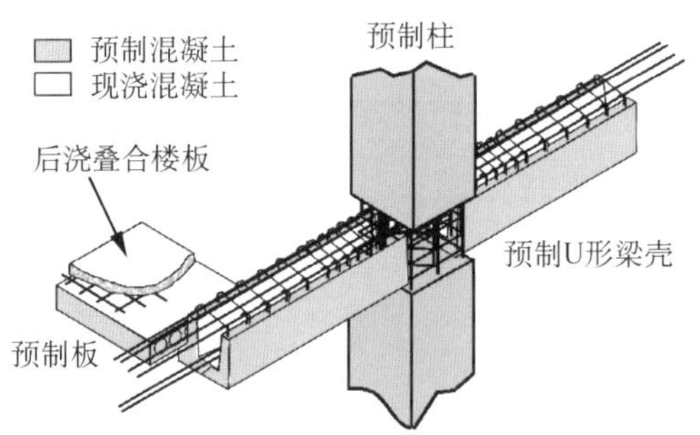

图 1-1 键槽式预制非预应力装配整体式体系

为探究梁端配筋率、预制梁梁端搁置长度以及梁端设置角钢对该类梁柱节点性能的影响，Im 等人[4]开展了 6 个足尺十字形中节点的拟静力试验研究。试验结果表明，由于节点核心区的钢筋存在黏结滑移且对角斜裂缝显著开展，该种节点形式在刚度和耗能能力上相对于现浇构件略有不足。为减少这些不良影响，梁端部 U 形槽的厚度应尽可能减小，增加梁端抗弯能力并减少节点剪力。此外，梁端部可采用附加墩头钢筋（如图 1-2 所示）等加固方法进行处理以达到与传统钢筋混凝土连接相同的结构性能。随后，Parastesh 等人[5]面向高烈度区域，提出了如图 1-3 所示的新型键槽式连接构造。新型键槽式连接的梁底筋和附加钢筋在端部均呈弯钩形状，两者在

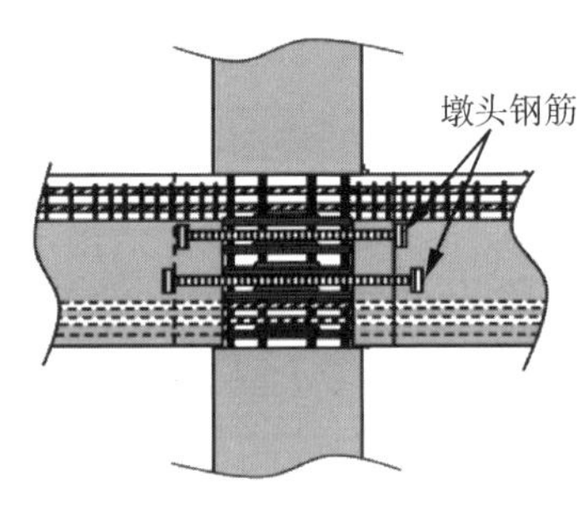

图 1-2 梁端部附加墩头钢筋加固方法[4]

梁端U形键槽内通过后浇混凝土进行搭接；为增强U形键槽在施工荷载作用下的抗剪能力，键槽侧壁内增设交叉钢筋。6个节点试件的低周反复加载试验表明，该种节点具有良好的强度、延性和耗能能力；节点弯曲裂缝主要集中在梁端塑性铰区，符合“强柱弱梁”抗震设计原则；节点核心区布置的交叉钢筋有效延迟角裂纹的发展，可以有效避免在强震作用下发生突然破坏。

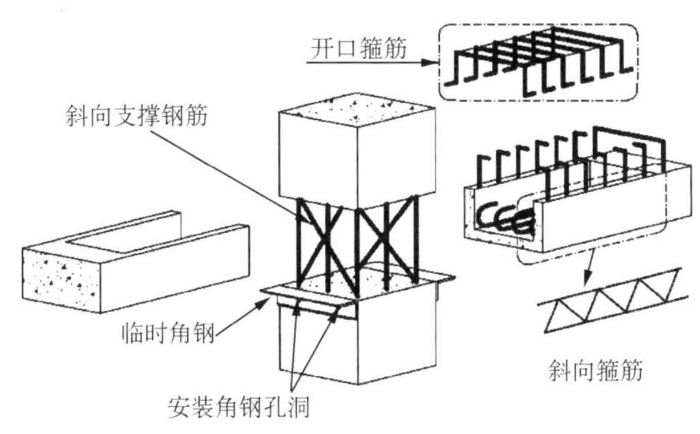

图1-3　改进键槽式预制非预应力装配节点[5]

对于带键槽连接的装配式混凝土框架来说，预制梁在预制柱上的搁置长度会降低现浇混凝土节点中梁纵向钢筋的连接长度和有效剪切面积。为解决这一问题，Eom等人[6]根据梁端带U形键槽的装配整体式梁柱节点的构造特点，通过改变键槽内附加钢筋构造和配筋量，提出了三种转移塑性铰的新型装配整体式梁柱节点（如图1-4所示）。基于

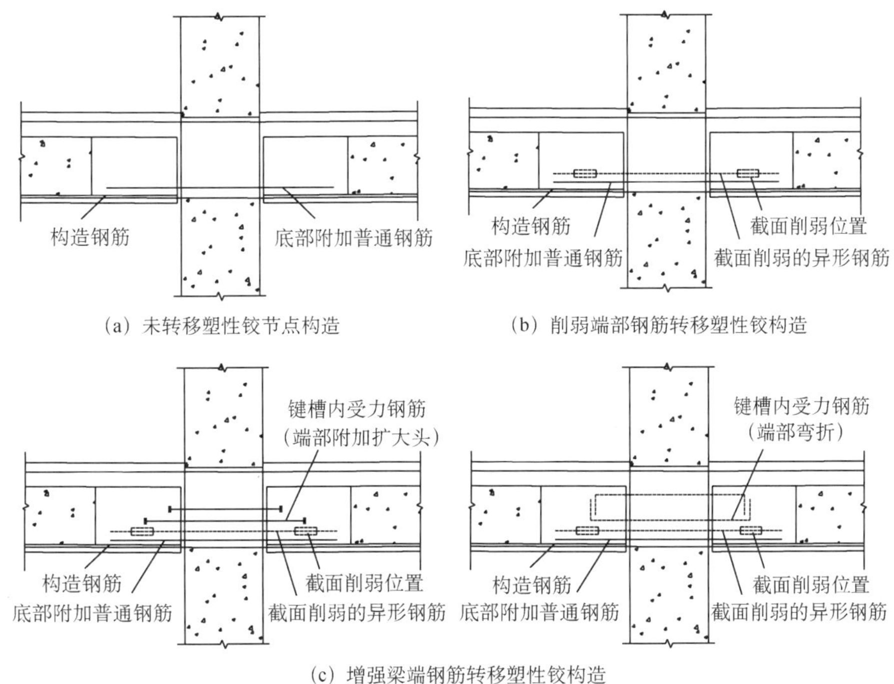

图1-4　转移塑性铰的新型装配整体式梁柱节点[6]

5个足尺的梁柱节点开展了低周往复试验，试验分析结果表明，转移塑形铰的方式可有效避免节点的剪切破坏和梁端的钢筋滑移，同时增强节点的耗能能力。

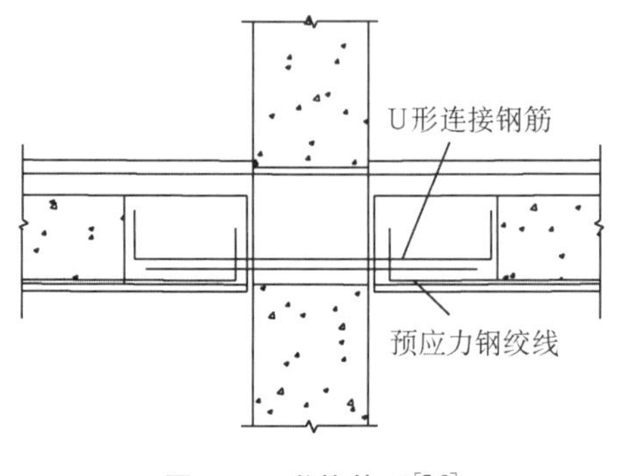

图 1-5 世构体系[7-8]

关于带键槽连接的装配式混凝土框架体系，近年来国内学者同样开展了大量研究工作。东南大学冯健等针对键槽式预制预应力装配式框架体系（世构体系）的抗震性能开展了试验研究。如图 1-5 所示，世构体系节点区设置了暗置齿槽和 U 形钢筋，预制梁端的预应力筋在主梁塑性铰区实现搭接连接，其通过后浇混凝土将预制或现浇钢筋混凝土柱，预制预应力叠合梁，以及键槽式梁柱节点联成整体，形成框架体系。试验研究结果表明，基于“强柱弱梁、强剪弱弯、强节点弱构件”等抗震理念进行设计，混凝土的开裂以及压碎主要集中于键槽部位，世构体系能够达到相应的抗震要求；槽中的 U 形钢筋的施工质量对节点的耗能能力、延性和破坏模式至关重要。东南大学郭正兴等[9-10]在世构体系基础上，提出了如图 1-6 所示的三种钢绞线锚入式装配式混凝土框架节点。与世构体系相比，钢绞线锚入式预制框架节点键槽内的箍筋布置进一步加密，预应力钢筋锚固在梁柱节点区或另一跨的键槽区内。低周反复试验表明，与现浇节点相比，钢绞线锚入式预制框架节点的强度、刚度、耗能能力均有所提高。

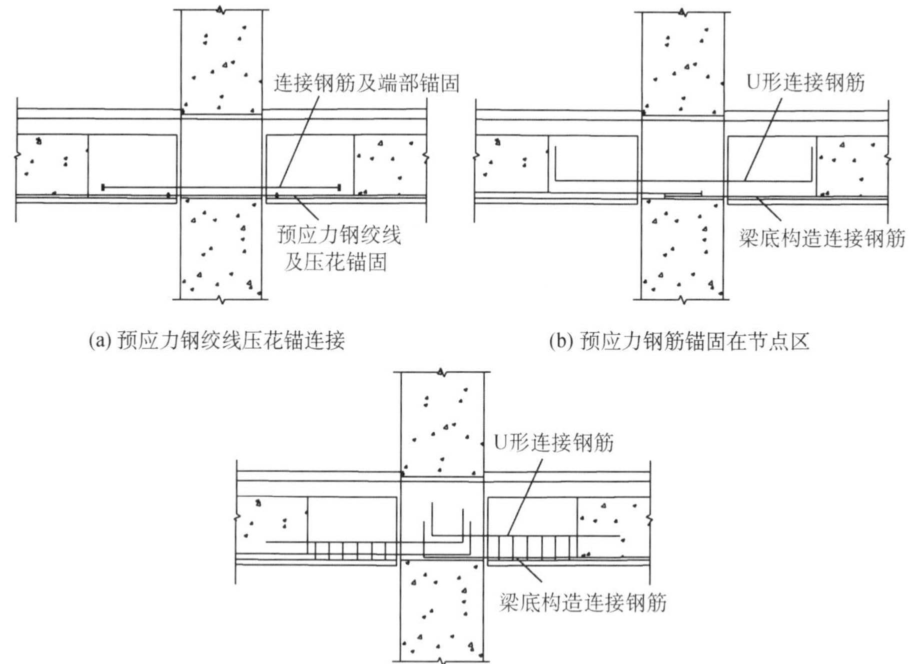

图 1-6 钢绞线锚入式装配式混凝土框架节点[9-10]

2）不带键槽的装配式混凝土框架体系

不带键槽的后浇混凝土装配式框架体系种类相对较为丰富，根据其后浇位置的不同可大致分为三种形式：(1)“节点现浇”连接的一般形式如图 1-7(a)所示，预制柱端通常预留与梁高相当的间隙，上下层柱钢筋在柱端间隙内采用套筒、型钢、焊接等方式进行连接，预制梁端钢筋深入在柱端间隙内，后浇混凝土形成整体；(2)“节点预制”连接的一般形式如图 1-7(b)和图 1-7(c)所示，节点核心区域在工厂预制，通过后浇梁端或梁跨中混凝土连接成整体；(3)“节点叠合”连接的一般形式如图 1-7(d)和图 1-7(e)所示，预制柱端预留的间隙值通常小于预制梁高，节点核心区由预制部分和现浇部分叠合而成。

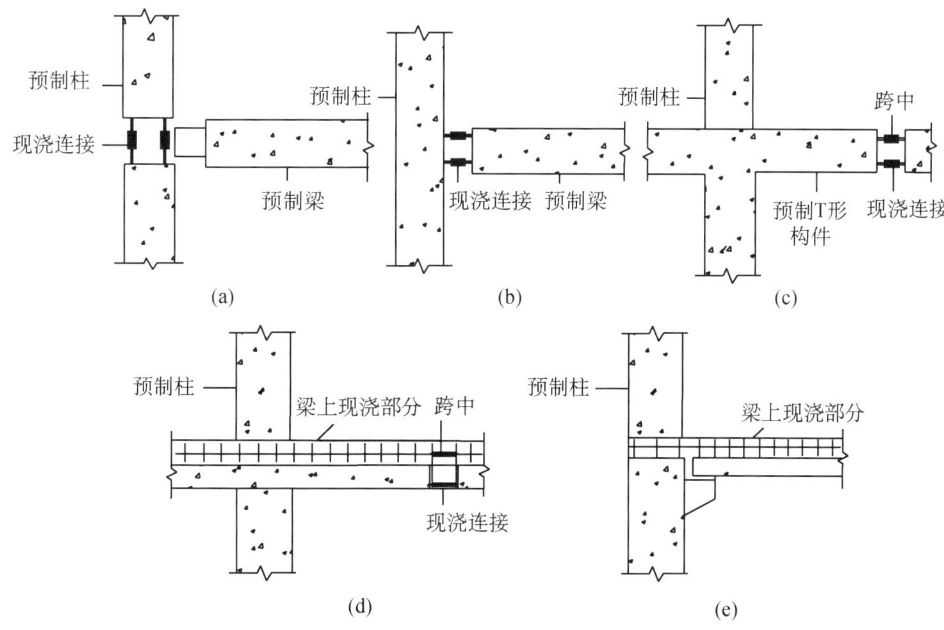

图 1-7　不带键槽的后浇混凝土装配式框架体系[1]

Alcocer 等人[11]针对“节点现浇”装配式混凝土框架节点开展单向和双向低周反复试验。两组试件均是按强柱弱梁设计的，图 1-8(a)中试件的预制梁下部采用钢绞线环扣锚固的方式实现梁下部钢筋的连续性，不同方向的预制梁钢绞线环扣相互重叠，且重叠区域插入一个根销栓钢筋增强锚固性能；图 1-8(b)中试件的预制梁伸出下部钢筋呈弯钩形式直接锚固在节点区，不同预制梁的锚固钢筋相互不交叉，增设一个环箍套住弯钩实现梁下部钢筋的连续性。试验结果表明，两组试件的构造均能保证节点设计所需的强度、刚度和变形需求，但在相对较窄的节点核心区内需要安装多个钢筋，生产制造较为复杂。

土耳其学者 Ertas 等人[12]针对“节点现浇”和“节点预制”两种装配形式的框架体系开展了试验研究，两组试件如图 1-9 所示。试验结果表明，两组试件均具有与现浇试件相当的刚度、强度和耗能能力，且均适用于高烈度抗震区域。

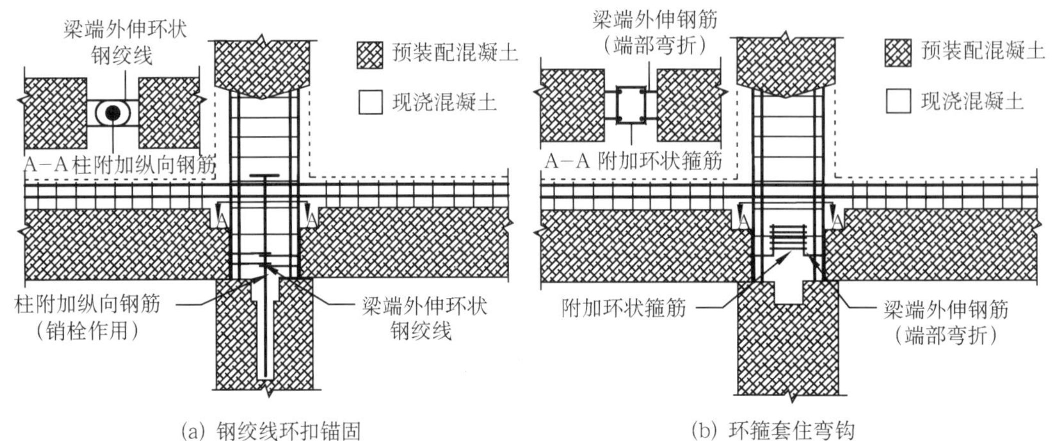

(a) 钢绞线环扣锚固　　(b) 环箍套住弯钩

图 1-8　Alcocer 等人[11]提出的“节点现浇”装配式混凝土框架节点

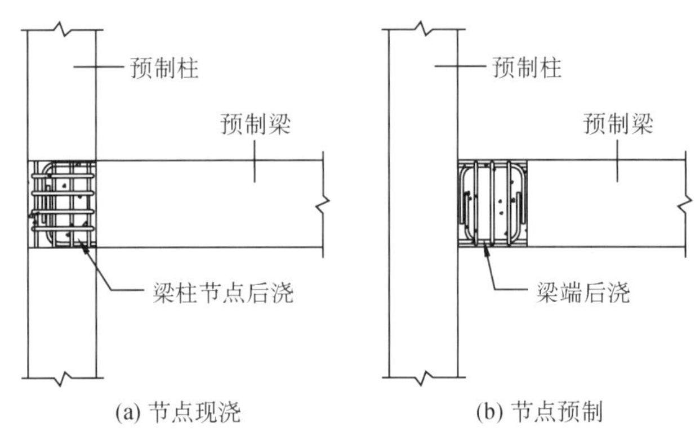

(a) 节点现浇　　(b) 节点预制

图 1-9　Ertas 等人[12]提出的装配节点形式

Yuksel 等人[13]针对主要用于工业建筑的“节点叠合”的后浇混凝土装配式框架体系，开展了足尺边节点试验研究。“节点叠合”连接形式如图 1-10 所示，上下层预制柱纵向钢筋是连续的，在楼板位置处预留有与板厚相当的间隙；预制梁与预制牛腿顶部的钢板进行焊接，且梁端叠合部位附加有伸入柱间隙的钢筋。试验结果表明，“节点叠合”连接节点均具有稳定的滞回性能；在加载位移角在 2%以下时，其表现出良好的耗能能力，但当位移角超过 3%时，试件的叠合节点区发生破坏，滞回曲线呈现出明显的捏缩效应。

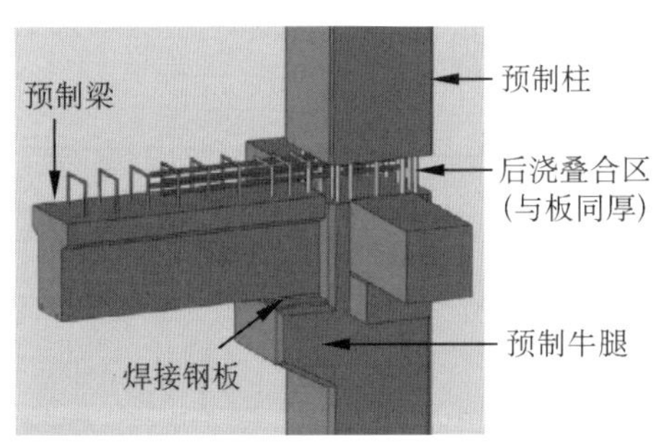

图 1-10　用于工业建筑的“节点叠合”的后浇混凝土装配式框架体系[13]

3) 其他装配式混凝土框架体系

与前两类装配式混凝土框架体系相比，其他类的不同之处主要体现在材料和构造两个方面。在材料方面应用特殊材料，如高耐腐蚀能力的 FRP 筋、高延性的 ECC 混凝土以及新兴的再生混凝土等;在构造方面引入特殊构造,如节点区布设高强钢筋、型钢等构造形式。

为增强梁柱节点区的耗能能力和避免节点区域配筋过于密集,Vasconez 等人[14]采用纤维混凝土后浇装配式框架节点并开展了反复加载试验,纤维混凝土类型有两种:钢纤维混凝土和聚乙烯醇纤维混凝土。试验结果表明,纤维混凝土作为后浇材料可有效改善节点的抗震性能,且钢纤维混凝土的增强作用较聚乙烯醇纤维混凝土更为有效;与采用普通混凝土的后浇节点相比,节点的强度、耗能和变形能力分别增强了 30%、350%和 65%。章文纲等人[15]为简化框架节点连接构造,针对装配式钢筋混凝土齿槽式节点开展了试验研究。该种后浇节点的主要特点是利用梁柱接头处后浇混凝土齿槽来实现梁端剪力的传递。试验结果表明,采用钢纤维混凝土后浇梁柱齿槽,可有效增强齿槽的抗剪强度,减少节点区的裂缝宽度,进而改善节点的抗震性能。Choi 等人[16]提出通过在节点区采用钢连接件和后浇 ECC 混凝土的方式连接预制梁柱的新型节点,如图 1-11 所示。该种混合连接节点有效避免了节点处交叉钢筋之间的相互干扰,改善了节点区装配的可操作性;且预制梁上的下部钢筋不伸出梁端,便于工厂生产和构件运输。为探究该种混合连接节点的抗震性能,Choi 等人开展了 5 个 1/2 缩尺节点的试验研究。研究发现,该种新型连接节点均表现出弯曲破坏形式;钢连接器和后浇混凝土可有效地传递荷载,改善塑性铰区的延性,整体上表现出良好的抗震性能。

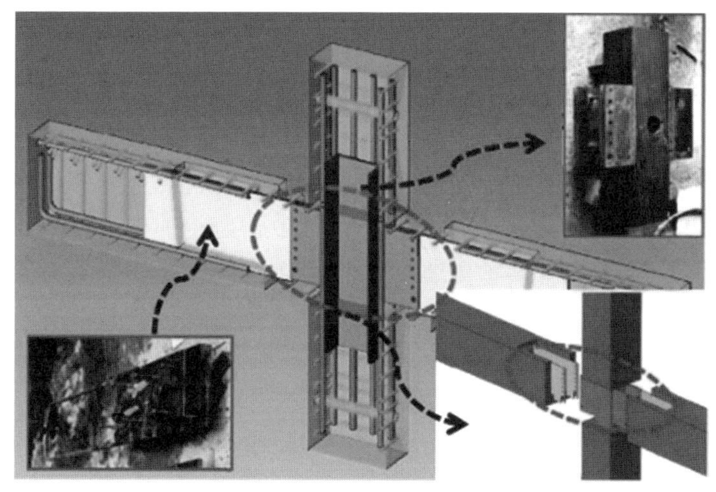

图 1-11 Choi 等人[16]提出的型钢后浇 ECC 梁柱节点

传统建筑材料的生产与使用往往伴随着资源的过度消耗和环境的污染,其中混凝土的占比十分巨大。为探究建筑废弃混凝土的循环应用,肖建庄等人[17-18]针对预制再生混凝土框架开展了振动台试验研究,试验试件为 6 层 1/4 缩尺且再生粗骨料取代率为 100%的预制再生混凝土框架,其中预制框架梁-柱节点为如图 1-9 所示的“节点现浇”连接节点。试验结果表明,预制再生混凝土框架结构整体上具有良好的抗震性能;但在弹塑性阶段后期,由于梁柱节点核心区产生严重的损伤,新老混凝土叠合面开展水平裂缝,使得预制再生混凝土框架结构的抗侧刚度显著下降。

在沿海等恶劣环境中，钢筋的锈蚀往往会成为结构发生严重损害的主导因素，为结构带来极大的安全隐患。为提升装配式框架结构的耐久性，延长结构的使用寿命，刘志威[19]提出采用 FRP 筋替代梁柱纵向钢筋的装配式框架节点，并针对图 1-7(e)所示的装配式框架节点开展了数值研究。研究结果表明，在配筋情况完全相同时（根数、截面面积），采用 FRP 筋替代梁柱纵向钢筋会降低框架节点的承载能力。

1.2.2 装配式混凝土剪力墙结构

装配式混凝土剪力墙结构也是预制混凝土结构的一种重要形式，它是先在工厂预制墙板，在施工现场将墙板组合而形成的抵抗侧力结构。预制混凝土剪力墙因具有抗侧刚度大、承载力高、结构空间规整等优势，是我国预制混凝土高层住宅常用的一种装配式结构形式，按照组合方式可以分为装配式实心剪力墙结构和装配式叠合剪力墙结构等。装配式叠合剪力墙结构包括单面叠合剪力墙结构和双面叠合剪力墙结构体系两类，是指预制墙板在现场拼装就位后，通过在预制墙板与模板之间，或者预制墙板之间后浇混凝土形成类似“三明治”形式的装配式叠合剪力墙结构，其组合方式相对固定，不同的产品局部构造细节略不相同，下一章将对其受力性能进行归纳，本章不再赘述。

装配式实心剪力墙结构是指预制墙板通过水平接缝和竖向拼缝连接而成，是目前国内外研究与应用最为广泛的预制混凝土剪力墙结构形式。其中，竖缝拼缝连接主要是后浇带连接，相邻预制墙试件之间预留现浇带，通过焊接、绑扎等方式连接水平钢筋，同时架立竖向钢筋，然后在现浇带两侧设置模板，连同楼板一起浇筑混凝土。

水平接缝在受力过程中易发生刚度突变与应力集中，所以水平接缝的连接特性是影响装配式实心剪力墙受力性能的关键因素之一，决定墙体抗震性能好坏与建筑物的安全可靠。按照水平接缝连接性能的差异性，装配式实心混凝土剪力墙可划分成“湿式连接”“混合连接”和“干法连接”装配式剪力墙。其中，“干法连接”装配式剪力墙结构将在同期出版的《新型装配式混凝土结构》中详细介绍，下文仅通过部分文献举例说明“湿式连接”和“混合连接”装配式实心剪力墙的研究思路。

1）“湿式连接”的装配式剪力墙结构

湿式连接指用混凝土或高强灌浆料现场灌注进行钢筋连接，根据连接方式可分为套筒灌浆连接、浆锚搭接（预留孔道浆锚搭接和金属波纹管浆锚搭接）和底部后浇带连接等。这种连接方法传力路径明确，水平接缝整体性较好，国内外研究和工程应用较多。

套筒灌浆连接是将连接钢筋插入内腔带沟槽的钢筋套筒内，然后向下部孔洞灌入专用高强浆料实现连接，常见的灌浆套筒连接如图 1-12 所示，设计合理的套筒灌浆连接具有力学性能好、适用性广、安装便捷等优点。

Soudki 等人[20]研究了 5 种水平接缝连接的装配式剪力墙，并进行了系列低周反复加载试验，连接方法包括套筒连接、预埋角钢焊接、钢管螺栓连接和后张预应力连接。结果对比表明采用套筒灌浆连接并在底部接缝界面设置剪力键的墙体抗震性能最好。钱稼茹

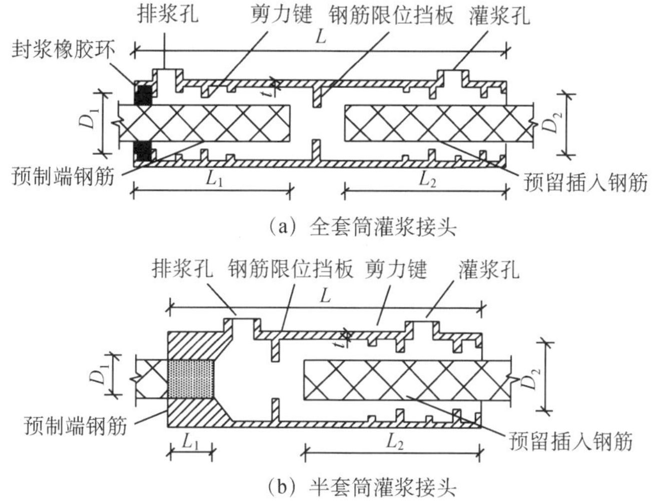

图1-12 套筒灌浆的两种接头形式

等人[21]对采用日本D-16套筒连接的装配式剪力墙进行拟静力试验。结果表明套筒浆锚连接能够有效传递竖向钢筋的应力,装配式墙试件破坏形态与现浇墙试件的破坏形态相同,为钢筋受拉屈服、混凝土受压破坏,建议在装配式墙底部套筒高度范围内配置箍筋,提高混凝土的受压变形能力和墙的变形能力。

浆锚搭接是指在预制混凝土剪力墙预留孔道插入需要搭接的钢筋,并注入水泥基灌浆料实现钢筋搭接连接的构造。目前工程上常用的浆锚搭接连接构造包括预留孔洞浆锚搭接和金属波纹管浆锚搭接[24],分别如图1-13和1-14所示。

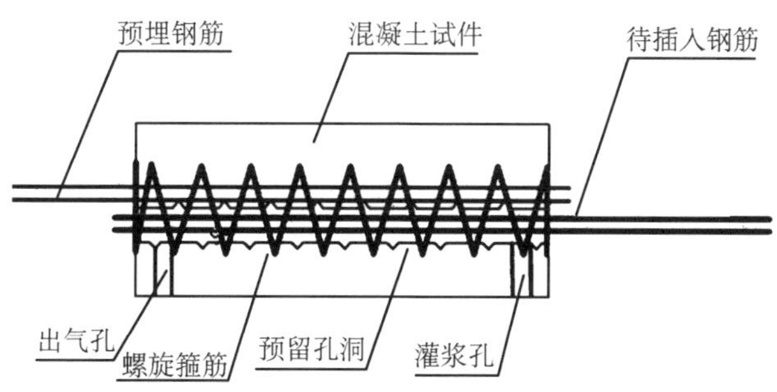

图1-13 预留孔洞浆锚搭接

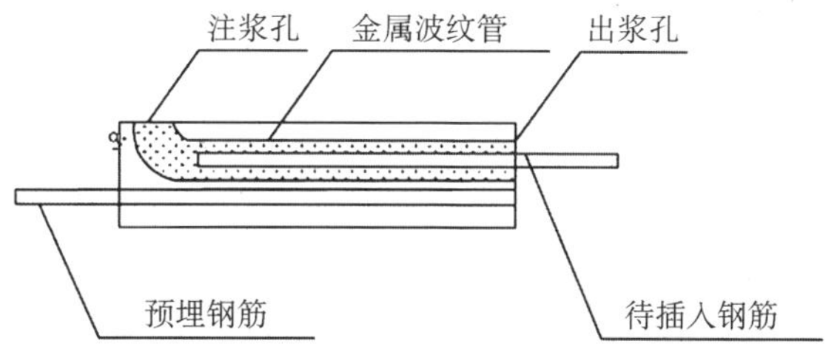

图1-14 金属波纹管浆锚搭接

预留孔洞浆锚搭接是由黑龙江宇辉集团在2008年提出的一种预制剪力墙竖向钢筋连接方式。如图1-13所示，在制作预制墙模板浇筑混凝土时，埋入螺纹钢管等，待混凝土凝结成型后抽出螺纹钢管，使预制剪力墙板预留有内壁为波纹状或螺旋状等内表面粗糙的孔洞，然后将连接钢筋插入孔洞内，通过孔洞相连通的灌浆口注入灌浆料使之形成整体。为了加强钢筋的搭接连接性能，在孔洞和预埋钢筋周边布置沿孔洞长度方向的螺旋筋来提高约束效果。为确定预留孔洞浆锚的合理搭接长度与锚固长度，姜洪斌等进行系列搭接和锚固试验。钢筋锚固试验结果表明，灌浆锚固试件的最终破坏状态都是外部钢筋屈服或被拉断，并且螺旋箍筋内部混凝土和灌浆料均未出现破坏，基本锚固长度具有较大的安全储备。通过搭接试验研究作者建议搭接长度取值1.0倍锚固长度[22-23]。

金属波纹管浆锚搭接于2008年由江苏中南集团引入我国。如图1-14所示，在预制剪力墙构件模板内预埋金属波纹管成孔，波纹管预埋钢筋紧贴并绑扎固定，波纹管在高处向模板外弯折至构件表面作为灌浆料灌注口，待钢筋伸入波纹管后，向管内灌注无收缩、高强度水泥基灌浆料。不连续钢筋通过灌浆料、金属波纹管及混凝土的相互连接与预埋钢筋形成搭接连接。陈云钢等人[24]通过系列拉拔试验研究了波纹管浆锚搭接的钢筋直径及锚固长度、混凝土强度和波纹管直径对连接效果的影响，试验结果表明所有试件都是钢筋拔断破坏，说明波纹管浆锚搭接可靠，并建议锚固长度为0.6倍规范计算的锚固长度。后期又对2个装配式墙体和1个现浇的剪力墙试件进行了拟静力对比试验[25]，其中预制墙体连接方式为波纹管浆锚连接。试验结果表明装配式内外墙试件抗震性能与现浇墙接近，预制墙的开裂较早，初期刚度低于现浇墙。

预留洞浆锚搭接在抽芯过程中可能会使预留孔洞坍塌，波纹管浆锚搭接中插入钢筋连接长度过长。针对上述两项问题，陈昕等[26]提出波纹管周边加螺旋箍筋约束的连接方式，并对这种连接方式的预制剪力墙进行低周反复加载试验，主要研究波纹管内钢筋搭接长度(0.7倍和0.9倍锚固长度)对装配式混凝土剪力墙的抗震性能影响。结果表明搭接长度为0.7倍锚固长度的墙体延性和耗能能力略优于0.9倍锚固长度的墙体，用波纹管成孔、螺旋箍筋约束的钢筋浆锚连接组合的钢筋竖向连接方式可以有效地减少搭接长度，同时成孔质量得以保证。

由于实际工程中套筒灌浆连接的套筒用量较大，导致装配式剪力墙造价提高。为了降低成本，在上下预制墙体之间预留出头封闭式U形钢筋，现场错位对扣形成环筋扣接，然后底部现浇。钱稼茹等人[27]对底部环筋对扣后浇带连接的装配式剪力墙试验结果表明，采用环筋扣接的预制墙，其环筋处的混凝土浇筑质量难以保证，易形成水平通缝，承载能力不稳定。余志武等人[28]对环筋扣接的装配式剪力墙的拟静力试验研究表明采用U形环筋扣接(套箍连接)的装配式剪力墙能获得与现浇剪力墙相当的承载能力及抗震性能。

刘家彬等人[29]提出一种将环筋扣接和波纹管灌浆连接组合的剪力墙水平接缝连接方式。如图1-15所示，上层预制墙底部两边缘处预设有竖向U形闭合钢筋，水平分布筋和箍筋，并与下层墙体U形闭合钢筋交叉形成环筋扣接，剪力墙中部竖向分布钢筋采用波纹管灌浆连接，其目的是期望环筋扣接处的混凝土具有多处约束作用，可以提高装配式剪力墙的延性和承载力。试验结果表明该组合连接中的环筋扣接可以有效传递轴向应力，其破坏模式与现浇墙区别在于预制墙加载初期水平拼缝会张开，开裂荷载低于现浇墙，综合抗震性能和现浇墙相当。

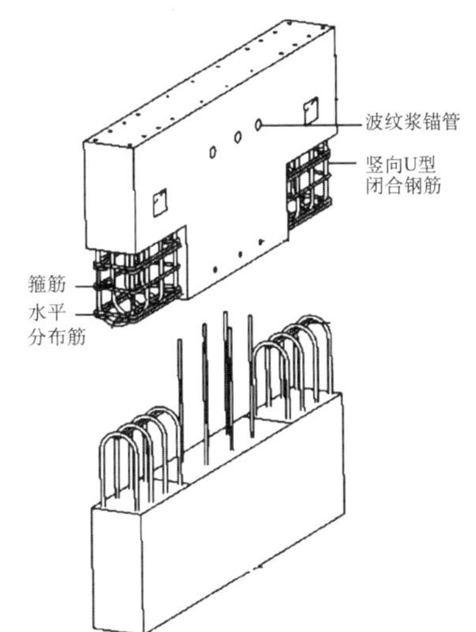

图 1-15　环筋扣接和灌浆连接组合水平连接[30]

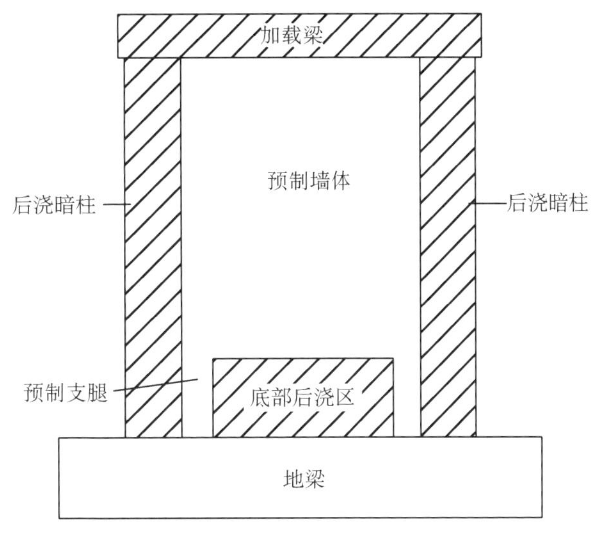

图 1-16　底部预留后浇墙预制墙体连接图[31]

李刚等人[31]提出底部局部后浇带的剪力墙水平接缝连接方式。如图 1-16 所示，在后浇带两侧较小的预制支腿范围内采用套筒灌浆连接，其余部分采用传统的搭接方法连接，其目的是减少灌浆套筒的使用数量，降低施工难度和建造成本，同时分布钢筋的连接质量易于检查和验收。拟静力试验结果表明：底部后浇区能有效传力，未发生剪切滑移，其破坏形态、裂缝分布模式、承载力、延性、刚度退化以及滞回特征等规律与现浇墙一致。

2）“混合连接”的装配式混凝土剪力墙结构

装配式剪力墙“湿式连接”具有整体性好、技术成熟、操作便捷的优点，但现场湿连接作业延缓了施工周期，并且部分湿连接技术的质量不易保证，且难以检测。钢筋螺栓连接、墙体的预应力压接等“干连接”方式具有施工周期短、连接质量可控等优点，同时也具有操作精度要求高等特点。“混合连接”的装配式混凝土剪力墙结构是把“湿式连接”和“干式连接”的方法进行组合，充分发挥二者优势，减少二者负面影响，从而进一步提高装配式剪力墙效益，同时确保其安全性能。

薛伟辰等人[32]开展了基于暗梁螺栓连接装配式剪力墙的抗震性能试验，剪力墙试件中间分布钢筋区域的剪力墙采用预制墙体，下墙体通过螺栓锚固在预制墙体底部的暗梁上，两端约束边缘构件区域采用后浇混凝土，形成了“混合连接”装配式剪力墙结构。试验结果表明该新型装配式剪力墙具有较高的抗弯、抗剪和接缝抗剪安全性，抗震性能总体上与现浇剪力墙接近。

薛伟辰等人[33]进一步研究了螺栓一套筒"混合连接"装配式剪力墙,其竖向分布钢筋采用单排螺栓连接,边缘构件竖向钢筋采用双排套筒灌浆连接。试验结果表明螺栓一套筒混合连接能够有效传递钢筋应力,混合连接预制剪力墙与全套筒灌浆连接预制剪力墙的抗震性能相近,且总体上好于相应的现浇剪力墙。

3) 其他装配式混凝土剪力墙结构

除了上述提及的装配式混凝土剪力墙外,其他类型装配式剪力墙的不同之处主要体现在材料和局部构造两个方面。如应用特殊材料,包括自密实混凝土、再生混凝土以及纤维增强混凝土等;在构造方面,墙体内部加保温板、组合型钢预制墙体等。例如,为解决叠合墙体由于振捣而引发墙体开裂、胀模等问题,叶燕华等人[34]对采用自密实混凝土(SCC)的叠合墙开展了拟静力试验,结果表明 SCC 浇筑的叠合剪力墙主要性能指标与普通混凝土浇筑叠合墙相似。

1.3 本书主要内容

为了适应我国装配式混凝土结构技术基础理论发展的需要,加快工业化建筑结构体系产业化步伐,基于装配式混凝土结构体系的已有研究成果,结合我国装配式混凝土结构建造过程中面临的新问题,进一步优化并研发装配式混凝土连接新技术,使得装配式结构性能优越,制作、运输、施工更为方便且工艺简单,同时为装配式结构工程设计、施工和标准规范修订提供科学依据。

针对现行"等同现浇"装配式混凝土结构节点连接和结构体系中存在的问题,东南大学牵头承担的国家重点研发计划"装配式混凝土工业化建筑技术基础理论(2016YFC0701400)"项目组对此开展了多层次研究。期待相关系列成果能推动建筑工业化基础理论与技术的发展,加速提升我国建筑工业化科技创新能力,促进装配式混凝土建筑技术的推广应用,实现绿色建筑及建筑工业化的理念、技术和产业升级。

本书是首次对上述研究成果进行系统地梳理和汇总以呈现给读者。全书共包括十章,包括绪论(第 1 章)、装配整体式混凝土结构受力性能与设计规定(第 2 章)、预制预应力混凝土装配整体式框架结构(第 3 章)、无支撑装配式混凝土框架结构(第 4 章)、节点外拼接装配式混凝土框架结构(第 5 章)、预制混凝土装配整体式剪力墙结构(第 6 章)、装配式混凝土构件高效连接(第 7 章)、装配式框架节点高性能混凝土连接(第 8 章)、装配式混凝土结构耐久性研究(第 9 章)和装配式混凝土结构寿命预测与全寿命分析(第 10 章),侧重结合新技术和新方法,提升现有装配整体式混凝土结构体系的性能,方便施工,同时也分析了相较于传统结构体系的优势。各章的重点内容如下:

第二章简述了装配整体式混凝土框架和剪力墙结构的受力特点,并进一步对比介绍了美国、欧洲、日本和新西兰等国家和地区装配整体式混凝土结构相关技术标准。

第三章介绍了一种预制预应力混凝土装配整体式框架,并通过柱基础连接和梁柱连接的低周反复试验评估了抗震性能,分析了预制柱纵筋配筋率和套筒部位配箍率,以及预制梁键槽长度的影响。

第四章介绍了一种无支撑装配整体式混凝土框架结构，由预应力中空楼板、带预制混凝土牛腿或钢牛腿的串烧柱、端部带键槽的预制梁等通过后浇混凝土叠合形成整体。给出了大尺寸梁柱中节点和边节点试验研究结果，表明该新型节点的延性和耗能满足结构性能要求。

第五章介绍了一种在节点外拼接装配式混凝土框架结构，通过拟静力试验研究了这种连接方案框架节点的力学性能，提出了基于能量的塑性铰长度计算方法，为该方案构件拆分提供了依据。

第六章介绍了一种采用集中约束搭接连接的装配整体式混凝土剪力墙结构，下部墙体的竖向钢筋分组集束深入上部预制墙体的预留孔洞中，其本质是多根钢筋间的间接搭接。试验表明该新型装配式剪力墙可以满足设计需求，并介绍了其工程示范应用。

第七章针对目前预制构件配筋复杂、安装效率低等问题，介绍了适用于装配式混凝土构件的大直径灌浆套筒连接、集束筋约束浆锚连接以及简化预埋波纹管成孔螺旋箍筋约束浆锚连接的三种高效连接方式及其相关试验结果。

第八章针对高烈度区装配式框架核心区配筋复杂等问题，采用低收缩纤维增强水泥基复合材料(ECC)现浇预制梁柱节点来提升节点连接性能，并提出了两种构造简单、易于施工的装配式混凝土框架高性能节点连接形式。

第九章针对氯盐侵蚀环境中的装配式混凝土结构拼缝，介绍了构件拼接界面对离子输运、钢筋锈蚀以及锈蚀后节点力学性能的影响，并建立了用于关键参数分析的数值模型，结合既有研究成果及可靠度理论，提出了装配式混凝土结构耐久性设计方法。

第十章针对装配式混凝土结构的时变性能，结合既有研究成果及可靠度理论，对其耐久性、适用性和安全性等多极限状态下的使用寿命进行了预测，分析了影响结构使用寿命的关键因素，并为全寿命分析维护方案设计提供了定量依据。

本书“点”“线”和“面”相结合，力争将装配整体式混凝土结构的最新研究及实践成果呈现给广大读者，以供广大师生及技术人员参考使用。

本章参考文献

[1] 吴刚，潘金龙. 装配式建筑[M]. 北京：中国建筑工业出版社，2018.

[2] 郭正兴，朱张峰，管东芝. 装配整体式混凝土结构研究与应用[M]. 南京：东南大学出版社，2018.

[3] 吴刚，冯德成. 装配式混凝土框架节点基本性能研究进展[J]. 建筑结构学报，2018，39(2)：1-16.

[4] Im H J，Park H G，Eom T S. Cyclic loading test for reinforced-concrete-emulated beam-column connection of precast concrete moment frame[J]. ACI Structural Journal，2013，110(1)：115-126.

[5] Parastesh H，Hajirasouliha I，Ramezani R. A new ductile moment-resisting connection

for precast concrete frames in seismic regions: An experimental investigation [J]. Engineering Structures, 2014, 70: 144-157.

[6] Eom T S, Park H G, Hwang H J, et al. Plastic hinge relocation methods for emulative PC beam-column connections [J]. Journal of Structural Engineering, 2016, 142 (2): 04015111

[7] 蔡建国，冯健，王赞，等. 预制预应力混凝土装配整体式框架抗震性能研究[J]. 中山大学学报(自然科学版)，2009，48(2)：136-140.

[8] 蔡建国，朱洪进，冯健，等. 世构体系框架中节点抗震性能试验研究[J]. 中南大学学报(自然科学版)，2012，43(5)：1894-1901.

[9] Guan D Z, Guo Z X, Xiao Q, et al. Experimental study of a new beam-to-column connection for precast concrete frames under reversal cyclic loading [J]. Advances in Structural Engineering, 2016, 19(3): 529-545.

[10] Guan D Z, Jiang C, Guo Z X, et al. Development and seismic behavior of precast concrete beam-to-column connections [J]. Journal of Earthquake Engineering, 2018, 22 (2): 234-256.

[11] Alcocer S M, Carranza R, Perez-Navarrete D, et al. Seismic tests of beam-to-column connections in a precast concrete frame[J]. PCI Journal, 2002, 47(3): 70-89.

[12] Ozturan T, Ozden S, Ertas O. Ductile connections in precast concrete moment resisting frames[J]. PCI Journal, 2006, 51 (3): 66-76.

[13] Yuksel E, Karadogan H F, Bal E, et al. Seismic behavior of two exterior beam-column connections made of normal-strength concrete developed for precast construction [J]. Engineering Structures, 2015, 99: 157-172.

[14] Vasconez R M, Naaman A E, Wight J K. Behavior of HPFRC connections for precast concrete frames under reversed cyclic loading[J]. PCI Journal, 1998, 43(6): 58-71.

[15] 章文纲，程铁生，迟维胜，等. 装配式框架钢纤维混凝土齿槽节点[J]. 建筑结构学报，1995，16(3)：52-58.

[16] Choi H K, Choi Y C, Choi C S. Development and testing of precast concrete beam-to-column connections[J]. Engineering Structures, 2013, 56: 1820-1835.

[17] 肖建庄，丁陶，王长青，范氏鸾. 现浇与预制再生混凝土框架结构抗震性能对比分析[J]. 东南大学学报(自然科学版)，2014，44(1)：194-198.

[18] 肖建庄，丁陶，范氏鸾，等. 预制再生混凝土框架模型模拟地震振动台试验[J]. 同济大学学报(自然科学版)，2014，42(2)：190-197.

[19] 刘志威. 装配式 FRP 筋混凝土节点研究[J]. 建材世界，2016,37(2):28-31.

[20] Soudki K A, Rizkalla S H, LeBlanc B. Horizontal connections for precast concrete shear walls subjected to cyclic deformations Part 1: mild steel connections [J]. PCI Journal, 1995, 40(3): 78-96.

[21] 钱稼茹，彭媛媛，张景明，等. 竖向钢筋套筒浆锚连接的预制剪力墙抗震性能试验[J].

建筑结构，2011(2)：1-6.

[22] 姜洪斌，张海顺，刘文清，等. 预制混凝土插入式预留孔灌浆钢筋搭接试验[J]. 哈尔滨工业大学学报，2011，43(10)：18-23.

[23] 姜洪斌，张海顺，刘文清，等. 预制混凝土结构插入式预留孔灌浆钢筋锚固性能[J]. 哈尔滨工业大学学报，2011，43(4)：28-31.

[24] 陈云钢，刘家彬，郭正兴，等. 预制混凝土结构波纹管浆锚钢筋锚固性能试验研究[J]. 建筑技术，2014，45(1)：65-67.

[25] 陈云钢，刘家彬，郭正兴，等. 装配式剪力墙水平拼缝钢筋浆锚搭接抗震性能试验[J]. 哈尔滨工业大学学报，2013，45(6)：83-89.

[26] 陈昕，刘明，姚大鹏，等. 考虑波纹管组合钢筋浆锚搭接长度的装配式剪力墙拟静力试验[J]. 大连理工大学学报，2016，56(6)：616-623.

[27] 钱稼茹，杨新科，秦珩，等. 竖向钢筋采用不同连接方法的预制钢筋混凝土剪力墙抗震性能试验[J]. 建筑结构学报，2011，32(6)：51-59.

[28] 余志武，彭晓丹，国巍，等. 装配式剪力墙U形套箍连接节点抗震性能[J]. 浙江大学学报(工学版)，2015，49(5)：975-984.

[29] 刘家彬，陈云钢，郭正兴，等. 装配式混凝土剪力墙水平拼缝U形闭合筋连接抗震性能试验研究[J]. 东南大学学报：自然科学版，2013，43(3)：565-570.

[30] 刘家彬，陈云钢，郭正兴，等. 预制混凝土结构U形闭合筋连接轴压试验[J]. 建筑技术，2014，45(1)：68-71.

[31] 李刚，黄小坤，刘瑄，等. 底部预留后浇区钢筋搭接的装配整体式剪力墙抗震性能试验研究[J]. 建筑结构学报，2016，37(5)：193-200.

[32] 薛伟辰，古徐莉，胡翔，等. 螺栓连接装配整体式混凝土剪力墙低周反复试验研究[J]. 土木工程学报，2014，47(S2)：221-226.

[33] 薛伟辰，褚明晓，刘亚男，等. 高轴压比下新型预制混凝土剪力墙抗震性能[J]. 哈尔滨工程大学学报，2018，39(03)：452-460.

[34] 叶燕华，孙锐，薛洲海，等. 预制墙板内现浇自密实混凝土叠合剪力墙抗震性能试验研究[J]. 建筑结构学报，2014，35(7)：138-144.

第2章 装配整体式混凝土结构受力性能与设计规定

2.1 引言

装配整体式混凝土结构是指主要的结构构件在工厂预制，再运输至现场后通过机械化方式安装就位，并经可靠连接后形成的混凝土结构。装配整体式混凝土结构起源于19世纪的欧洲。1875年，英国工程师 William H. Lascell 设计的预制混凝土墙板体系获得英国2151号发明专利，标志着装配整体式混凝土结构的出现[1]。与现浇混凝土结构相比，装配整体式混凝土结构具有施工速度快、节省现场支撑和模板、节约材料和人工、节能减排效果显著等特点[2-3]。当前，我国正在大力推进装配式建筑的发展，装配整体式混凝土结构是装配式建筑最主要的结构型式之一。

按照结构体系的不同，装配整体式混凝土结构主要包括装配整体式混凝土剪力墙结构体系和装配整体式混凝土框架结构体系两类。其中，装配整体式混凝土剪力墙结构体系(图2-1a)具有抗侧刚度大、承载力高、室内空间规整、建筑立面丰富等优势，在我国装配整体式混凝土高层住宅中应用最为广泛；装配整体式混凝土框架结构体系(图2-1b)室内空间布置灵活、外立面造型丰富生动，在公共建筑、居住建筑和工业建筑中应用广泛。本章首先系统总结国内外有关装配整体式混凝土剪力墙结构体系和框架结构体系及其抗震性能的研究进展。在此基础上，对国内外有关装配整体式混凝土结构的技术标准进行较为系统地梳理。

(a) 剪力墙结构体系

(b) 框架结构体系

图2-1 典型的装配整体式混凝土结构体系

2.2 装配整体式混凝土剪力墙结构受力性能

根据墙体构造的不同,将装配整体式混凝土剪力墙结构体系分为装配整体式实心剪力墙结构体系、叠合剪力墙结构体系和装配整体式夹心保温剪力墙结构体系三大类。其中,实心剪力墙结构体系又包含采用不同竖向连接构造的结构体系,叠合剪力墙体系包含单面叠合剪力墙结构体系和双面叠合剪力墙结构体系两类,而夹心保温剪力墙结构体系又可根据内外叶预制墙板之间的连接构造不同进一步分类。

基于国内外已有研究成果,文中对装配整体式混凝土剪力墙结构体系的研究进展进行综述。

2.2.1 实心剪力墙结构体系

装配整体式实心剪力墙结构体系是目前国内外应用最广泛的装配整体式混凝土剪力墙结构体系。水平接缝处上、下层装配整体式剪力墙的竖向连接构造是影响该结构体系受力性能的关键因素之一。目前,工程中常用的连接构造主要包括套筒灌浆连接、浆锚搭接连接、螺栓连接、套筒挤压连接和环筋扣合锚接等。

1) 套筒灌浆连接

套筒灌浆连接技术(Splice Sleeve)最早由美国工程师 Alfred A. Yee 发明,并首次应用于美国夏威夷檀香山的 38 层酒店建筑中[4]。套筒灌浆连接技术可实现钢筋的可靠连接,是目前装配整体式混凝土结构中实现钢筋等强连接的主要连接技术之一。

不同轴压比下低周反复荷载试验和拟动力试验结果[5-7]表明,对于装配整体式剪力墙的竖向钢筋,采用逐根套筒灌浆连接时,其承载力、延性、耗能和刚度退化等抗震性能指标与相应的现浇剪力墙接近(承载力相差在−5%~+8%之间,当轴压比为 0.2 和 0.4 时装配整体式剪力墙的延性系数分别在 7~8 和 2~3),可采用相同的方法进行结构设计。

为了简化竖向连接构造、提高施工效率、降低建造成本,钱稼茹等[8-10]和薛伟辰等[11]进一步提出了竖向钢筋采用单排套筒灌浆连接的构造方案,并开展了高、低轴压比下单片剪力墙和双肢剪力墙的低周反复荷载试验。试验结果表明:采用单排套筒灌浆连接竖向钢筋的装配整体式剪力墙具有良好的抗震性能,在承载力、延性、耗能和刚度退化等方面与相应的竖向钢筋采用逐跟套筒灌浆连接的装配整体式剪力墙以及现浇混凝土剪力墙接近。图 2-2 所示为典型的单排套筒灌浆连接剪力墙骨架曲线。

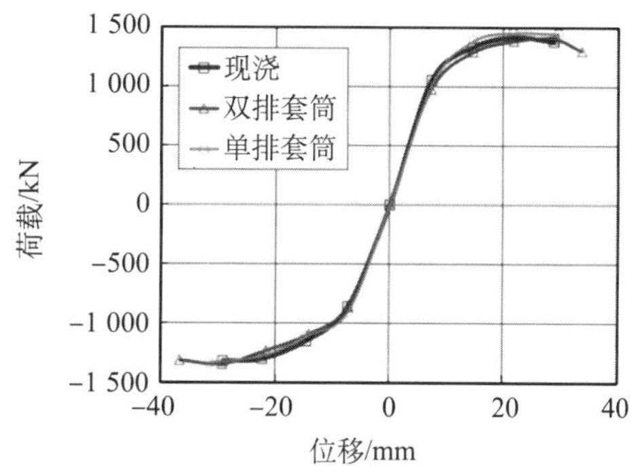

图 2-2 套筒灌浆连接剪力墙典型骨架曲线

上述研究成果表明，采用双排和单排套筒灌浆连接的装配整体式剪力墙，其承载力、延性、耗能和刚度退化规律等抗震性能指标与现浇剪力墙接近，可采用相同的方法进行结构设计。

2）浆锚搭接连接

装配整体式混凝土剪力墙中的浆锚搭接连接是指在装配整体式剪力墙的预留孔道中插入需搭接的钢筋，并灌注水泥基灌浆料进而实现与原装配整体式剪力墙中钢筋搭接连接的构造[12-13]。目前，工程中普遍采用的浆锚搭接连接构造主要包括金属波纹管预成孔浆锚搭接连接和螺旋筋约束浆锚搭接连接两种[14]。

（1）金属波纹管预成孔浆锚搭接连接

金属波纹管预成孔浆锚搭接连接构造在国外已有应用[15]，并由江苏中南集团于2008年引入我国。

郭振兴等[16-17]完成了6片轴压比为0.1的剪力墙足尺模型低周反复荷载试验，其中，3片剪力墙试件底部钢筋搭接区采用闭合焊接箍筋加密。结果表明，竖向钢筋逐根采用金属波纹管预成孔浆锚搭接连接的装配整体式剪力墙，其承载力、延性和刚度总体上与现浇剪力墙接近；底部钢筋搭接区采用封闭焊接箍筋加密的装配整体式剪力墙的承载力比相应的现浇剪力墙高3%～5%。

为研究金属波纹管优化构造、竖向钢筋全浆锚搭接连接构造、混合连接构造（即边缘构件竖向钢筋采用套筒灌浆连接，中间墙体竖向分布钢筋采用金属波纹管浆锚搭接连接）和单排连接构造等对装配整体式剪力墙抗震性能的影响，薛伟辰等[18-19]对20多片轴压比为0.2和0.5的剪力墙足尺模型进行了平面内低周反复荷载试验，对10余片轴压比为0和0.2的剪力墙足尺模型进行了平面外低周反复荷载试验。结果表明，对金属波纹管优化构造措施，有助于改善装配整体式剪力墙的抗震性能，从而实现与现浇剪力墙“等同”；对竖向钢筋采用全浆锚搭接连接构造、混合连接构造以及单排连接构造，均可保证装配整体式剪力墙具有良好的平面内和平面外抗震性能，其承载力与现浇剪力墙相差在－8%～＋7%；当轴压比0.2和0.5时装配整体式剪力墙平面内抗震延性系数分别在4.1～4.4和2.3～2.5，与相应的现浇剪力墙基本一致。

（2）螺旋筋约束浆锚搭接连接

螺旋筋约束浆锚搭接连接构造主要由黑龙江宇辉集团在工程中推广应用。

姜洪斌等[20-21]针对采用该连接构造的装配整体式剪力墙开展了一系列的低周反复荷载试验和子结构拟动力试验。不同轴压比（0.1、0.2和0.3）下的低周反复荷载试验结果表明，装配整体式剪力墙的承载力比相应的现浇剪力墙高5%～10%；装配整体式剪力墙的延性系数在5.6～11.1，与现浇剪力墙接近。子结构拟动力试验结果表明，采用螺旋筋约束浆锚搭接连接的装配整体式剪力墙属延性结构，满足我国现行规范对于7度设防区结构抗震性能的要求[22]。

为研究竖向钢筋采用单排连接构造对剪力墙抗震性能的影响，薛伟辰等[14]对不同轴压比（0.2和0.4）下的装配整体式剪力墙足尺模型进行了低周反复荷载试验。结果表明，当轴压比为 0.2 时，采用双排或单排连接的装配整体式剪力墙的承载力与相应的现浇剪力墙相差不超过 2%，延性系数均在 4.0 左右；当轴压比为 0.5 时，双排或单排连接装配整体式剪力墙的承载力比现浇剪力墙分别高约 3%和 6%，装配整体式剪力墙的延性系数在 4.0 左右，略高于相应的现浇剪力墙(延性系数为 3.0)。图 2-3 所示为轴压比 0.5 时典型的螺旋筋约束浆锚搭接连接剪力墙滞回曲线。

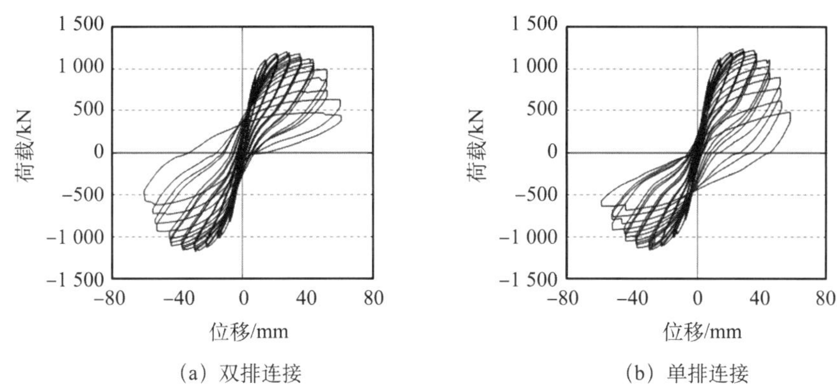

图 2-3　螺旋筋约束浆锚搭接连接剪力墙典型滞回曲线

从上述研究成果可见，金属波纹管预成孔浆锚搭接连接和螺旋筋约束浆锚搭接连接均能保证装配整体式剪力墙具有良好的整体性，可实现与现浇剪力墙相近的抗震性能。

3) 螺栓连接

螺栓连接是一种“干式”连接构造，操作简便、安装质量可控。同时，可大幅减少临时支撑，显著提高施工效率。目前，在装配整体式剪力墙中常用的螺栓连接主要包括基于螺栓连接器的连接方式和基于暗梁的螺栓连接方式两类[23-24]。

(1) 基于螺栓连接器的连接

在基于螺栓连接器连接的装配整体式剪力墙受力性能研究方面，Peikko[25]通过 1 片装配整体式剪力墙的单调静力性能试验和 1 片装配整体式剪力墙低周反复荷载试验证明了该连接技术的安全性。

为研究采用混合连接(边缘构件竖向钢筋采用套筒灌浆连接，中间墙体采用螺栓连接)和全螺栓连接构造的装配整体式剪力墙的抗震性能，薛伟辰等[24]系统开展了近 30 片剪力墙足尺模型在不同轴压比(0.3 和 0.5)下的低周反复荷载试验。结果表明，当轴压比为 0.3 和 0.5 时混合连接装配整体式剪力墙的承载力均比现浇剪力墙高约 14%，全螺栓装配整体式剪力墙则均低约 6%；当轴压比 0.3 时混合连接和全螺栓连接装配整体式剪力墙的延性系数分别为 3.4 和 4.3，当轴压比 0.5 时，延性系数分别为 2.3 和 2.5，均高于相应的现浇剪力墙(轴压比 0.3 时延性系数为 3.3、轴压比 0.5 时延性系数为 2.2)。图 2-4 所示为轴压比 0.5 时典型的螺栓连接装配整体式剪力墙与现浇剪力墙的滞回曲线。

(2) 基于暗梁的螺栓连接

在基于暗梁螺栓连接装配整体式剪力墙受力性能研究方面，Semelawy 等[26-27]通过

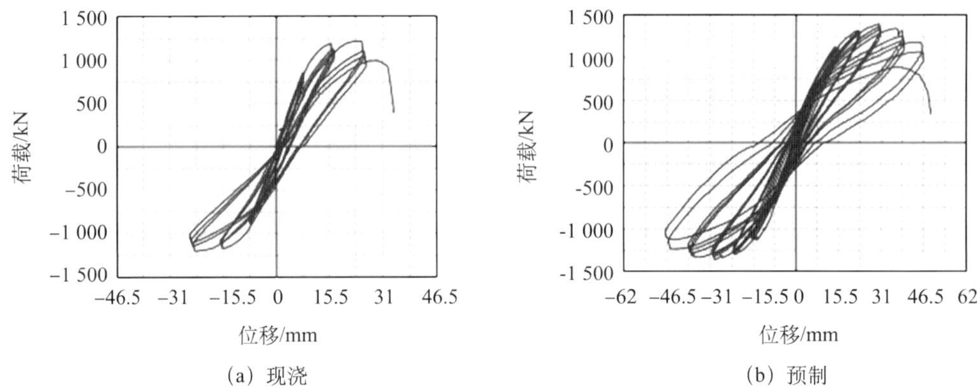

(a) 现浇 (b) 预制

图 2-4 典型的螺栓连接装配整体式剪力墙与现浇剪力墙的滞回曲线

4 片足尺剪力墙的单调静力试验和多参数有限元分析，对连接区采用不用肋梁高度的螺栓连接装配整体式剪力墙的受力性能进行了研究。结果表明，采用上述连接构造的装配整体式剪力墙具有良好的承载力和延性；装配整体式剪力墙的破坏主要集中在螺栓连接区域，通过优化螺栓性能与肋梁构造，可实现连接区螺栓预设破坏模式，并实现装配整体式剪力墙构件的震后可更换。

薛伟辰等[23, 28]于 2013 年开展了基于暗梁螺栓连接装配整体式剪力墙的抗震性能试验研究，完成了 10 多片高、低轴压比(0.5 和 0.2)下剪力墙足尺模型的低周反复荷载试验。结果表明，基于暗梁螺栓连接装配整体式剪力墙的抗震性能总体上与现浇剪力墙接近；装配整体式剪力墙的承载力比现浇剪力墙低约 3%；轴压比 0.5 和 0.3 时装配整体式剪力墙的延性系数分别为 2.6 和 3.8 左右，分别比相应的现浇剪力墙高 30%和低 13%左右。

上述试验研究结果表明，两种螺栓连接装配整体式剪力墙均具有与现浇剪力墙相近的抗震性能。同时，螺栓连接装配整体式剪力墙连接构造简单、施工效率高、质量易保证，应用前景广阔。

4）套筒挤压连接

套筒挤压连接是一种机械化的钢筋连接方式，具有连接速度较快、质量易控制等优势。将其应用于装配整体式剪力墙体系中，有助于进一步改善装配整体式剪力墙体系钢筋连接的施工效率和质量控制。由于施工工艺的要求，钢筋套筒挤压连接区需在施工现场连接完成后再后浇混凝土，这在一定程度上增加了现场湿作业工作量。

李宁波等[29-30]通过 8 片剪力墙模型的低周反复荷载试验，对采用套筒挤压连接竖向钢筋的装配整体式剪力墙的抗震性能进行了研究，分析了竖向钢筋连接数量、是否设置竖缝、轴压比等参数的影响。结果表明，竖向钢筋采用套筒挤压连接的装配整体式剪力墙总体抗震性能与现浇剪力墙接近，其承载力和变形可满足我国现行相关规范规定的抗震设防目标，并可按我国现行规范进行设计。

5）环筋扣合锚接

环筋扣合锚接是指上下层装配整体式剪力墙预留出头的封闭环形钢筋，现场安装时错位对扣，并在连接区后浇混凝土。该连接构造容差性好、操作简便、成本较低。但与套筒挤压连接装配整体式剪力墙相似，该剪力墙也在剪力墙底部设置了后浇混凝土，增加了现场湿作业工作量。图 2-5 所示为装配整体式剪力墙中典型的环筋扣合锚接构造。

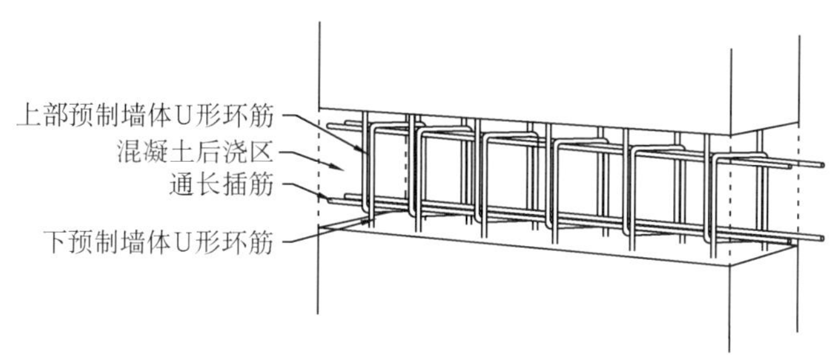

图 2-5　装配整体式剪力墙中典型的环筋扣合锚接构造

为研究该类装配整体式剪力墙的抗震性能，焦安亮[31-32]、刘家彬[33]和余志武[34]等系统开展了单片剪力墙和足尺子结构低周反复荷载试验，以及单片剪力墙低周反复荷载试验。

试验结果表明，采用环筋扣合锚接的装配整体式剪力墙的承载力、延性、耗能、刚度退化和变形能力等均与现浇剪力墙基本一致，其延性系数在 4～7；采用环筋扣合锚接的装配整体式剪力墙具有良好的抗震性能，满足在我国抗震设防地区应用的要求。

2.2.2　叠合剪力墙结构体系

叠合剪力墙结构体系是指工厂生产的预制墙板构件在现场拼装就位后，通过后浇混凝土叠合层连接形成整体的装配整体式混凝土剪力墙体系。该体系最早源于德国，在日本和我国均有成熟应用。按照墙体构造方案的不同，叠合剪力墙主要包括双面叠合剪力墙（图 2-6a）和单面叠合剪力墙（图 2-6b）两种。近年来，我国学者研发了一种圆孔板剪力墙（图 2-6c），从其构造特点来看，也可归为叠合剪力墙。

1）双面叠合剪力墙

双面叠合剪力墙最早源于德国，具有预制构件自重轻、便于运输与吊装、综合经济成本较低等特点，应用前景良好[35]。目前，有关双面叠合剪力墙体系的研究主要集中在我国。

我国学者开展了双面叠合剪力墙系列模型试验与有限元分析[35-41]，结果表明，双面叠合剪力墙具有与现浇剪力墙相近的平面内和平面外抗震性能；一字形边缘构件采用双面叠合构造对剪力墙的抗震性能影响较小；T 形和 L 形边缘构件采用单面叠合构造时，应加强预制墙板与后浇叠合层的连接，以保证剪力墙的整体性；当轴压比 0.5 时双面叠合剪力墙的延性系数在 3.0～3.8，当轴压比 0.2 时在 3.6～4.0，与现浇剪力墙基本一致；双面叠合剪力墙体系可采用与现浇剪力墙相同的方法进行设计，墙体厚度可取实际墙厚。

2）单面叠合剪力墙

单面叠合剪力墙是较为早期的一种叠合剪力墙，施工现场湿作业量大，目前工程中主要用于双面叠合剪力墙结构体系中纵、横向剪力墙的相交部位。

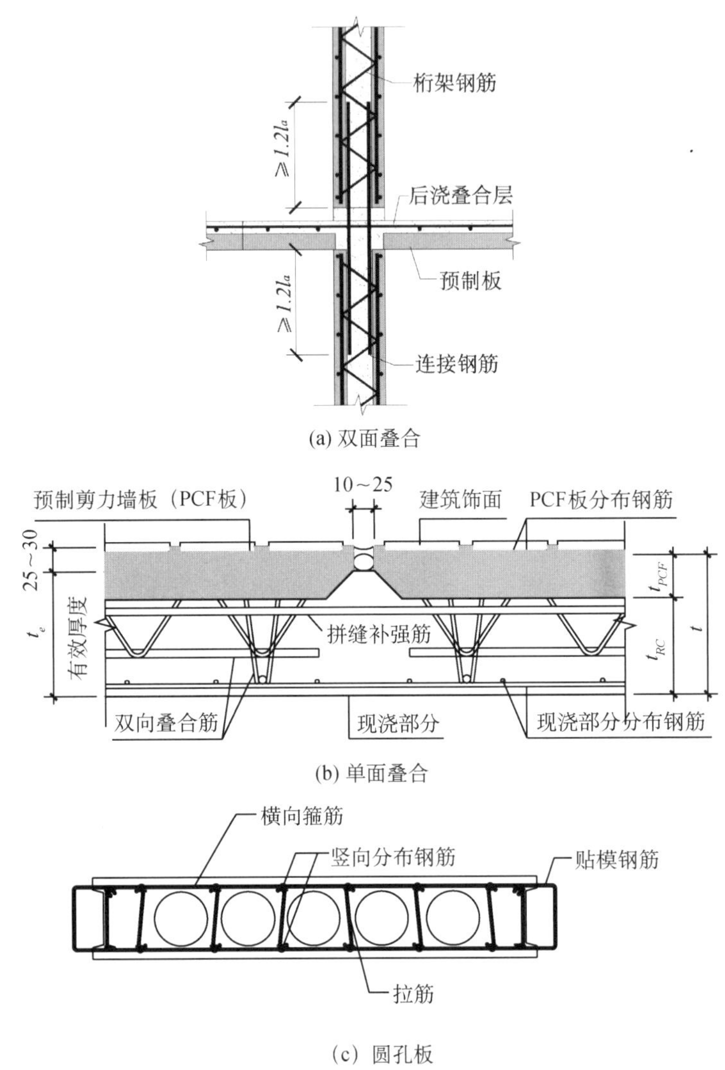

(a) 双面叠合

(b) 单面叠合

(c) 圆孔板

图 2-6　叠合剪力墙示意

潘陵娣等[42]和章红梅等[43]设计并完成了单面叠合剪力墙体系的试验研究与理论分析。其中，单面叠合剪力墙试验模型为边缘构件现浇、中间墙体单面叠合的构造方案。试验和理论分析结果表明，预制墙板中设置双向桁架筋可保证其与后浇叠合层良好地共同工作；单面叠合剪力墙的总体抗震性能与现浇剪力墙接近；轴压比 0.11 时，单面叠合剪力墙的延性系数达到 3.2～3.6。

总体上，与双面叠合剪力墙相似，单面叠合体系具有良好的抗震性能，其承载力、延性、耗能和刚度退化规律等基本与现浇剪力墙一致。但相关研究成果也表明，该体系中纵、横向剪力墙 T 形和 L 形相交处的构造措施对于结构整体性影响较大，需重点加强。

3）圆孔板剪力墙

圆孔板剪力墙是指预制剪力墙板中预成圆孔，上下层剪力墙通过在预成圆孔中设置连接钢筋并后浇混凝土连接成型的装配整体式剪力墙体系。

张微敬等[44-45]通过 8 片剪力墙缩尺模型的低周反复荷载试验(4 片为单片无竖缝试件、4 片为双片含竖缝拼装试件)以及不同轴压比下的有限元参数分析,对圆孔板剪力墙的抗震性能进行研究。结果表明:设置现浇边缘构件的圆孔板剪力墙具有良好的抗震性能,轴压比 0.1 时的延性系数达到 5.0 左右,可在抗震设防地区推广应用。

2.2.3 装配整体式夹心保温剪力墙结构体系

装配整体式夹心保温剪力墙是由内叶预制剪力墙板、外叶预制围护墙板、夹心保温层和保温连接件等组成的一种保温、承重与装饰一体化的装配整体式剪力墙,可实现保温体系与主体结构同寿命,具有良好的综合经济效益。

按照内叶预制剪力墙板构造的不同,夹心保温剪力墙分为夹心保温实心剪力墙和夹心保温叠合剪力墙两类。

1) 夹心保温实心剪力墙

夹心保温实心剪力墙在国外已有数十年的研究与应用历史。其中,北美针对夹心保温实心剪力墙的研究与应用已超过 50 年,其构造方案主要采用预应力空心板或预应力单T、双 T 形板作为内叶预制剪力墙[46-47]。

杨佳林等[48]和薛伟辰等[49]完成了保温连接件物理力学性能研究,并开展了夹心保温实心剪力墙的平面内抗震性能、平面外静力性能以及墙体热工性能试验研究[18, 50-52]。图 2-7 所示为典型装配整体式和现浇夹心保温实心剪力墙滞回曲线。结果表明,夹心保温实心剪力墙具有良好的平面内抗震性能,其承载力和延性与现浇剪力墙和非夹心实心剪力墙接近,轴压比 0.4 时的延性系数在 2.4～2.8 之间;夹心保温实心剪力墙在平面外受弯承载力与变形方面具有较高的安全冗余,开裂弯矩达到弯矩设计值的 1.1 倍;夹心保温实心剪力墙的热工性能优异,传热系数优于现行规范限值 30%。此外,钱稼茹等[53-54]针对喷涂混凝土夹心保温实心剪力墙开展了一系列试验研究与有限元分析,认为其具有良好的抗震性能,并可按现行规范进行设计。

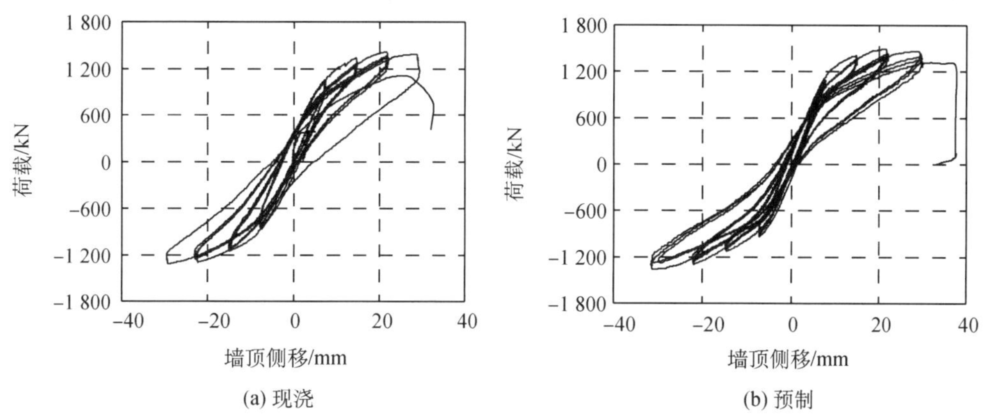

(a) 现浇　(b) 预制

图 2-7　典型的装配整体式和现浇夹心保温实心剪力墙滞回曲线

2）夹心保温叠合剪力墙

夹心保温叠合剪力墙是在内叶预制剪力墙板中采用叠合剪力墙构造的夹心保温剪力墙，如图 2-8 所示。

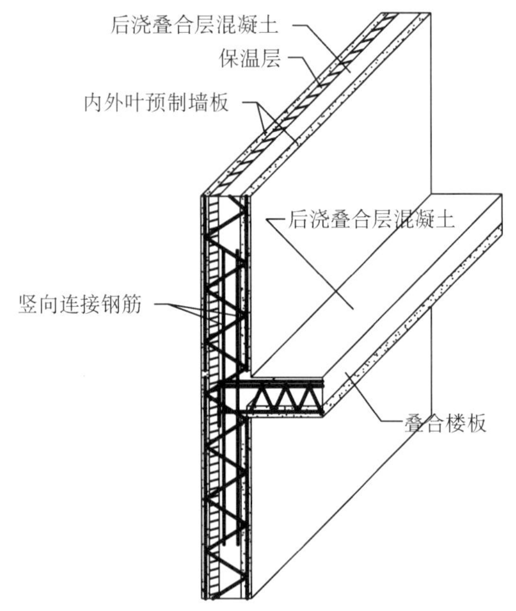

图 2-8　夹心保温叠合剪力墙构造示意

王滋军等[55-59]针对该类墙体开展了 18 片无洞口和 6 片有洞口剪力墙大尺度模型在轴压比 0.2 时的低周反复荷载试验，研究了夹心保温构造、剪力墙竖缝连接构造、边缘构件预制构造以及竖向连接构造等参数的影响。结果表明：夹心保温叠合剪力墙具有良好的抗震性能，承载力、延性与现浇剪力墙相近；密拼竖缝构造和后浇整体式竖缝构造对剪力墙的抗震性能影响不大；边缘构件采用现浇构造和叠合构造均能保证剪力墙抗震性能良好；竖向连接采用预制墙板预留缺口的构造方案可进一步改善剪力墙的整体性。

上述研究成果为夹心保温叠合剪力墙体系的应用提供了依据，但相关试验模型均采用普通钢筋制作的空间桁架连接内、外叶预制墙板，预制外墙板与保温层在地震和风载等作用下的安全性、夹心保温墙体的热工性能以及保温层的高效安装工艺等有待进一步研究。

2.3　装配整体式混凝土框架结构受力性能

从系统查阅的国内外工程应用和研究成果来看，装配整体式混凝土框架结构体系可根据节点核心区构造方案的不同分为现浇节点核心区装配整体式混凝土框架结构体系和预制节点核心区装配整体式混凝土框架结构体系两类。基于国内外已有研究成果，本文对上述两种混凝土框架结构体系的研究进展进行综述。

2.3.1 现浇节点核心区装配整体式混凝土框架结构体系

节点核心区是连接预制混凝土框架梁、柱的重要部位。预制混凝土框架梁、柱在现场吊装就位后，通过现浇节点核心区实现可靠连接，从而保证结构体系具有良好的整体性。目前，采用现浇节点核心区的装配整体式混凝土框架结构主要包括现浇柱-叠合梁框架结构、预制柱-叠合梁框架结构、预制异形柱-叠合梁框架结构、预制型钢混凝土框架结构和预制预应力混凝土框架结构等。

1）现浇柱-叠合梁框架结构

现浇柱-叠合梁框架结构是较早期的一种装配整体式混凝土框架结构型式，其主要构造特点是框架梁采用叠合梁构造，叠合梁的预制部分在现场吊装就位，纵向钢筋在节点核心区搭接或焊接连接，并通过现浇框架柱和节点核心区形成整体[60]。

1986 年，Park 等[61]通过 3 个梁柱边节点足尺模型的低周反复荷载试验（轴压比为 0.1，梁端加载模式）对现浇柱-叠合梁框架结构的抗震性能进行了研究。试验模型中，叠合梁的预制部分采用了 U 形截面构造。结果表明：此类装配整体式混凝土框架结构梁柱节点具有良好的抗震性能，满足“强柱弱梁”和“强节点弱构件”的设计要求，承载力达到设计值的 1.12～1.33 倍，延性系数达到 6.0 左右。2007 年，薛伟辰等通过梁柱节点足尺模型试验（中节点和边节点轴压比分别为 0.4 和 0.3）[62-64]和 2 层 2 跨（中柱和边柱轴压比分别为 0.4 和 0.3）以及 6 层 2 跨框架结构大尺度模型试验[60,63,65]对现浇柱-叠合梁框架结构的抗震性能进行了较为系统的研究。该研究中，叠合梁为 T 形截面构造，考虑了叠合楼板的影响；而叠合梁的预制部分则采用了倒 T 形截面构造，便于预制楼板搁置。结果表明，此类装配整体式混凝土框架结构的破坏形态、破坏机制、承载力、延性、耗能能力和刚度退化规律等均与现浇混凝土框架结构基本一致，中节点和边节点的延性系数分别达到 5.7 和 4.2，2 层 2 跨和 6 层 2 跨框架结构的延性系数分别达到 4.7 和 4.6。2015 年，黄远等[66]完成了 2 榀 2 层 2 跨现浇柱-叠合梁框架结构 1/2 大尺度模型的低周反复荷载试验（中柱和边柱轴压比分别为 0.14 和 0.1）。该试验中，叠合梁也采用了考虑叠合楼板影响的 T 形截面构造，叠合梁的预制部分则采用了矩形截面构造。结果表明，此类装配整体式混凝土框架结构的滞回曲线饱满，耗能能力较好，延性系数达到 3.3 左右，极限位移角达到 1/30，具有良好的变形能力。图 2-9 所示为典型的现浇柱-叠合梁框架节点骨架曲线与框架结构滞回曲线。

2）预制柱-叠合梁框架结构

为了进一步提高装配整体式混凝土框架结构的工业化程度和施工效率，采用预制框架柱成为一种必然的选择[1]。目前，在工程中应用的预制框架柱包括单层预制柱和多层预制柱两种型式。其中，多层预制柱一般跨越 2～4 层，中间节点处预留缺口后浇混凝土但钢筋连续，相邻多层预制柱之间则采用与单层预制柱相同的连接构造。从系统查阅的文献资料和工程应用情况来看，目前在此类装配整体式混凝土框架结构中预制柱的纵向钢筋连接构造主要包括套筒连接和螺栓连接两种。

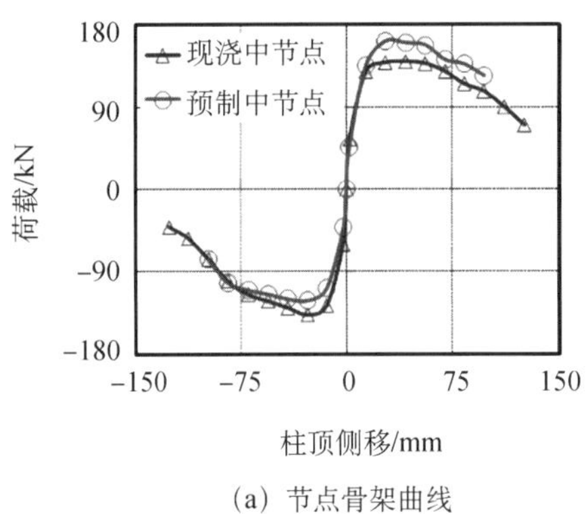

(a) 节点骨架曲线

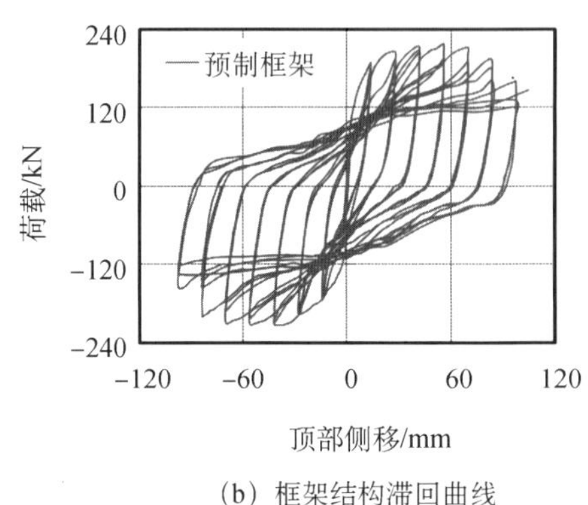

(b) 框架结构滞回曲线

图 2-9 典型的现浇柱-叠合梁框架节点骨架曲线与框架结构滞回曲线

(1) 单层预制柱

① 套筒连接

套筒连接是目前装配整体式混凝土结构中最常用的钢筋连接技术之一，主要包括灌浆套筒连接和机械套筒连接两类。针对单层预制柱纵向钢筋采用灌浆套筒连接的装配整体式混凝土框架结构，陈适才[67]、柳旭东[68]和孙岩波等完成了一系列框架梁柱节点足尺模型的低周反复荷载试验(轴压比为 0.35～0.4，均采用梁端加载模式)，薛伟辰等[69]系统完成了 4 个框架梁柱节点足尺模型(轴压比为 0.3，采用柱端加载模式)和 2 榀 2 层 2 跨框架结构大尺度模型(中柱和边柱轴压比分别为 0.3 和 0.2)的低周反复荷载试验。图 2-10所示为典型的预制柱-叠合梁框架结构的骨架曲线与滞回曲线。针对单层预制柱纵向钢筋采用机械套筒连接的预制框架结构，张微敬等[70]开展了 2 榀 2 层 2 跨框架结构 1/2缩尺模型(中柱和边柱轴压比分别为 0.5 和 0.25)的低周反复荷载试验和有限元分析。上述试验结果表明，预制柱纵向钢筋采用灌浆套筒连接和机械套筒连接均可有效保证此类装配整体式混凝土框架结构具有良好的整体性；承载力、延性、变形能力、耗能能力和刚度退化规律等关键性能指标的对比分析证明了此类装配整体式混凝土框架结构具有“等同现浇”的抗震性能。此外，袁鑫杰等[71]完成了一系列预制框架的抗连续倒塌静力试验。结果表明，预制柱纵向钢筋采用灌浆套筒连接时能够承受连续倒塌大变形下的水平剪力，预制框架结构具有良好的抗倒塌性能。

随着高强混凝土和高强钢材的不断发展，其在装配整体式混凝土框架结构中的应用也得到越来越广泛的关注。2004 年，赵斌等[72]开展了 4 个采用高强混凝土和高强钢纤维混凝土(f_{cu}实测值为 71 MPa～86 MPa)的预制柱-叠合梁框架节点足尺模型低周反复荷载试验(轴压比为 0.15，采用柱端加载模式)。结果表明，此类装配整体式混凝土框架节点的滞回曲线与现浇框架节点相似，均较饱满；装配整体式混凝土框架节点的承载力比现浇节点高约 0.5%～3.8%；高强混凝土装配整体式框架节点的延性系数达到 6.3，高强钢纤维混凝土装配整体式框架节点的延性系数则达到 6.6 左右，均高于相应的现浇框架节点。此后，2016 年刘璐等[73]开展了配置大直径大间距(柱纵筋 4Φ32、梁下部纵筋 2Φ32、上部

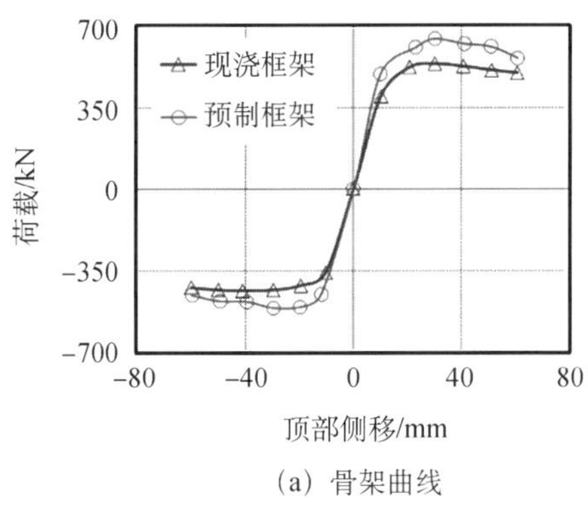

(a) 骨架曲线

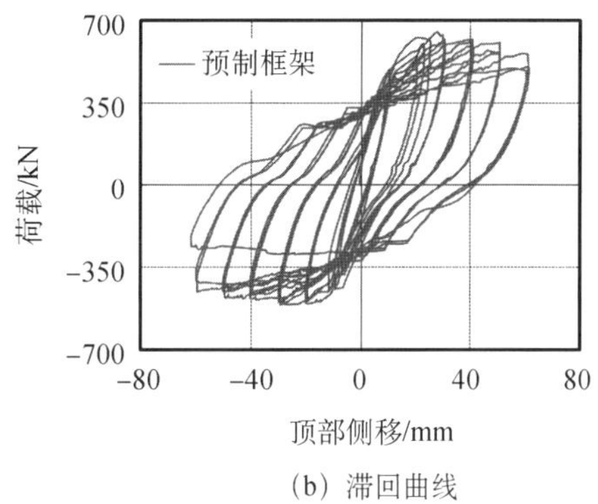

(b) 滞回曲线

图 2-10　典型的预制柱-叠合梁框架结构骨架曲线与滞回曲线

纵筋 2Φ28)HRB500 高强钢筋的装配整体式混凝土框架梁柱节点足尺模型的低周反复荷载试验(轴压比为 0.25,采用梁端加载模式)。结果表明:此类装配整体式混凝土框架梁柱节点具有良好的抗震性能,位移延性系数在 4.5～5.6 之间,HRB500 高强钢筋以及大直径和大间距配筋构造对节点性能无明显影响。2017 年薛伟辰[74]等通过系统的梁柱节点足尺模型(轴压比为 0.35,采用柱端加载模式)和 2 层 2 跨框架结构大尺度模型(中柱和边柱轴压比分别为 0.3 和 0.2)的低周反复荷载试验,对采用 C100 高强混凝土(f_{cu}实测值为 114.5 MPa)和 HRB500 高强钢筋的装配整体式混凝土框架结构的抗震性能进行了研究。结果表明:采用高强混凝土和高强钢筋对装配整体式混凝土框架梁柱节点和框架结构的破坏形态与破坏机制影响较小,其滞回曲线均较饱满;耗能能力和变形能力均较好;梁柱节点的延性系数在 2.0～2.2 之间、框架结构的延性系数在 3.0～4.0 之间;现行规范中有关 C80 混凝土结构的设计规定可用于 C100 混凝土的装配整体式框架结构的设计,但应注意适当加强柱脚的箍筋约束以改善柱脚塑性铰的转动能力。

② 螺栓连接

螺栓连接是指在上下层预制柱中分别预埋螺栓连接器和螺杆,并通过紧固螺帽实现预制柱可靠连接的构造方案[75]。这一连接构造施工效率高、质量易保证。薛伟辰等[76-77]通过框架柱足尺模型(轴压比为 0.48 和 0.24)、梁柱节点足尺模型(轴压比为0.48,采用柱端加载模式)和 2 层 2 跨框架结构 1/2 缩尺模型(中柱和边柱轴压比分别为 0.36 和 0.24)的低周反复荷载试验,对采用此类连接构造的装配整体式混凝土框架结构的抗震性能进行了研究。结果表明:采用螺栓连接能够保证装配整体式柱的连接强度和刚度;此类装配整体式混凝土框架结构能够实现“强柱弱梁”设计目标,具有与现浇混凝土框架相近的抗震性能;螺栓连接框架柱、框架梁柱节点和框架结构的承载力与相应的现浇试件相差不超过±8%;螺栓连接框架柱的延性系数为 3.8(轴压比为 0.24)和 3.1(轴压比为 0.48),框架梁柱中节点和边节点的延性系数分别为 3.2 和 2.7,框架结构的延性系数为4.4,与相应的现浇试件相差−6%～20%。图 2-11 所示为典型的螺栓连接预制柱-叠合梁框架结构骨架曲线和滞回曲线。

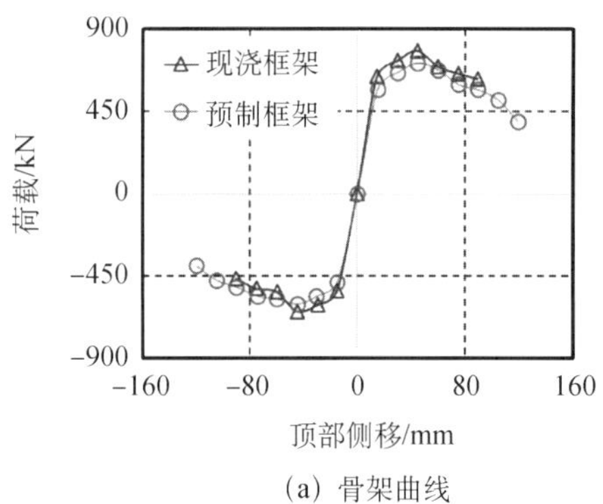

(a) 骨架曲线

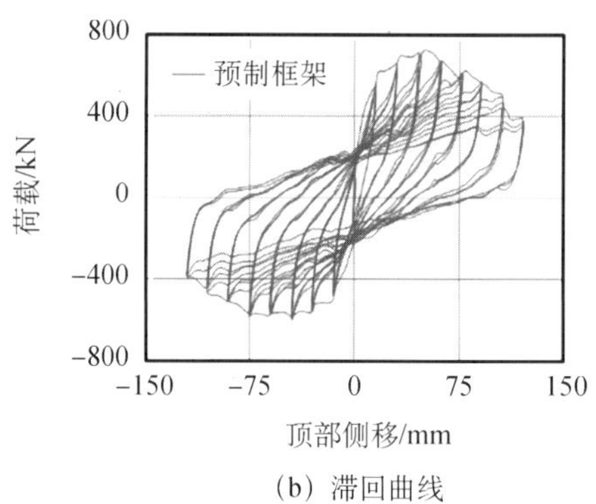

(b) 滞回曲线

图 2-11 典型的螺栓连接预制柱-叠合梁框架结构骨架曲线与滞回曲线

(2) 多层预制柱

采用多层预制柱可有效减少框架柱纵向钢筋的连接数量,有助于提高装配整体式混凝土框架结构的施工效率,降低建造成本。在美国、欧洲和新西兰等预制混凝土结构发展较为成熟的国家和地区,多层预制柱的应用十分普遍。Alcocer 等[78]、Ertas 等[79]、Im 等[80]、Eom 等[81]和 Yuksel 等[82]通过梁柱节点足尺模型低周反复荷载试验(轴压比在 0～0.1 之间),对采用多层预制柱的装配整体式混凝土框架结构的抗震性能进行了研究。结果表明:采用多层预制柱的装配整体式混凝土框架梁柱节点整体性和抗震性能较好,具有与相应的现浇节点相近的承载力(相差在±8%以内)和延性(边节点在 2.5～3.7 之间,中节点在 2.9～4.1 之间),并具有良好的变形能力(极限位移角均能达到 3.0%～3.5%)。

上述试验结果表明,套筒连接和螺栓连接均能保证预制柱具有良好的整体性,采用单层预制柱和多层预制柱的装配整体式混凝土框架结构均具有“等同现浇”的抗震性能。与套筒连接构造相比,螺栓连接构造的施工速度更快,连接质量更易保证。相比单层预制柱方案,采用多层预制柱方案则有助于进一步提高装配整体式混凝土框架结构的施工效率,降低建造成本。

3) 预制异形柱-叠合梁框架结构

采用十字形、L 形、T 形和 Z 形等异形截面预制柱代替传统矩形截面预制柱,并采用与柱肢等宽的叠合梁,即形成预制异形柱-叠合梁框架结构。此类装配整体式混凝土框架结构可有效避免室内梁柱凸起问题,从而显著改善室内空间利用率,在居住建筑中具有良好的应用前景。

针对这一装配整体式混凝土框架结构,薛伟辰等[83]通过梁柱节点足尺模型(轴压比为 0.35,采用柱端加载模式)和框架结构大尺度模型(中柱和边柱轴压比分别为 0.35 和 0.24)的低周反复荷载试验,对其抗震性能进行了研究。上述研究中,预制异形柱纵向钢筋采用套筒灌浆连接,预制梁纵向钢筋在现浇节点核心区搭接连接。研究结果表明:预制异形柱-叠合梁框架节点和框架结构的总体抗震性能均与现浇对比试件相近,二者的滞回曲线均饱满;预制试件的承载力与相应的现浇对比试件相差在−10%～+5%之间;预制节点的延性系数约为 2.7，预制框架的延性系数达到 5.0，均高于相应的现浇试件（现浇节点约为 2.6，现浇框架为 3.3）。图 2-12 所示为典型的预制异形柱-叠合梁框架结构的骨架曲线和滞回曲线。

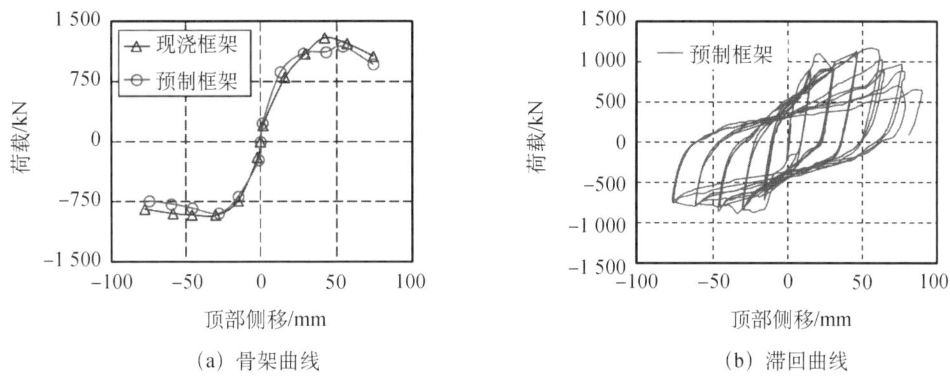

(a) 骨架曲线　　(b) 滞回曲线

图 2-12　典型的预制异形柱—叠合梁框架结构骨架曲线和滞回曲线

4）装配整体式型钢混凝土框架结构

装配整体式型钢混凝土框架结构由预制型钢混凝土梁、柱和现浇节点核心区组成。预制梁与预制柱之间以及相邻预制柱之间通过节点核心区现浇混凝土、型钢和纵向钢筋连接形成整体。图 2-13a 所示为装配整体式型钢混凝土框架结构典型的梁柱节点构造。该结构借助钢结构连接技术，通过型钢连接实现各预制构件的快速拼装。现场施工时，该结构可不设或仅少量设置支撑，并可多层连续施工，从而大幅节省材料、缩短工期。

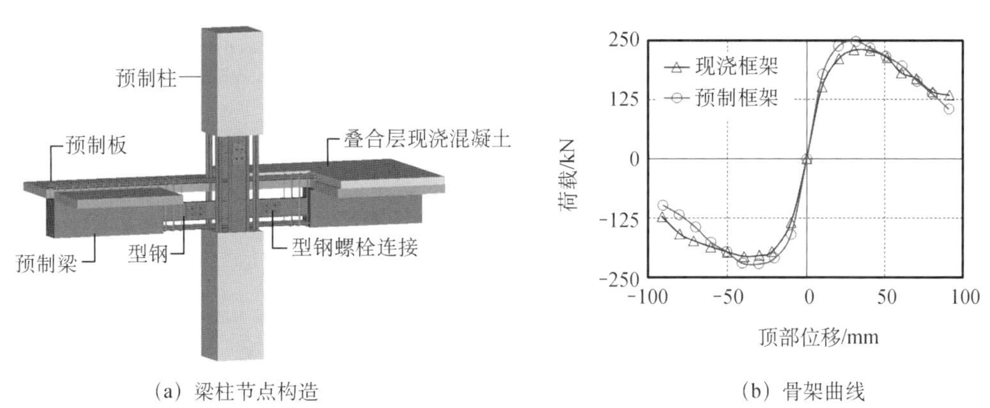

(a) 梁柱节点构造　　(b) 骨架曲线

图 2-13　典型的装配整体式型钢混凝土框架梁柱节点构造与框架结构骨架曲线

已完成的框架梁柱节点足尺模型的低周反复荷载试验结果表明[84-86]：此类装配整体式型钢混凝土框架梁柱节点具有良好的抗震性能，其承载力、延性、变形能力、耗能能力和刚度退化规律等关键性能指标均与相应的现浇节点相近。在此基础上，薛伟辰等[84]开展了 2 层 2 跨装配整体式型钢混凝土框架结构 1/3 缩尺模型及其现浇对比试件（中柱和边柱轴压比分别为 0.4 和 0.3）的低周反复荷载试验。结果表明：装配整体式型钢混凝土框架发生了与现浇对比试件相似的混合铰破坏机制，二者的滞回曲线均较饱满，承载力和延性均较接近(装配整体式框架承载力低约 7%，装配整体式框架的延性系数为 3.6，比现浇框架的高约 3%)。总体而言，此类装配整体式型钢混凝土框架结构具有与现浇结构“等同”的抗震性能。图 2-13b 所示为典型装配整体式型钢混凝土框架结构骨架曲线。

5) 装配整体式预应力混凝土框架结构

施加预应力有助于改善装配整体式混凝土框架结构的使用性能和整体性，促进其在公共建筑、工业建筑和大开间住宅中的应用。目前，工程中主要应用的装配整体式预应力混凝土框架结构仅在框架梁中施加预应力。按照预应力施工工艺的不同，装配整体式预应力混凝土框架结构可分为先张预应力装配整体式混凝土框架结构和后张预应力装配整体式混凝土框架结构两类。

(1) 先张预应力装配整体式混凝土框架结构

先张预应力装配整体式混凝土框架结构的主要构造特点是仅在预制梁中设置了先张预应力筋，即仅采用先张预应力装配整体式混凝土梁构件。法国 SCOPE 体系(世构体系)是一种典型的先张预应力装配整体式混凝土框架结构体系。该结构体系的突出优点是通过采用先张预应力减小了预制混凝土梁的截面尺寸，改善了其抗裂性能，减少了施工阶段预制混凝土梁的支撑数量。蔡建国、冯健等[87-88]和于建兵等[89-90]针对世构体系及其改进方案开展了一系列框架梁柱节点和框架结构的低周反复荷载试验研究与有限元分析。结果表明：先张预应力装配整体式混凝土框架可实现与相应的现浇混凝土框架相同的破坏机制与破坏形态；在承载力、延性和变形能力等方面，先张预应力装配整体式混凝土框架均与相应的现浇混凝土框架接近；屈服之前先张预应力装配整体式混凝土框架的耗能能力明显低于相应的现浇混凝土框架，但屈服后二者的总体耗能能力接近。

(2) 后张预应力装配整体式混凝土框架结构

后张预应力装配整体式混凝土框架结构与先张预应力装配整体式混凝土框架结构最大的不同在于其采用了穿过节点核心区的后张预应力工艺。这使得此类装配整体式混凝土框架结构具有更好的整体性和变形恢复能力。薛伟辰等[91]和胡翔等[92]通过框架梁柱节点足尺模型(轴压比为 0.4，采用柱端加载模式)和 2 层 2 跨框架结构 1/3 大尺度模型(中柱和边柱轴压比分别为 0.4 和 0.3)的低周反复荷载试验，对此类装配整体式混凝土框架结构的抗震性能进行了研究。结果表明：后张预应力装配整体式混凝土框架具有良好的整体性和抗震性能；后张预应力装配整体式混凝土框架梁柱节点和框架结构的承载力比相应的现浇预应力混凝土框架高约 7.5%；后张预应力装配整体式混凝土框架梁柱中节点和边节点的延性系数分别为 3.4 和 2.6，框架结构的延性系数为 4.1，与相应的现浇混凝土框架相差在−5%～+12%之间；后张预应力装配整体式混凝土框架的残余变形率不大于 0.27，表现出良好的变形恢复能力。图 2-14 所示为典型的后张预应力装配整体式混凝土框架结构的骨架曲线与滞回曲线。

总体上，采用现浇节点核心区构造的装配整体式混凝土框架结构具有良好的整体性，其破坏形态与破坏机制与相应的现浇混凝土框架结构基本一致，承载力、延性、变形能力、

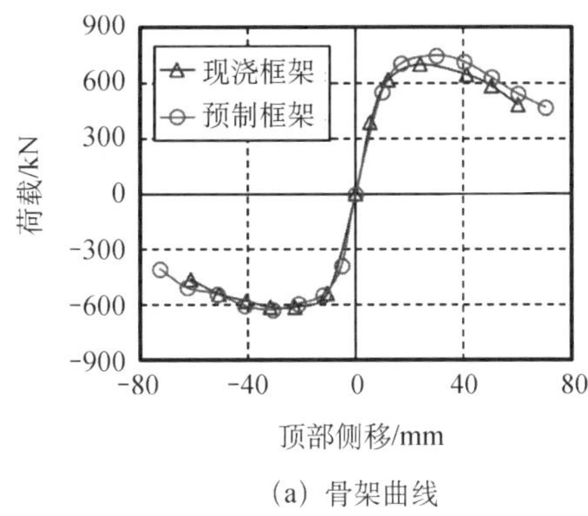

(a) 骨架曲线

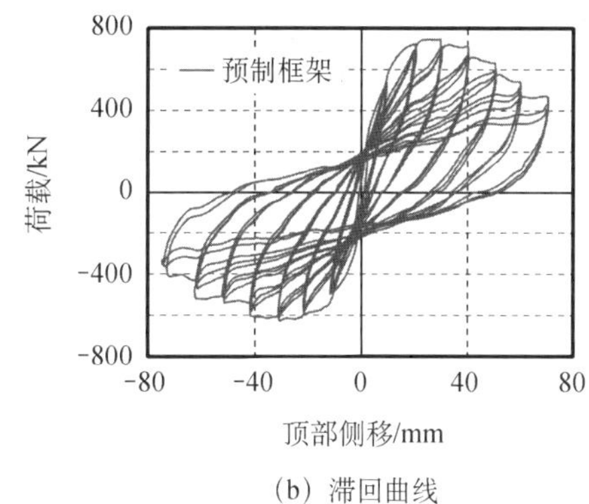

(b) 滞回曲线

图 2-14 典型的后张预应力装配整体式混凝土框架梁柱节点构造与框架结构骨架曲线和滞回曲线

耗能能力和刚度退化规律等关键性能指标均与相应的现浇混凝土框架结构相近，此类装配整体式混凝土框架结构具有“等同现浇”的抗震性能。

2.3.2 预制节点核心区装配整体式混凝土框架结构体系

大量工程实践表明，装配整体式混凝土框架结构的节点核心区内钢筋相互交错，碰撞问题突出。这导致预制梁、柱现场拼装时效率低下，同时也增加了节点核心区后浇混凝土的难度。因此，将复杂的节点核心区与柱（梁）构件一起在工厂预制，在现场仅进行梁、柱等构件的连接，有助于简化装配整体式混凝土框架结构的现场拼装与连接工序。分析表明，框架梁端的连接构造是影响此类装配整体式混凝土框架结构建造效率和抗震性能的关键环节。从系统查阅的文献资料和工程资料来看，目前此类装配整体式混凝土框架结构中梁端的连接构造主要包括后浇整体式连接和螺栓连接。

1）梁端后浇装配整体式混凝土框架结构

梁端后浇是一种较为传统的连接构造。已有研究与工程中采用的梁端后浇整体式连接构造主要包括钢筋搭接、钢筋套筒连接、钢筋环扣连接和型钢连接等[93]。

针对钢筋采用搭接构造的梁端后浇装配整体式混凝土框架结构，刘桐等[94]完成了 3 个梁柱节点 1/2 缩尺模型的低周反复荷载试验（轴压比为 0.1，采用梁端加载模式）。结果表明，此类梁端连接构造能保证装配整体式混凝土框架具有良好的整体性，可实现与现浇混凝土框架“等同”的抗震性能。

针对钢筋采用套筒连接构造（包括灌浆套筒和机械套筒）的梁端后浇装配整体式混凝土框架结构，罗青儿等[95]、章一萍等[96]和刘洪涛等[97]先后完成了一系列梁柱节点大尺度模型的低周反复荷载试验（轴压比为 0.2～0.4，均采用梁端加载模式）。结果表明：灌浆套筒和机械套筒均实现了钢筋的等强连接，从而保证了此类装配整体式混凝土框架具有与现浇混凝土框架相近的抗震性能，二者在承载力和延性等方面的差值在±7%以内。

针对钢筋采用环扣连接构造的梁端后浇装配整体式混凝土框架结构，Restrepo 等[98]

和 Khoo 等[99]完成了一批双柱式梁柱组合体的低周反复荷载试验。结果表明，钢筋采用环扣连接构造能保证装配整体式混凝土框架具有良好的整体性，其承载力、延性、变形能力、耗能能力和刚度退化规律等关键性能指标均与现浇混凝土框架接近。图 2-15 所示为钢筋环扣连接构造的示意详图和典型的梁柱组合体滞回曲线。

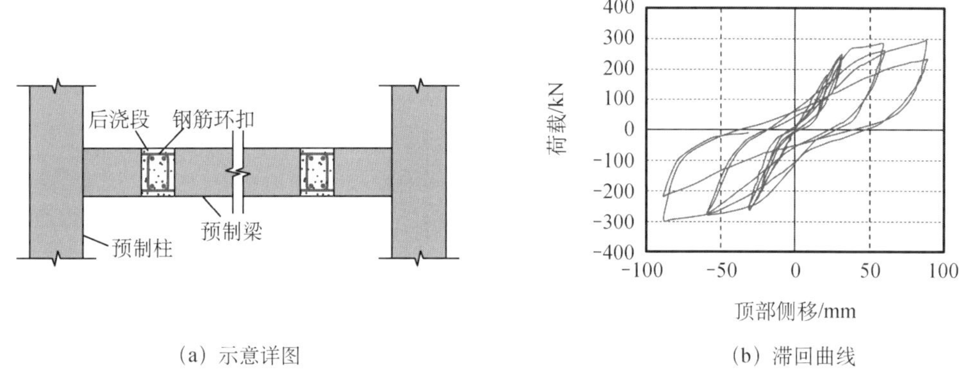

(a) 示意详图 (b) 滞回曲线

图 2-15 钢筋环扣连接构造示意详图与典型的滞回曲线

针对采用型钢连接构造的梁端后浇装配整体式混凝土框架结构，李忠献等[100]、Kulkarni 等[101]和宋玉普等[102]分别完成了一批梁柱节点大尺度模型的低周反复荷载试验(轴压比为 0～0.2，均采用梁端加载模式)。需要说明，文献[100]和[102]中型钢连接拼缝均设置在梁端距柱边约一倍梁高处，而文献[101]则直接设置在柱边。此外，文献[100]和[101]中的型钢采用螺栓连接，而文献[102]中的型钢则采用焊接连接。试验结果表明：采用此类连接构造装配整体式混凝土框架均能实现预期的破坏模式，其承载力和延性与相应的现浇型钢混凝土框架接近。

2) 螺栓连接装配整体式混凝土框架结构

螺栓连接构造是指在预制节点核心区和框架梁端分别预埋螺栓连接组件，并通过紧固螺帽将二者可靠连接的构造方案。与梁端后浇整体式连接构造相比，螺栓连接构造简单、施工便捷。图 2-16 所示为典型的螺栓连接装配整体式混凝土框架连接节点示意详图。

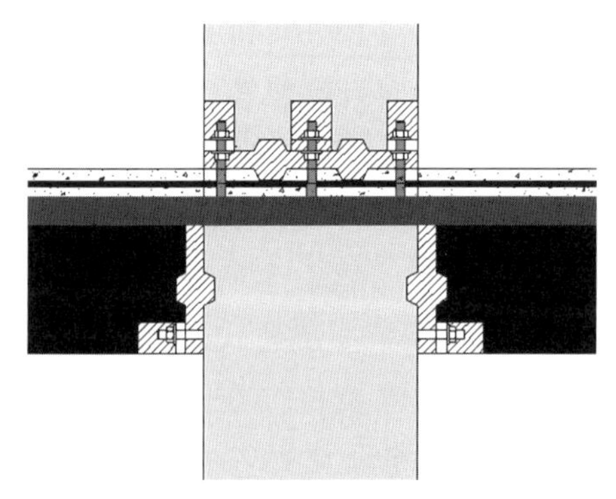

图 2-16 典型的螺栓连接装配整体式混凝土框架梁柱节点构造示意图

针对此类装配整体式混凝土框架，国内外学者开展了一系列梁柱节点大尺度模型的抗震性能试验研究[77, 103-107]。其中，文献[77，103，106－107]的研究结果均表明此类装配整体式混凝土框架梁柱节点在承载力、延性、刚度和耗能能力等方面均与相应的现浇混凝土节点相近。但在文献[104]中，由于梁端拼缝处设置了橡胶垫片，其承载力虽然与现浇混凝土节点相近，但刚度和耗能能力明显降低。基于上述梁柱节点研究成果，薛伟辰等[77]进一步开展了 2 榀

2 层 2 跨框架结构 1/2 缩尺模型的低周反复荷载试验。结果表明，采用此类螺栓连接构造装配整体式混凝土框架结构也具有与相应的现浇混凝土框架结构“等同”的抗震性能。

总体上，采用预制节点核心区构造的预制混凝土框架结构，其抗震性能受梁端连接构造的影响较大。从上述研究成果来看，当梁端采用等强连接构造时，其抗震性能与现浇混凝土框架结构接近。

2.4 装配整体式混凝土结构设计规定

2.4.1 我国技术标准

1）国家/行业标准

GB/T 51231—2016《装配式混凝土建筑技术标准》和 JGJ 1-2014《装配式混凝土结构技术规程》是目前我国装配整体式混凝土结构领域技术要求最全面的标准。上述两部标准均包括了装配整体式剪力墙结构体系和框架结构体系的设计规定，主要包括套筒灌浆连接、浆锚搭接连接和套筒挤压连接实心剪力墙体系、双面叠合剪力墙体系以及现浇柱-叠合梁框架结构、预制柱-叠合梁框架结构体系和现浇节点核心区后张预应力预制混凝土框架结构体系。其中，套筒灌浆连接和浆锚搭接连接实心剪力墙还同时包括了双排连接、单排连接和“梅花形”部分连接的技术规定，套筒挤压连接实心剪力墙则同时包括了双排连接和“梅花形”部分连接的设计规定。此外，JGJ/T 430-2018《装配式环筋扣合锚接混凝土剪力墙结构技术标准》对环筋扣合锚接实心剪力墙给出了较为详细的设计规定，JGJ 224-2010《预制预应力混凝土装配整体式框架结构技术规程》对先张预应力装配整体式混凝土框架结构给出了较为详细的技术规定。

2）地方标准

目前，包括上海、北京、天津、重庆、江苏、山东、辽宁、广东、四川、黑龙江、福建等在内的我国大部分省市均制订了有关装配整体式混凝土剪力墙体系和装配整体式混凝土框架结构体系的技术标准。其中，上海市标准的技术规定较为全面，相继颁布实施的规程有 DGJ 08-2154-2014《装配整体式混凝土公共建筑设计规程》、DG/TJ 08-2071-2016《装配整体式混凝土居住建筑设计规程》、DG/TJ 08-2266-2018《装配整体式叠合剪力墙结构技术规程》以及 DG/TJ 08-2158-2017《预制混凝土夹心保温外墙板应用技术标准》，对大部分装配整体式混凝土剪力墙体系以及装配整体式混凝土框架结构体系均给出了设计规定。此外，北京市 DB11/1003-2013《装配式剪力墙结构设计规程》中还包括了预制圆孔板剪力墙体系的设计规定，而北京市 DB11/1310-2015《装配式框架及框架-剪力墙结构设计规程》中还包括了螺栓连接预制混凝土框架结构体系的设计规定。

2.4.2 国外技术标准

预制混凝土结构体系在国外已应用超过 140 年，相关技术体系与标准也较为成熟。

美国、欧洲、日本和新西兰是其中最具代表性的国家和地区。以上述国家和地区为例，介绍其在预制剪力墙结构体系方面的技术标准情况。

1）美国

美国混凝土协会（American Concrete Institute，ACI）和预制/预应力混凝土协会（Precast/Prestressed Concrete Institute，PCI）编制了一系列有关装配整体式混凝土结构的技术标准/手册。其中，ACI 318－14（Building code requirements for structural concrete and commentary）对套筒灌浆连接和浆锚搭接连接装配整体式实心剪力墙结构体系以及预制柱-叠合梁框架结构体系的设计方法和构造要求进行了较为原则性的设计规定，ACI 550.1R-09(17)（Guide to emulating cast-in-place detailing for seismic design of precast concrete structures）对套筒灌浆连接和浆锚搭接连接装配整体式实心剪力墙结构以及预制柱-叠合梁框架结构等“等同现浇”体系的设计计算与构造要求进行了较为详细的规定；PCI Design Handbook 8th 较为详细地说明了有关套筒灌浆连接和浆锚搭接连接装配整体式实心剪力墙和夹心保温实心剪力墙结构体系以及预制柱-叠合梁框架和螺栓连接装配整体式框架结构体系的设计计算方法和构造要求，并给出了相关的构造图例。此外，在 NEHRP 2003（Recommended provisions for seismic regulations for new buildings and other structures）和 IBC－18（International building code）中也包含了一些有关装配整体式混凝土剪力墙结构体系和框架结构体系的原则性设计规定。

2）欧洲

欧洲有关装配整体式混凝土结构的技术标准/手册主要由欧洲标准化协会（European Committee for Standardization，CEN）和国际混凝土联合会（Fédération internationale du béton，FIB）编制。其中，BS EN 1992-1-1：2004（Design of concrete structures — Part 1-1：General rules and rules for buildings）和 FIB MC-2010（Model code for concrete structures）对套筒灌浆连接和浆锚搭接连接装配整体式实心剪力墙结构体系和预制柱-叠合梁框架结构的总体设计原则和构造要求进行了规定。此外，FIB 还编制了一系列与套筒灌浆连接、金属波纹管浆锚搭接连接、螺栓连接装配整体式混凝土实心剪力墙体系、双面叠合剪力墙体系以及装配整体式混凝土框架结构体系相关的技术报告，包括 FIB 27（Seismic design of precast concrete buildings，Lausanne）、FIB 43（Structural connections for precast concrete buildings）和 FIB 78（Precast concrete buildings in seismic areas）等，为装配整体式剪力墙结构体系和框架结构体系的推广应用提供了技术依据。

3）日本

日本有关装配整体式混凝土结构的技术标准/指南主要由日本建筑协会（Architectural Institute of Japan，AIJ）编制。其中，AIJ 2000（Draft of Japanese design guidelines for precast construction of equivalent monolithic reinforced concrete buildings）主要对套筒灌浆连接装配整体式实心剪力墙结构体系以及预制柱-叠合梁框架和后张预应力连接装配整体式框架结构体系提出了总体的设计规定。由日本装配整体式建筑协会（Japan Prefabricated Construction Supplicr and Manufactures Association，JPA）编制的设计指

南《壁式预制钢筋混凝土(W-PC)结构的设计》和《等同现浇预制混凝土(R-PC)结构的设计》中，分别对套筒灌浆连接装配整体式实心剪力墙结构体系和预制柱-叠合梁框架、装配整体式型钢混凝土框架结构体系的设计方法与构造措施给出了具体的规定与说明。

(4) 新西兰

新西兰的装配整体式混凝土结构应用较为广泛，其混凝土结构设计标准 NZS 1170.5-2004 (Structural design actions. Part 5: Earthquake actions) 和 NZS 3101-2006 (Concrete structures standard: Amendment 2)中包括了套筒灌浆连接和浆锚搭接连接装配整体式实心剪力墙结构体系以及预制柱-叠合梁框架结构体系的设计规定。此外，由新西兰混凝土协会(New Zealand Concrete Society，NZCS)和新西兰地震工程协会(New Zealand Society for Earthquake Engineering，NZSEE)资助坎特布雷大学先进工程研究中心(Centre for Advanced Engineering, University of Canterbury)编制的技术指南 *Guidelines for the use of structural precast concrete in buildings* 中，还对采用单排套筒灌浆连接和金属波纹管浆锚搭接连接的装配整体式实心剪力墙结构体系、环筋扣合锚接装配整体式实心剪力墙结构体系、现浇柱-叠合梁框架结构体系、预制柱-叠合梁框架结构体系、梁端后浇装配整体式框架结构体系等的设计方法和构造措施给出了详细的说明。

2.5 小结

1) 按照墙体构造的不同，装配整体式混凝土剪力墙结构体系主要分为预制实心剪力墙结构体系、叠合剪力墙结构体系和预制夹心保温剪力墙结构体系三大类。经合理设计的预制实心剪力墙、叠合剪力墙和预制夹心保温剪力墙均具有良好的抗震性能，其承载力、延性、耗能和刚度退化等均与现浇剪力墙相近，满足在抗震设防区推广应用的要求。

2) 按照节点核心区构造的不同，装配整体式混凝土框架结构体系主要分为现浇节点核心区预制混凝土结构体系和预制节点核心区预制混凝土框架结构体系两大类。总体而言，上述装配整体式混凝土框架结构具有与现浇混凝土框架结构“等同”的抗震性能。

3) 针对装配整体式混凝土剪力墙结构和框架结构体系，我国已在国家/行业标准和地方标准层面形成了较为完善的标准体系。美国、欧洲、日本和新西兰等国家和地区也制定了较为完善的装配整体式混凝土剪力墙结构和框架结构相关技术标准，对主要的装配整体式混凝土剪力墙结构和框架结构均给出了较为详细的设计规定。

本章参考文献

[1] Bachmann H, Alfred S. Precast concrete structures[M]. Berlin: Ernst & Sohn GmbH & Co. KG, 2011.

[2] 薛伟辰，王东方. 预制混凝土板、墙体系发展现状[J]. 工业建筑，2002，32(12)：57-60.

[3] 薛伟辰. 预制混凝土框架结构体系研究与应用进展[J]. 工业建筑，2002，32(11)：47-50.

[4] 吴子良. 钢筋套筒灌浆连接技术[J]. 住宅产业，2011，18(6)：59-61.

[5] 张微敬，钱稼茹，陈康，等. 竖向分布钢筋单排连接的预制剪力墙抗震性能试验[J]. 建筑结构，2011，41(2)：12-16.

[6] 薛伟辰，李志杰. 灾害作用下预制混凝土墙体试验研究[R]. 上海：同济大学土木工程学院，2014：129-161.

[7] 钱稼茹，韩文龙，赵作周，等. 钢筋套筒灌浆连接装配式剪力墙结构三层足尺模型子结构拟动力试验[J]. 建筑结构学报，2017，38(3)：26-38.

[8] 钱稼茹，杨新科，秦珩，等. 竖向钢筋采用不同连接方法的预制钢筋混凝土剪力墙抗震性能试验[J]. 建筑结构学报，2011，32(6)：51-59.

[9] 钱稼茹，彭媛媛，张景明，等. 竖向钢筋套筒浆锚连接的预制剪力墙抗震性能试验[J]. 建筑结构，2011，41(2)：1-6.

[10] 张微敬，钱稼茹，于检生，等. 竖向分布钢筋单排间接搭接的带现浇暗柱预制剪力墙抗震性能试验[J]. 土木工程学报，2012，45(10)：89-97.

[11] 薛伟辰，胡翔，牛培源. 高轴压比下预制混凝土剪力墙低周反复荷载试验研究[R]. 上海：同济大学，2016：26-126.

[12] 中华人民共和国住房和城乡建设部.装配式混凝土结构技术规程：JGJ 1-2014[S]. 北京：中国建筑工业出版社，2014.

[13] 中华人民共和国住房和城乡建设部.装配式混凝土建筑技术标准：GB/T 51231-2016[S]. 北京：中国建筑工业出版社，2017.

[14] 薛伟辰，胡翔，李阳. 螺旋箍筋约束浆锚搭接装配式混凝土剪力墙抗震性能试验研究[R]. 上海：同济大学土木工程学院，2016：29-79.

[15] Precast/Prestressed Concrete Institute (PCI). PCI design handbook：precast and prestressed concrete[M]. Chicago：The Donohue Group，Inc，2017.

[16] 陈云钢，刘家彬，郭正兴，等. 装配式剪力墙水平拼缝钢筋浆锚搭接抗震性能试验[J]. 哈尔滨工业大学学报，2013，45(6)：83-89.

[17] 吴东岳，梁书亭，郭正兴，等. 改进型钢筋浆锚装配式剪力墙压弯承载力计算[J]. 哈尔滨工业大学学报，2015，47(12)：112-116.

[18] 薛伟辰，杨佳林，胡翔. 预制混凝土夹心保温墙体试验与理论研究[R]. 上海：同济大学土木工程学院，2013：35-190.

[19] 薛伟辰，胡翔，徐志俊. 基于新型钢筋连接方案的预制混凝土剪力墙抗震性能试验研究[R]. 上海：同济大学土木工程学院，2016：23-99.

[20] 姜洪斌，陈再现，张家齐，等. 预制钢筋混凝土剪力墙结构拟静力试验研究[J]. 建筑结构学报，2011，32(6)：34-40.

[21] 郜晓峰. 预制混凝土剪力墙抗震性能试验及约束浆锚搭接极限研究[D]. 哈尔滨：哈尔滨工业大学，2012：15-85.

[22] 陈再现，姜洪斌，张家齐，等. 预制钢筋混凝土剪力墙结构拟动力子结构试验研究[J]. 建筑结构学报，2011，32(6)：41-50.

[23] 薛伟辰，古徐莉，胡翔，等. 螺栓连接装配整体式混凝土剪力墙低周反复试验研究 [J]. 土木工程学报，2014，47(增刊 2)：221-226.

[24] 薛伟辰，褚明晓，刘亚男，等.高轴压比下新型预制混凝土剪力墙抗震性能[J]. 哈尔滨工程大学学报，2018，39(3)：452-460.

[25] Peikko Oy. Tests on peikko wall connections [R]. Finland：Peikko Oy，2009：1-7.

[26] Semelawy M E，Damatty A E，Soliman A M. Novel anchor-jointed precast shear wall：testing and validation[J]. Structures and Buildings，2015，168(4)：263-274.

[27] Semelawy M E，Damatty A E，Soliman A M. Finite-element analysis of anchor-jointed precast structural wall system[J]. Structures and Buildings，2017，170(8)：543-554.

[28] 薛伟辰，胡翔，褚明晓. 螺栓连接预制混凝土剪力墙低周反复荷载试验研究[R]. 上海：同济大学土木工程学院，2018：33-94.

[29] 李宁波，钱稼茹，叶列平，等. 竖向钢筋套筒挤压连接的预制钢筋混凝土剪力墙抗震性能试验研究[J]. 建筑结构学报，2016，37(1)：31-40.

[30] 李宁波，钱稼茹，刘时伟，等. 部分竖向分布钢筋套筒挤压连接的预制剪力墙抗震性能试验研究[J]. 土木工程学报，2016，49(7)：36-48.

[31] 焦安亮，张鹏，李永辉，等.环筋扣合锚接连接预制剪力墙抗震性能试验研究[J]. 建筑结构学报，2015，36(5)：103-109.

[32] 焦安亮，张中善，郜玉芬，等. 装配式环筋扣合锚接混凝土剪力墙足尺子结构拟静力试验研究[J]. 世界地震工程，2017，33(4)：211-221.

[33] 刘家彬，陈云钢，郭正兴，等. 装配式混凝土剪力墙水平拼缝 U 形闭合筋连接抗震性能试验研究[J]. 东南大学学报(自然科学版)，2013，43(3)：565-570.

[34] 余志武，彭晓丹，国巍，等. 装配式剪力墙 U 形套箍连接节点抗震性能[J]. 浙江大学学报(工学版)，2015，49(5)：975-984.

[35] 薛伟辰，胡翔，蔡磊. 双面叠合混凝土剪力墙抗震性能试验研究[R]. 上海：同济大学土木工程学院，2015：14-79.

[36] 薛伟辰，胡翔，俞鹏程. 低周反复荷载下双面叠合混凝土剪力墙试验研究[R]. 上海：同济大学土木工程学院，2018：14-130.

[37] 肖波，李检保，吕西林. 预制叠合剪力墙结构模拟地震振动台试验研究[J]. 结构工程师，2016，32(3)：119-126.

[38] 杨联萍，余少乐，张其林，等. 叠合面对叠合剪力墙极限承载力影响的数值分析[J]. 同济大学学报(自然科学版)，2016，44(12)：1810-1818.

[39] 连星，叶献国，王德才，等. 叠合板式剪力墙的抗震性能试验分析[J]. 合肥工业大学学报(自然科学版)，2009，32(8)：1219-1223.

[40] 种迅，万金亮，蒋庆，等. 水平拼缝部位增强叠合板式剪力墙抗震性能试验研究[J]. 工程力学，2018，35(4)：107-114.

[41] 张伟林，沈小璞，吴志新，等. 叠合板式剪力墙 T 型、L 型墙体抗震性能试验研究[J]. 工程力学，2012，29(6)：196-201.

[42] 潘陵娣，鲁亮，梁琳，等. 预制叠合墙抗剪承载力试验分析研究[C]. //第 18 届全国结构工程学术会议论文集. 第Ⅱ册，广州：广州大学，2008：116-121.

[43] 章红梅，吕西林，段元锋，等. 半预制钢筋混凝土叠合墙(PPRC-CW)非线性研究[J]. 土木工程学报，2010，43(增刊 2)：93-100.

[44] 张微敬，钱稼茹，孟涛，等. 带现浇暗柱的预制圆孔板剪力墙抗震性能试验研究[J]. 建筑结构学报，2009，30(增刊 2)：47-51.

[45] 张微敬，孟涛，钱稼茹. 预制圆孔板剪力墙非线性有限元分析[J]. 建筑结构，2010，40(1)：15-18.

[46] PCI Committee on Precast Sandwich Wall Panels. State of the art of precast/prestressed concrete sandwich wall panels [J]. PCI Journal，1997，42(2)：92-134.

[47] PCI Committee on Precast Sandwich Wall Panels. State of the art of precast/prestressed concrete sandwich wall panels [J]. PCI Journal，2011，56(2)：131-176.

[48] 杨佳林，秦桁，刘国权，等. 板式纤维塑料连接件力学性能试验研究[J]. 塑料工业，2012，40(8)：69-72.

[49] 薛伟辰，付凯，李向民. 预制夹芯保温墙体 FRP 连接件抗剪性能加速老化试验研究[J]. 建筑结构，2012，42(7)：106-108.

[50] 薛伟辰，杨佳林，董年才，等. 低周反复荷载下预制混凝土夹心保温剪力墙的试验研究[J]. 东南大学学报(自然科学版)，2013，43(5)：1104-1110.

[51] 朱永明，杨佳林，薛伟辰. 四边简支预制混凝土无机保温夹心墙体静力性能试验研究[J]. 混凝土与水泥制品，2013(8)：58-61.

[52] 薛伟辰，徐亚玲，朱永明，等. 新型预制混凝土无机保温夹心墙体开发及其热工性能研究[J]. 混凝土与水泥制品，2013(8)：55-57.

[53] 钱稼茹，宋晓璐，冯葆纯，等. 喷涂混凝土夹心剪力墙抗震性能试验研究及有限元分析[J]. 建筑结构学报，2013，34(10)：12-23.

[54] 宋晓璐，钱稼茹，冯葆纯，等. 小剪跨比喷涂混凝土夹芯剪力墙抗震性能试验研究[J]. 工业建筑 ,2014，44(7)：16-20.

[55] 王滋军，刘伟庆，魏威，等. 钢筋混凝土水平拼接叠合剪力墙抗震性能试验研究[J]. 建筑结构学报，2012，33(7)：147-155.

[56] 王滋军，刘伟庆，卢吉松，等. 钢筋混凝土无洞叠合剪力墙低周反复荷载试验[J]. 南京工业大学学报(自然科学版)，2011，33(6)：5-11.

[57] 王滋军，刘伟庆，叶燕华，等. 钢筋混凝土开洞叠合剪力墙抗震性能试验研究[J]. 建筑结构学报，2012，33(7)：156-163.

[58] 王滋军，刘伟庆，翟文豪，等. 新型预制叠合剪力墙抗震性能试验研究[J]. 中南大学学报(自然科学版)，2015，46(4)：1409-1419.

[59] 王滋军，李向民，王宇，等. 带有约束边缘构件的预制叠合剪力墙抗震性能试验研究[J].

中南大学学报(自然科学版)，2016，47(8)：2759-2767.

[60] Xue W C, Yang X L. Tests on half-scale, two-story, two-bay, moment-resisting hybrid concrete frames[J]. ACI Structural Journal, 2009, 106(5): 627-635.

[61] Park R, Bull D K. Seismic resistance of frames incorporating precast prestressed concrete beam shells[J]. PCI Journal, 1986, 31(4): 54-93.

[62] 薛伟辰，杨新磊，王蕴，等. 现浇柱叠合梁框架节点抗震性能试验研究[J]. 建筑结构学报，2008，29(6)：9-17.

[63] Xue W C, Yang X L. Seismic tests of precast concrete, moment-resisting frames and connections [J]. PCI Journal, 2010, 55(3): 102-121.

[64] Xue W C, Zhang B. Seismic Behavior of hybrid concrete beam-column connections with composite beams and cast-in-place columns [J]. ACI Structural Journal, 2014, 111(3): 617-628.

[65] Xue W C, Yang X L. Tests on 1/4-scale six-story two-bay hybrid concrete moment-resisting frames under lateral loading [J]. Advances in Structural Engineering, 2016, 19(2): 341-352.

[66] 黄远，张锐，朱正庚，等. 现浇柱预制梁混凝土框架结构抗震性能试验研究[J]. 建筑结构学报，2015，36(1)：44-50.

[67] 陈适才，闫维明，王文明，等. 大型预制混凝土结构梁-柱-叠合板边节点抗震性能研究[J]. 建筑结构学报，2011，32(6)：60-67.

[68] 柳旭东，王东辉，刘帅，等. 装配式梁柱边节点抗震性能试验研究[J]. 建筑结构，2016，46(10)：87-90.

[69] 薛伟辰，张斌，胡翔. 预制柱叠合梁框架抗震性能试验研究[R]. 上海：同济大学土木工程学院，2012：31-90.

[70] 张微敬，王桂洁，张晨骋，等. 钢筋机械连接的装配式框架抗震性能试验研究与有限元分析[J]. 土木工程学报，2019，52(5)：47-58.

[71] 袁鑫杰，李易，陆新征，等. 湿式连接装配式混凝土框架抗连续倒塌静力试验研究[J]. 土木工程学报，2019，52(12)：46-56.

[72] 赵斌，吕西林，刘海峰. 预制高强混凝土结构后浇整体式梁柱组合件抗震性能试验研究[J]. 建筑结构学报，2004，25(6)：22-28.

[73] 刘璐，黄小坤，田春雨，等. 配置大直径大间距 HRB500 高强钢筋的装配整体式钢筋混凝土框架节点抗震性能试验研究[J]. 建筑结构学报，2016，37(5)：247-254.

[74] 薛伟辰，胡翔，任栋升，等. 预制高强混凝土框架结构抗震性能研究[R]. 上海：同济大学土木工程学院，2017：43-102.

[75] 代领杰，胡翔，薛伟辰. 一种新型预制混凝土框架节点简介及其受力性能探讨[J]. 施工技术，2017，46(4)：6-8.

[76] 薛伟辰，胡翔，孙哲. 新型预制混凝土框架柱抗震性能试验研究[R]. 上海：同济大学土木工程学院，2015：31-72.

[77] 薛伟辰，胡翔，代领杰. 螺栓连接预制混凝土框架结构抗震性能试验研究[R]. 上海：同济大学土木工程学院，2017：37-140.

[78] Alcocer S M，Carranza R，Perez-Navarrete D，et al. Seismic tests of beam-to-column connections in a precast concrete frame[J]. PCI Journal，2002，47(3)：70-89.

[79] Ertas O，Ozden S，Ozturan T. Ductile connections in precast concrete moment resisting frames[J]. PCI Journal，2006，51(3)：66-76.

[80] Im H J，Park H G，Eom T. Cyclic loading test for reinforced-concrete-emulated beam-column connection of precast concrete moment frame [J]. ACI Structural Journal，2013，110(1)：115-125.

[81] Eom T S，Park H G，Hwang H J，et al. Plastic hinge relocation methods for emulative PC beam-column connections [J]. Journal of Structural Engineering，2016，142(2)：1-13.

[82] Yuksel E，Karadogan H F，Bal I E，et al. Seismic behavior of two exterior beam-column connections made of normal-strength concrete developed for precast construction [J]. Engineering Structures，2015，99：157-172.

[83] 薛伟辰，胡翔，张力，等. 预制异形柱混凝土框架结构抗震性能研究[R]. 上海：同济大学土木工程学院，2014：31-56.

[84] 薛伟辰，胡翔，孙岩波，等. 预制型钢混凝土框架结构抗震性能研究[R]. 上海：同济大学土木工程学院，2017：38-108.

[85] 侯光荣，王绪续，吕娜娜，等. 新型装配式部分型钢混凝土框架梁柱节点抗震性能试验研究[J]. 建筑结构，2018，48(7)：27-32.

[86] Choi H K，Choi Y C，Choi C S. Development and testing of precast concrete beam-to-column connections[J]. Engineering Structures，2013，56(Supplement C)：1820-1835.

[87] 蔡建国，冯健，王赞，等. 预制预应力混凝土装配整体式框架抗震性能研究[J]. 中山大学学报(自然科学版)，2009，48(2)：136-140.

[88] 蔡建国，赵耀宗，朱洪进，等. 预制混凝土框架中节点抗震性能的试验研究[J]. 四川大学学报(工程科学版)，2010，42(S1)：113-118.

[89] 于建兵，郭正兴. 钢绞线锚入式预制装配混凝土框架节点抗震试验研究[J]. 东南大学学报(自然科学版)，2017，47(4)：760-765.

[90] 于建兵，石灿，郭正兴，等. 芯梁增强装配式混凝土框架节点抗震性能试验研究[J]. 建筑结构学报，2018，39(S2)：59-64.

[91] 薛伟辰，胡翔，廖显东，等. 预制预应力混凝土框架结构抗震性能研究[R]. 上海：同济大学土木工程学院，2015：49-132.

[92] Hu X，Xue W C，Qi D Q. Experimental studies on precast post-tensioned concrete connections with composite beams and multi-story precast columns [J]. Magazine of Concrete Research，2020，72 (24)：1260-1275.

[93] Centre for Advanced Engineering (CAE). Guidelines for the use of structural precast

concrete in buildings[M]. Christchurch：Wickliffe Press，1999.

[94] 刘桐，陈娟，刘友忠，等. 基于水泥基复合材料连接的装配式框架节点抗震性能试验研究[J]. 工业建筑，2017，47(11)：84-88.

[95] 罗青儿，王蕴，翁煜辉，等. 装配整体式钢筋混凝土框架梁柱节点的试验研究[J]. 工业建筑，2009，39(2)：80-83.

[96] 章一萍，隗萍，张春雷，等. 新型装配式混凝土框架结构后浇整体式梁柱节点研究[J]. 四川建筑科学研究，2017，43(3)：110-115.

[97] 刘洪涛，闫秋实，杜修力. 钢筋混凝土框架梁柱节点灌浆套筒连接抗震性能研究[J]. 建筑结构学报，2017，38(9)：54-61.

[98] Restrepo J I，Park R，Buchanan A H. Tests on connections of earthquake resisting precast reinforced concrete perimeter frames of buildings[J]. PCI Journal，1995，40(4)：44-61.

[99] Khoo J H，Li B，Yip W K. Tests on precast concrete frames with connections constructed away from column faces[J]. ACI Structural Journal，2006，103(1)：18-27.

[100] 李忠献，张雪松，丁阳. 装配整体式型钢混凝土框架节点抗震性能研究[J]. 建筑结构学报，2005，26(4)：32-38.

[101] Kulkarni S A，Li B. Investigations of seismic behavior of hybrid connections[J]. PCI Journal，2009，54(1)：67-87.

[102] 宋玉普，王军，范国玺，等. 预制装配式框架结构梁柱节点力学性能试验研究[J]. 大连理工大学学报，2014，54(4)：438-444.

[103] French C W，Amu O，Tarzikhan C. Connections between precast elements — failure outside connection region[J]. ASCE，Journal of Structural Engineering，1989，115(2)：316-340.

[104] 赵斌，吕西林，刘丽珍. 全装配式预制混凝土结构梁柱组合件抗震性能试验研究[J]. 地震工程与工程振动，2005，25(1)：81-87.

[105] 程蓓，苗小燕，徐建伟. 一种新型装配式混凝土框架结构连接节点试验研究[J]. 工业建筑，2015，45(12)：94-98+199.

[106] Bahrami S，Madhkhan M，Shirmohammadi F，et al. Behavior of two new moment resisting precast beam to column connections subjected to lateral loading[J]. Engineering Structures，2017，132(Supplement C)：808-821.

[107] Yekrangnia M，Taheri A，Zahrai S M. Experimental and numerical evaluation of proposed precast concrete connections[J]. Structural Concrete，2016，17(6)：959-971.

第3章 预制预应力混凝土装配整体式框架结构

3.1 引言

框架结构不仅是框架结构体系的主体承重结构，还是框架一剪力墙结构体系的重要抗侧力构件，主要由梁、柱及梁柱的连接节点组成。本章重点介绍预制预应力混凝土装配整体式框架结构的梁、柱和连接节点的构造，并结合试验分析构造的可靠性。

3.2 预制框架结构的连接构造

3.2.1 预制柱与基础连接

多层框架结构预制柱与基础的连接采用预留孔插筋法[1]（图 3-1）时，预制柱与基础的连接应符合下列规定：预留孔长度应大于柱主筋搭接长度；预留孔宜选用封底镀锌波纹管，封底应密实不应漏浆；管的内径不应小于柱主筋外切圆直径+10 mm；灌浆材料宜用无收缩灌浆料，1 天龄期的强度不宜低于 25 MPa，28 天龄期的强度不宜低于 60 MPa。

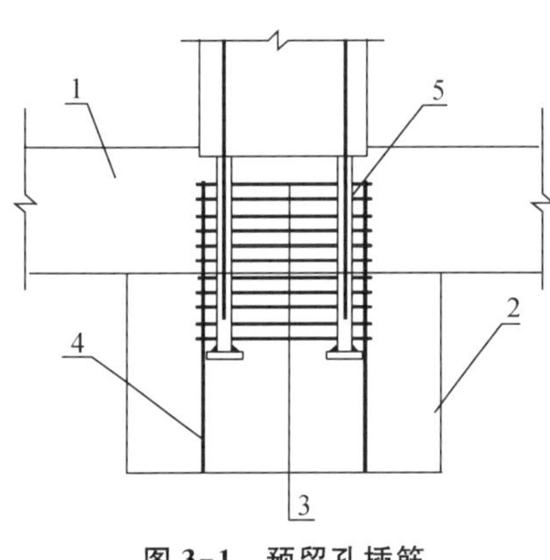

图 3-1 预留孔插筋

（1—基础梁；2—基础；3—箍筋；4—基础插筋；5—预留孔）

3.2.2 预制梁与预制柱连接

柱与梁的连接可采用键槽节点（图 3-2）。键槽的 U 形钢筋直径不应小于 12 mm、不宜大于20 mm。键槽内钢绞线弯锚长度不应小于210 mm，U 形钢筋的锚固长度应满足现行国家标准《混凝土结构设计规范》(GB 50010—2010)[2]规定。当预留键槽壁时，壁厚宜取 40 mm；当不预留键槽壁时，现场施工时应在键槽位置设置模板，安装键槽部位箍筋和 U 形钢筋后方可浇筑键槽混凝土。U 形钢筋在边节点处钢筋水平长度未伸过柱中心时不得向上弯折。当中间层边节点梁上部纵筋、U 形钢筋外侧端采用钢筋锚固板时（图 3-2f、i），应符合现行行业标准的相关规定。

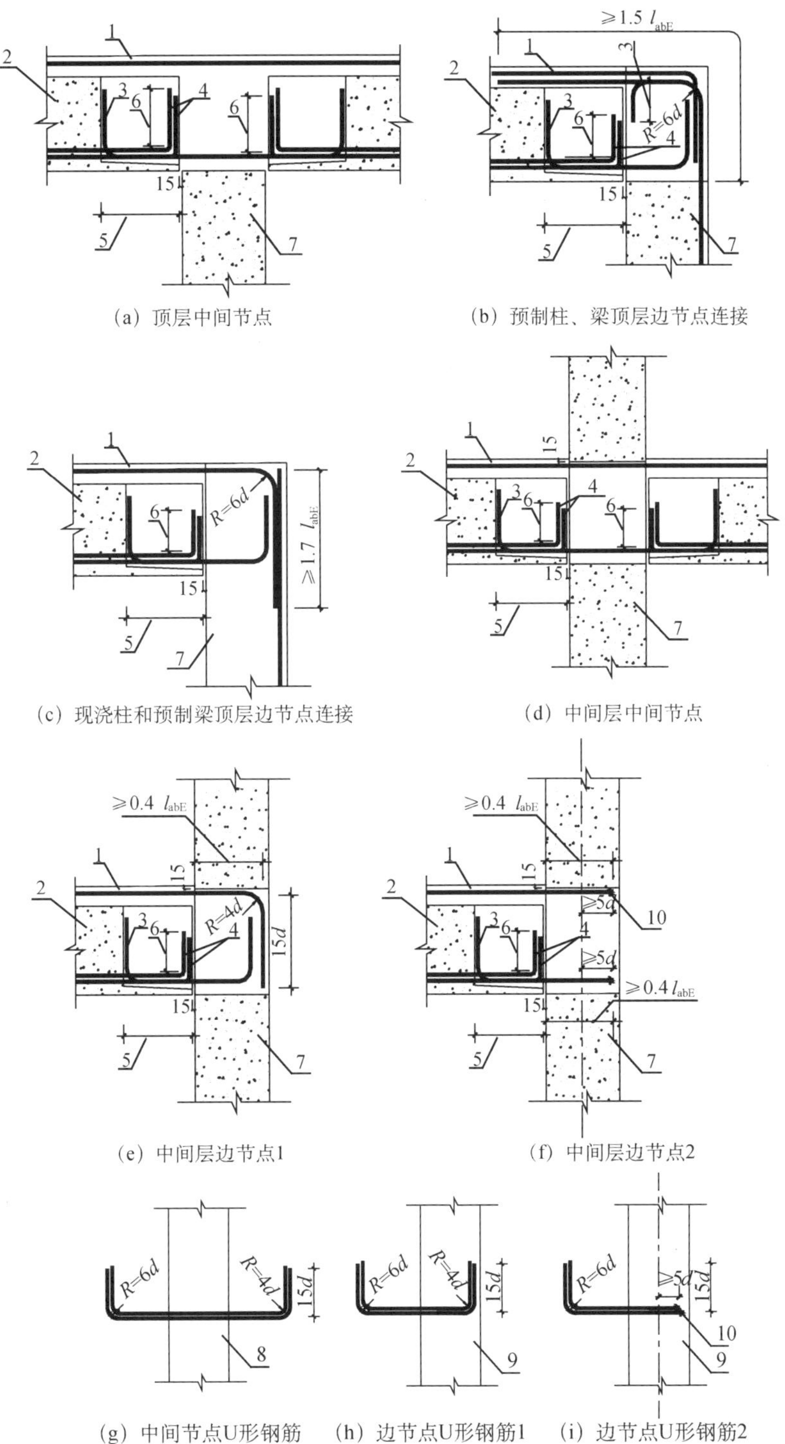

(a) 顶层中间节点　(b) 预制柱、梁顶层边节点连接

(c) 现浇柱和预制梁顶层边节点连接　(d) 中间层中间节点

(e) 中间层边节点1　(f) 中间层边节点2

(g) 中间节点U形钢筋　(h) 边节点U形钢筋1　(i) 边节点U形钢筋2

图 3-2　梁柱节点浇筑前钢筋连接构造图

1—叠合层；2—预制梁；3—U 形钢筋；4—预制梁中伸出、弯折的钢绞线；
5—键槽长度；6—钢绞线弯锚长度；7—框架柱；8—中柱；9—边柱；
10—钢筋锚固板；l_{abE}—受拉钢筋抗震锚固长度；R—U 形钢筋弯折半径(外侧 $6d$、内侧 $4d$)

3.3 预制柱与基础连接试验

3.3.1 试件设计与制作

试验旨在探讨配置直螺纹的套筒灌浆连接的预制混凝土柱在不同的纵筋配筋率、配箍率下的抗震性能[3]。采用北京建茂建设设备有限公司生产的灌浆直螺纹套筒，其构造如图 3-3 所示。

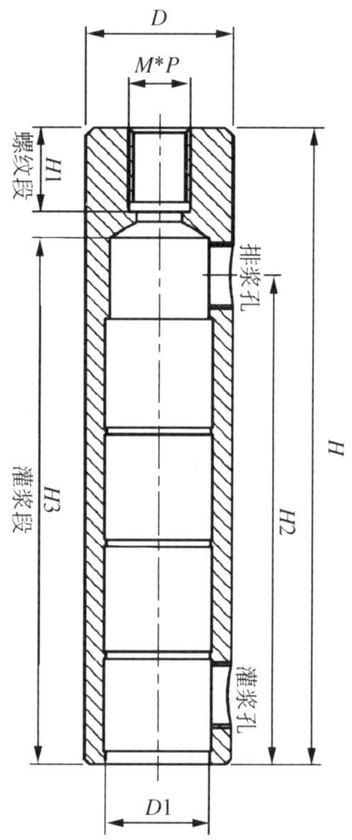

图 3-3 灌浆直螺纹套筒构造示意图

该套筒的连接形式不同于当前常用的灌浆套筒形式(套筒两端采用对称的灌浆连接形式连接两端钢筋)，通过设置于一端的直螺纹连接段实现与一端钢筋的机械连接，套筒另一端采用灌浆连接形式连接另一端钢筋。

1) 试件设计

试验采用低周反复荷载试验方法。试件截面采用对称配筋。试件参数见表 3-1，其中试件 KZ1、KZ2、KZ4 和 KZ5 为套筒灌浆连接柱，试件 KZ3 和 KZ6 为现浇柱，作为试验对照组。KZ1 试件的配筋见图 3-4。

表 3-1　试验试件参数

试件编号	混凝土	纵筋	设计轴压比	套筒端箍筋	套筒	纵筋配筋率(%)	布置套筒段体积配箍率(%)
KZ1	C40	8Φ20	0.8	ϕ10@50	CT20	2.05	0.68
KZ2	C40	8Φ20	0.8	ϕ10@100	CT20	2.05	0.34
KZ3	C40	8Φ20	0.8	ϕ10@100	—	2.05	0.33
KZ4	C40	4Φ20	0.8	ϕ10@50	CT20	1.03	0.62
KZ5	C40	4Φ20	0.8	ϕ10@100	CT20	1.03	0.31
KZ6	C40	4Φ20	0.8	ϕ10@100	—	1.03	0.32

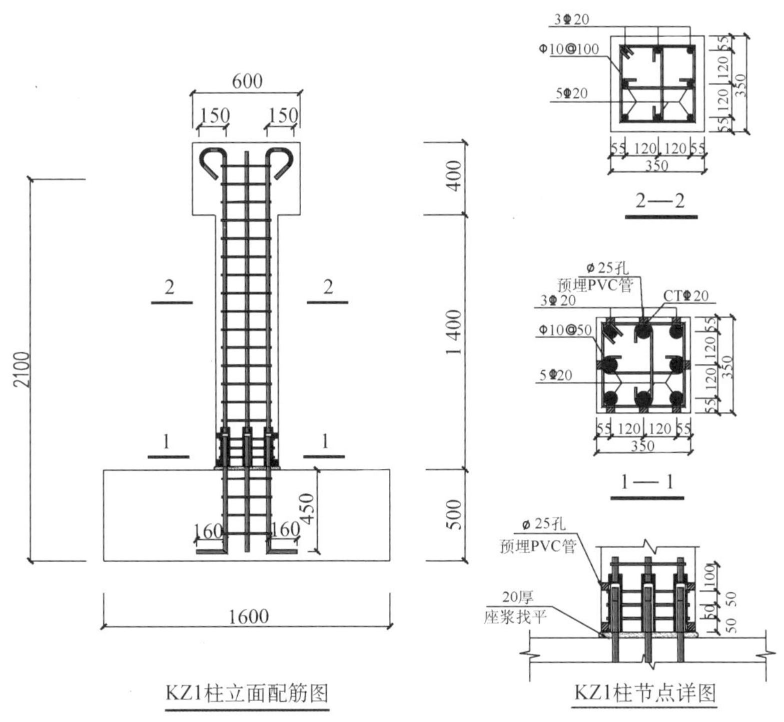

图 3-4　试件 KZ1 配筋图

2）套筒灌浆试件的制作

套筒灌浆试件的制作流程如图 3-5 所示。

图 3-5　套筒灌浆试件的制作流程

3.3.2　监测与加载制度

1）应变片布置

在连接处布置纵筋与箍筋应变片，应变片具体位置见图 3-6 和图 3-7（以 KZ1 和 KZ3 为例）。

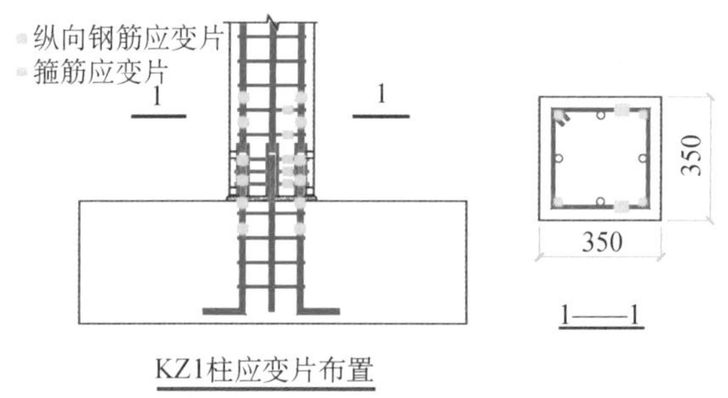

图 3-6　套筒灌浆连接柱应变片布置图

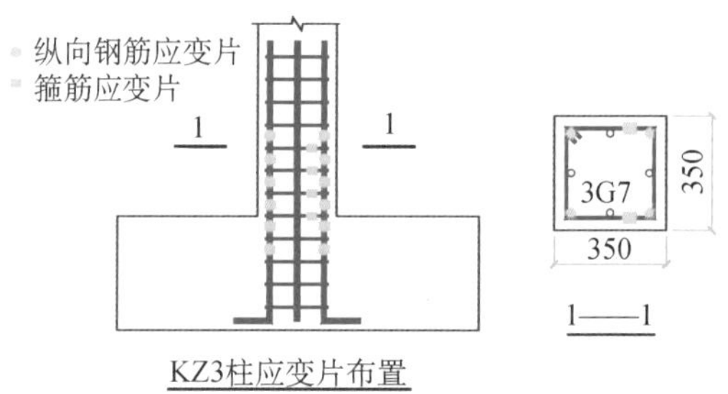

图 3-7　现浇柱应变片布置图

2）位移计布置

位移计布置如图 3-8 所示。位移计 1 布置于距离基础顶面 1 200 mm 处，用来测量柱在平面内水平位移和计算柱在面内的侧移角。位移计 2(3)布置于距离基础顶面 200 mm 处,用于测量连接面的变形(平面内侧移转角和可能发生的截面扭转)。位移计 4 布置在基础高度中心线处,用于测量基础水平位移。

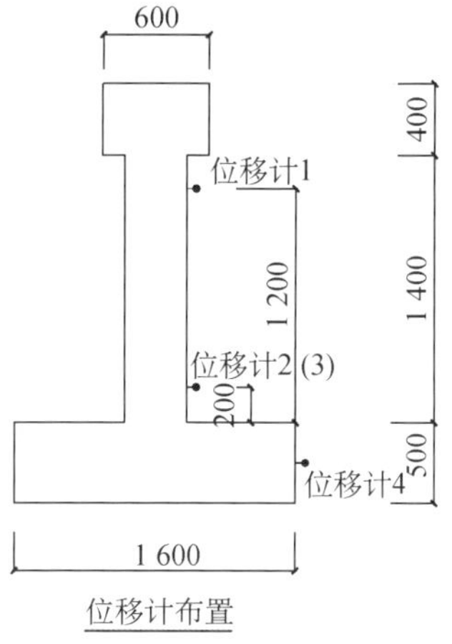

图 3-8 位移计布置图

3) 加载装置

低周反复荷载试验在苏交科集团股份有限公司结构实验室进行。试验加载装置如图 3-9 所示。MTS 作动器水平放置,作动头中线调整到与试件柱上梁的中线重合位置,试件地梁通过地锚锚固于刚性地面。试件轴压通过置于钢压梁上的穿心式液压千斤顶和钢绞线施加,为保证设计轴压比为 0.8,柱顶千斤顶共施加约 156 t 轴力。

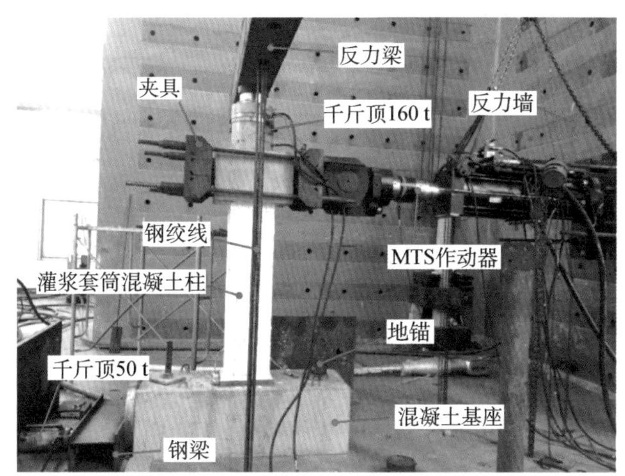

图 3-9 试验加载装置

4) 加载制度

正式开始试验之前,先在柱顶施加竖向压力,可取竖向荷载的 40%~60%,重复加载 2~3 次,以消除试件内部组织的不均匀性,随后加至满载并在试验中保持不变。同样水平反复荷载也需要进行预加载,先进行预加反复荷载两次,以消除试件内部的不均匀性和检查试验装置及各测量仪表的反应是否正常。预加反复荷载值不应超过开裂荷载计算值的 30%。正式开始试验之后,全程采用位移控制分级加载,如表 3-2 所示。试件屈服前采用级差为 1 mm 的分级加载,每个加载级循环一次,控制加载速度,寻找开裂位移和屈服位移。试件屈服后采用以试件屈服位移为级差的位移控制加载,每个加载级循环三次。试验进行到试件承载力下降到极限承载力的 80%左右时视为试件已经破坏并停止试验。试验过程中,应保持加载的连续性和均匀性,加载或卸载的速度应一致。

表 3-2　低周反复加载制度

加载级	循环次数	控制参数/mm	加载幅度/mm
1	1	1	1
2			2
≥3			≥3（直到获得屈服位移 Δ_y）
4	3	Δ_y	Δ_y
5			$2\Delta_y$
6			$3\Delta_y$
≥7			≥$4\Delta_y$（直到获得屈服位移 Δ_y）

3.3.3　试验现象和结果

1）侧移转角的计算

混凝土柱在水平力作用下产生侧移 Δ，由此产生的柱侧移角 θ 按式 3-1 进行计算。

$$\theta=\frac{\Delta}{h} \tag{3-1}$$

其中，h 为混凝土底座顶面到作动器中心线的距离。

2）滞回曲线和骨架曲线

图 3-10 到图 3-15 分别给出了 KZ-1～KZ-6 的 F-θ 滞回曲线和各试件与加载方向平行侧面的破坏状态。滞回曲线图中用红色标记出了试件在加载过程中的关键状态：产生初始裂缝（CR）、初始屈服（YD）、最大水平荷载（PK）和试件破坏（FL），破坏状态图中用红色加粗虚线表示了与套管顶端平齐的柱截面位置。从图中可看出角部混凝土发生剥落甚至劈裂破坏，从而显著削弱了柱子的承载能力，最终导致试件的破坏（承载力下降到峰值承载力的 80%及以下）。对比现浇柱和套筒灌浆连接柱，可以发现前者产生的裂缝更充分更密集，侧面说明前者在柱脚连接处产生的变形更大，变形能力更好。

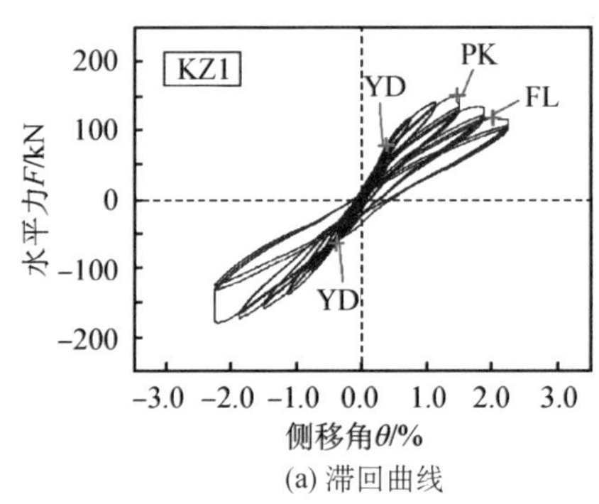

(a) 滞回曲线

(b)试件破坏状态

图 3-10　试件 KZ1

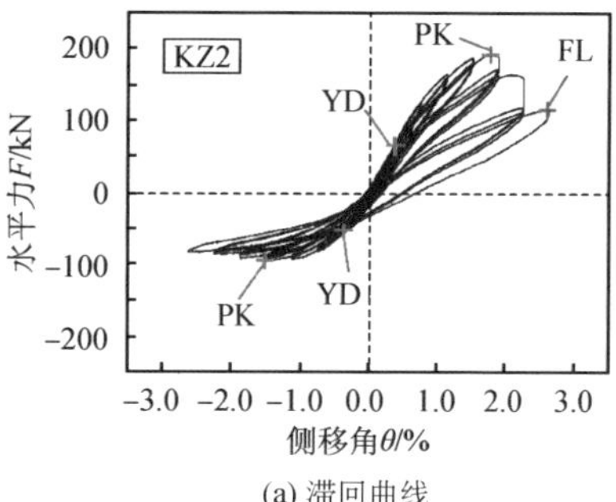

(a) 滞回曲线

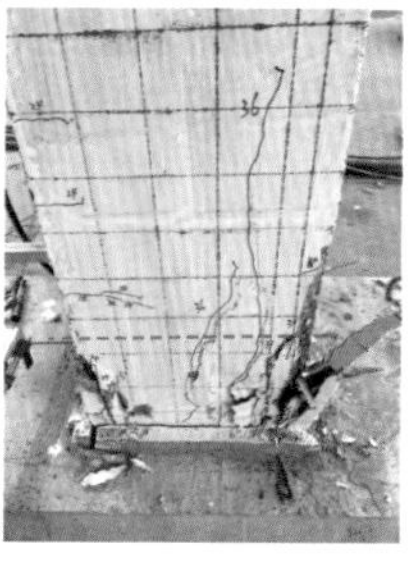

(b) 试件破坏状态

图 3-11　试件 KZ2

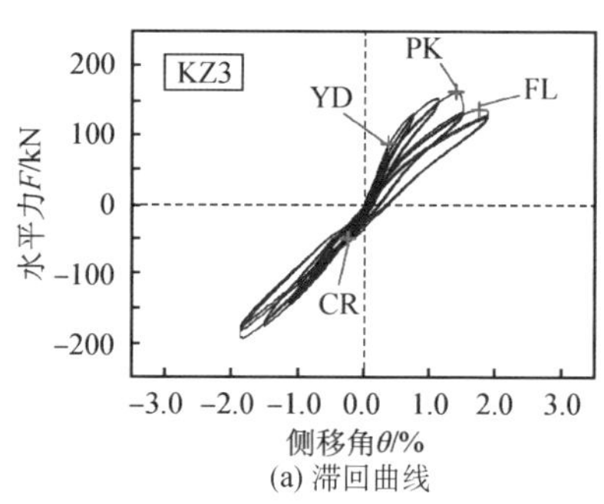

(a) 滞回曲线

(b) 试件破坏状态

图 3-12　试件 KZ3

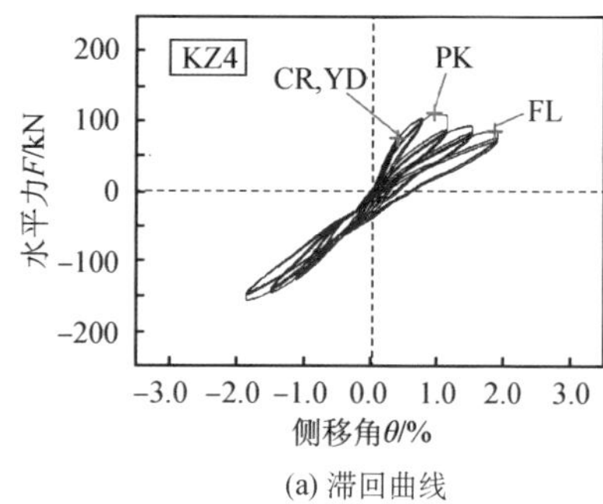

(a) 滞回曲线

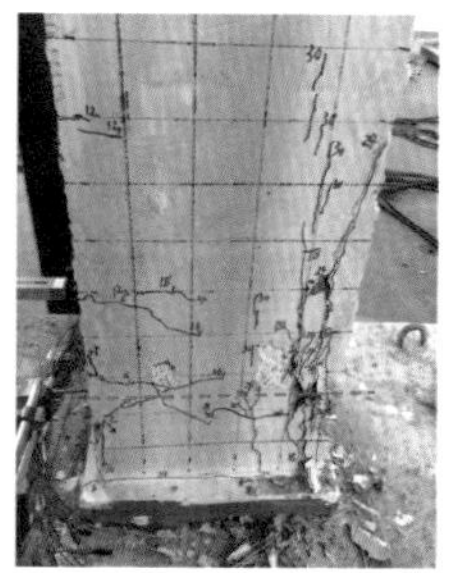

(b) 试件破坏状态

图 3-13　试件 KZ4

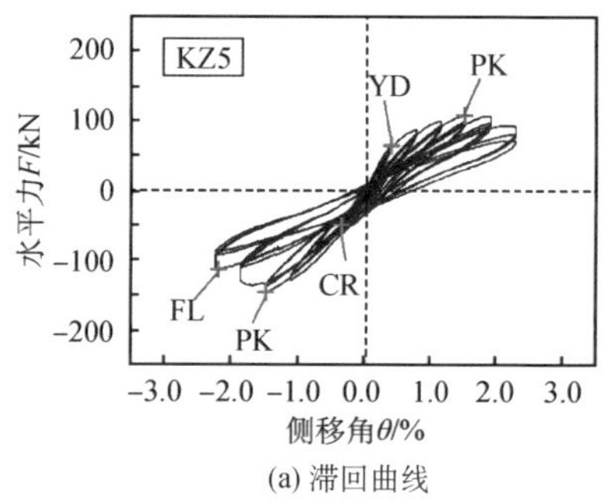

(a) 滞回曲线

(b) 试件破坏状态

图 3-14　试件 KZ5

(a) 滞回曲线　　(b) 试件破坏状态

图 3-15　试件 KZ6

图 3-16 比较了各试件的骨架曲线。根据图 3-10 至图 3-15 得到试件的屈服荷载和最大荷载,列入表 3-3 中。通过比较发现,套筒灌浆试件的承载能力(屈服荷载和极限荷载)比现浇试件小。在套筒灌浆试件中,在布置套筒段提高配箍率可以适当提高试件的承载能力(屈服荷载和最大荷载)。相比之下,提高纵筋配筋率显著地提高了试件的极限荷载,但只是略微地提高了试件的屈服荷载。

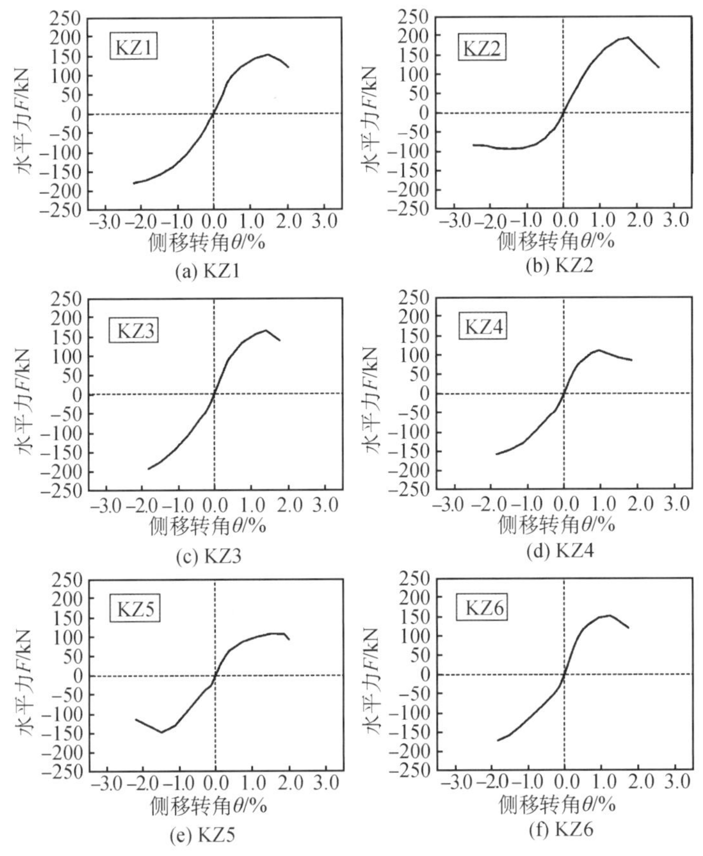

(a) KZ1　(b) KZ2　(c) KZ3　(d) KZ4　(e) KZ5　(f) KZ6

图 3-16　骨架曲线

观察图 3-10～图 3-15 还可以发现，在与套管顶端平齐的柱截面（红色加粗虚线表示）处，虽然产生了一些裂缝，但这些裂缝相对其余位置处的裂缝并不突出，显然该截面并不是试验中试件的控制截面。通过观察可知，试验中试件的极限承载能力由柱脚处角部混凝土决定，在反复荷载作用下，该处混凝土发生压溃和剥落甚至劈裂，严重削弱试件的承载能力。根据式 3-2 计算试件的初始刚度 k_θ。

$$k_\theta = \frac{F_y}{\theta_y} \tag{3-2}$$

其中，F_y 为试件的屈服荷载，θ_y 为对应 F_y 时的侧移角，计算结果列入表 3-3 中。根据表 3-3 可以发现，套筒灌浆连接试件的 k_θ 约为现浇试件的 60%～80%，且在布置套筒段提高配箍率可以显著提高 k_θ。需要注意的是，表中列出的数据显示配置有 8 根纵筋的试件组（KZ1、KZ2 和 KZ3）中试件的初始刚度比配置有 4 根纵筋的试件组（KZ4、KZ5 和 KZ6）中对应的试件分别低 6.5%、8.6% 和 9.9%。这样不合理的差距并不是因为配置有 8 根纵筋的试件本质上比配置有 4 根纵筋的试件的初始刚度低，而是由于试件 KZ4、KZ5 和 KZ6 的试验中均只在加载方向的正向观察到滞回曲线明显的屈服点（YD 点），故试件的初始刚度 k_θ 的计算只算了试件的正向刚度；而试件 KZ1 和 KZ2 在加载方向的正向和负向均观察到明显的屈服点（YD 点），其初始刚度 k_θ 取为正向和负向刚度的平均值。

表 3-3　初始刚度和承载能力

试件编号	初始刚度 k_θ ($\times 10^2$ kN/rad)	屈服荷载 F_y (kN)	极限荷载 F_u (kN)
KZ1	188.3	70.6	152.3
KZ2	157.5	59.1	143.8
KZ3	233.7	87.6	163.1
KZ4	201.2	75.5	111.4
KZ5	172.3	64.6	127.3
KZ6	259.5	81.1	151.4

表 3-4 列出了通过规范方法判断的试件的破坏类型，并将极限荷载规范值与实测值进行了比较。从各试件的极限荷载可以看到，配置有 8 根纵筋的试件（KZ1，KZ2 和 KZ3）的极限承载能力并不是配置有 4 根纵筋的试件（KZ4，KZ5 和 KZ6）的两倍，这一点与受弯构件有明显的不同。

表 3-4　破坏类型和极限承载能力规范值和实测值的比较

试件编号	规范方法判断的破坏类型	极限荷载规范值 $F_{u,0}$[1] (kN)	极限荷载实测值 F_u (kN)
KZ1	大偏心受压	146.5	152.3
KZ2	大偏心受压	136.8	143.8

续表 3-4

试件编号	规范方法判断的破坏类型	极限荷载规范值 $F_{u,0}$[1](kN)	极限荷载实测值 F_u(kN)
KZ3	大偏心受压	119.5	163.1
KZ4	大偏心受压	123.2	111.4
KZ5	小偏心受压	106.1	127.3
KZ6	小偏心受压	94.3	151.4

1:$F_{u,0}$按《混凝土结构设计规范》(GB 50010—2010)计算得到。

图 3-17～图 3-19 分别给出了 KZ2、KZ4 和 KZ5 在部分加载级第一周循环后的破坏状态。比较图 3-17 和图 3-19 可以发现，在最后一级加载级之前，在相同加载级下配置有 8 根纵筋的 KZ2 比配置有 4 根纵筋的 KZ5 的裂缝开展更少，破坏程度更小，承受了更小的变形。但在最后一级加载级中，柱脚角部混凝土剥落严重，释放大量能量。以上现象说明，提高纵筋配筋率增加了试件的刚度，减少了裂缝开展，试件破坏更趋于脆性。比较图 3-18 和图 3-19 可以发现，在相同的加载级下箍筋加密的 KZ4 比未加密的 KZ5 裂缝开展

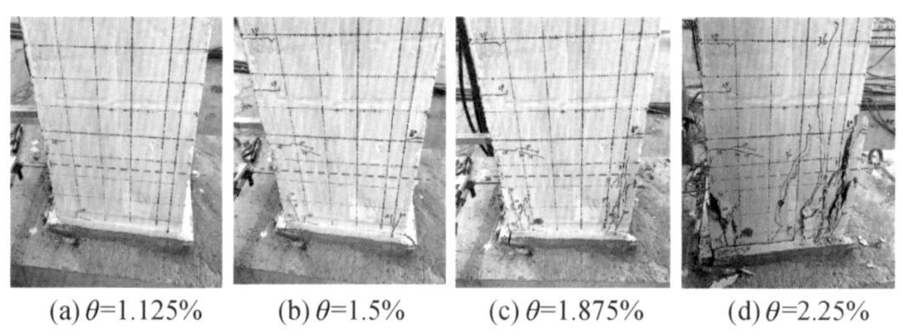

(a) θ=1.125%　(b) θ=1.5%　(c) θ=1.875%　(d) θ=2.25%

图 3-17　KZ2 部分加载级状态图

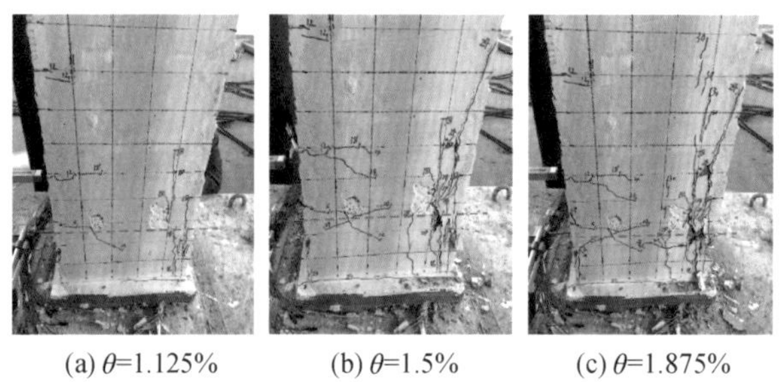

(a) θ=1.125%　(b) θ=1.5%　(c) θ=1.875%

图 3-18　KZ4 部分加载级状态图

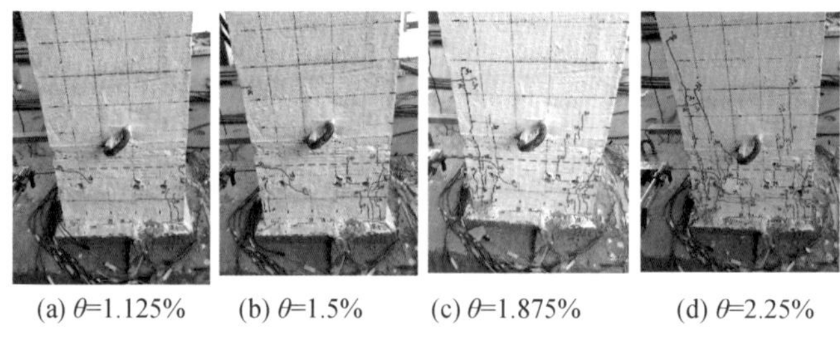

(a) θ=1.125%　(b) θ=1.5%　(c) θ=1.875%　(d) θ=2.25%

图 3-19　KZ5 部分加载级状态图

更早更多，但箍筋加密并没有起到抑制柱脚角部混凝土压溃和剥落的作用，KZ4 比 KZ5 更早发生柱脚角部混凝土的压溃和剥落，从而更早丧失承载能力，更早破坏。

此处需要说明的是，各试件的 $F-\theta$ 滞回曲线和骨架曲线都呈现出了一定的不对称性，这是由于试验过程中锚固不足，试件基座与地面之间发生了一定程度的滑动。但是这样的滑动并不会影响试件承载能力的实测值，仅会对试件变形能力的实测值有一定影响，由此影响对耗能能力的评估。试验结果的处理中，我们发现试件 KZ3、KZ4 和 KZ5 的滑移量最小（最大滑移控制在 2 mm 以内），故在对试件进行变形能力和耗能能力评估时，将仅基于上述三个试件的试验结果进行研究。

3）延性

采用侧移角延性系数来评估试件的延性，侧移角延性系数 μ_θ 按式 3-3 进行计算。

$$\mu_\theta=\frac{\theta_u}{\theta_y} \tag{3-3}$$

其中 θ_u 为构件破坏（承载力下降为极限荷载 80%）时对应的侧移角，计算结果列入表 3-5中。

从表 3-5 中可以看到，除 KZ3 和 KZ4 外，其余试件的延性系数均超过 5.0，套筒灌浆连接试件展现了和现浇试件相当的良好的变形能力。对于套筒灌浆连接试件，试件的水平侧移主要由柱的弯曲和刚性转动引起。一方面，预制装配技术使得结构在柱和基座交界处是不连续的，连接处受到削弱，由此减小了弯曲引起的变形。另一方面，刚性钢套筒的存在和箍筋的约束作用使得柱脚处的刚度增大，柱脚的刚性转动更加显著，从而加大了由此引起的水平侧移。两方面的此消彼长决定了试件的延性。比较 KZ1 和 KZ2、KZ4 和 KZ5 可以发现，在本次试验中加密柱脚处的箍筋反而减小了试件的延性，说明此时由弯曲变形减少产生的侧移值减小量超过了由刚性转动增大产生的侧移值增加量。比较 KZ1 和 KZ4、KZ2 和 KZ5 可以发现，提高纵筋配筋率可以提高试件的延性，说明此时由刚性转动增大产生的侧移值增加量超过了由弯曲变形减少产生的侧移值减小量。

表 3-5　侧移角延性系数

试件编号	屈服侧移角 θ_y（%）	极限侧移角 θ_u（%）	侧移角延性系数 μ_θ
KZ1	0.375	1.998	5.3
KZ2	0.375	2.183	5.8
KZ3	0.375	1.764	4.7
KZ4	0.375	1.653	4.4
KZ5	0.375	2.115	5.6
KZ6	0.3125	1.759	5.6

4）耗能能力

采用等效粘滞阻尼比 ζ_{eq} 来评价试件的耗能能力。等效粘滞阻尼比 ζ_{eq} 按公式 3-4 进行计算。

$$\zeta_{eq}=\frac{E_D}{4\pi E_{str}}=\frac{S_{(ABCDEA)}}{2\pi S_{(OBF+ODG)}} \tag{3-4}$$

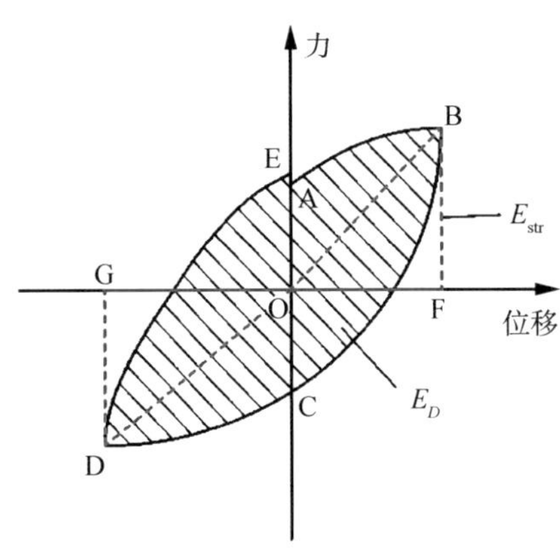

图 3-20 等效粘滞阻尼比计算示意图

其中 $E_D=S_{(ABC+CDE)}$ 为实际耗散能量，$E_{str}=0.5S_{(OBF+ODG)}$ 为对应粘弹性体系的应变能，$S_{(ABCDEA)}$ 为滞回环 $ABCDEA$ 包围的面积，$S_{(OBF+ODG)}$ 为 ΔOBF 和 ΔODG 包围面积之和，如图 3-20 所示。

试件 KZ3、KZ4 和 KZ5 的试验过程中基座与地面之间产生的滑动被控制在很小的范围内，此处我们认为对试件耗能能力的影响也很小，可以忽略不计。此处对上述三个试件的耗能能力进行分析，计算出的试件在各加载级的平均等效粘滞阻尼比如表 3-6 所示。

表 3-6 平均等效粘滞阻尼比

加载级侧移角 θ（%）	试件编号		
	KZ3	KZ4	KZ5
0.375	3.504	5.104	5.135
0.750	3.801	5.545	5.512
1.125	3.594	6.126	5.256
1.500	4.775	5.458	5.220
1.875	5.357	6.418	7.692
2.250	—	—	10.115

从表 3-6 中可以发现，套筒灌浆连接试件 KZ4 和 KZ5 的等效阻尼比明显比现浇试件 KZ3 大，说明前者表现出了比后者更好的耗能能力。在套筒灌浆连接试件中，KZ4 和 KZ5 在 0.375%～1.5%加载级时的阻尼比相当，当加载级达到 1.875%之后，两者开始表现出明显差异，由于 KZ4 比 KZ5 更早破坏，故在少一个加载级的情况下前者的耗能能力与后者相比有明显差距，这样的观察结果说明在塑性铰区提高配箍率反而削弱了试件的耗能能力。根据结果可知，KZ4 的延性和变形能力同样比 KZ5 更差，这说明试件的延性和变形能力与其耗能能力往往呈正相关关系。

3.3.4 试验结论

通过对上述 6 个试件的低周反复试验可以得到如下结论：所有试件的破坏都是由于在低周反复作用下柱脚角部的混凝土压溃和剥落导致；尽管灌浆套筒增加了柱脚处的柱截面刚度，但试件的塑性铰区仍然发生在布置套筒的柱段及其邻近区域；高轴压比下，试件的抗震性能可以接受，但并不优异；与现浇试件相比，套筒灌浆连接试件表现出了相近的延性和变形能力，但其承载能力较低；在满足规范配筋要求的情况下，在布置套筒段提高体积配箍率可以适当提高试件的屈服荷载和极限荷载；提高纵筋配筋率可以显著提高试件的极限荷载，同时其屈服荷载也略有增加；相比之下，提高纵筋配筋率是更为有效地提高承载能力的途径；提高纵筋配筋率增加了试件的刚度，减少了裂缝开展，试件破坏更趋于脆性；提高布置套筒段的体积配箍率使得裂缝开展更早更多，但并不会抑制柱脚角部混凝土压溃和剥落。

3.4 预制梁柱连接中节点试验

3.4.1 试件设计

对于节点抗震性能的研究，本次试验采用了最为简单的十字节点的形式，本着贴近实际，忠于实际的原则，试件的基本尺寸以及配筋情况采用应用世构体系的某实际工程的设计图纸，并在其基础上针对试验需要进行了相应的调整。

节点试件分别取梁截面尺寸为 250 mm × 450 mm，柱截面尺寸为 400 mm × 400 mm，梁和柱的长度均取反弯点之间的距离，每个梁段长 715 mm(15 mm 是出于现场吊装施工的需要)，柱长 1 850 mm，整个试件的长度和高度控制在试验架的容许范围之内。本次试验一共制作 3 个试件，根据键槽的长度对其进行命名：JC40、JC45、JC50。

世构体系的最大特色在于其节点构造，而其中的 U 形钢筋又占有很重的分量，所以对于 U 形钢筋的设计探索也是本次试验的重点工作。在竖向荷载作用下，由于梁柱交界处只存在负弯矩作用，所以 U 形钢筋其实起一个搭接钢筋的作用，对于节点的受力并没有太大的影响，但是当面临往复地震作用时，U 形钢筋锚固性能的好坏就会对节点的抗震性能产生很大的影响。本次试验中 U 形钢筋的直径 $d=18$ mm，曲率半径、竖直段尺寸及水平各段尺寸见图 3-21 所示。

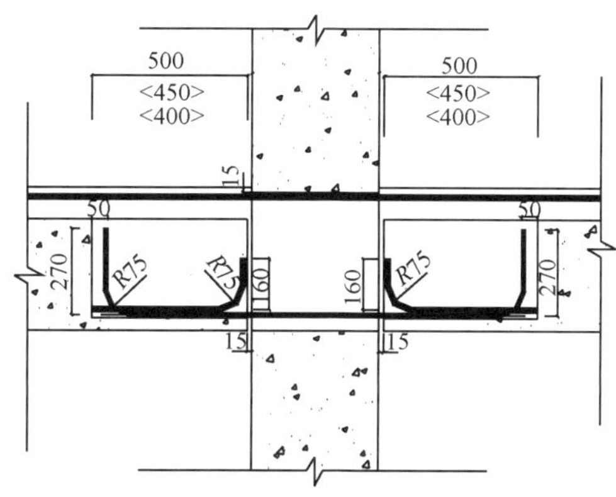

图 3-21　U 形钢筋各段尺寸示意

梁的上部纵向钢筋的直径为 18 mm。结构计算中梁中上下主筋的保护层厚度取 50 mm，键槽厚度根据实际生产的需要设计为 40 mm，梁中的预应力筋采用 1860 级钢绞线，直径为 12.7 mm，考虑到直接利用工厂所用模具可以更贴近实际生产，其保护层厚度取为 $a_p=67$ mm，柱主筋保护层厚度取为 25 mm，预制柱和预制梁及后浇叠合层的混凝土强度等级为 C40，键槽节点部分的强度等级为 C50，另外梁柱主筋及梁中 U 形钢筋采用 HRB400 级，箍筋都采用 HPB235 级。有关试验构件的配筋情况如图 3-21 及图3-22 所示。柱的设计轴压比为 0.3，柱顶的设计轴力为 850 kN。

此外为了避免梁端和柱端的应力集中引起局部破坏，在梁端和柱端都埋进了钢板，钢板上加焊钢筋来提高钢板与混凝土的咬合强度。钢板作为钢筋笼的一部分，在浇注混凝土后，可以与混凝土很好地黏结在一起。

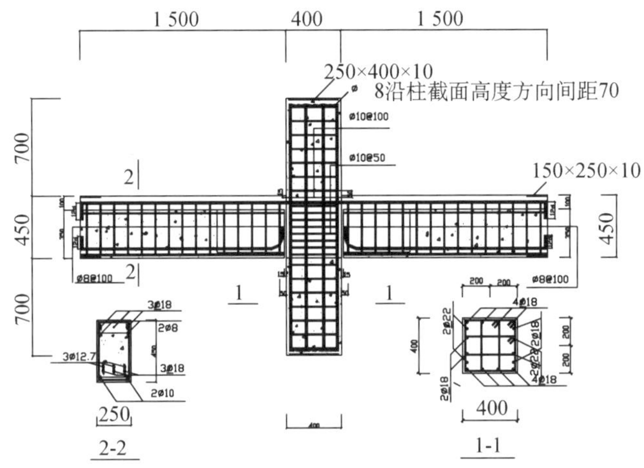

图 3-22 试验构件配筋示意

3.4.2 监测与加载制度

1）测点的布置

本次试验主要量测项目有加载端的位移、梁柱纵向钢筋的应变、U 形钢筋的黏结滑移、梁柱箍筋的应变、梁端塑性铰区的转角、节点核心区的剪切变形。

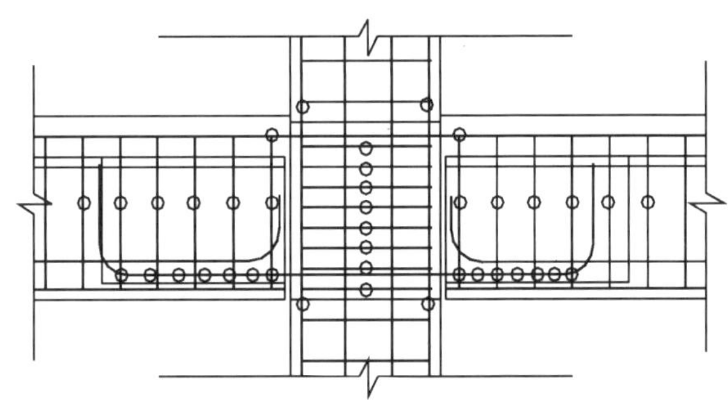

图 3-23 测点布置图

2）加载制度

本次试验采用拟静力试验方法，整个试验的过程可以结合图 3-24 进行说明。

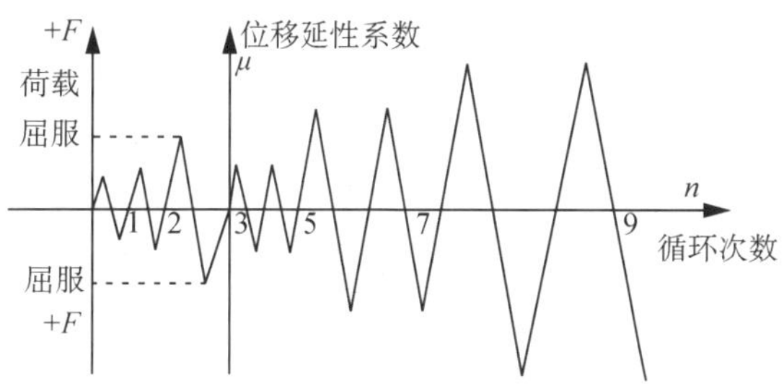

图 3-24　试验加载示意

图中横坐标为循环次数，前一个纵坐标表示力控制加载阶段的力值，后一个纵坐标为位移加载阶段的梁端位移延性系数，力控制加载阶段第 1-2 循环的加载值可分别取按材料实际强度计算的屈服荷载值的 30%和 50%，第 3 循环达到屈服，而后改用变形控制加载，按屈服位移的倍数逐级加载，每一级位移下反复两个循环直至破坏(规范说明是 2 到 3 个循环)。东南大学结构试验室采用的是钢桁架反力架，整个反力架通过与地槽螺栓连接形成反力装置，整个反力装置的移动均通过试验室吊车完成，试验架情况可参见图 3-25。

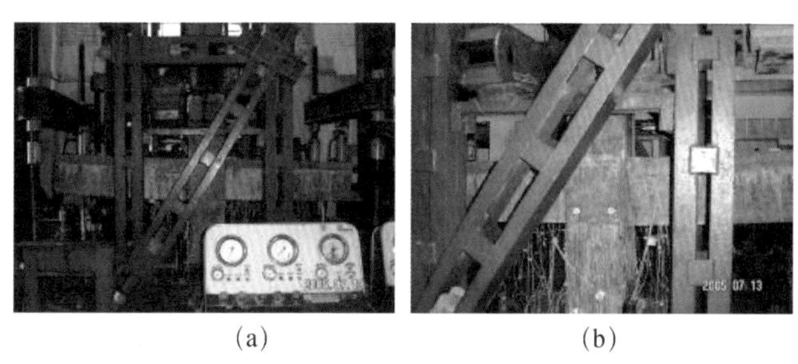

(a)　　(b)

图 3-25　试验架实拍图

3.4.3　试验现象与结果

1）试验现象

JC50 是最先进行试验的试件，施加了第一级荷载 25 kN 后经过一个循环，梁端即与柱面交接处出现了一个肉眼可见的微小裂缝，此处是键槽与柱面交界之处，和计算开裂荷载(梁上 20.77 kN，梁下 25.11 kN)甚为接近，定为实测开裂荷载。随着荷载的增加，裂缝的长度开始增长，宽度也在扩大，邻近段的竖向裂缝越来越多，但是整个节点对角区未出现任何异常。在加载到 2Δ 第一个循环时，在梁端上下表面混凝土出现了少许的脱落，第二个循环时节点区出现了两条交叉裂缝(图 3-26a)。当加载到 3Δ 第一个循环时，梁端上下表面出现了大块的脱落(图 3-26b)，加载到 3Δ 第二个循环时发现 U 形钢筋的末端出现了滑移产生的裂缝(图 3-26c),当加载到 4Δ 第二个循环时在键槽远离节点的一端处 U 形钢筋出现了严重的滑移以致该处的滑移裂缝进一步扩大,甚至键槽表面出现了上鼓的现象(图 3-26d)。整个试验过程中,柱子未出现任何破坏,甚至未发现有裂缝产生,节点的两个交叉裂缝在后期并未作扩展态,由于在 4Δ 第一个循环时,加载的下降段已经出现,试验也于此阶段宣告结束。

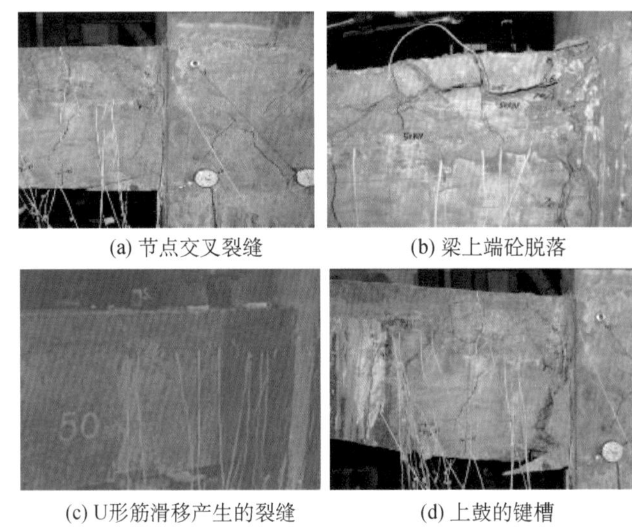
(a) 节点交叉裂缝　(b) 梁上端砼脱落
(c) U形筋滑移产生的裂缝　(d) 上鼓的键槽

图 3-26　J50 加载过程现象

在整个试验结束后,我们将试件的键槽表面混凝土层敲开观察 U 形钢筋的黏结滑移破坏情况,发现 JC50 的 U 形钢筋在施工过程中由于未做严格可靠的定位处理致使 U 形钢筋的有效混凝土握裹面积不足(参见图 3-27),这是黏结滑移破坏比较严重的原因。

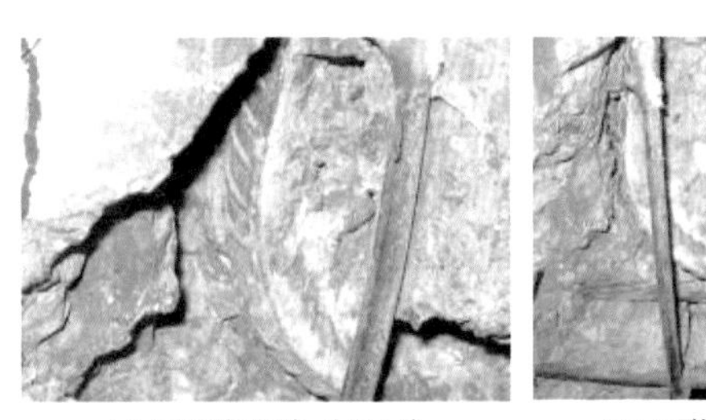
(a) U形筋末端（近景）

(b) U形筋末端（远景）

图 3-27　J50 试件 U 形钢筋黏结破坏现象

其次进行试验的是 JC45 试件。为了考察试件的开裂情况,特于荷载控制循环阶段增加开裂荷载的 30%作为控制荷载循环两次,施加了第二级荷载 25 kN 后经过一个循环,同样还是在梁端与柱面交接处出现了一条微小裂缝。随着荷载的增加,裂缝的长度开始增加,宽度也在扩大,邻近段的竖向裂缝也越来越多,此次梁端上下表面混凝土的脱落现象出现得较早,后期的情况基本与 JC50 一致,只是 JC45 节点键槽处未出现任何裂缝,也未出现因U形钢筋的黏结滑移破坏引起的裂缝。同样在整个试验过程中，节点和柱子未出现任何破坏，没有发现有裂缝产生。

最后进行的是JC40试件。与前两个试件一样在25 kN第一个循环，在梁端与柱面交接处出现了一条微小裂缝。随着荷载的增加，裂缝的长度开始增加，宽度也在扩大，邻近段的竖向裂缝也越来越多，后期的情况与前两个试件一样。在整个试验过程中，节点和柱子未出现任何肉眼可见的破坏，也没有发现裂缝产生。不过JC40因U形钢筋的黏结滑移破坏引起的裂缝出现得很早，大约是在1Δ第二个循环时就已经出现(图3-28a)，并且在3Δ第一个循环时，出现了U形钢筋被拔出的锚固破坏现象。试验结束后对键槽凿开后观察，发现U形钢筋的定位同样出现了问题，以致在节点浇捣中出现了偏位现象，相应的混凝土握裹面积不足(图3-28b)。

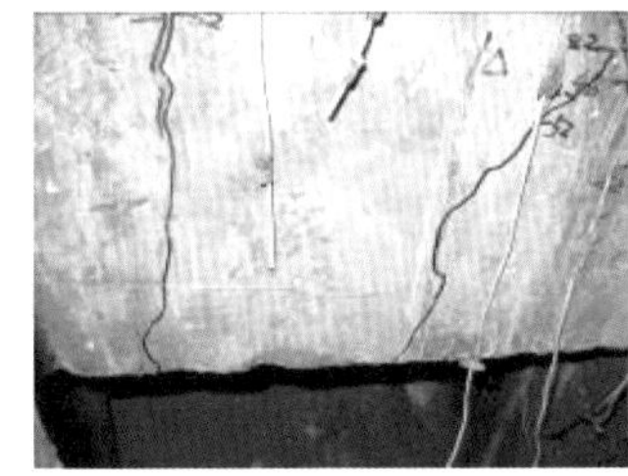
(a) 键槽末端的裂缝

(b) U形筋定位底部示意

图3-28　J40试件加载破坏试验现象

各个试件试验中的开裂荷载和屈服荷载位移实测值见表3-7。

表3-7　开裂荷载和屈服荷载位移实测值

节点类型	开裂荷载	屈服荷载	屈服位移
JC50	25 kN	80.00 kN	15.5 mm
JC45	26 kN	83.75 kN	15.4 mm
JC40	24 kN	85.15 kN	14.3 mm

2）滞回曲线分析

根据试验结果得到的各个试件的梁端荷载—位移的滞回曲线所反映出的抗震性能作详细的评价。

(1) JC50

JC50试件在大约35 kN第一循环正向加载时仍然保持较好的线弹性，耗能能力很小，到反向加载结束后，滞回曲线形成了较为饱满的梭形滞回环，这种情况一直延续到2Δ第二个循环结束，到3Δ第一个循环才开始出现反S形滞回环，直到破坏都未出现耗能极差的Z形滞回环，试件破坏时的滞回环说明大部分能量的损耗是靠试件的塑性发展提供的，黏结滑移只占了其中很小的一部分。

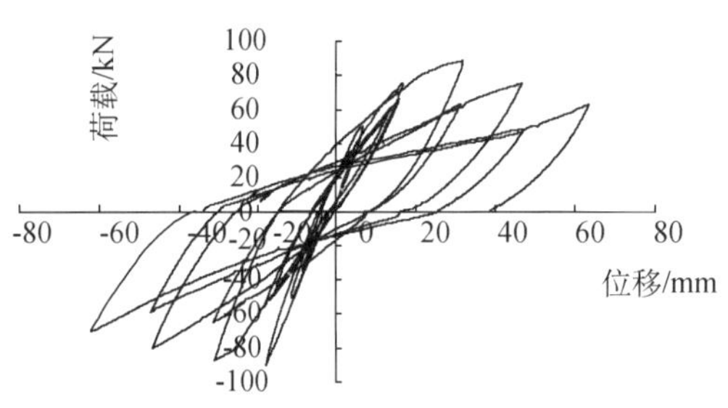

图 3-29　JC50 试件的滞回曲线

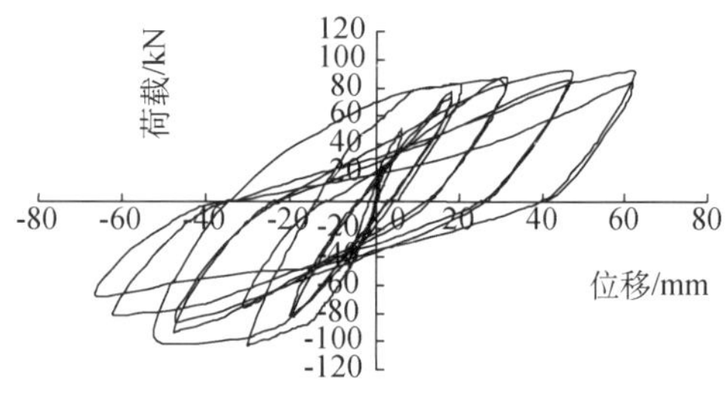

图 3-30　JC45 试件的滞回曲线

(2) JC45

从试验得到的滞回曲线来看，在第一阶段加载时，构件几乎处于完全弹性阶段，到了 25 kN 的加载阶段开始出现了梭形的滞回曲线，但是由于这时试件的塑性发展不是很明显，滞回曲线上反映出的耗能能力并不明显，直到 1Δ 以后的阶段滞回曲线才开始丰满起来，整个试件的试验过程很顺利，直到最后才出现了一点反 S 的迹象。

(3) JC40

JC40 的试验加载过程和 JC45 基本一致，从试验得到的滞回曲线来看，JC40 表现出的耗能能力不尽如人意，主要体现在黏结滑移情况的过早出现而且发生的程度较为严重，在 2Δ 第二循环时已经出现严重的滑移，此时的滞回曲线出现明显的反 S 形迹象，在 3Δ 第一个循环反向加载时出现了严重的钢筋滑移，U 形钢筋被拔出，试验因此结束。JC40 试验的结束和前面两个试件不一样，属于非正常结束。

通过对滞回曲线形状变化的分析，我们发现如果控制好 U 形钢筋在大位移下的滑移，整个世构体系节点的耗能能力相当好，三个试件的各滞回环均未出现严重的捏缩现象。

3) 骨架曲线

如果将三个试件的骨架曲线放在一起可得图 3-32。在第一象限，JC45 构件的延性明显要比 JC50 和 JC40 好，当然后两者在构件制作上有一定缺陷。相比较来看，三者的屈服荷载及极限荷载差别不大，这说明搭接长度的长短对承载力没有太大的影响(前提是不出现严重的黏结滑移破坏)。

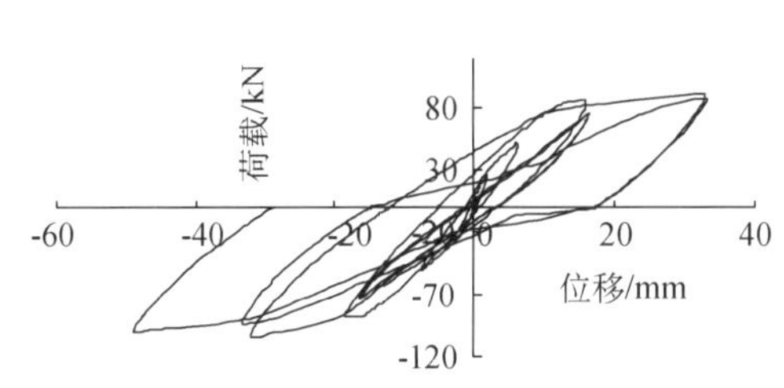

图 3-31　JC40 试件的滞回曲线

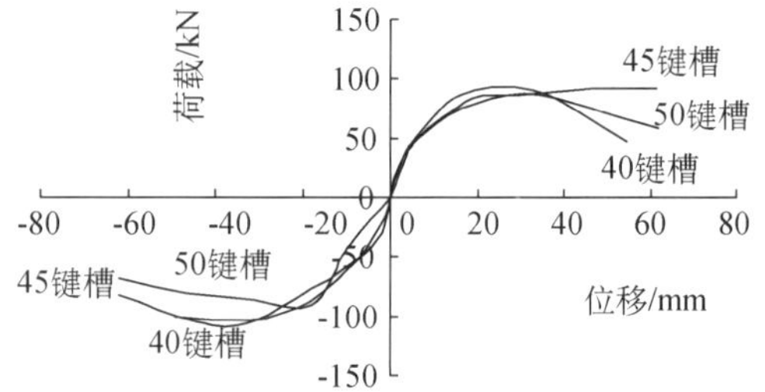

图 3-32　骨架曲线汇总

4) 强度退化和刚度退化

结构的退化性质反映了结构累积损伤的影响，是结构动力性能的重要特点之一。下面引入两个系数来评价结构的退化性质。

(1) 强度退化

试件的强度退化可以用承载力降低系数 λ_i 来衡量，承载力降低系数的计算式如下：

$$\lambda_i = Q_{j,\max}^{i} / Q_{j,\max}^{1} \tag{3-5}$$

式中，$Q_{j,\max}^{i}$ 为位移延性系数为 j 时，第 i 次加载循环的峰值点荷载值；$Q_{j,\max}^{1}$ 为位移延性系数为 j 时，第 1 次加载循环的峰值点荷载值。

图 3-33 表示出三个节点的强度退化情况。三个试件均是于位移加载至 2Δ 时达到其极限承载力，而且后期降低较慢，由于 JC40 在 3Δ 第一个循环出现了锚固破坏，所以其后期的强度退化情况无法考察。总的来看三个试件中仍然是 JC45 的表现最好，JC40 最差，JC50 介于两者之间，这其实还是与后两者在施工中的 U 形钢筋定位问题有关，而 JC50 由于其锚固长度较大而消除了一部分影响。

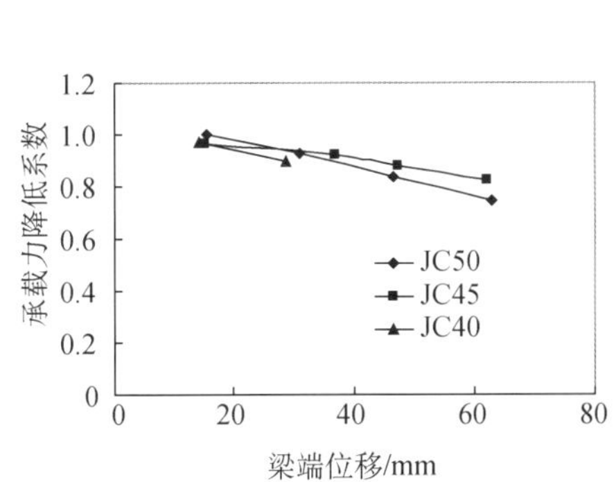

图 3-33　试验试件强度退化示意

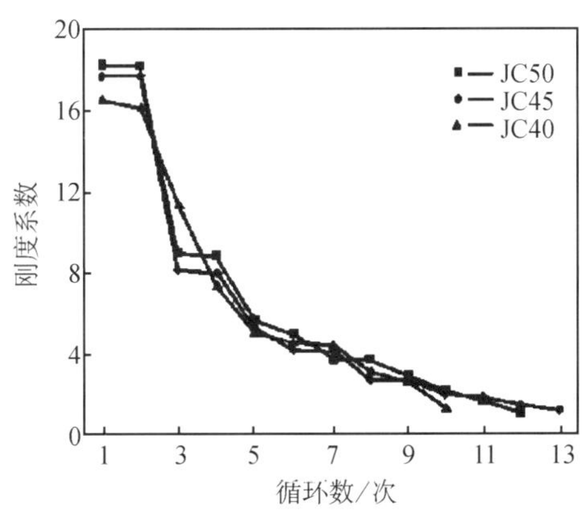

图 3-34　试件的刚度退化曲线

(2) 刚度退化

本次试验的相对刚度与循环次数的关系见图 3-34，从图中可以看出 JC50 试件的刚度退化比较平缓，即使在 3Δ 第二次循环时还保持在 1.13 的水平，而 JC45 试件的刚度在屈服前特别是第二、第三循环间退化比较快，主要是因为在前面加了两个 7 kN 循环，这时的构件还处于弹性阶段，刚度显然较大，此后的刚度退化很平缓，在 4Δ 时还有 1.19。从 JC40 试件的刚度退化情况图可以看出其刚度退化情况与 JC45 试件较相似，只是在 3Δ 阶段有了较大的退化，这与其此时黏结滑移加剧有很大关系。

5) 试件的吸能及耗能能力分析

本次试验采用功比指数 I_W 来评价构件的吸能能力。公式如下所示。

$$I_W = \sum_{i=1}^{n} \frac{P_i \Delta_i}{P_y \Delta_y} \tag{3-6}$$

式中：n 为循环次数；i 为循环序数；P_y、Δ_y 分别是屈服荷载和屈服位移；P_i、Δ_i 分别是第

i 次循环的荷载和第 i 次循环的位移。由于梁上下端的屈服荷载与位移不同，故取其平均值进行比较。

根据此公式算出的 I_W值，JC50 构件为 19.36，JC45 构件为 21.91，由于施工问题造成的钢筋过早黏结滑移破坏，JC40 构件为 10.22。综合比较来看，由于 JC45 构件未出现明显黏结滑移现象，所以吸能能力最强，而 JC40 构件由于退出工作较早，所以在指标上反映出来是最差的。

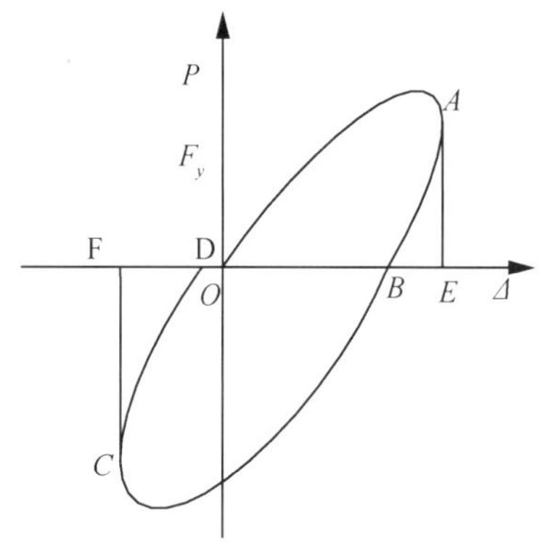

图 3-35 等效粘滞阻尼系数 h_e 计算示意图

采用等效粘滞阻尼系数 h_e来评价构件耗能能力的大小。这里仅比较在屈服荷载和极限荷载滞回环的 h_e值，表达式见式 3-7。

$$h_e = \frac{1}{2\pi}\frac{S_{OAB}+S_{BCD}}{S_{OAE}+S_{OCF}} \tag{3-7}$$

式中，$S_{OAB}+B_{BCD}$ 表示滞回环所包围面积，$S_{OAE}+S_{OCF}$ 为相应两三角形面积(如图 3-35 所示)。

由此公式可算得三个构件屈服荷载和极限荷载滞回环的 h_e值，具体数值如表 3-8 所示。

表 3-8 h_e值比较表

节点类型	屈服荷载的 h_e	极限荷载的 h_e
JC50	0.156	0.235
JC45	0.187	0.297
JC40	0.125	0.199

从表 3-8 中的数据可知，JC45 试件由于未出现黏结滑移破坏，相应的耗能能力更强，而 JC50 试件和 JC45 试件由于施工时未能有效固定 U 形钢筋，使得构件出现了不同程度的黏结滑移破坏，其中又以 JC40 试件最明显。

6）节点的延性分析

各个试件延性系数计算如表 3-9 所示。

表 3-9 延性系数计算表

试件编号	屈服位移 δ_y(mm)	极限位移 δ_u(mm)	位移延性系数 μ	强度降低程度	备注
JC40	15.3		3	—	属于非正常破坏
JC45	15.4	62	4.03	0.794	—
JC50	15.5	62.9	4.06	0.726	—

综合来说，在保证承载能力未下降很厉害的情况下，JC45 和 JC50 保证了一定延性能

力，延性系数较为理想，而JC40发生了U形钢筋未能可靠定位的施工问题，使得其与混凝土之间的黏结力不够，导致了滑移现象的提早出现，产生了锚固破坏。

3.4.4 试验结论

全面地介绍了世构体系节点抗震试验采集的原始数据以及对数据归类分析处理后得到的滞回曲线和骨架曲线等结果，对节点的抗震性能（包括延性、强度退化、刚度退化和耗能能力等）进行了详细地分析。通过本章的分析可以得出以下结论：如果在设计阶段认真贯彻好“强柱弱梁”“强剪弱弯”“强节点弱构件”等抗震设计原则，世构体系就能够达到相应的抗震要求。从纵向比较来看，键槽长度长的节点的抗震性能指标更优越。U形钢筋的黏结应力由于塑性铰形成而迅速增大，并向远端快速扩展。键槽中的U形钢筋的施工质量对于整个节点的耗能能力有很大影响，特别要注意U形的直径选择与施工定位。

从试验的现象来看，世构体系在地震作用下的表现尚可，主要的破坏发生在梁端塑性铰区，破坏也是以弯曲破坏为主，柱以及节点区没有出现严重的破坏情况。从三个试件的对比来看，只要注意了U形钢筋和键槽的尺寸设计以及实际施工中U形钢筋的定位问题，按照现行混凝土结构设计规范和抗震设计规范设计的世构体系完全能够满足现行规范的抗震要求。

3.5 预制梁柱连接边节点试验

本节设计了三个框架中间层梁柱边节点[6]，根据键槽的长度分别编号为JC40、JC45、JC50，通过低周反复试验，研究其延性、耗能、强度及破坏形式等，以探讨不同键槽长度世构体系节点的抗震性能，为世构体系规程的修订提供依据。

3.5.1 试件设计

本节试验的节点试件取自平面受力框架中间层边节点组合体，并根据世构体系的某实际工程的设计图纸，在其基础上针对试验需要进行了相应调整，使试件在较大程度上符合实际节点的受力状态。

节点试件取梁截面尺寸为250 mm×450 mm，柱截面尺寸为400 mm×400 mm，梁段长1 500 mm，柱长1 850 mm，整个试件的长度和高度控制在试验架的容许范围之内。梁的上部纵向钢筋的直径为18 mm，保护层厚度取50 mm，键槽厚度根据实际生产的需要设计为40 mm，梁中的预应力筋采用1860级钢绞线，直径为12.7 mm，考虑到直接利用工厂所用模具可以更贴近实际生产，其保护层厚度取67 mm，柱主筋保护层厚度取25 mm，预制柱和预制梁及后浇叠合层的混凝土强度等级为C40，键槽节点部分的强度等级为C45，另外梁柱主筋及梁中U形钢筋采用HRB400级，箍筋采用HPB235级。试件尺寸及配筋如图3-36所示。

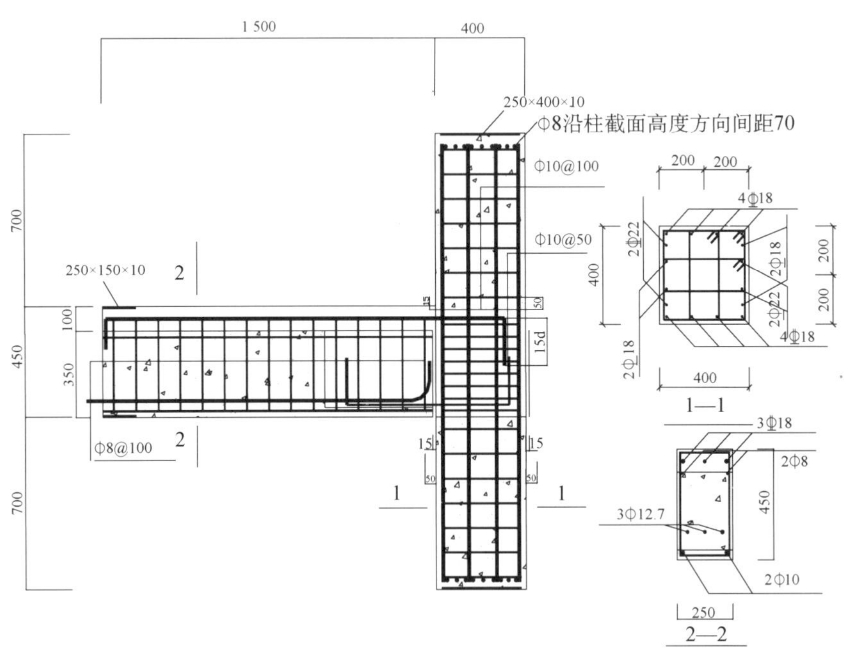

图 3-36 试件配筋示意图

试件在南京大地集团普瑞公司进行制作，每次浇筑所用的混凝土均根据普瑞公司试验室提供的配合比进行配比，每批每个等级混凝土均预留 3 个 150 mm× 150 mm× 150 mm 混凝土立方体试块进行材性试验。每个不同直径不同等级的钢筋根据试验规范的要求取样 3 根。相应的试件均按照材料试验规范进行了材性试验。试件的材料力学性能见表 3-10 和表 3-11。

表 3-10 混凝土立方体抗压强度平均值及弹性模量

构件名称	设计强度	$f_{cu,m}$(MPa)	E_c($\times 10^4$ MPa)
柱	C40	51.9	3.28
梁	C40	51.5	3.28
节点	C45	56.7	3.46

表 3-11 钢筋屈服强度标准值及弹性模量

钢筋等级及直径	Φ 8	Φ 10	Φ 18	Φ 22
钢筋屈服强度标准值 f_{yk}(MPa)	299	329	412	425
弹性模量 E_0($\times 10^5$ MPa)	2.12	2.1	2.08	2.11

3.5.2 监测与加载制度

本试验试件加载在东南大学九龙湖校区土木交通实验楼的反力架上进行，加载装置如图 3-37 所示。柱上端设两个 60 t 千斤顶，通过控制油泵上压力表的读数，对柱施加恒定的轴力，梁端上下分别设置两个 30 t 千斤顶，对梁施加低周反复荷载，梁端荷载可通过压力传感器量测。

图 3-37　试验加载装置

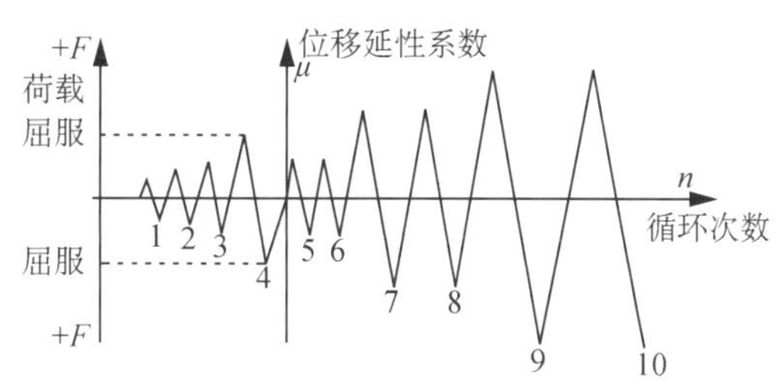

图 3-38　试验加载示意

本次试验采用拟静力试验方法。首先通过柱顶端的两个千斤顶对试件施加恒定的轴力，然后对梁端施加低周反复荷载。整个试验的过程可以结合图 3-38 进行说明。

部分测点布置如图 3-39 所示。

图 3-39　部分测点布置图

本次试验采用东华 DH3816 和 DH3818 静态应变仪进行数据采集。DH3816 负责钢筋应变的采集，DH3818 可以实时显示量测数值，用来负责力传感器及位移计数值的采集。数据采集仪器见图 3-40。

(a)DH3816和DH3818

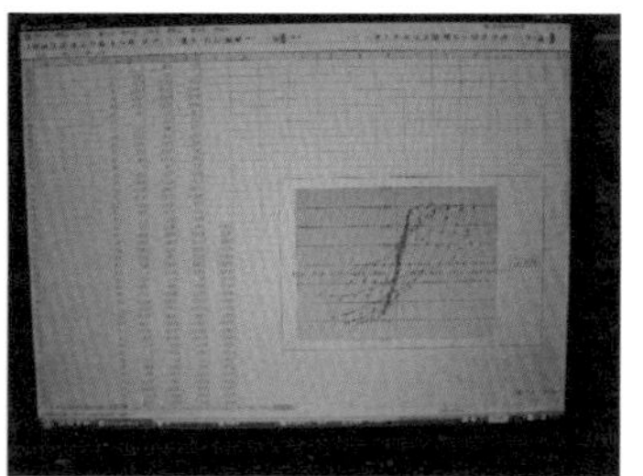

(b)实时输入的荷载—位移数据

图 3-40　数据采集系统

3.5.3 试验现象与结果

1）裂缝发展现象

JC45 是最先进行试验的试件。在施加了第一级荷载 20 kN 后经过一个循环，试件处于弹性阶段且没有发现裂缝。在施加第二级荷载 40 kN 的过程中，当加载至 25 kN 时梁根部与柱面交接处出现了一个肉眼可见的微小裂缝，此处是键槽与柱面交界处。随着荷载的增加，裂缝的长度开始增长，宽度也在扩大，邻近段的竖向裂缝越来越多，但是整个节点核心区未出现任何异常。加载至 3Δ 第一个循环时，键槽底部混凝土出现了少许的脱落(图 3-41a)。加载至 3Δ 第二个循环后梁上出现了两条明显的交叉斜裂缝(图 3-41b)。当加载到 4Δ 第一个循环时，交叉裂缝扩展，键槽下表面出现了大块的脱落(图 3-41c)，并开始出现下降段。加载至 4Δ 第二个循环时发现 U 形钢筋出现明显的滑移，梁端键槽处刚度急剧退化。加载至 5Δ 第一个循环反向加载时的回载顶点已经达到破坏所规定的要求，梁端下表面混凝土大量脱落，梁上交叉斜裂缝严重，试验也于此阶段宣告结束(图 3-41d)。在整个试验过程中，柱子未出现任何破坏，甚至未发现有裂缝产生。

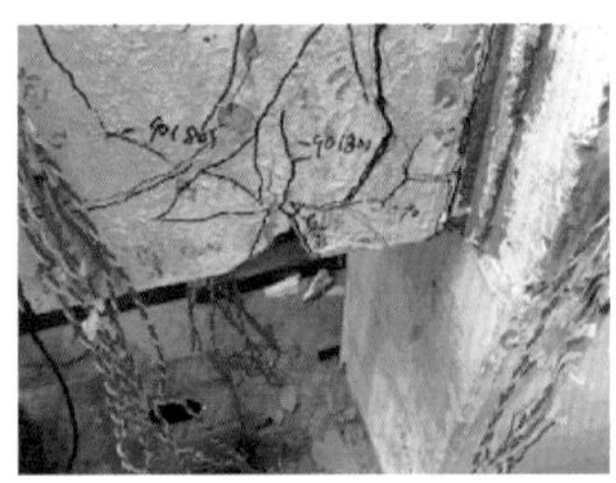
(a) 键槽底部混凝土小块脱落

(b) 梁上交叉斜裂缝

(c) 混凝土大块脱落

(d) 试验结束

图 3-41 J45 试件裂缝发展

随后进行 JC50 试件的试验。在第一级加载 25 kN 经过一个循环，同样还是在梁与柱面交接处出现了一条微小裂缝。随着荷载的增加，裂缝的长度开始增大，邻近段的裂缝也逐渐增多，尤其梁根部的垂直裂缝开始不断增大并贯通（图 3-42a)。在 3Δ 第一个循环时，键槽处出现了上鼓现象，混凝土有小块剥落(图 3-42b)。随着荷载增加，键槽底部裂缝越来越宽，加载至 4Δ 第一个循环时荷载—位移曲线的下降段已经出现。当加载到 5Δ 第二个循环时，键槽上鼓现象非常明显，混凝土保护层压碎（图 3-42c)。试件刚度退化明显，当加载到 6Δ 第一个循环时，回载顶点已远小于极限荷载的 85%，试验宣告结束。

直至试验结束，JC50 未出现混凝土大量脱落、钢筋外露的现象，仍然保持较完整的外观（图 3-42d）。

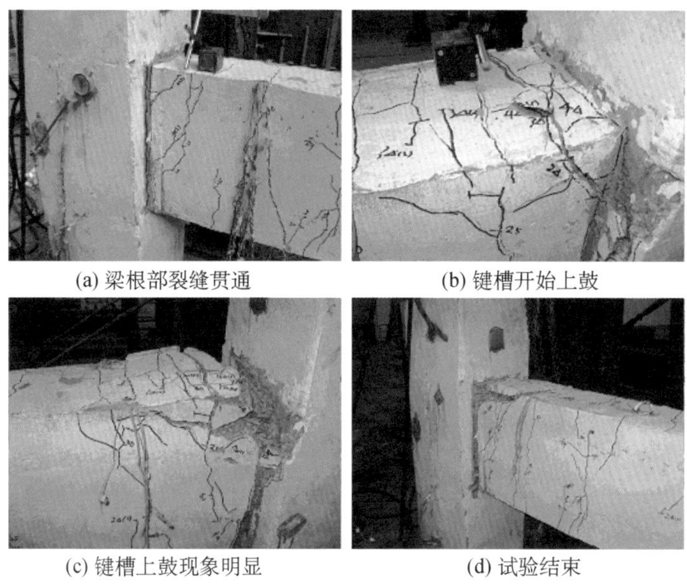

(a) 梁根部裂缝贯通　(b) 键槽开始上鼓

(c) 键槽上鼓现象明显　(d) 试验结束

图 3-42　J50 试件裂缝发展

最后进行了 JC40 试件的试验。与前两个试件相似，在 25 kN 第一个循环，梁与柱面交接处出现了一条微小裂缝。随着荷载的增加，梁上表面出现了几段平行的横向裂缝，并逐渐增宽（图 3-43a）。加载至 4Δ 第一个循环时梁根部上表面裂缝宽度已接近10 mm，梁上亦开始出现交叉斜裂缝（图 3-43b），此时反向加载的荷载曲线已经开始出现下降段。在整个加载过程中发现，正向加载时荷载—变形骨架曲线较平缓，没有出现明显的下降

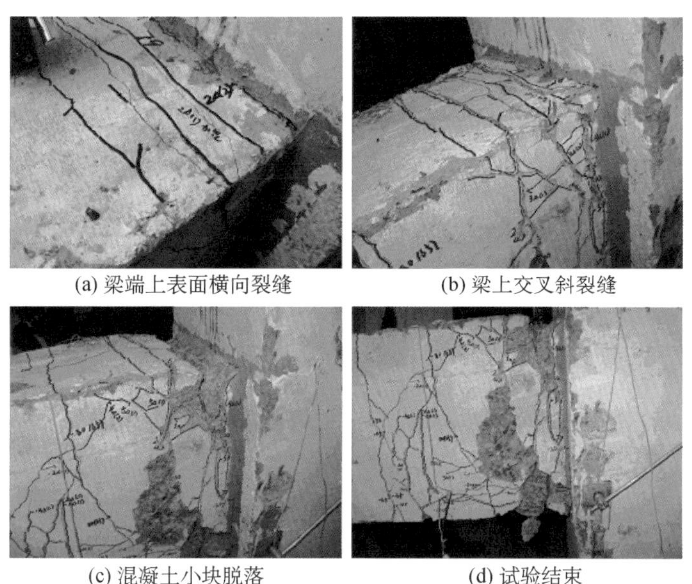

(a) 梁端上表面横向裂缝　(b) 梁上交叉斜裂缝

(c) 混凝土小块脱落　(d) 试验结束

图 3-43　J40 试件裂缝发展

段，结合试验中的现象也可看出正向加载时梁刚度退化不明显，始终保持着较高的承载能力。加载至5Δ第一个循环后，梁根部混凝土压碎、起皮、脱落(图3-43c)，当6Δ第一循环反向加载后，受压区混凝土压碎剥落，回载顶点已小于极限荷载的85%，试验宣告结束(图3-43d)。

同样，直至试验结束，JC40混凝土未出现任何破坏，节点核心区也未发现有裂缝产生。

各个试件试验中的开裂荷载和屈服荷载位移实测值见表3-12。

表3-12 开裂荷载和屈服荷载位移实测值

节点编号	开裂荷载	屈服荷载	屈服位移
JC40	27.1 kN	88.3 kN	12.9 mm
JC45	26.3 kN	85.7 kN	13.7 mm
JC50	25.1 kN	84.9 kN	12.9 mm

2）滞回曲线

下面根据试验顺序，对各个试件的梁端荷载—位移的滞回曲线所反映出的抗震性能做详细评价。

JC45试件在20 kN、40 kN的循环时仍然保持较好的线弹性，耗能能力很小，在60 kN循环反向加载后已经出现了梭形滞回环的迹象，在屈服荷载循环后，滞回曲线已经形成了梭形滞回环。这种情况一直延续到3Δ第二个循环结束，此时出现了饱满的梭形滞回环。到4Δ第一个循环才开始出现了反S形滞回环，4Δ第二个循环后出现了明显的反S形滞回环，此时U形钢筋出现明显的滑移，滞回曲线出现明显的捏缩，到5Δ第一个循环反向加载后已接近Z型，此时试件已宣告破坏。

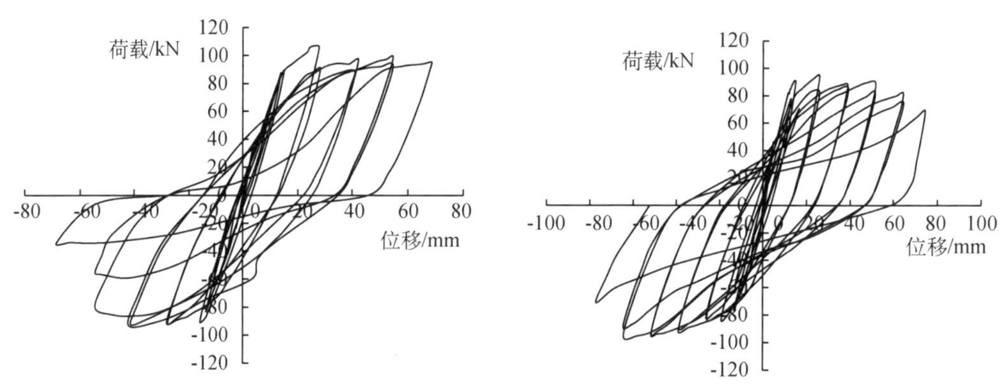

图3-44 JC45试件的滞回曲线

图3-45 JC50试件的滞回曲线

JC45试件整个试验过程表明，U形钢筋的滑移对抗震性能有着较大的影响，U形钢筋滑移前，试件有着良好的塑性耗能能力，滑移后，能量的损耗只有靠黏结滑移来提供，刚度退化明显。但总体来说，JC45试件表现了较好的耗能能力。

JC50是预期耗能最好的试件。下面分析各阶段该试件的滞回曲线。

在开裂荷载25 kN循环，构件几乎处于完全弹性阶段，加载至屈服荷载循环，构件出现了梭形滞回环，然后随着荷载的增加，梭形滞回环愈加饱满。直至3Δ第二个循环结束，从4Δ第一个循环开始构件出现了反S循环的迹象，到4Δ第二个循环出现了明显的反S形滞回环，经过5Δ两个循环后，构件还保持着反S形滞回环，耗能能力很好。直到6Δ第一个循环结束，试件宣告破坏，都没有出现耗能极差的Z形滞回环。说明JC50大部分能量的损耗是靠试件的塑性发展提供的，黏结滑移只占其中很小一部分。

JC40是预期耗能不如JC45的试件，但试验结果表明，JC40的延性和耗能能力均好于JC45，这表明只要施工时保证U形钢筋的定位，就能大大改善节点在地震作用下的表现。下面分析各阶段该试件的滞回曲线：在开裂荷载25 kN循环，试件保持着良好的弹性，随着荷载增加，在1Δ第二循环后构件出现了梭形滞回环，但塑性发展不明显，经过2Δ两个循环、3Δ两个循环，梭形滞回环逐渐饱满，直至4Δ第二个循环结束，到5Δ第二个循环结束构件出现了反S滞回环，直到6Δ第一个循环结束，反S滞回环明显，此时试件宣告破坏。同JC50一样，都没有出现耗能极差的Z型滞回环，这说明JC40在地震作用下同样能保证良好的塑性耗能能力。

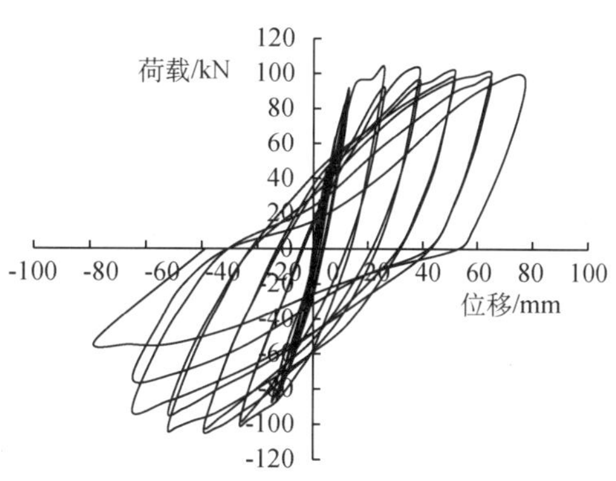

图3-46 JC40试件的滞回曲线

通过对三个试件滞回曲线的分析，我们发现世构体系节点的耗能能力非常好，三个试件的滞回环均未出现严重的捏缩现象。JC40、JC50在整个加载过程中均未出现U形钢筋的大量滑移。JC45只是在加载后期出现了U形钢筋的滑移，导致反向加载时梁刚度的急剧退化，总体表现也较为满意，三个试件均未出现梁筋的锚固破坏。可以看出，世构体系只要控制好U形钢筋的定位，保证U形钢筋的锚固性能，控制其在大位移下的滑移，世构体系的抗震性能是值得信赖的。

3）骨架曲线

将三个试件的骨架曲线放在一起，如图3-47所示，以方便横向比较。

可以看出在第一象限，即正向加载时JC50的极限荷载比JC40和JC45小，JC40的延性比JC45和JC50好，各试件承载力达到峰值点后，下降较为平缓，变形能力较强。在反向加载后期，各试件承载力退化幅度较快，说明在地震作用下，键槽底部为薄弱部位。反向加载时JC40的极限荷载最大，JC45由于U形钢筋的滑移，极限荷载

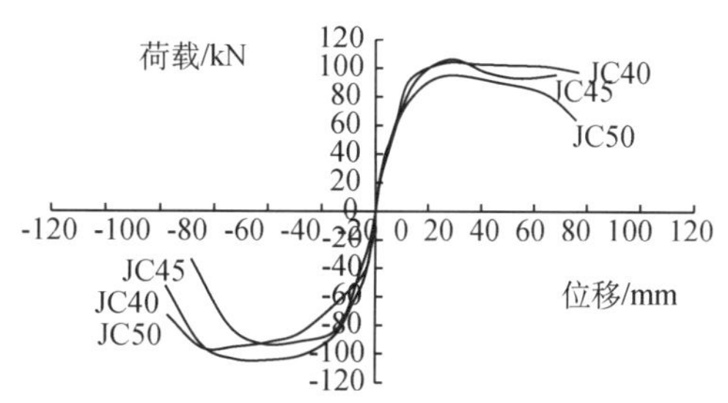

图3-47 骨架曲线横向比较

较小，这和试验现象一致。JC40 虽然预期希望不是最大，但制作质量较好，在地震作用下的表现比另外两个试件还要好。

4）刚度退化

为便于比较，将所有的试件刚度退化曲线置于同一坐标系中，如图 3-48 所示。

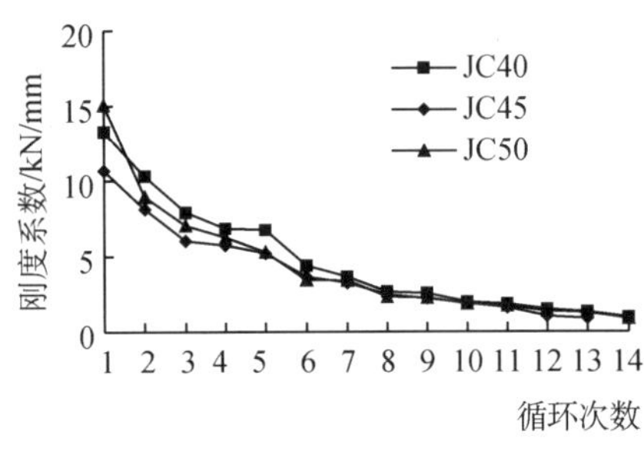

图 3-48 各试件刚度退化横向比较

各试件刚度在加载初期下降很快，在开裂阶段前后，刚度值已经降至较低的水平。随着循环次数的增多，试件塑性发展程度愈深，残余刚度随位移增大而缓慢衰减。在这两个阶段中，变形的机制有很大的不同，前一阶段，所测变形值是试件材料弹塑性变形叠加在梁的加载点引起的相应位移；而后一阶段，所测位移既包含材料变形引起的位移，也包含了部分因滑移产生的位移，因此其刚度值显著降低。JC50 与 JC40、JC45 相比，加载初始阶段的刚度退化曲线较陡峭，退化速度较快，后渐趋于更平缓。这主要因为 JC50 开裂荷载相对较低，造成其在加载初始时刚度下降较快。在屈服阶段前后，JC40 的刚度系数都略大于 JC45、JC50。在达到极限荷载后，三者基本重合，退化速率也基本平缓，说明此时的试件塑性发展充分，材料贡献的刚度很小，加之部分因滑移产生的变形，也使得位移增幅明显，荷载增幅有限。

三个试件的刚度系数退化都很理想，JC40、JC45、JC50 在 4Δ 第二循环后刚度系数分别为 1.85、1.61、1.71，5Δ 第二循环后为 1.32、1.26、0.89，此时 JC45 已到破坏工况，JC40、JC50 在破坏工况时的刚度系数则分别为 0.98、0.89。

5）延性

表 3-13 是本文试验中各试件的梁端位移延性系数，δ_u 为梁端加载 P 时，荷载下降到 $0.85P_{max}$ 的梁端位移，δ_y 为第一次屈服时的梁端位移。

表 3-13 节点延性

试件	屈服位移 δ_y(mm)	极限位移 δ_u(mm)	梁端位移延性系数
JC40	12.9	66.7	5.2
JC45	13.7	54.64	4.0
JC50	12.9	68.8	5.3

可以看出，JC40 和 JC50 的延性系数较高，延性较好；JC45 由于在加载后期 U 形钢筋的滑移，延性较低，但三个试件梁端位移延性系数都达到了 4 以上，可见世构体系节点具有良好的吸收和耗散地震能量的能力，能够满足工程实践的要求。

6）吸能和耗能能力

各试件的功比指数如表 3-14 所示。

表 3-14　功比指数

试件	功比指数
JC40	41.3
JC45	36.15
JC50	40.7

可以看出 JC40 功比指数略大于 JC50，JC45 稍小，即吸能能力为 JC40>JC50>JC45，这也和前面分析的结论吻合。

采用等效粘滞阻尼系数 h_e 来评价构件耗能能力的大小。三个试件屈服荷载、极限荷载及达到破坏荷载时滞回环的 h_e 如表 3-15 所示。

表 3-15　试件等效粘滞阻尼系数

试件	屈服荷载 h_e	极限荷载 h_e	破坏荷载 h_e
JC40	0.065	0.189	0.196
JC45	0.074	0.210	0.187
JC50	0.092	0.228	0.193

在屈服荷载和极限荷载情况下，JC40、JC45 和 JC50 的等效粘滞阻尼系数逐渐增大，表征在这两个阶段，耗能能力 JC50>JC45>JC40，这和前面的试验现象及分析是一致的。JC40 承载力最大，刚度也最大，塑性发展程度也比其余两个试件迟，而此时 JC45 也没有出现钢筋滑移。但在荷载出现下降段，即趋于破坏荷载的情况下，耗能能力为 JC40>JC50>JC45，此时 JC40 已表现出了相当好的塑性耗能能力，而 JC45 由于 U 形钢筋的滑移耗能能力有所衰减。但总体来说，三个试件的耗能能力满足要求。

3.5.4　试验结论

本节全面介绍了三个世构体系中间层边柱节点的低周反复试验，通过对原始数据的处理得到了滞回曲线和骨架曲线等结果，对节点的抗震性能进行了详细地分析。通过本节的分析，可以得出以下结论。

从试验现象来看，世构体系节点在低周反复荷载作用下表现良好，破坏形式为梁端受弯破坏，柱以及节点核心区没有出现破坏情况。试件的功比指数较大，试件有良好的耗能能力。节点延性系数都大于 4，满足框架结构延性要求，说明试件在屈服后的非弹性变形能力较强，耗能能力良好，在强震作用下能达到延性破坏的目的。一般认为在保证施工质量的基础上，键槽长度长的节点的抗震性能指标更优越。JC40 键槽虽短却表现很好，说明了在满足最小 U 形钢筋长度后，施工质量是影响抗震性能的重要因素，尤其键槽中的 U 形钢筋的施工质量对于整个节点的耗能能力有很大的影响，特别要注意 U 形钢筋的直径选择与施工定位等问题，这对延缓黏结滑移破坏的出现及保证节点的延性很重要。三个试件均未出现黏结破坏，U 形钢筋滑移量不大，在大位移的弹塑性阶段仍能充分传递反复荷载下的拉力和推力，使节点满足较高的承载能力和耗能能力。U 形钢筋的黏结应力最大起始于梁柱交接处，并向远端扩展。

3.6 小结

本章首先介绍了预制混凝土装配整体式框架结构的连接构造，包括预制柱与基础的灌浆套筒构造和预制预应力梁和预制柱的键槽连接构造，然后基于连接构造特征进行了相应的连接节点试验，验证构造方法的可靠性。

基于预制框架柱与基础的连接构造方法，设计 6 个试件进行低周反复试验，分析纵筋配筋率和套筒部位配箍率对连接性能的影响。结果表明，与现浇试件相比，套筒灌浆预制连接试件具有相近的延性和变形性能，提高纵筋配筋率和配箍率可以有效提高试件的屈服荷载和极限荷载，提高纵筋配筋率的效果明显但是也增加了连接部位刚度，试件趋向于脆性。基于预制框架梁柱节点的连接构造方法，设计了 3 个中节点和 3 个边节点进行低周反复试验，重点分析键槽长度对节点性能的影响。结果表明，采用该连接构造方法可以满足相应的抗震需求，且键槽长度长的节点的抗震性能指标更优越。

本章进行的预制装配连接节点试验为预制装配的设计与施工提供依据。为了保证较高的承载能力、延性和耗能能力等综合指标，对于大偏心受压柱，采用灌浆套筒连接时应略提高灌浆套筒部位的配箍率；而对于小偏心受压柱，用灌浆套筒连接时套筒部位的配箍率和现浇设计保持一致较好。对于预制预应力梁和预制柱的键槽连接构造，键槽的水平段长度应严格保证，可以参考抗震设计时钢筋搭接的长度计算方法，且 U 形钢筋的截面面积计算可以依据抗震等级对截面下部钢筋和上部钢筋的面积比值规定确定。在施工过程中，建议采用限位措施用于保证 U 形钢筋的准确定位，确保 U 形钢筋具备足够的黏结力，以防出现连接失效或者较大的节点滑移。

本章参考文献

[1] 中华人民共和国住房和城乡建设部. 预制预应力混凝土装配整体式框架结构技术规程：JGJ 224—2010[S]. 北京：中国建筑工业出版社，2011.

[2] 中华人民共和国住房和城乡建设部. 混凝土结构设计规范：GB 50010—2010[S]. 北京：中国建筑工业出版社，2011.

[3] Liu Y Q, Zhou B B, Cai J G, et al. Experimental study on seismic behavior of precast concrete column with grouted sleeve connections considering ratios of longitudinal reinforcement and stirrups[J]. Bulletin of Earthquake Engineering, 2018, 16(12): 6077-6104.

[4] 蔡建国，赵耀宗，朱洪进，等. 预制混凝土框架中节点抗震性能的试验研究[J]. 四川大学学报(工程科学版)，2010，42(S1)：113-118.

[5] 蔡建国，朱洪进，冯健，等. 世构体系框架中节点抗震性能试验研究[J]. 中南大学学报，

2012，43(5):1894-1901.

[6] Liu Y Q, Cai J G, Deng X W, et al. Experimental study on effect of length of service hole on seismic behavior of exterior precast beam-column connections[J]. Structural Concrete, 2019, 20(1): 85-96.

第4章 无支撑装配式混凝土框架结构

4.1 引言

装配式湿连接节点，又称装配整体式节点，是指预制梁、柱或 T 形构件在接合部利用钢筋、型钢连接或锚固的同时，通过在预制构件结合部后浇混凝土连接成整体框架的连接方式[1-4]。后浇部位根据设计主要在梁柱节点区域或梁跨中部位。目前应用和研究较多的连接节点位于梁柱节点区域，其构造方式是预制柱在节点区域未浇筑混凝土，预制梁端预留钢筋，并通过在梁柱节点区域采用锚固或套筒连接的方式，保证梁上下纵筋的可靠连接和受力传递[5-7]。

针对湿连接的形式，各国学者在连接钢筋、连接钢绞线、后浇混凝土性能、预制梁端钢筋锚固等不同的方面进行了研究，提出了一系列增强湿连接梁柱节点性能的措施[8-14]，这些措施对装配式梁柱节点整体性能、强度、刚度和抗震性能具有较大的提升，使装配整体式混凝土框架结构达到甚至超过现浇混凝土框架结构的性能，为其在抗震区域的应用提供了理论支撑，同时也为后续的研究提供了可借鉴的思路。但是，目前的研究表明针对装配式混凝土框架结构存在以下问题。

（1）目前研究和应用的装配式混凝土框架结构主要形式为预制梁柱构件分别预制，而后将预制构件运送到施工现场进行拼装施工。由于连接节点一般位于梁柱节点核心区域，在施工过程中需要设置临时支撑，在临时支撑施工或拼装养护过程中会占用施工时间，削弱装配式混凝土框架结构快速施工的优势。因此，提出施工现场无须设置临时支撑的装配式混凝土框架结构体系是很有必要的。

（2）针对装配整体式梁柱节点的性能的研究，一般是以达到现浇梁柱节点性能为目标，但是目前的研究表明，由于梁柱节点区存在域梁端新旧混凝土界面和附加连接钢筋，装配整体式梁柱节点在承载能力和耗能能力方面一般弱于现浇结构。因此，一些学者通过在节点区域设置耗能装置或转移塑性铰的方法来提升装配整体式梁柱节点的抗震性能，并取得了较好的效果。将装配整体式梁柱节点视为等同现浇结构存在一定的局限性。

（3）在装配式混凝土框架结构中，由于预制构件连接节点具有完全不同于现浇节点的性能，其一般为结构的薄弱部位，而且连接部位往往是受力复杂和传递荷载的关键部位，会导致装配式混凝土框架结构与现浇混凝土框架结构的性能具有较大的差异，而对这种差异性在框架结构体系的层次研究相对不足，严重制约了装配式混凝土框架结构在中高烈度地震区域的推广应用。

4.2 无支撑装配式混凝土框架结构体系介绍

4.2.1 体系概况

当前国家对建筑工业化进行大力推广，作为一种主要应用方式，预制装配式混凝土结构因其施工便利、工期短、环保节能等特点，受到行业的重视及推广。目前，世界上不同地区预制工法千差万别，且均有着各自特点。源于美国，发展于新加坡的“季氏预铸工法”及无支撑装配式混凝土框架体系也有其独特的优势。该体系由新加坡 CAAT 创办人季兆桐博士创立，具有从设计、部品生产到施工全方位预制装配产业结构，在新加坡、东南亚、中国台湾等地有着广泛的应用。其中樟宜国际机场等知名建筑成为其代表性工程。依托 30 多年海外工程实践经验，季氏预制装配体系具备较高的技术成熟度及技术适配性，能较好地应对各种工况及适应本土规范，尤其是其采用的无支撑体系在经济性方面相较其他工法具有较强的优势，无支撑装配结构体系的组成如图 4-1 所示。

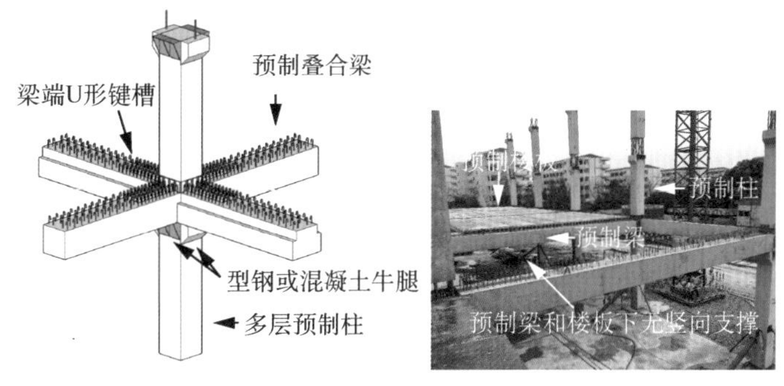

图 4-1 无支撑装配结构体系构成

4.2.2 体系特点

无支撑预制装配体系具有如下特点：

(1) 无支撑预制装配体系由预应力中空楼板、与柱同宽梁和牛腿柱等主要预制构件组成。

(2) 所采用的中空板可应用于大跨度重载建筑，结构设计经济，自重较轻，无须次梁。中空板可在梁吊装完成后直接进行安装，中空板吊装完成后可以直接在上面进行现场面层施工，无须模板及支撑，施工快速方便。

(3) 由于在工厂进行生产，现场只需吊装，不受天气影响，工程进度易控制，品管更佳。

无支撑装配式混凝土体系关键技术要点如下：

(1) 串烧柱是一种特殊的预制工艺，如图 4-2 所示。可以节省钢筋的用量(搭接减少)，减少吊装次数，减少梁柱节点施工难度。此外，在拼装过程中利于立体施工，缩短施工时间，具有较高的经济性。

图 4-2　串烧柱施工图

(2) 梁柱节点采用键槽式连接，由键槽、附加连接钢筋和后浇混凝土三部分组成，如图 4-3 所示。其中的附加连接钢筋连接节点两端预制梁，并且改变了传统将梁纵向钢筋在节点区锚固的方式，改为与预制梁端的钢筋在键槽即梁端的塑性铰区实现搭接连接。

图 4-3　梁柱节点键槽连接

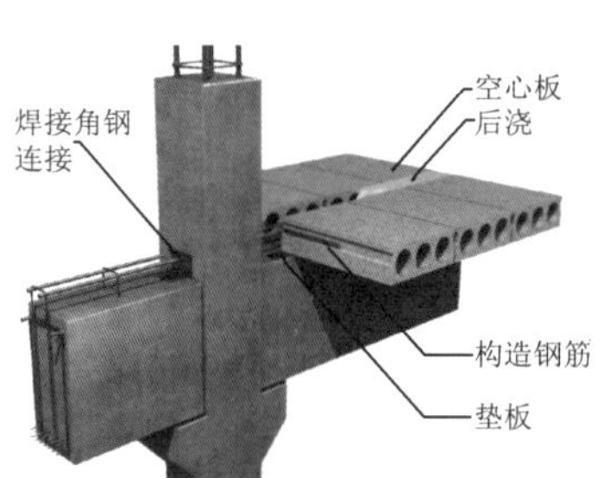

图 4-4　预制预应力空心楼板构造图

(3) 楼板采用预制预应力空心板工艺，普遍应用于大跨度大载荷建筑，自重较轻，无须次梁，结构经济性能高，如图 4-4 所示。预制预应力空心楼板吊装完成后可以作为现场施工操作面，无须模板及支撑，施工快速方便。现场施工时，预制空心板板缝放置构造钢筋，用同标号膨胀细石混凝土填缝处理，上部后浇 70 mm 的叠合层，具有跨度大、便于施工的优点。

4.3　无支撑装配式梁柱节点抗震性能试验研究

4.3.1　试验目的

为了研究无支撑装配式梁柱节点关键部位对装配式混凝土框架抗震性能的影响，设计了足尺的试件对预制梁柱节点的抗震性能进行了试验研究，并与现浇梁柱节点进行对比分析，研究的节点类型包括梁柱中节点和梁柱边节点。为更加真实可靠地反应装配式梁柱节点的破坏模式和抗震性能，本试验研究采用大尺寸试件，并根据某实际装配式混凝土框架结构试点工程进行优化分析，选取典型的梁柱节点。

在该试点工程中，三层柱为一个预制构件，一层预制柱高 6 m，二层和三层预制柱高度为 4.5 m，梁跨度在两个方向分别为 8 m 和 12 m。基于此，选取一层的梁柱节点作为试验构件原型，设计试验构件的尺寸和配筋图如下。

预制柱：原型结构节点相邻的上下层柱高分别为 6 m 和 4.5 m，根据结构设计的计算简化模型，在试验中按反弯点在 1/2 柱高处做简化处理，因此设计的试验构件中上层柱高为 1.75 m，下层柱高为 2.1 m。

预制梁：梁柱区域两侧预制梁的尺寸相同，均为 600 mm×950 mm，两个方向梁的跨度为 12 000 mm 和 8 000 mm，计算可得梁的跨高比分别为 8.4 和 12.6，满足结构跨高比的要求。在设计试验构件时，考虑试验室实际加载条件，预制梁的截面尺寸为 600 mm×800 mm，预制梁长度为 3 850 mm；在现浇试验构件中，考虑现浇楼板对梁的影响，现浇梁的截面尺寸为 600 mm×900 mm。

4.3.2 试验构件设计

1）梁柱中节点试验构件设计

装配式梁柱节点试验方案设计中，梁柱十字节点的研究参数包括连接钢筋与键槽的长度，键槽内附加锚固箍筋，键槽内连接钢筋的配筋面积等。试验构件的尺寸和截面配筋如图 4-5 和 4-6 所示，具体参数如下表 4-1 所示。

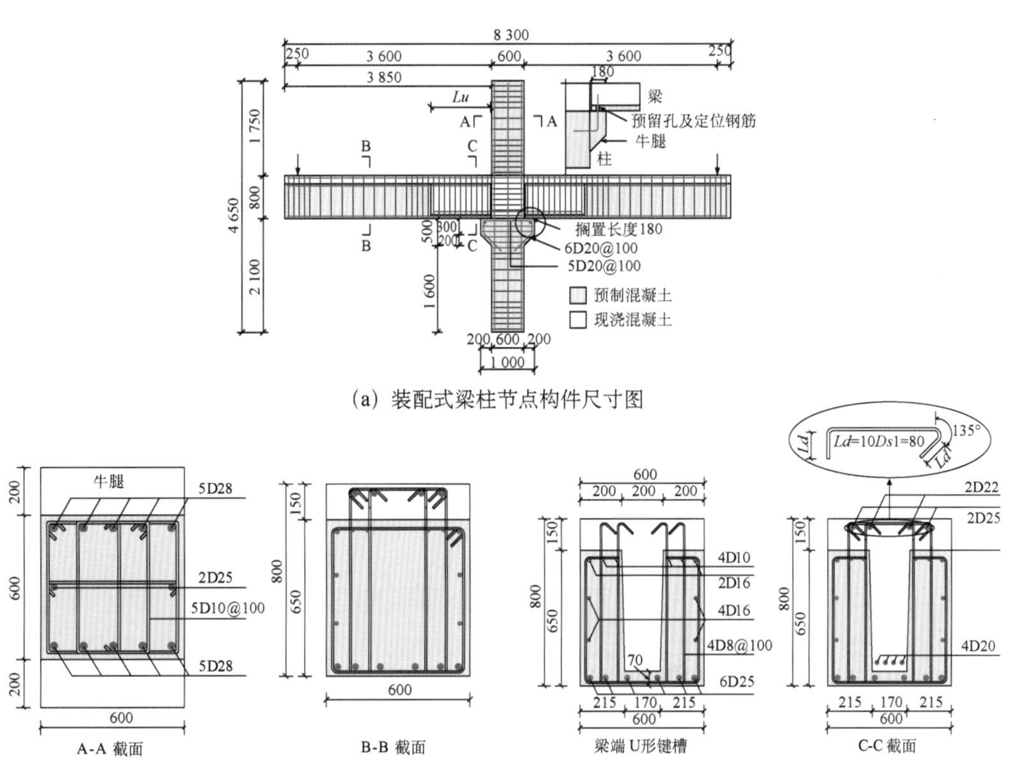

(a) 装配式梁柱节点构件尺寸图

(b) 梁柱截面配筋图

图 4-5 装配式梁柱节点尺寸与配筋图(单位:mm)

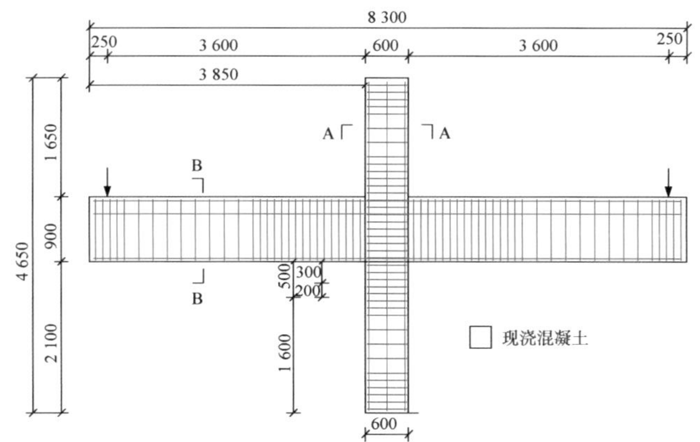

(a) 装配式梁柱节点构件尺寸图

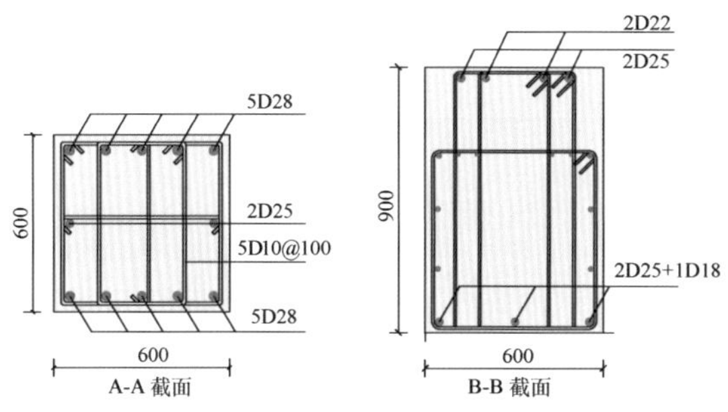

(b) 现浇梁柱截面配筋图

图 4-6 现浇梁柱节点尺寸与配筋图(单位:mm)

表 4-1 梁柱中节点试验研究参数

构件名称	测试参数	L_s(mm)	L_u(mm)	键槽内 连接钢筋面积(mm^2)
PC-C	预制构件基准组	$1.4L_{ae}$, 1 065	1 100	4D20, 1 257
PC-L1	减小直连接 钢筋长度	L_{ae}, 760	800	4D20, 1 257
PC-L2	增加直连接 钢筋长度	$1.6L_{ae}$, 1 220	1 300	4D20, 1 257
PC-S	键槽内直连接钢筋锚固措施	$1.4L_{ae}$, 1 065	1 100	4D20, 1 257
PC-R	增加直连接钢筋配筋面积	$1.4L_{ae}$, 1 065	1 100	6D20, 1 885
CIP	现浇对照组	—	—	2D25+1D18, 1 491

注：L_s为梁端键槽内设置的连接钢筋的长度；L_u为预制梁端部 U 形键槽的长度；现浇梁柱底通长钢筋面积与装配式节点 U 形键槽内直连接钢筋的面积基本相同。

试验构件的设计和试验参数的选取主要考虑该装配式梁柱节点的特点和设计要点进

行，主要有如下三方面的考虑和设计。

（1）在键槽内布置的连接钢筋，其锚固长度应满足锚固连接性能的要求；根据受拉钢筋的基本锚固长度，查表计算可知：HRB500钢筋三级抗震框架的系数为 $L_{ae}=38\ \text{d}$，并取修正系数为1.05；按照该体系技术要点的设计要求，键槽内连接钢筋的长度应为 $L=1.4\ L_{ae}$，试验分别研究连接钢筋长度为 $1.0\ L_{ae}$、$1.4\ L_{ae}$、$1.6\ L_{ae}$ 时梁柱节点的抗震性能。需注意的是，箍筋加密区随键槽长度的改变而变化；实际试件制作过程中，键槽内连接钢筋直径为20 mm，键槽长度为钢筋长度＋50 mm并取整数，分别为1 300 mm、1 100 mm、800 mm。

（2）键槽内部及梁端混凝土预制面有6 mm的粗糙度；预制梁端键槽内需浇筑C45混凝土，即比预制混凝土强度高一等级的细石混凝土，保证新旧混凝土的协同工作性能。现浇节点与键槽内连接钢筋对应为4/20 mm（1 257 mm^2），由于梁底钢筋直径为25 mm，参考实际设计需求，替换为2/25 mm＋1/18 mm（1 234 mm^2），将梁底一根纵筋替换为18 mm的钢筋并通长，不影响梁柱节点的破坏模式，则梁底配筋为5/25 mm＋1/18 mm，其中2/25 mm＋1/18 mm为梁底通长钢筋。

（3）键槽底部布置的连接钢筋面积应满足承载力设计要求，据此设计预制混凝土梁柱节点和现浇混凝土梁柱节点进行试验。预制梁端部键槽内钢筋面积对节点的性能具有较大影响，由于连接钢筋布置位置距梁底较远，且新旧混凝土接触面会降低结构的整体性，因此增加键槽内底部连接钢筋可以有效地提升节点性能。本试验中设计一个配筋为6D20的试验构件来研究增加连接钢筋配筋面积对节点抗震性能的影响。

2）梁柱边节点试件设计

在装配式边柱节点试验构件中，预制柱仅在节点区域未浇筑混凝土，而且梁柱节点区域存在新旧混凝土交界面和梁纵筋锚固的问题，会对装配式梁柱边节点的抗震性能造成一定的影响。为了能更充分和可靠地揭示装配整体式梁柱边节点的破坏形态和抗震性能，本试验设计了装配式和现浇的足尺梁柱边节点试验构件进行对比分析。

装配式梁柱节点和现浇梁柱节点试验构件的尺寸完全相同，试验构件中，柱长度为4 675 mm，其中上柱长度为1 600 mm，下柱长度为2 100 mm，梁长度为3 850 mm。预制/现浇柱截面尺寸为600 mm×600 mm，现浇梁与施工完成后的叠合梁截面尺寸为600 mm×950 mm。在制作装配整体式梁柱节点试验构件时，预制梁为叠合梁，预制叠合梁高度为650 mm，拼装施工时叠合梁后浇层厚度为300 mm，试验构件尺寸与配筋如图4-7所示。

4.3.3 试验构件破坏模式

（1）现浇与装配式梁柱中节点试验构件破坏模式如图4-8所示。

在装配式梁柱中节点中，构件的破坏模式主要表现为预制梁端部与柱之间出现的竖向主裂缝，该裂缝的宽度在试验构件破坏时达到2.5～3.5 cm，这主要是由于预制梁端部键槽减小了梁的截面有效高度和宽度。在试验加载初期，预制梁端与现浇节点区域出现竖向贯通裂缝，在后续的加载过程中，梁端竖向裂缝宽度不断增加，构件的损伤主要集中

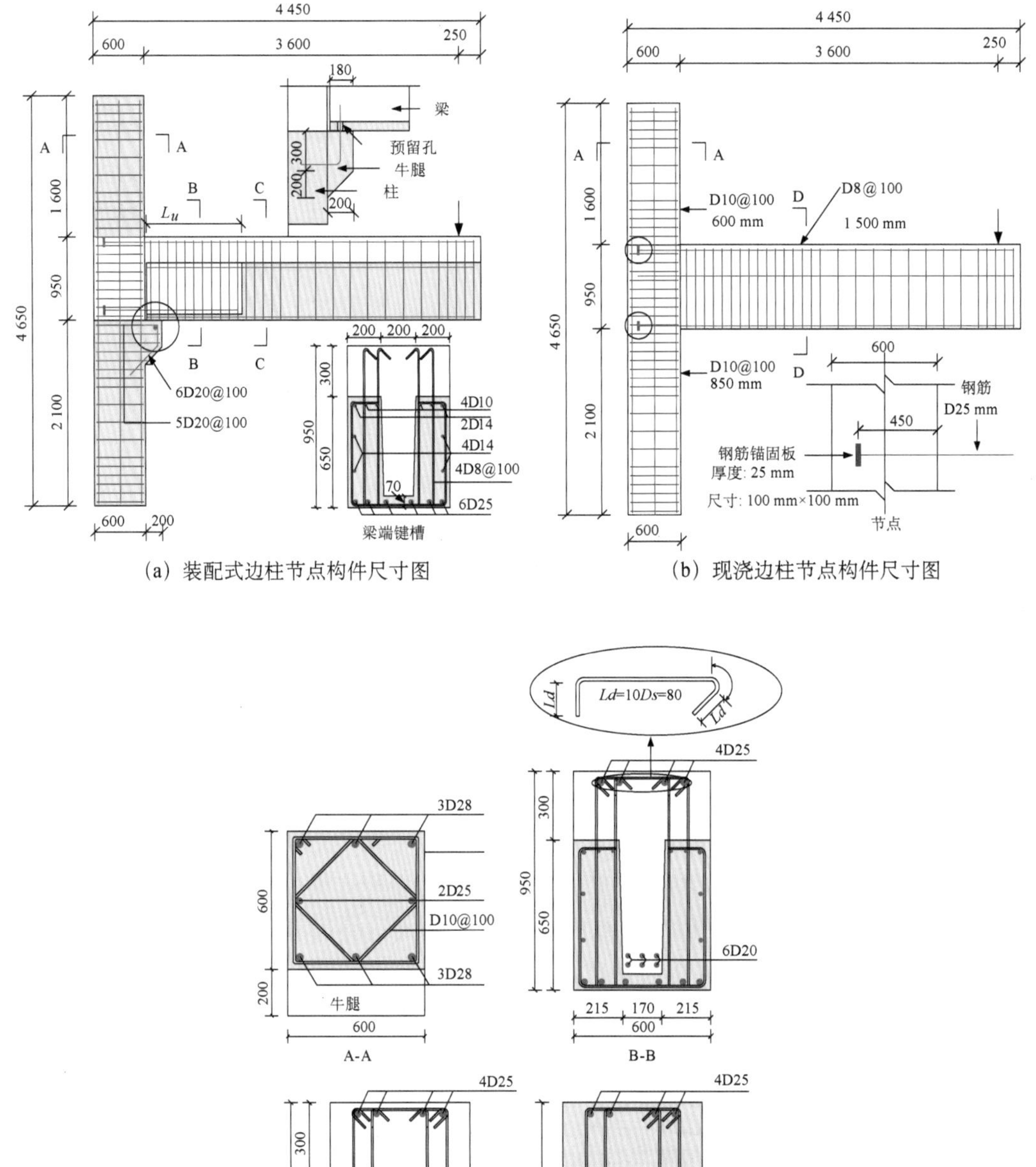

(a) 装配式边柱节点构件尺寸图

(b) 现浇边柱节点构件尺寸图

(c) 梁柱截面配筋图

图 4-7 装配式/现浇柱梁柱边节点构件构造图(单位:mm)

于该区域，部分装配式梁柱中节点试验构件梁上部纵筋出现了断裂的情况；同时，叠合梁端部现浇混凝土与预制混凝土之间出现水平剪切裂缝；在试验构件的加载后期，预制梁下部牛腿出现了不同程度的损伤，表明牛腿在一定程度上限制了预制梁绕柱的转动，同时提高了预制梁端部的抗剪承载力和弯矩承载力。现浇梁柱节点试验构件的损伤主要为节点区域的剪切破坏，出现了不理想的“强梁-弱柱”的破坏模式。

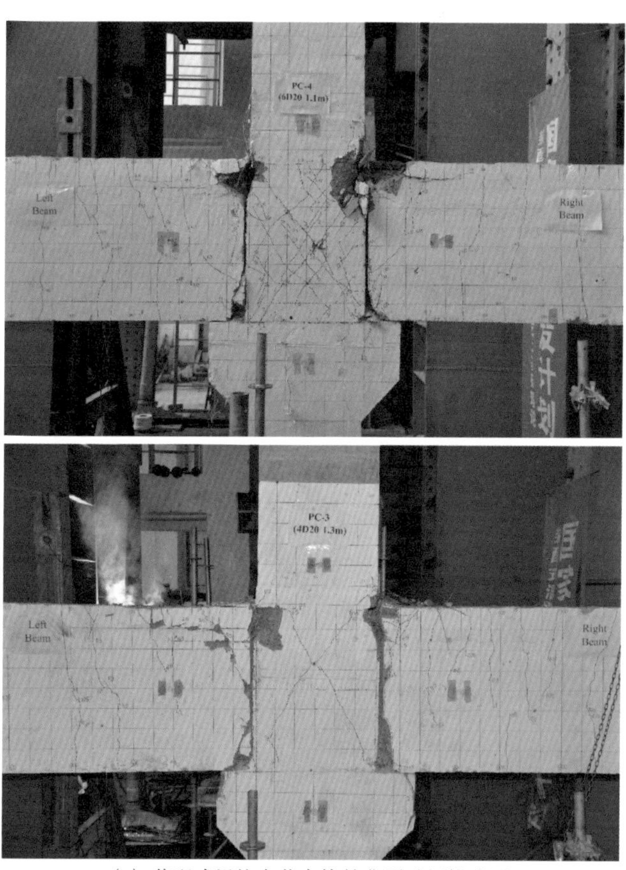

(a) 装配式梁柱中节点构件典型破坏模式图

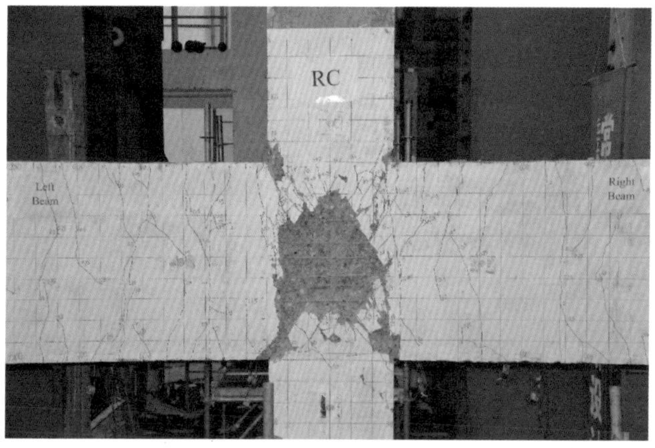

(b) 现浇梁柱中节点破坏模式图

图 4-8　装配式/现浇梁柱中节点破坏模式

（2）中间层边柱梁柱节点试验构件破坏模式如图 4-9 所示。

在装配式梁柱边节点的破坏主要是由于梁端出现了宽度较大的竖向裂缝，破坏模式与装配式梁柱中节点类似。同时，在加载后期梁上部出现了箍筋失效和纵筋断裂的情况，梁端塑性铰长度与现浇节点相比较短。

(a) 装配式梁柱边节点构件破坏模式

(b) 现浇梁柱边节点构件破坏模式

图 4-9 装配式/现浇梁柱边节点破坏模式

4.3.4 试验构件滞回性能及结论

（1）现浇/装配式梁柱中节点的滞回曲线如图 4-10 所示，分析不同参数的装配式梁柱中节点的滞回性能可得出如下结论：

① 节点内不同的连接钢筋长度对其承载力的影响较小，但是对滞回曲线的饱满程度和节点延性有较大的影响。

② 键槽内设置连接锚固箍筋，提高了附加连接钢筋与预制梁底钢筋的连接和锚固性能，对节点的极限承载力影响较小，但是极大地提高了节点的耗能能力。

③ 增加键槽内连接钢筋的配筋面积，可以明显地提高装配式梁柱节点的极限承载力，正负方向分别为 25%和 30%，同时节点的延性和耗能均有明显增加。

④ 现浇节点承载力较高，部分原因在于较大的梁截面和良好的整体性能，但是表现出“强梁弱柱”的破坏模式，节点区域破坏严重，滞回曲线较为捏缩。

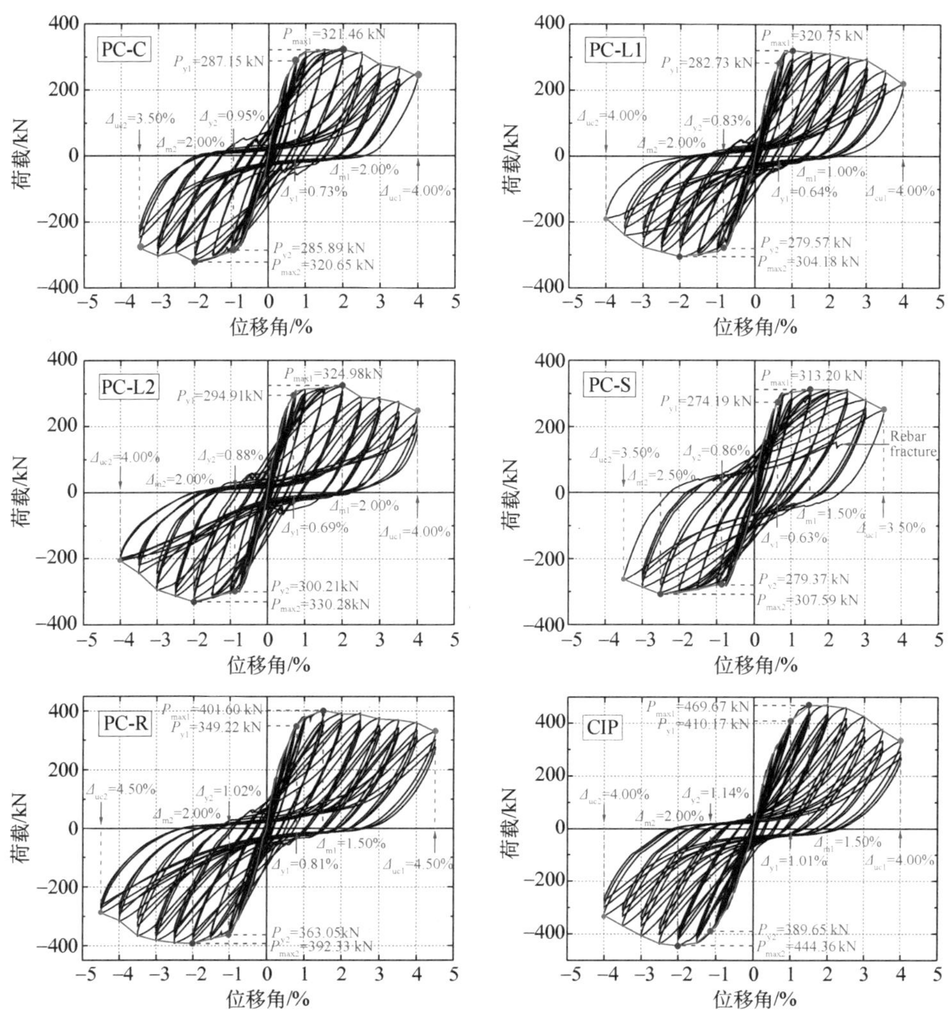

图 4-10　梁柱中节点试验构件滞回性能

(2) 装配式/现浇梁柱边节点试验构件滞回曲线如图 4-11 所示，由于装配式节点中连接钢筋的锚固性能在节点区域受到限制，以及连接钢筋对节点整体性能弱化，装配式边柱节点的承载能力和耗能能力均明显降低。同时，由于牛腿的作用，预制梁柱边节点试验构件在正负加载方向出现了明显的不对称的情况，可见预制柱牛腿不仅是装配施工的构造措施，同时在一定程度上影响了节点的抗震性能。

4.4　无支撑装配式混凝土框架结构设计计算方法

该体系已经在某实际工程中得到应用，具体工程实例参数如下：用地面积13 095 m^2，

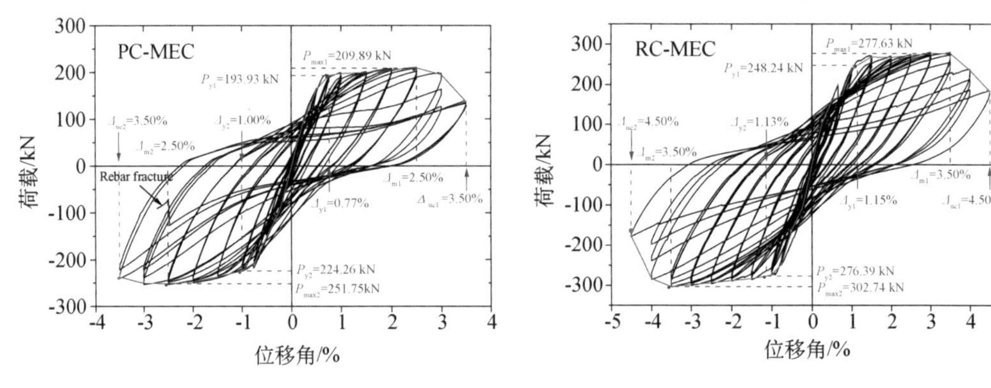

图 4-11　梁柱中节点试验构件滞回性能

建筑面积 9 178.57 m^2(装配式混凝土建筑公共建筑面积不低于 5 000 m^2)，地上 3F，建筑高度 16.75 m。该体系为单体结构形式，全预制装配式框架结构体系，预制率 63.2%，工程信息如表 4-2 所示。计划工期：施工进度要求 210 天，总进度要求 260 天。绿色建筑要求：绿色建筑设计评价标识三星级，绿色建筑运行评价标识三星级。

表 4-2　某工程设计信息

	楼层	标高	构件	强度等级
现浇	基础	基础——0.050	承台、基础、柱	C40
	1-屋面	－0.050 以上	柱	C40
			梁、楼板、预制梁板现浇部分	C40
			楼梯现浇部分	C40
预制	1-屋面	－0.050 以上	预制柱	C40
			预制叠合梁、预制叠合板预制部分	C40
			预制楼梯梯段、预制女儿墙	C40
现浇	1-屋面	－0.050 以上	梁柱节点与键槽内后浇混凝土	C45

4.4.2　配筋计算对比分析

无支撑装配式混凝土框架结构设计方法与现浇混凝土框架结构具有较大的不同。该体系采用两阶段设计荷载：预制梁在施工阶段不设支撑，按《混凝土结构设计规范》(GB 50010—2010)附录 H 的原则进行两阶段设计。两阶段荷载说明如表 4-3 所示。

表 4-3　两阶段设计方法

阶段	荷载类目	荷载说明
第一阶段： 后浇的叠合层混凝土未达到强度设计值之前的阶段，荷载由预制构件承担	恒荷载(G_1)	预制构件自重 预制楼板自重 叠合层自重
	活荷载(Q_1)	本阶段的施工活荷载

续表 4-3

阶段	荷载类目	荷载说明
第二阶段： 叠合层(后浇)混凝土达到设计规定的强度值之后的阶段，构件内力根据叠合构件按整体结构进行计算	恒荷载 (G_1+G_2)	第一阶段恒荷载(G_1) 面层吊顶等后浇混凝土强度形成以后所施加的恒荷载(G_2)
	活荷载(Q_2)	本阶段施工活荷载与使用阶段活荷载取大值

根据《混凝土结构设计规范》(GB 50010—2010)H.0.2-2，叠合构件的正弯矩区段配筋根据两阶段弯矩相加($M=M_{1G}+M_{2G}+M_{2Q}$)对叠合构件截面进行配筋。因不同模型间弯矩相加较难操作，具体实施时通过配筋相加实现规范所要求的弯矩相加。且第一阶段的弯矩 M_{1G} 仅对预制截面进行配筋，即 A_{S2-1} 。具体如下：

预制构件和叠合构件的正截面受弯承载力应按《混凝土结构设计规范》中第 6.2 节计算。其中，弯矩设计值应按下列规定取用。

(1) 预制构件

$M_1=M_{1G}+M_{1Q}$，根据 M_1 可计算配筋面积 A_{S1}，对应预制构件简支；

(2) 叠合构件的正弯矩区段

$M=M_{1G}+(M_{2G}+M_{2Q})$，根据 M 可计算配筋面积 A_{S2}，根据 M_{1G} 可计算配筋面积 A_{S2-1}，对应预制构件简支；根据 $M_{2G}+M_{2Q}$ 可计算配筋面积 A_{S2-2}，对应叠合构件固接；因此有 $A_{S1}=A_{S2-1}+A_{S2-2}$

(3) 叠合构件的负弯矩区段

$M=M_{2G}+M_{2Q}$，截面配筋面积计算同上。

为方便理解上述设计方法，分别根据配筋相加和弯矩相加的配筋计算方法得出某实际工程中楼面梁和屋面梁的配筋计算结果，如表 4-4 与表 4-5 所示。可见配筋相加的计算方法是较为合理和安全的。

表 4-4　弯矩相加与配筋相加结果对比(楼面梁)

中梁 12 m 预制梁底筋		本工程算法(配筋相加)	规范算法(弯矩相加)
主要算法特点		配筋相加得第二阶段配筋 $A_{S2}=A_{S2-1}+A_{S2-2}$	弯矩相加得第二阶段配筋 A_{S2}根据 $M=M_{1G}+M_{2G}+M_{2Q}$计算
第一阶段配筋	$A_{S1}[mm^2]$	6 353	6 353
	$A_{S2-1}[mm^2]$	5 177	
第二阶段配筋	$A_{S2-2}[mm^2]$	911	
	$A_{S2}[mm^2]$	6 088	4 506
最终配筋取值	$\max(A_{S1}, A_{S2})$	6 353	6 353

续表 4-4

边榀 12 m 预制梁底筋		本工程算法(配筋相加)	规范算法(弯矩相加)
主要算法特点		配筋相加得第二阶段配筋 $A_{S2}=A_{S2-1}+A_{S2-2}$	弯矩相加计算二阶段配筋 A_{S2}根据 $M=M_{1G}+M_{2G}+M_{2Q}$计算
第一阶段配筋	A_{S1}[mm^2]	3 515	3 515
第二阶段配筋	A_{S2-1}[mm^2]	3 030	
	A_{S2-2}[mm^2]	682	
	A_{S2}[mm^2]	3 712	2 911
最终配筋取值	max(A_{S1}，A_{S2})	3 712	3 515

表 4.5　弯矩相加与配筋相加结果对比(二)屋面梁

中梁 12 m 预制梁底筋		本工程算法(配筋相加)	规范算法(弯矩相加)
主要算法特点		配筋相加得第二阶段配筋 $A_{S2}=A_{S2-1}+A_{S2-2}$	弯矩相加计算二阶段配筋 A_{S2}根据 $M=M_{1G}+M_{2G}+M_{2Q}$计算
第一阶段配筋	A_{S1}[mm^2]	8 215	8 215
	A_{S2-1}[mm^2]	6 575	
第二阶段配筋	A_{S2-2}[mm^2]	2 066	
	A_{S2}[mm^2]	8 641	6 393
最终配筋取值	max(A_{S1}，A_{S2})	8 641	8 215

中梁 8 m 预制梁底筋		本工程算法(配筋相加)	规范算法(弯矩相加)
主要算法特点		配筋相加得第二阶段配筋 $A_{S2}=A_{S2-1}+A_{S2-2}$	弯矩相加计算二阶段配筋 A_{S2}根据 $M=M_{1G}+M_{2G}+M_{2Q}$计算
第一阶段配筋	A_{S1}[mm^2]	2 940	2 940
第二阶段配筋	A_{S2-1}[mm^2]	2 489	
	A_{S2-2}[mm^2]	883	
	A_{S2}[mm^2]	3 372	2 604
最终配筋取值	max(A_{S1}，A_{S2})	3 372	2 940

4.5　无支撑装配式混凝土框架结构体系工程应用

4.5.1　实际工程案例介绍

无支撑装配整体式混凝土框架结构已经在某实际工程中得到应用。下文以某实际工程为案例，阐述该无支撑装配整体式混凝土框架结构的施工过程。工程项目概况如下。

(1) 项目位置：常州工程职业技术学院校区内；

(2) 项目概况：建筑面积 9 178.57 m^2，地上 3F，建筑高度 16.75 m；

（3）单体结构形式：全预制装配式框架结构体系，预制率 63.2%，预制装配率 54.7%；

（4）体系特点和关键连接节点：预应力中空楼板，多节串烧柱，套筒灌浆连接，键槽法施工技术，无支撑结构体系等。

4.5.2 施工过程

项目现场施工照片如图 4-12 所示，该工程装配式施工主要分为以下两个方面。

（1）预制柱—基础节点连接施工

预制柱—基础节点连接施工流程如图 4-12 所示。在该工程中，基础为现浇钢筋混凝土结构独立基础。在现浇基础施工时，基础预留柱纵筋伸出柱混凝土浇筑断面，钢筋伸出的长度满足预制柱灌浆套筒锚固连接的要求；预制柱为多层预制串烧柱，同时在柱底部设置有灌浆套筒。现场施工时，将预制柱吊起并安装在基础预留柱上，将基础预留柱上伸出的钢筋插入预制柱底部的灌浆套筒内，然后设置临时支撑，并采用砂浆垫层将柱底部进行封堵，最后通过在柱底灌浆套筒内灌浆完成预制柱—基础连接节点的施工。

(a) 现浇基础插筋定位

(b) 基础预留柱钢筋保护

(c) 预留柱插筋除锈清理

(d) 预制柱基底找平

(e) 预制柱吊装就位

(f) 设置预制柱支撑

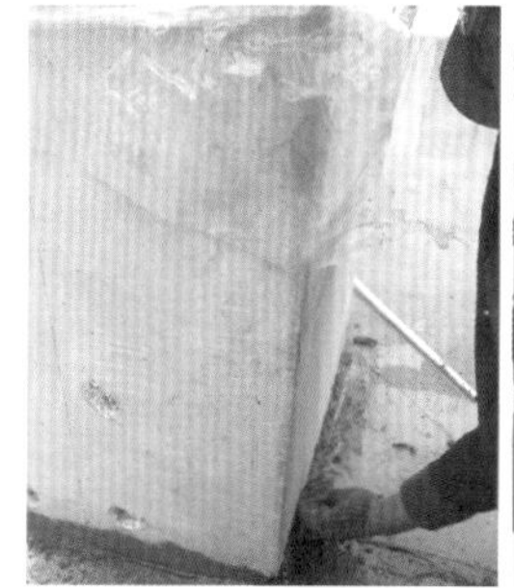

(g) 预制柱灌浆前封堵

(h) 灌浆完成施工

图 4-12 预制柱—基础连接施工流程图

(2) 梁柱节点与预制楼板施工

无支撑装配整体式梁柱节点和预制楼板的装配施工流程如图 4-13 所示。预制柱为

(a) 主梁吊装就位

(b) 次梁吊装就位

(c) 梁柱节点表面清理

(d) 梁柱节点模板安装

(e) 梁柱节点后浇混凝土成型

(f) 预制楼板吊装前检查

(g) 预制楼板安装

(h) 预制楼板板缝处理

图 4-13 梁柱节点与预制楼板施工流程图

预制多层串烧柱，不同层间柱通过柱纵筋进行连接，在节点区域未浇筑混凝土，同时预制柱在节点区域下部设置有牛腿；预制梁端部设置有 U 形键槽，梁箍筋为开口箍筋。在现场装配施工时，首先将预制梁按照设计放置在预制串烧柱的牛腿上，并通过梁端部键槽在梁底放置贯通的连接钢筋，同时在预制梁叠合部位放置梁上部纵筋和封闭箍筋；然后在梁柱节点区域和预制梁叠合部位安装模板，并在上述区域浇筑比预制混凝土强度等级高一等级的无收缩细石混凝土，完成无支撑装配整体式梁柱节点的现场装配施工。在该工程中，楼板采用预制预应力空心楼板，待预制楼板安装就位后，采用砂浆进行预制楼板板缝的处理。在梁柱节点与预制楼板施工过程中，预制梁搁置在串烧柱的牛腿上，预制楼板搁置在预制梁上，预制梁和预制楼板吊装就位后不需要设置竖向临时支撑，可大幅度提高无支撑装配整体式混凝土框架结构体系的施工效率，减少施工过程中所需的人工和施工设施费用。

4.6 小结

无支撑装配整体式梁柱节点具有施工简便等优点，梁柱节点可以基本实现等同现浇的设计目标，但是中间层边柱节点和顶层边柱节点由于节点区域钢筋锚固和新旧混凝土界面对结构整体性能的削弱，该类型节点的抗震性稍弱于现浇梁柱节点，具体如下：

（1）装配式梁柱中节点在承载力方面相比于现浇节点有所减弱，但是结构的延性和耗能满足要求。总体而言，装配式梁柱节点的抗震性能满足要求，基本实现了等同现浇的设计目标。

（2）装配式中间层边柱节点和顶层边柱节点在承载力和耗能方面未能实现等同现浇，这是节点区域梁纵筋锚固性能不足和新旧混凝土交接面削弱了结构整体性能导致的，在工程应用中应通过相关的构造措施提升该类型节点的抗震性能。

（3）本体系中提出的配筋设计方法思路清晰，结果合理有效，可为类似工程的设计分析提供借鉴。

本章参考文献

[1] 蔡建国，冯健，王赞，等. 预制预应力混凝土装配整体式框架抗震性能研究[J]. 中山大学学报（自然科学版），2009，48(2)：136-140.

[2] Im H, Park H, Eom T. Cyclic loading test for reinforced-concrete-emulated beam-column connection of precast concrete moment frame[J]. ACI Structural Journal, 2013, 110(1): 115-126.

[3] Parastesh H, Hajirasouliha I, Ramezani R. A new ductile moment-resisting connection for precast concrete frames in seismic regions: an experimental investigation [J]. Engineering Structures, 2014, 70: 144-157.

[4] Eom T, Park H, Hwang H, et al. Plastic hinge relocation methods for emulative PC

beam-column connections[J]. Journal of Structural Engineering, 2016, 142(2): 4015111.

[5] Guan D, Guo Z, Xiao Q, et al. Experimental study of a new beam-to-column connection for precast concrete frames under reversal cyclic loading[J]. Advances in Structural Engineering, 2016, 19(3): 529-545.

[6] 管东芝. 梁端底筋锚入式预制梁柱连接节点抗震性能研究[D]. 南京:东南大学, 2017.

[7] 于建兵. 钢绞线锚入式装配混凝土框架节点抗震试验与理论研究[D]. 南京:东南大学, 2016.

[8] Alcocer S M, Carranza R, Perez-Navarrete D, et al. Seismic tests of beam-to-column connections in a precast concrete frame[J]. PCI Journal, 2002, 47(3): 70-89.

[9] Yee A A, Hon D. Structural and economic benefits of precast/prestressed concrete construction[J]. PCI Journal, 2001, 46(4): 34-42.

[10] Restrepo J I, Park R, Buchanan A H. Tests on connections of earthquake resisting precast reinforced concrete perimeter frames of buildings [J]. PCI Journal, 1995, 40(4): 44-61.

[11] Bull D K, Park R. Seismic resistance of frames incorporating precast prestressed concrete beam shells[J]. PCI Journal, 1986, 31(4): 54-93.

[12] 李振宝,郭二伟,周锡元,等. 大尺度 rc 梁柱节点抗震性能及尺寸效应试验研究[J]. 土木工程学报, 2012, 45(7): 39-47.

[13] Xue W, Zhang B. Seismic behavior of hybrid concrete beam-column connections with composite beams and cast-in-place columns[J]. ACI Structural Journal, 2014, 111(3): 617-628.

[14] Ha S, Kim S, Lee M S, et al. Performance evaluation of semi precast concrete beam-column connections with u-shaped strands[J]. Advances in Structural Engineering, 2014, 17(11): 1585-1600.

第5章 节点外拼接装配式混凝土框架结构

5.1 引言

装配式混凝土框架结构的节点连接形式是影响结构性能的关键因素之一，目前应用比较广泛的节点连接形式主要有 3 种：后张预应力式连接、干式连接和后浇整体式连接。其中，后浇整体式连接是我国应用最为广泛的一种连接形式。这种连接形式是通过在装配式结构中预留后浇区域，待构件吊装就位以后，在后浇区域内二次浇筑混凝土使结构连接成整体。从国内外对后浇整体式梁柱节点的研究结果可以看出，后浇整体式框架节点具有良好的抗震能力，经过合理的设计基本能够达到等同现浇，因此采用后浇整体式连接的装配式混凝土框架结构可以按照现浇结构的设计方法进行设计，降低了设计的难度。与干式连接和后张预应力式连接相比，后浇整体式连接对构件制作以及安装的精度要求较低，施工简单。但后浇整体式连接同样有部分问题需要解决，主要包括：(1)结构构件分割方案；(2)后浇区域钢筋的连接形式；(3)接缝面对结构性能的影响。为应对后浇整体式装配式框架结构中存在的问题，本章提出了节点外拼接装配式混凝土框架结构体系，该体系不仅保证了装配式混凝土框架结构具有良好的抗震性能，同时还兼顾了构件制作、运输和安装等方面的要求，具有良好的推广应用价值。

5.2 连接方案

构件分割方式是装配式框架结构研究的一个重要方面，这通常需要综合考虑运输与受力两个方面的因素。目前，为了能够降低接缝处的内力，通常将连接位置选择在梁跨中或者 1/3 跨处，但是这种划分方式增加了构件尺寸并且使构件在几何形状上呈不规则，从而增加了构件的运输成本。另外一种常用的分割方式是在梁端进行分割，但是这类方式会造成连接区域的内力增大。同时，由于连接区域靠近节点核心区，通常该区域钢筋较密，会增加拼接时的施工难度。

本节针对后浇混凝土框架连接节点，提出了在塑性铰区以外进行构件拆分的装配式连接方案，确保了塑性铰区域的连续性，提高了结构的力学性能，同时也能够很好地满足预制构件的运输要求，如图 5-1 所示。

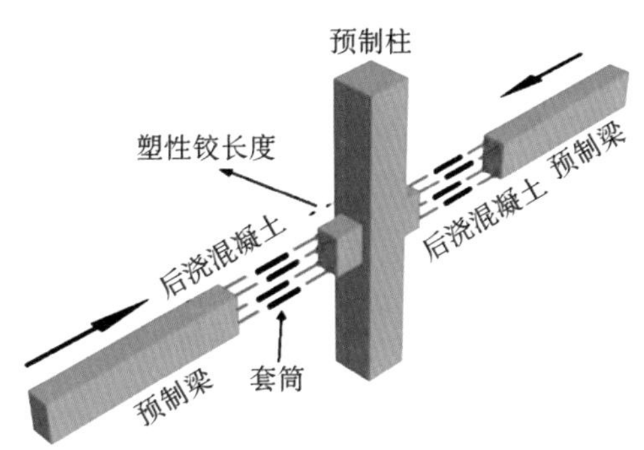

图 5-1　塑性铰区外框架连接方案

5.3　节点力学性能对比试验

5.3.1　试件设计

为了对比塑性铰区外连接的框架节点与现浇节点和常规梁端连接节点的力学性能，设计了 3 个足尺的梁柱节点试件：(1)梁柱整体现浇(编号 RJZ)；(2)梁柱采用装配式(编号 PJZ-1)，梁柱在距离梁端 300 mm 处拼接，左侧拼接界面设置键槽，右侧拼接界面设置粗糙面，粗糙面深度 5～6 mm；(3)梁柱采用装配式(编号 PJZ-2)，梁柱在柱边拼接，左侧拼接界面设置键槽，右侧拼接界面设置粗糙面，粗糙面深度 5～6 mm，节点核心区预留梁纵筋。三个试件的梁截面尺寸为 250 mm×400 mm，柱截面尺寸为 450 mm×450 mm。混凝土采用 C30 级混凝土，钢筋采用 HRB400 级钢筋。梁配筋率按照经济配筋率取 0.67%，柱配筋情况按照《建筑抗震设计规范》(GB 50011—2010)中的一级框架进行“强柱弱梁”设计。混凝土保护层厚度取 35 mm。试件配筋图见图 5-2 所示。

5.3.2　试验方案

本次试验采用梁端加载方式，即在柱顶施加恒定轴力，在试验加载过程中保持轴压力不变，在梁端施加反复荷载。对于中节点两侧梁的端部，两个作动器输出大小相同、方向相反的力和位移，如图 5-3 所示。

本试验采用荷载与位移混合控制的加载制度。试件屈服前由荷载控制；当梁的主筋屈服后，采用位移控制加载。根据《建筑抗震设计规范》(GB 50011—2010)，一级框架的轴压比限值为 0.65，故在试验过程中取设计轴压比为 0.65，相应的试验轴压比为 0.263。试验时，上柱端由作动器对试件施加轴向压力至预定值，并在试验过程中保持恒定。施加轴压时应保持梁加载端处于自然状态，以防止梁端和混凝土板内产生初始应力。加载路径为：

(1) 施加上柱柱端竖向荷载，加载至轴压预定值 1 070 kN；

(2) 第 1 循环的荷载值为 5 kN，在对 L 梁梁端施加拉力的同时，对 R 梁梁端施加推力，以反对称形式施加低周反复荷载；

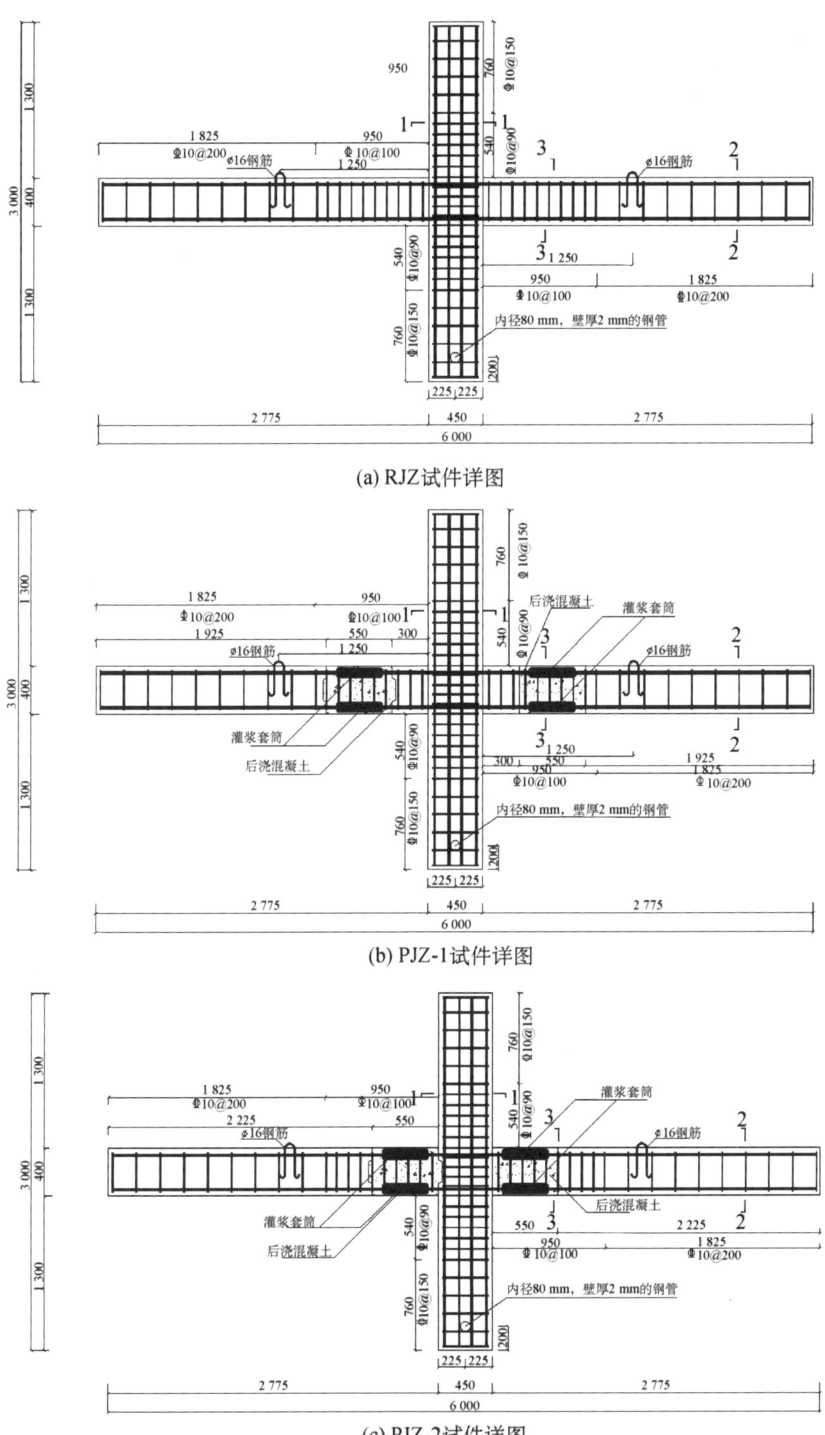

图 5-2　框架节点试件配筋图

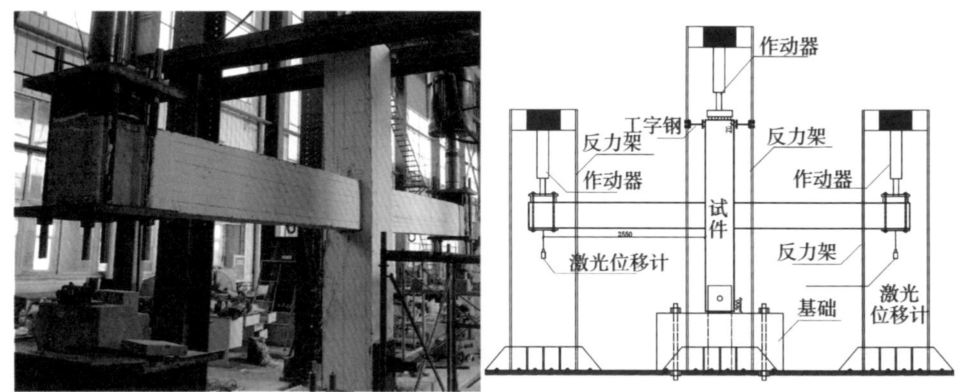

图 5-3　节点试件加载方式示意图

(3) 此后各个循环与第 1 循环一致，荷载值依次增加 5 kN，直到试件屈服，得到屈服位移 Δ_y；

(4) 试件屈服后，加载方式转换成位移控制，按 1.5 倍、2.5 倍、3.5 倍……的屈服位移量进行加载，在每一个位移量下循环两次；

(5) 当构件的承载能力下降至最大承载能力的 85%时，停止加载。

5.3.3　试件破坏过程

三个试件的破坏过程基本相同，都经历了试件开裂、梁上新裂缝开展、已有裂缝开展、柱身开裂、梁端裂缝宽度增加、梁端混凝土压碎这几个过程，如图 5-4 所示。从开裂荷载来看，三个试件的开裂荷载基本相同，试件 RJZ(现浇试件)的开裂荷载略高于其余两个预制试件，在 15 kN 左右，而其余两个试件键槽侧和平缝侧的开裂荷载大概在 10 kN 左右，并且两个预制试件的开裂位置都在接缝面处，可见接缝面类型对于提高试件的开裂荷载并无太大帮助。在试验过程中，两个预制试件在接缝面处虽然出现了开裂现象，特别是试件 PJZ-2 在梁端接缝面处开裂十分严重，但是受压区接缝面由于压应力的作用，原有裂缝闭合，最终并未观察到沿接缝面的剪切破坏。三个试件裂缝的开展方向基本上都与梁轴线方向垂直，只有在键槽一侧可能会在键槽的角部形成与梁轴线方向成 45°的斜裂缝，而在柱身仅有轻微开裂，且裂缝的方向与柱轴向方向垂直，由此可以看出试件的破坏模式为梁端的弯曲破坏，满足“强柱弱梁”的设计准则。但是从试件的最终破坏状态来看，试件 PJZ-2 梁端混凝土的压碎现象明显较其余两个试件更为严重，这可能是因为这个试件的接缝面位于梁柱交界面处，此处弯曲最大，出现了变形集中，使得受压区混凝土的应变增大，接缝面处的混凝土压碎现象更加严重。

5.3.4　滞回曲线

滞回曲线是结构在低周往复荷载作用下的力荷载—变形曲线，该曲线宏观上综合地表现了结构在低周往复荷载作用下的性能，通过该曲线可以得到结构的耗能能力、骨架曲线、变形能力、刚度退化和回复力模式等等，是评价结构抗震能力的重要依据。图 5-5 列出了本试验

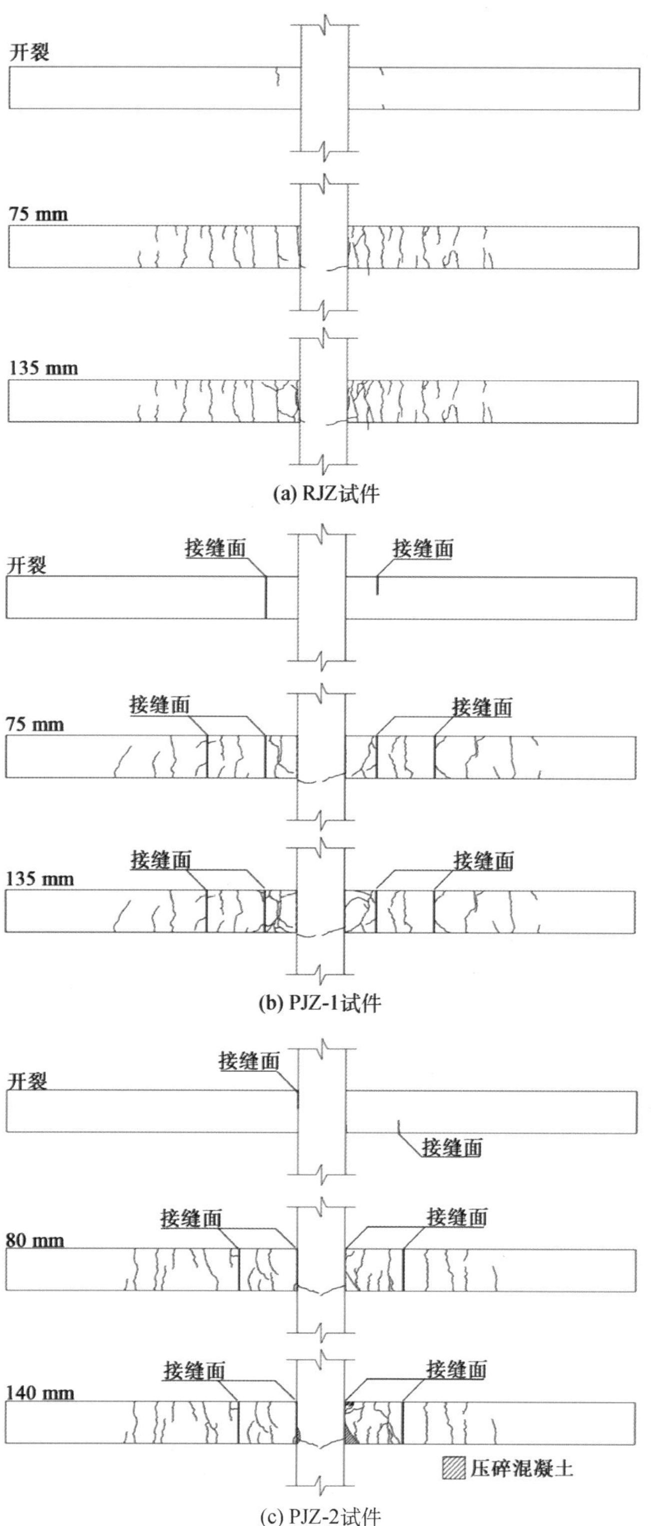
开裂
75 mm
135 mm
(a) RJZ试件
接缝面
开裂
接缝面
接缝面
75 mm
接缝面
接缝面
135 mm
接缝面
(b) PJZ-1试件
接缝面
开裂
接缝面
接缝面
80 mm
接缝面
接缝面
140 mm
接缝面
压碎混凝土
(c) PJZ-2试件

图 5-4　试件破坏过程

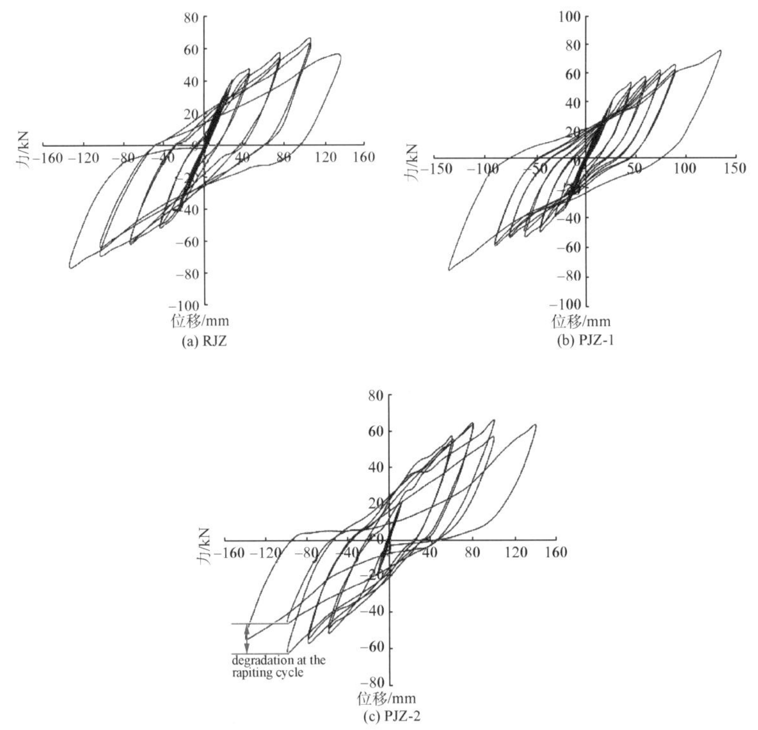

图 5-5　滞回曲线

中 3 个试件的滞回曲线，基于本试验的测量方案，滞回曲线采用梁端的力—位移曲线。

从图 5-5 可以看出，在荷载控制加载阶段，试件基本呈弹性，刚度较大，荷载增加迅速，残余变形很小。当进入位移控制后，残余变形增大，滞回环包络的面积迅速增大，滞回环包络的面积反映了试件的耗能能力，因此可以认为此时试件所消耗的能量增加。单个滞回环内，荷载随位移的变化趋势基本类似，在加载前期荷载增加速度较小，在加载到一定位移后，荷载增加速度增大，达到峰值后卸载。在卸载前期，荷载迅速减小，但是当卸载到一定位移后，荷载降低速度降低。这主要是因为在加载前期受压区混凝土内存在裂缝，不容易传递压力，因此在这一阶段荷载增加速度较慢；随着位移的增大，受压区混凝土逐渐闭合，传递压力的能力增大，故在曲线上表现为荷载增加速度加快，卸载阶段与此类似。这一现象在宏观上就表现为滞回曲线的捏拢现象。试件 RJZ 和试件 PJZ-1 在整个加载过程，滞回曲线都呈现出饱满的反 S 形。试件 PJZ-2 在加载的前期滞回曲线呈现出反 S 形，随着加载位移的加大，滞回曲线的形状也由反 S 形转变为 Z 形。通过比较三个试件的滞回曲线可以发现：

（1）试件 PJZ-1 和试件 RJZ 的滞回曲线形状非常接近，二者的滞回曲线都很饱满，可以认为这二者的耗能能力很接近，同时也可以认为二者在往复力作用下具有相似的恢复力模式。

（2）PJZ-2 的滞回曲线的捏拢现象相对于 PJZ-1 更加明显，因此 PJZ-1 的耗能能力优于 PJZ-2。造成这一现象的原因可能是 PJZ-2 的拼接面位于梁柱交界处，这个位置是弯矩最大的位置，在弯矩的作用下，接缝面处容易形成较大的裂缝，这样更容易造成滞回曲线的捏拢现象。

(3) 梁端位移均加载到 135 mm 以上,其对应的位移角为 1/20 左右,规范中在地震作用下对框架结构位移角的要求为 1/50,因此可以认为这三个试件均有良好的变形能力。

5.3.5 耗能能力

结构的耗能能力是结构抗震性能的重要指标。滞回曲线的形状能够定性地表现出结构的耗能能力。而滞回环包络的面积正是在加载过程中试件的节点消耗掉的能量,为了能够定量地研究结构的耗能能力,分别计算出各试件每个滞回环的面积。图 5-6 绘出了耗能与试件加载位移之间的关系,从图中可以看出:

(1) 试件 PJZ-1 的平均耗能能力在 110 mm 之前,略低于试件 RJZ;但是在 110 mm 之后试件 PJZ-1 的耗能能力略高于试件 RJZ。因此可以认为二者的耗能能力基本相同。

(2) 比较试件 PJZ-2 和试件 RJZ 可以看出,在 100 mm 之前二者的耗能能力非常接近,但是在这之后 PJZ-2 的耗能能力趋于稳定,没有继续随着位移的增大而继续上升,因此可以认为 PJZ-2 的耗能能力弱于现浇试件 RJZ。

(3) 通过比较两个预制试件的平均耗能能力可以看出,试件 PJZ-1 的耗能能力最好,PJZ-2 的耗能能力次之。

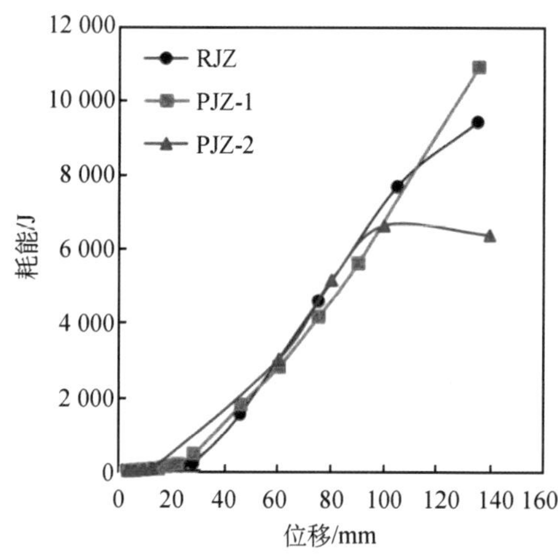

图 5-6 试件两侧的平均耗能能力

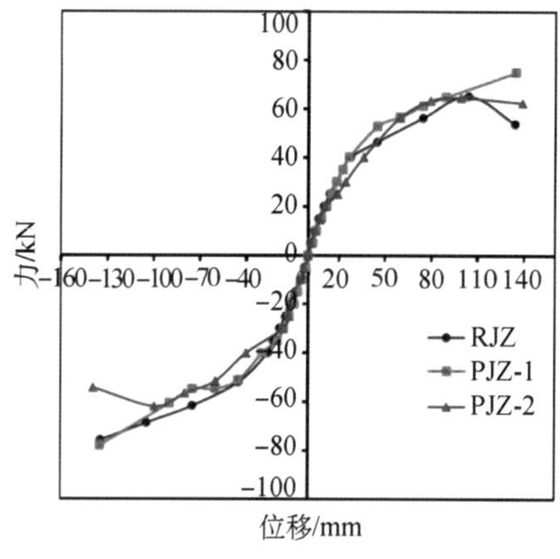

图 5-7 试件的骨架曲线

5.3.6 骨架曲线及承载力

骨架曲线为连接各级荷载的极值点得到的曲线。其形状通常与单调加载的荷载—位移曲线相似,但是各级位移下的荷载一般要低于后者。图 5-7 列出了三个试件的骨架曲线。可以看出,在加载的初期,试件基本上还处于弹性阶段,三个试件的骨架曲线基本重合,这说明三个试件的初始刚度基本相等。随着荷载增加,试件逐渐屈服,反映在骨架曲线上的表现为骨架曲线的斜率逐渐降低,此时三个试件也逐渐表现出差异。

试件承载能力是评价结构性能的重要指标，表 5-1 列出了各个试件的承载能力。

表 5-1 试件的承载能力 （单位：kN）

试件	界面类型	正向峰值荷载	负向峰值荷载	单侧平均峰值荷载	单个试件左右两侧平均峰值荷载
RJZ	左侧	75.3	−83.2	79.25	70.275
	右侧	68	−54.6	61.3	
PJZ-1	键槽	99.2	−76.4	87.8	76.425
	平缝	73.1	−57	65.05	
PJZ-2	键槽	64	−77.7	70.85	65.15
	平缝	76.3	−42.6	59.45	

通过比较三个试件的骨架曲线及其承载能力可以发现：

（1）三个试件在极限位移都已经加载到了 135 mm 以上。试件 PJZ-2 和试件 RJZ 的左侧荷载有略微降低，并且最终的荷载都在峰值荷载的 85%以上。按照对结构破坏的一般判定标准，这三个试件均未破坏，所以三个试件的极限位移均在 135 mm 以上，对应的位移角为 1/21，而规范规定的框架结构的位移角限制在 1/50，三个试件均具有良好的变形能力。

（2）单个试件的平均承载能力非常接近，试件 PJZ-2 的承载力比试件 RJZ 的承载力低 7.3%，试件 PJZ-1 的承载力比试件 RJZ 的承载力高 8.8%。

5.3.7 刚度退化

结构在往复加载的过程中，由于混凝土损伤以及钢筋逐步屈服，其刚度会随着荷载的增加而逐渐降低，这一现象被称为结构刚度的退化。刚度退化速度越快，越不利于结构抗震。利用每个滞回环的对角线的斜率来表征试件在每级荷载下的刚度，计算方法如式 5-1 所示。

$$K_i = \frac{|F_i^-| + F_i^+}{|\Delta_i^-| + \Delta_i^+} \tag{5-1}$$

式中：K_i 为试件在第 i 级荷载作用下的刚度，F_i^- 为第 i 级荷载作用下荷载在负向的峰值，F_i^+ 为第 i 荷载作用下荷载在正向的峰值，Δ_i^- 为 F_i^- 对应的位移值，Δ_i^+ 为 F_i^+ 对应的位移值。图 5-8 给出了试件刚度随位移的变化，可以看出：所有试件的刚度与位移关系的变化趋势基本相似，在加载的前期退化较快，随着位移的增加刚度退化的速度逐渐降低，到加载的后期试件的刚度逐渐趋于稳定。

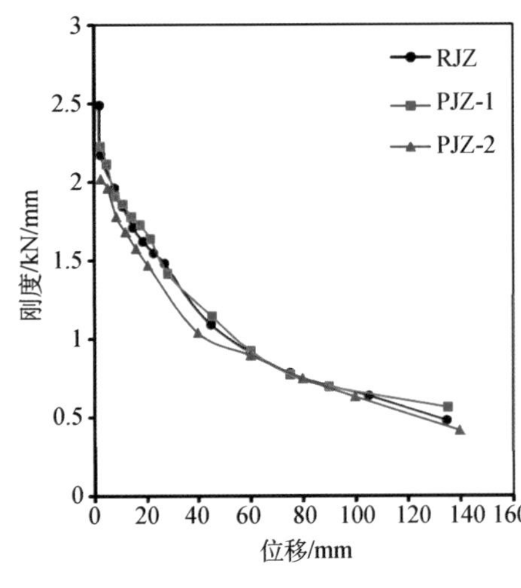

图 5-8 试件两侧刚度退化比较

5.4 节点力学性能数值模拟

5.4.1 模型建立

采用有限元分析软件 ABAQUS 对梁柱节点进行分析，并采用分离式的建模方式进行建模。梁和柱都采用 3 维 8 节点缩减积分实体单元 C3D8R 单元进行模拟，钢筋采用 3 维两节点桁架单元 T3D2 进行模拟。钢筋采用 ABAQUS 中提供的 Embedded 技术将钢筋与混凝土的自由度耦合，通过这种方式能够有效保证钢筋与混凝土的变形协调，但是这种建模方式难以模拟钢筋与混凝土间的滑移。为了能够简化分析模型，在建模过程中并未考虑基础。柱上下两端的边界条件与试验相同，均为铰接。加载制度与试验完全相同，首先在柱端施加轴力，并保持恒定，之后在两侧梁的端部施加低周往复荷载，有限元模型如图 5-9 所示。

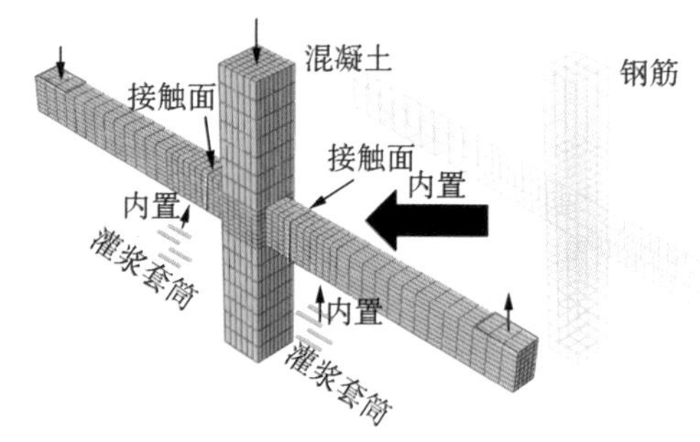

图 5-9　有限元模型

混凝土的本构模型采用 ABAQUS 提供的混凝土损伤塑性模型（CDP 模型），这种模型能够模拟混凝土在往复荷载作用下的损伤、裂缝闭合和刚度恢复[1]，同时还能够考虑混凝土材料拉压性能的差异。损伤变量的定义根据能量等效假设，认为损伤材料的弹性余能与虚拟无损材料的弹性余能相等[2]，则材料的损伤变量可按下式计算：

$$E_d = E_0(1 - D_k)^2 (k = t,\ c) \tag{5-2}$$

式中：E_d 和 E_0 分别表示损伤材料和无损材料的弹性模量，D_t 和 D_c 分别表示材料在单轴受拉和单轴受压时的损伤变量。混凝土在单轴受拉和单轴受压的应力应变关系采用《混凝土结构设计规范》(GB 50010—2010) 中给出的应力应变关系[3]，结合式 5-2，混凝土的损伤变量最终表示为：

$$D_k = 1 - (1 - d_k)^{1/2} (k = t, c) \tag{5-3}$$

式中：d_c 和 d_t 为损伤演化参数。

为了能够更好地模拟钢筋在往复荷载作用下的力学行为，钢筋的本构模型采用清华大学编写的 pq-fiber 程序中的 Usteel02 模型，该模型的再加载刚度按照 Clough 本构退化的随动硬化单轴本构模型确定。模型材料参数如表 5-2 所示，其中钢筋与混凝土的强度为实测值，其余相关参数按照规范规定选取。

表 5-2　材料参数

材料种类	强度(MPa)	弹性模量(MPa)
混凝土(C30)	17.9	28 606
C22 钢筋	468.4	200 000
C16 钢筋	466.8	200 000
C10 钢筋	403.8	200 000

5.4.2　模型验证

混凝土为脆性材料,混凝土的开裂主要是由于拉应变超过了混凝土的极限应变。因此,ABAQUS 中的等效塑性拉应变(PEEQT)常被用于描述混凝土的开裂情况。图 5-10 为分析模型的等效塑性拉应变与试验得到的裂缝开展情况的比较。从图中可以看出,分析模型的破坏状态与试件的破坏状态相同,均为梁端的弯曲破坏,塑性铰都形成于梁端。试件的主裂缝位置与分析模型的最大等效塑性拉应变的位置十分接近,且裂缝的开展范围与等效塑性拉应变的范围也比较接近。因此,可以认为分析模型能够比较准确地预测试件的裂缝开展情况和破坏模式。

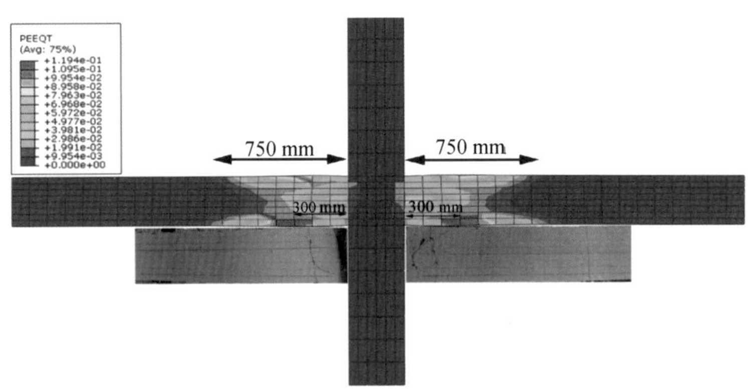

(a) 试件RJZ

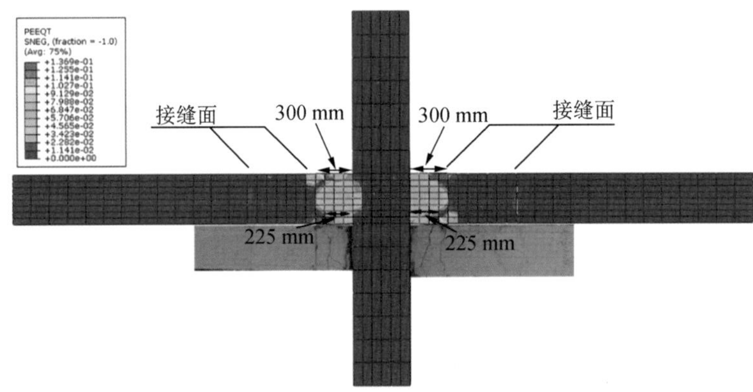

(b) 试件PJZ-1

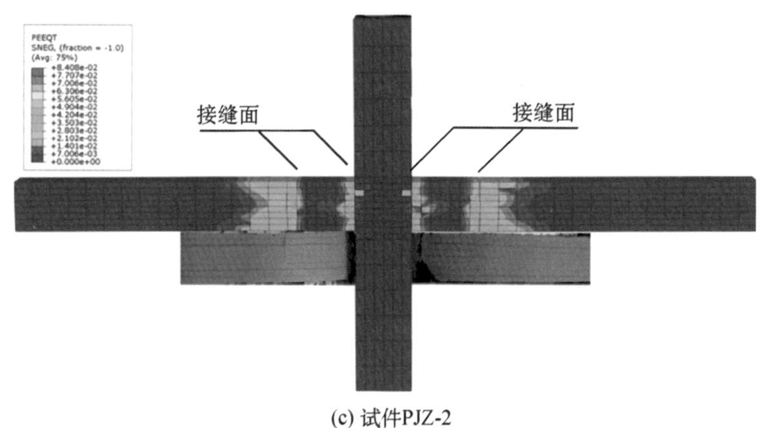

(c) 试件PJZ-2

图 5-10　等效塑性拉应变云图

图 5-11 列出了计算得到的滞回曲线和试验得到的滞回曲线。通过比较可以看出，对于现浇试件 RJZ，在荷载控制阶段，有限元模型的刚度略大于试验刚度，这可能是由于在试验前期，试验装置中还存在一定间隙，而有限元模型采用的是理想边界条件，难以模拟

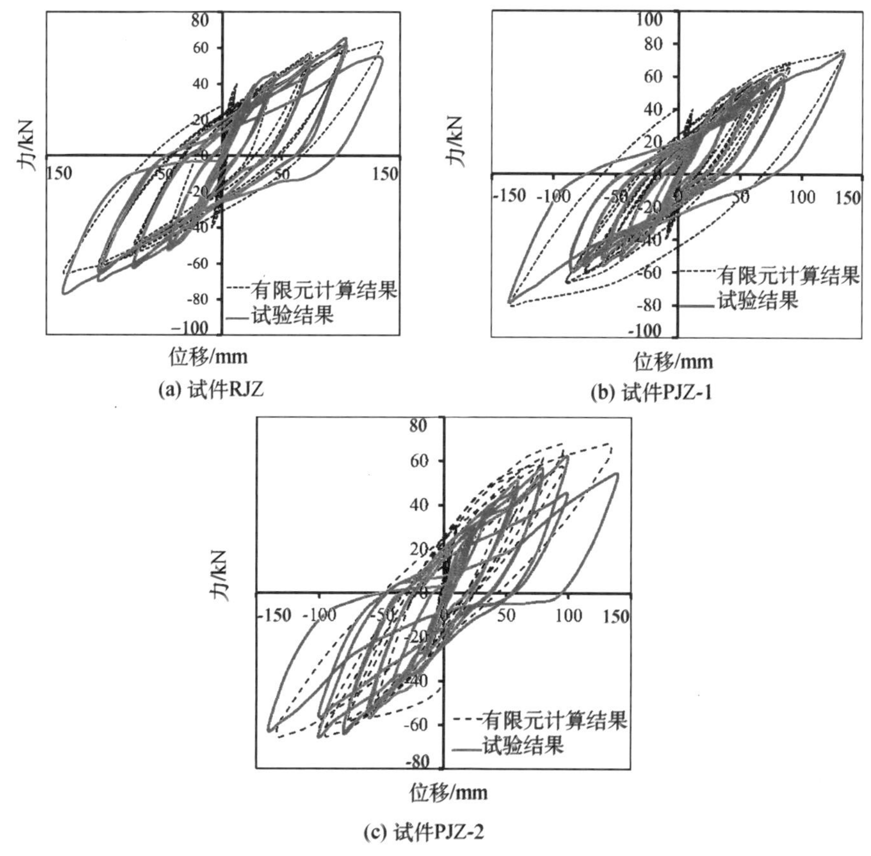

(a) 试件RJZ　(b) 试件PJZ-1　(c) 试件PJZ-2

图 5-11　滞回曲线对比

这种情况，导致试验刚度偏低。当进入位移控制阶段后，试验装置中间隙逐渐闭合，试验所得滞回曲线与有限元计算所得曲线吻合较好。对于试件 PJZ-1，在荷载控制阶段有限元模型刚度同样略大于试验刚度，进入位移控制阶段后吻合较好。试件 PJZ-2 在加载前期试验结果与有限元计算结果吻合较好，但是本章建立的有限元模型中，钢筋与混凝土间相互作用的模拟方式忽略了钢筋的滑移，因此在加载后期，接缝面张开程度较大时，有限元模型滞回曲线的捏拢现象不明显。

通过以上描述可以看出，有限元模型与试验所得滞回曲线吻合较好，表明本章采用的有限元模型能够比较准确地模拟现浇节点和装配式节点在低周反复荷载作用下的力学行为。

表 5-3 给出了有限元模型和试验得到的承载能力，从表中可以看出，与试验结果相比，有限元模型的计算误差在 6%以下，表明本章采用的有限元模型能够有效模拟节点的承载能力。

表 5-3 承载能力

试件	来源	正向承载力(kN)	负向承载力(kN)	正负承载力均值(kN)	误差(%)
RJZ	有限元	66.0	−67.2	66.6	−5.2%
	试验	65.0	−75.6	70.3	
PJZ-1	有限元	75.2	−80.0	77.6	1.7%
	试验	74.8	−77.8	76.3	
PJZ-2	有限元	67.9	−65.6	66.8	5.6%
	试验	64.3	−61.8	63.1	

综上所述，建立的数值模型计算得到的裂缝开展情况、破坏模式、滞回曲线和承载能力均与试验所得结果接近，因此该数值模型能够有效地模拟梁柱节点在低周往复荷载作用下的力学行为，可以用于参数分析。

5.5 塑性铰长度的计算

塑性铰区外连接框架是将梁柱的连接部位避开塑性铰区域，因此这种连接方案的构件拆分方式取决于梁端塑性铰的长度。目前，对于塑性铰长度的计算主要采用的是等效塑性铰长度计算方法。这种计算方法主要基于三个假定[4-5]：(1)结构的塑性变形均发生在塑性铰范围内；(2)塑性铰内截面塑性曲率相等；(3)不考虑结构的剪切变形和钢筋滑移的影响，仅考虑弯曲变形。基于以上三个假设，可以建立起加载端位移与塑性铰长度的关系，如式 5-4 所示。

$$\Delta_{\mathrm{p}}=\Delta_{\max}-\Delta_{e}=(\varphi_{u}-\varphi_{e})L_{p}(L-\frac{1}{2}L_{p}) \tag{5-4}$$

式中：Δ_p、Δ_{max} 和 Δ_e 分别为加载端的塑性位移、极限位移和弹性位移；φ_u 和 φ_e 分别为截面的极限曲率和弹性曲率。这 5 个参数可以根据试验所得的骨架曲线得到[5]。L_p 为塑性铰长度；L 为混凝土构件的长度。

从式 5-4 可以看出采用等效塑性铰长度计算方法主要是从变形角度来计算塑性铰长度，而塑性铰的长度应当与结构的耗能有着密切的关系，采用上述方法计算不能反映塑性铰长度与耗能间的联系，且难以考虑加载历程以及损伤累积的作用。

5.5.1 基于能量的塑性铰长度计算方法

基本假定：(1)结构的能量耗散只发生在塑性铰长度内；(2)塑性铰范围内各个截面耗散的能量相等；(3)不考虑结构的剪切变形和钢筋滑移的影响，仅考虑弯曲变形。

通过与等效塑性铰计算方法比较可以发现，两种方法的假定(3)完全相同。虽然两种方法的假定(1)在表述上略有不同，但是由于只有结构的塑性变形才能耗散能量，因此两种方法的假定(1)是等价的。对于假定(2)，两种方法在大剪跨比情况下差异不大，因为截面的耗能情况主要与弯矩和塑性曲率有关，在大剪跨比情况下塑性铰的长度相对于梁或柱的跨度较短，因此在塑性铰内弯矩的变化不大，如果塑性铰内的塑性曲率相等，则在塑性铰内的耗能也就基本相当。

根据假定(1)，结构的耗能只发生在塑性铰范围内，故可以建立等式：

$$E=\int F(\Delta)\mathrm{d}\Delta=E_{lp} \tag{5-5}$$

式中：E 为混凝土构件的耗能，其值等于单个滞回环的包络面积；E_{lp} 为塑性铰内耗散的能量；F 为分配到柱端的层间剪力；Δ 为层间位移。

根据假定(3)，只考虑混凝土构件的弯曲变形，塑性铰内耗散的能量为：

$$E_{lp}=\iint M(\varphi,l)\mathrm{d}\varphi\mathrm{d}l \tag{5-6}$$

式中：M 为塑性铰内截面弯矩；l 的积分范围为整个塑性铰长度；φ 为截面曲率，可以根据平截面假定，利用混凝土的应变计算得到，如下式所示：

$$\varphi=\frac{\varepsilon_1-\varepsilon_2}{h} \tag{5-7}$$

式中：ε_1 和 ε_2 分别为截面上下表面混凝土纤维的应变，h 为截面高度。

将式 5-6 带入式 5-5 可得：

$$\int F(\Delta)\mathrm{d}\Delta=\iint M(\varphi,l)\mathrm{d}\varphi\mathrm{d}l \tag{5-8}$$

根据假定(2)，塑性铰内各个截面耗能相同，因此可采用梁端或者柱端截面耗能代表塑性铰内各个截面的耗能情况，故式 5-8 可以转换为：

$$\int F(\Delta)\mathrm{d}\Delta = l_p \int \overline{M}(\overline{\varphi})\mathrm{d}\overline{\varphi} \tag{5-9}$$

式中：l_p 为塑性铰长度，$\overline{M}$ 和 $\overline{\varphi}$ 为梁端的弯矩和曲率。最终塑性铰长度可以表示为：

$$l_p = \frac{\int F(\Delta)\mathrm{d}\Delta}{\int \overline{M}(\overline{\varphi})\mathrm{d}\overline{\varphi}} \tag{5-10}$$

当混凝土构件承受低周往复荷载时，通过计算在不同的加载水平下滞回环的包络面积以及梁端或者柱端截面的耗能，利用式 5-10 得到混凝土构件在不同加载水平下的塑性铰长度，了解塑性铰长度的发展过程。

5.5.2 计算方法验证

依据上述数值分析结果，利用基于能量的塑性铰长度计算方法，计算得到了梁柱节点在不同加载水平下的塑性铰长度，如图 5-12 所示。图中梁柱节点的加载水平采用梁端转角进行衡量，其值等于梁端位移与梁跨度的比值。为了验证该塑性铰长度计算方法的合理性，图 5-13 给出了梁柱节点在不同的加载水平下的等效塑性应变云图，图中用于模拟梁混凝土的单元沿梁轴线方向的尺寸为 100 mm。从图中可以看出，数值模型的塑性铰形成于梁端，满

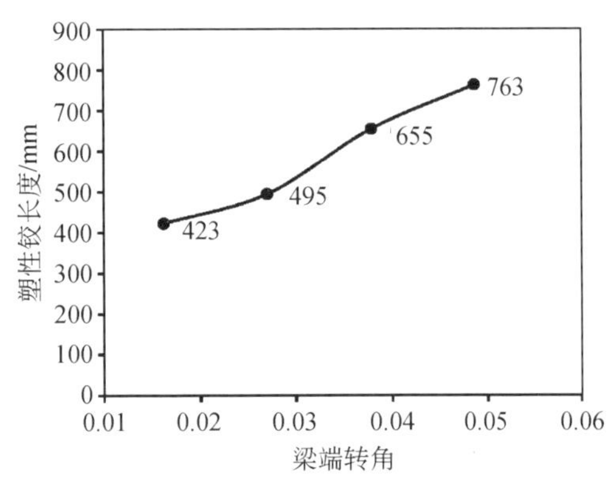

图 5-12　塑性铰长度随梁端转角的变化

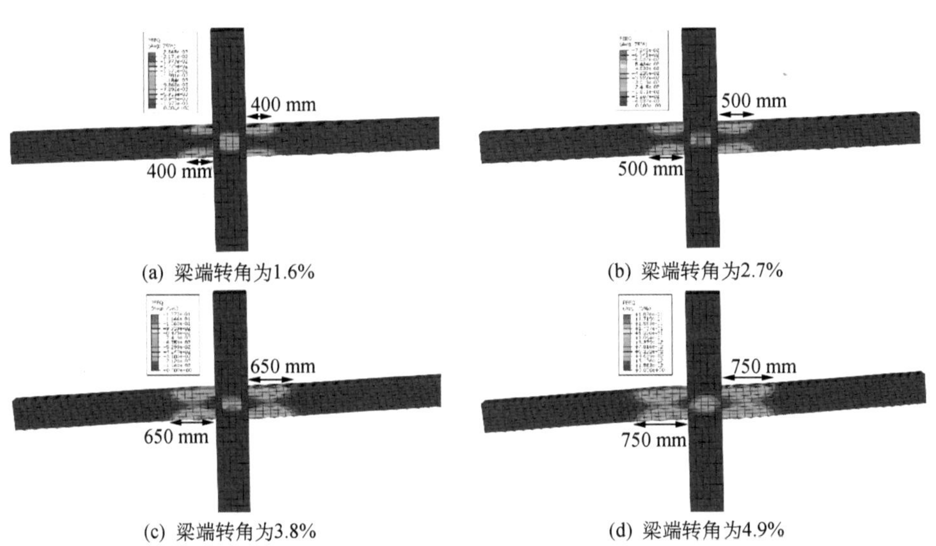

(a) 梁端转角为1.6%　(b) 梁端转角为2.7%

(c) 梁端转角为3.8%　(d) 梁端转角为4.9%

图 5-13　不同加载水平下的等效塑性应变云图

足了"强柱弱梁"的设计理念。比较采用基于能量的塑性铰长度计算方法得到的塑性铰长度与梁端塑性区发展范围,发现二者吻合较好。由此可见,该方法得到的塑性铰长度能够比较准确地反映梁柱节点的塑性发展过程,具有良好的适用性。

从图 5-12 中可以看出,随着梁端转角的增加,塑性铰长度几乎呈线性增加,当梁端转角达到 4.9%时,塑性铰长度增加了 80%。由此可见,考虑加载水平对于塑性铰长度的影响很有必要。

5.5.3 参数分析

为了进一步研究梁端塑性铰长度的变化规律,选取梁的配筋率和截面高度作为分析参数,对 18 个梁柱节点进行了分析,并利用基于能量的塑性铰长度计算方法,计算了各个节点在不同的加载水平下的塑性铰长度。为了能够反映一般情况,参与分析的各个梁柱节点的梁配筋率同样选择经济配筋率,配筋率范围为 0.63%到 1.23%,梁的截面高度范围为 400 mm 到 600 mm。为了保证每个梁柱节点的塑性铰首先在梁端形成,满足"强柱弱梁"的设计原则,对参与分析的 18 个节点均按照一级框架的要求进行了强柱弱梁设计,框架柱端弯矩增大系数为 1.7[1],各梁柱节点的基本信息如表 5-4 所示。

表 5-4 梁柱节点基本信息

编号	梁配筋 (mm^2)	梁配筋率 (%)	柱配筋 (mm^2)	混凝土等级	截面尺寸 (mm)
h400-ρ0.63	630	0.63	804	C30	250×400
h450-ρ0.63	709	0.63	804	C30	250×450
h500-ρ0.63	788	0.63	804	C30	250×500
h550-ρ0.63	866	0.63	936	C30	250×550
h600-ρ0.63	945	0.63	1 322	C30	250×600
h400-ρ0.76	760	0.76	804	C30	250×400
h450-ρ0.76	855	0.76	804	C30	250×450
h500-ρ0.76	960	0.76	916	C30	250×500
h550-ρ0.76	1 045	0.76	1 319	C30	250×550
h600-ρ0.76	1 140	0.76	1 789	C30	250×600
h400-ρ0.98	980	0.98	804	C30	250×400
h450-ρ0.98	1 103	0.98	938	C30	250×450
h500-ρ0.98	1 225	0.98	1 427	C30	250×500
h550-ρ0.98	1 348	0.98	1 974	C30	250×550
h600-ρ0.98	1 470	0.98	2 393	C30	250×600
h400-ρ1.23	1 230	1.23	868	C30	250×400
h450-ρ1.23	1 384	1.23	1 418	C30	250×450
h500-ρ1.23	1 538	1.23	2 030	C30	250×500

图 5-14～5.16 分别给出了梁的截面高度、配筋率以及加载水平对塑性铰长度的影响，图例中的 ρ 代表配筋率，θ 代表梁端转角，h 代表梁的截面高度。从图 5-14 中可以看出，节点的塑性铰长度与梁的截面高度基本上呈线性关系，在加载水平较低时，截面高度的影响较小，塑性铰长度随着截面高度增长的幅度并不是很大；当梁端转角达到 2.7%后，塑性铰长度增长幅度提高且增长率基本相同，在图中表现为趋势线基本平行。当截面高度从 400 mm 增加到 600 mm 时，截面高度增加了 50%，塑性铰长度则平均增加了 60%，表明截面高度对塑性铰长度有着显著的影响。

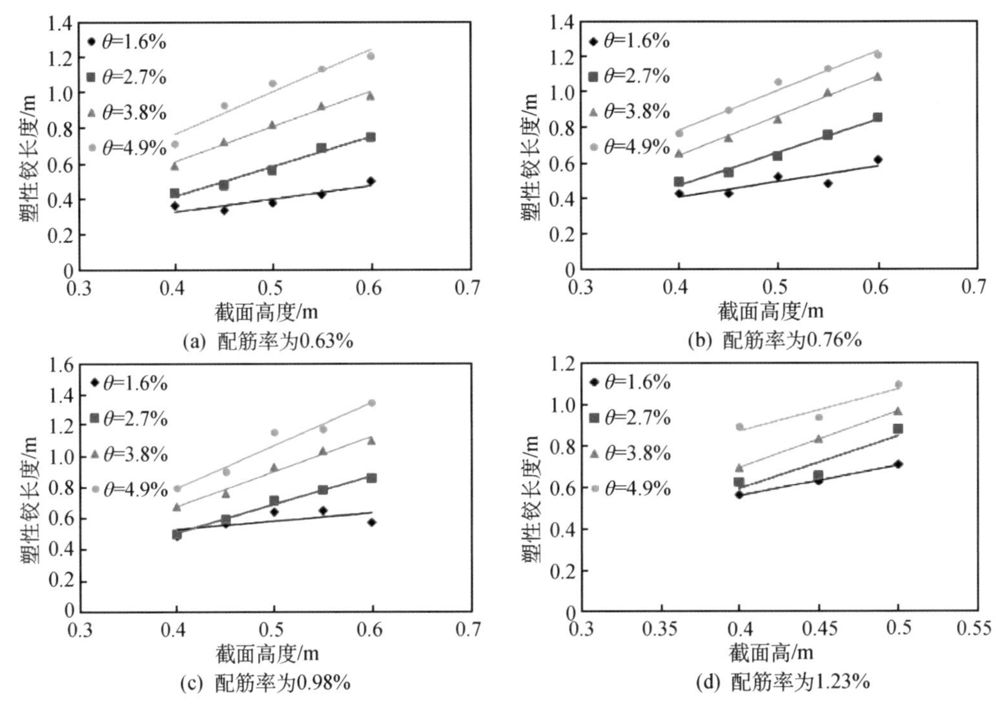

图 5-14　截面高度对塑性铰长度的影响

图 5-15 给出了塑性铰长度与梁配筋率的关系。从图中可以发现，塑性铰长度与梁配筋率同样表现出较明显的线性关系，塑性铰长度随着配筋率的增大而增大。但是，随着加载水平的提高，趋势线的斜率逐渐降低，表明配筋率的影响也在逐渐降低。当配筋率从 0.63%增加到 1.23%时，配筋率增长了约一倍，塑性铰长度平均增加了约 40%。

从图 5-16 可以看出，塑性铰长度与梁端转角表现出明显的线性相关，塑性铰长度随着梁端转角的增大而增大。从图中还可以看出，在相同的配筋率下，趋势线基本平行，表明其塑性铰长度随着梁端转角增长的速率基本相当。当梁端转角从 1.6%增长到 4.9%时，梁端转角增加了两倍，塑性铰长度平均增长了大约 80%，表明在建立塑性铰长度计算模型时，加载水平这个因素应当加以考虑。通过比较可以发现，截面高度对塑性铰长度的影响最明显，而梁端转角和梁配筋率对塑性铰长度的影响则基本相当。

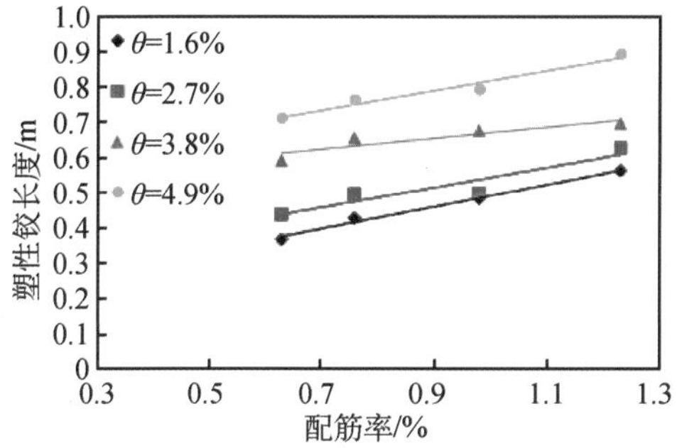

(a) 截面高度为400 mm

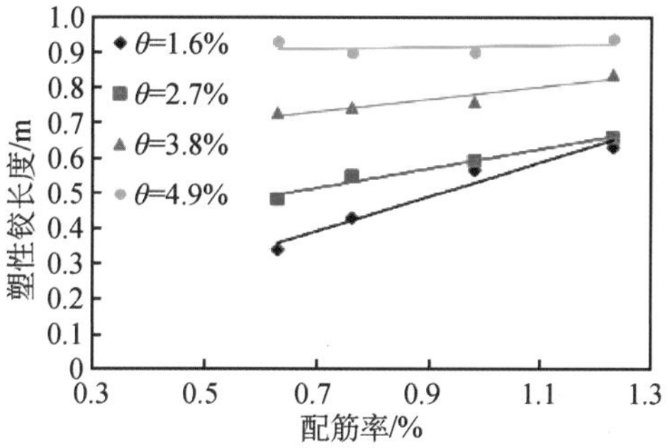

(b) 截面高度为450 mm

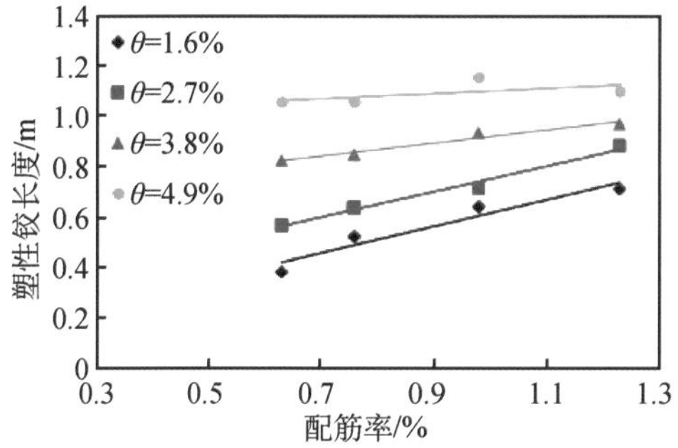

(c) 截面高度为500 mm

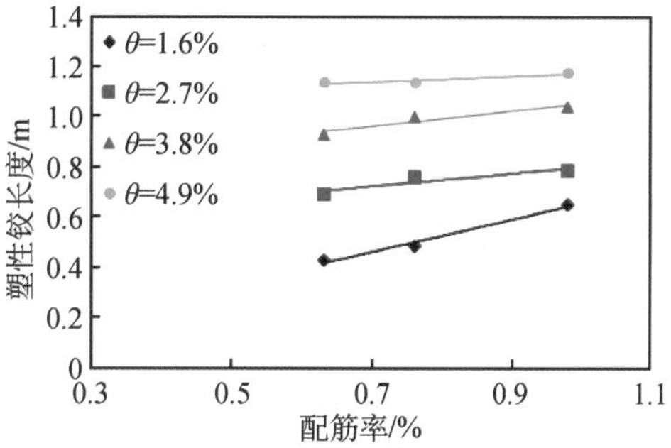

(d) 截面高度为550 mm

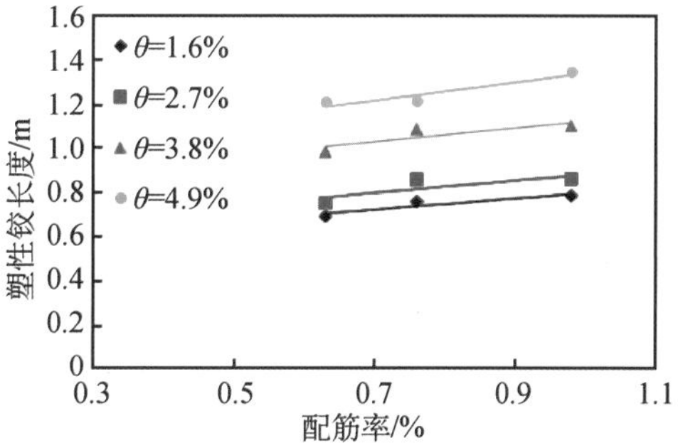

(e) 截面高度为600 mm

图 5-15　配筋率对塑性铰长度的影响

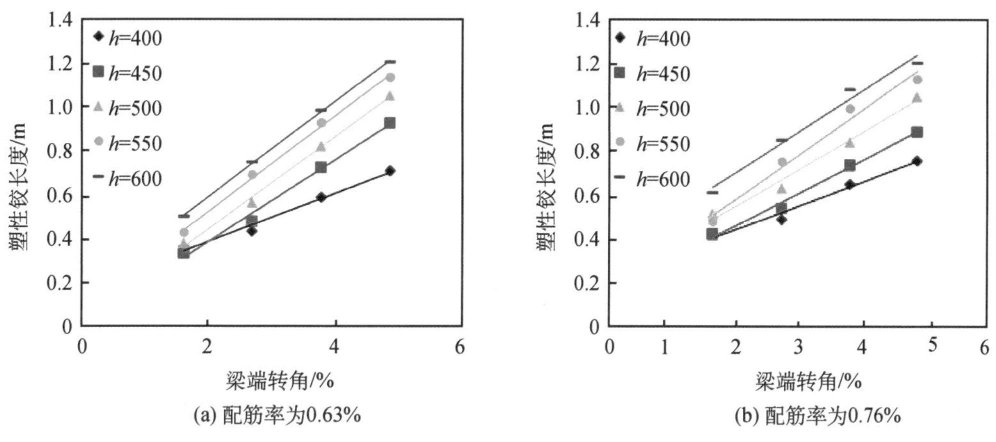

(a) 配筋率为0.63%

(b) 配筋率为0.76%

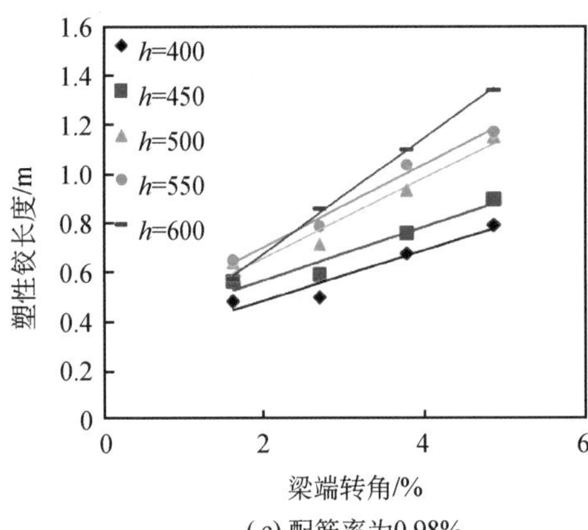

(c) 配筋率为0.98%

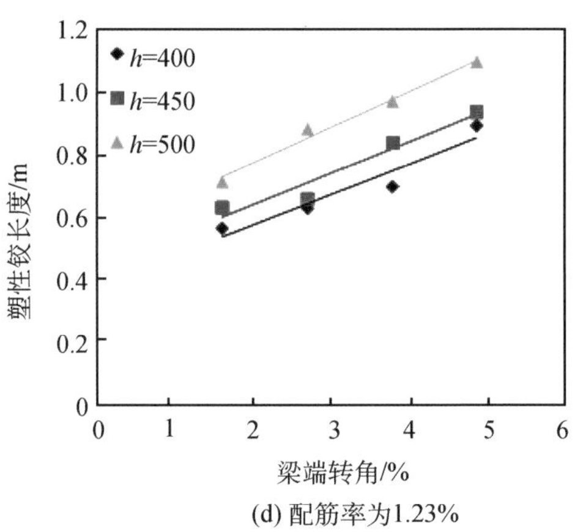

(d) 配筋率为1.23%

图 5-16　加载水平对塑性铰长度的影响

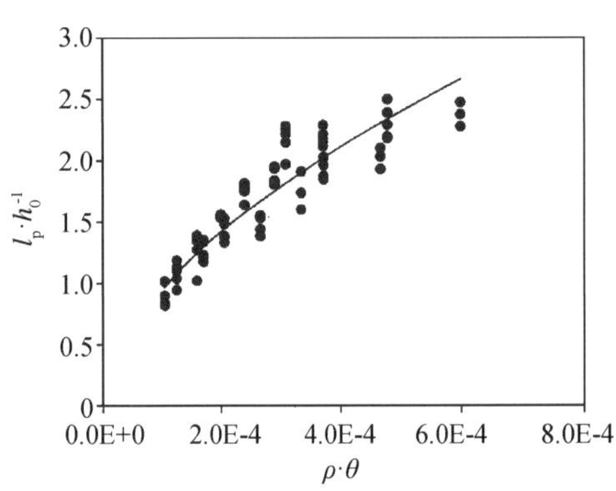

图 5-17　塑性铰长度变化规律

4）塑性铰长度计算模型

图 5-17 展示了计算得到的塑性铰长度与梁端转角和配筋率乘积的关系，图中的塑性铰长度通过与梁有效截面高度作商的方法进行了无量纲化处理。从图中可以看出，经过无量纲化处理的塑性铰长度随着梁端转角和配筋率的乘积的增加而增加，且二者呈现出比较明显的幂函数关系，因此采用幂函数对二者进行拟合，通过拟合得到了无量纲化处理的塑性铰长度与梁端转角、梁配筋率的关系，如式 5-11 所示。

$$\frac{l_p}{h_0}=186.18\,(\theta\rho)^{0.5722} \tag{5-11}$$

式中：l_p 为塑性铰长度，h_0 为梁截面的有效高度，θ 为梁端转角，ρ 为梁配筋率。

由于计算的模型有限，所有节点均按照一级框架进行设计，且梁的配筋率范围为 0.63%到 1.23%，因此式 5-11 仅适用于梁配筋率在 0.63%到 1.23%之间的一级框架节点，且塑性铰首先出现在梁端。

5.6 梁柱节点的优化

为了对节点外拼接装配式梁柱节点进行进一步优化，使其真正达到完全等同现浇，本节利用本章提出的塑性铰长度简化计算公式对梁柱节点进行重新分割，并利用 5.4 节建立的有限元模型对优化后的节点外拼接装配式梁柱节点进行了有限元分析。

对于试件 PJZ-1，梁的纵筋配筋率为 0.76%，梁端的目标位移为 135 mm，相应的梁端目标转角为 4.9%，利用式 5-11 可以得到梁端的塑性铰长度为 731 mm，因此本节选择在距离梁端 800 mm 处对梁柱节点重新进行分割，优化后的节点外拼接装配式梁柱节点的其他信息与试件 PJZ-1 相同。

图 5-18 给出了在不同梁端位移下，优化后的节点外拼接装配式梁柱节点的等效塑性应变(PEEQ)云图。从图 5-18 可以看到，梁端塑性区域的长度随着梁端位移的增加而不断发展，当梁端位移达到 135 mm 后，梁端塑性区域的长度已经达到了 750 mm 左右。通过与现浇节点对比可以看到，优化后的节点外拼接装配式梁柱节点塑性区域发展过程与现浇节点基本相同，且现浇节点在梁端位移到达 135 mm 时，塑性铰区域的长度同样为 750 mm 左右。这表明按照本章提出的塑性铰长度简化计算公式对梁柱节点进行分割能够有效保证梁端塑性区域的充分发展，从而保证节点外拼接装配式梁柱节点在耗能能力方面达到等同现浇。

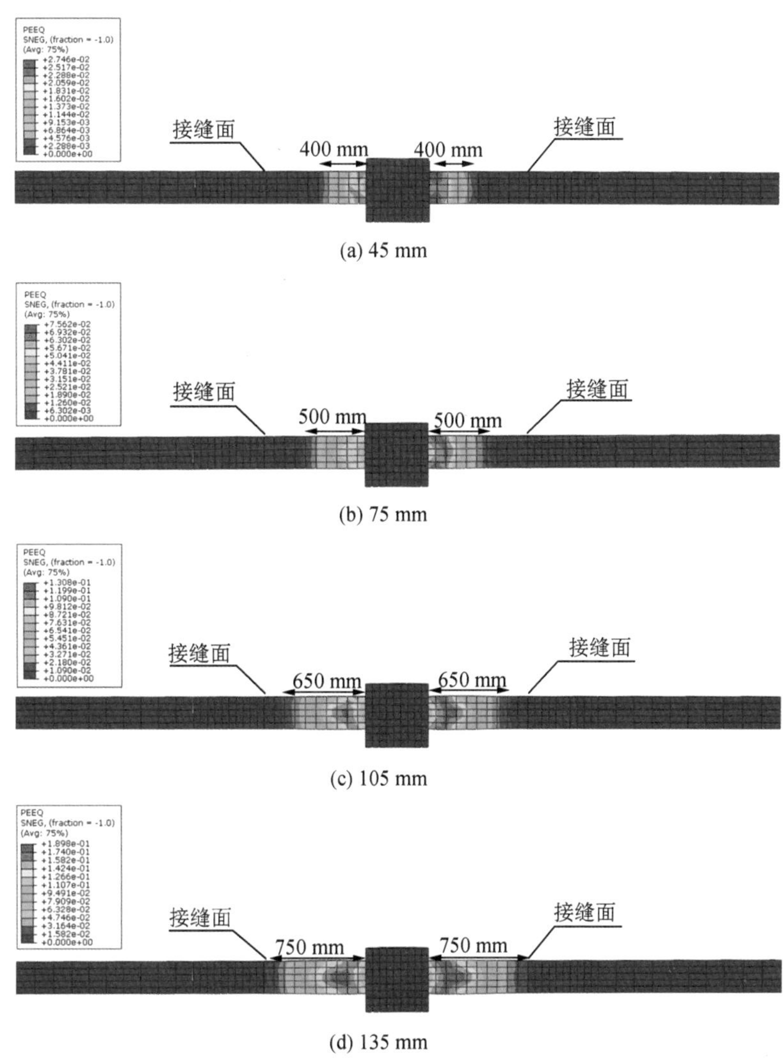

图 5-18 优化后的节点外拼接装配式梁柱节点等效塑性应变云图

从图 5-18 还可以看到，当梁端位移达到 135 mm 时，梁端塑性区域已经发展到接缝面附近。这说明在保证梁端塑性区域充分发展的前提下，采用本章提出的简化计算公式对结构进行分割能够使与柱整体预制的梁的长度最短，从而降低预制构件的尺寸和异形程度，提高预制构件的可运输性。

5.7 小结

提出了在塑性铰区以外进行框架梁柱拼接的节点连接方案，通过拟静力试验研究了这种连接方案的框架节点的力学性能，建立了框架梁柱节点的非线性数值模型，提出了基于能量的塑性铰长度计算方法，为这种连接方案的构件拆分方式提供了依据。主要结论如下：

(1) 三个试件的破坏过程及开裂荷载基本相同，都经历了试件开裂、梁上新裂缝、开展、已有裂缝开展、柱身开裂、梁端裂缝宽度增加、梁端混凝土压碎这几个过程；

(2) 试件 PJZ-1 的滞回曲线形状与现浇试件 RJZ 非常接近，都很饱满，呈现反 S 形，耗能能力也基本相同；试件 PJZ-2 的滞回曲线捏拢现象较严重，耗能能力低于现浇试件；

(3) 两种拼接方式的预制节点具有良好的变形能力，位移角都能够达到 1/21 以上，现浇试件和两个预制试件的刚度退化速度基本相同；

(4) 采用基于能量的塑性铰长度计算方法得到的塑性铰长度与梁端塑性发展长度吻合较好，说明该方法对于框架节点有着良好的适用性；

(5) 采用修正的数值模型对 18 个一级框架节点进行了多参数有限元分析，拟合得到了塑性铰长度与有效截面高度、梁端转角和配筋率的计算公式，该公式适用于梁配筋率在 0.63%到 1.23%之间的一级框架节点。

本章参考文献

[1] 中华人民共和国住房和城乡建设部，中华人民共和国国家质量监督检验检疫总局. 建筑抗震设计规范：GB 50011—2010[S]. 北京：中国建筑工业出版社，2010.

[2] 沈为. 损伤力学[M]. 武汉：华中理工大学出版社，1995.

[3] 中华人民共和国住房和城市建设部.混凝土结构设计规范：GB 50010－2010[S]. 北京：中国建筑工业出版社，2011.

[4] Bae S, Bayrak O. Plastic hinge length of reinforced concrete columns[J]. ACI Structural Journal, 2008, 105(3): 290-300.

[5] Sheikh S A, Shah D V, Khoury S S. Confinement of High-Strength Concrete Columns [J]. ACI Structural Journal, 1994, 91(1): 100-111.

第6章

预制混凝土装配整体式剪力墙结构

6.1 引言

本章介绍了采用集中约束搭接连接方式的预制混凝土装配整体式剪力墙结构，这种构造模式避免了现有竖向钢筋连接技术中需要将每根钢筋插入各自对应的预留孔道内的施工精度难题，预留孔道较大，便于竖向钢筋的搭接，解决了现有竖向钢筋连接技术中需精确定位等问题，使得现场施工便捷、高效。除此之外，在剪力墙下层墙体顶部预埋连接钢筋，连同下层墙体内边缘构件中由顶部伸出的竖向钢筋分别集束后，对应地伸入上层墙体底部所设的一个预留孔道内，可有效地减小裂缝宽度。而且孔道内壁预埋的螺旋箍筋可有效地约束受压区混凝土，提高其强度以及对所搭接竖向钢筋的握裹力。

6.2 预制剪力墙结构连接构造

预制剪力墙竖向钢筋可采用集中约束搭接连接(图 6-1)。当采用集中约束搭接连接时，预制剪力墙下部设置预留连接孔道，孔道外侧设置螺旋箍筋或焊接环箍，下层预制墙

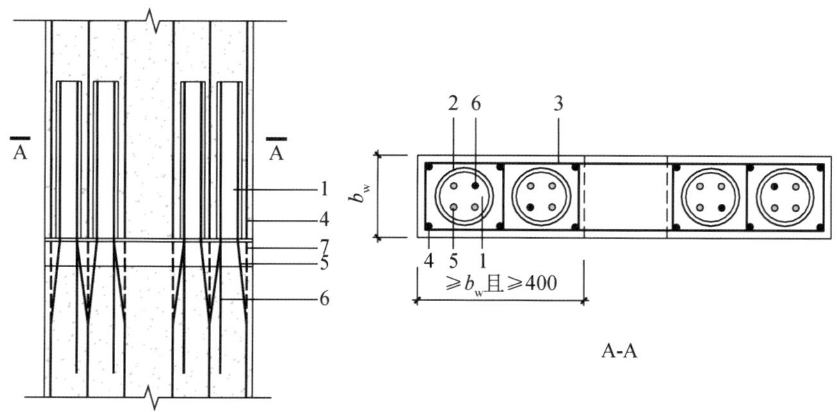

图 6-1 竖向钢筋集中约束搭接连接示意

1—预留孔道；2—螺旋箍筋；3—箍筋；4—上层预制墙竖向钢筋；
5—下层预制墙伸入孔道竖向钢筋；6—附加竖向钢筋；7—短钢筋

的上部竖向钢筋弯折后伸入预留孔道，注入灌浆料，与上层预制墙的竖向钢筋搭接连接。伸入预留孔道的竖向钢筋应对称设置，其与孔道壁的间距宜为 20 mm。

采用竖向钢筋集中约束搭接连接的钢筋直径不宜大于 18 mm，预留孔在墙体厚度方向居中设置，其直径应满足下列要求：

(1) 当剪力墙的截面厚度为 200 mm 时，预留孔金属波纹管直径不应小于 110 mm，不宜大于 130 mm；

(2) 当剪力墙的截面厚度为 250 mm 时，预留孔金属波纹管直径不应小于 160 mm，不宜大于 180 mm；

(3) 当剪力墙的截面厚度为 300 mm 时，预留孔金属波纹管直径不应小于 180 mm，不宜大于 230 mm。

预制剪力墙内预留孔道外侧设置螺旋箍筋，范围同预留孔高度。其缠绕直径为预留孔道外径＋10 mm，下部 1/2 螺距为 50 mm，上部 1/2 螺距为 100 mm。连接纵筋直径为 12 mm、14 mm 时，螺旋箍筋直径采用 6 mm；连接纵筋直径为 16 mm、18 mm 时，螺旋箍筋直径采用 8 mm。当采用竖向钢筋集中约束搭接连接时，应在暗柱竖向钢筋搭接长度范围内按≤5d(d 为搭接钢筋较小直径)及≤100 mm 的间距加密箍筋、拉筋。预制剪力墙上部竖向钢筋应弯折两次，弯折角不应大于 1/6，伸出部分垂直于楼面。当现浇连(圈)梁截面高度或水平后浇带截面高度范围内不能满足弯折角要求时，竖向钢筋应在预制剪力墙内上端预先弯折。

边缘构件部分每个预留孔内应设置四根钢筋，宜设置直径及伸出长度与其相同的附加钢筋，其面积不少于总面积的 25%。附加钢筋应设置在预制墙中并满足锚固长度要求。当剪力墙接缝不在约束边缘构件区域时，采用集中约束搭接连接的预制剪力墙的边缘构件宜采用暗柱和翼墙(图 6-2)。

预制剪力墙的竖向分布钢筋当采用集中约束搭接连接时，可采用每预留孔四根钢筋搭接连接，也可采用每预留孔两根钢筋搭接连接(图 6-3)。每预留孔两根钢筋搭接连接时，预留孔直径不宜小于 90 mm，螺旋箍筋缠绕直径为预留孔道外径＋10 mm，螺距为 100 mm；孔道中心间距不大于 720 mm，且在剪力墙构件承载力设计和分布钢筋配筋率计算中不得计入不连接的分布钢筋；不连接的竖向分布钢筋直径不应小于 6 mm。

预制剪力墙相邻下层为现浇剪力墙时，预制剪力墙与下层现浇剪力墙中竖向钢筋的连接应符合上述相关要求，下层现浇剪力墙顶面应设置粗糙面。预留孔道可采用金属波纹管成型，金属波纹管可旋出。

6.3 钢筋黏结滑移和间接搭接

研究集中约束搭接连接的预制装配剪力墙工作性能的基础是分析单根变形钢筋的局部黏结滑移性能，并进一步分析钢筋间接搭接的工作性能。

钢筋与混凝土这两种材料之所以能够结合在一起共同工作是由于钢筋与混凝土界面

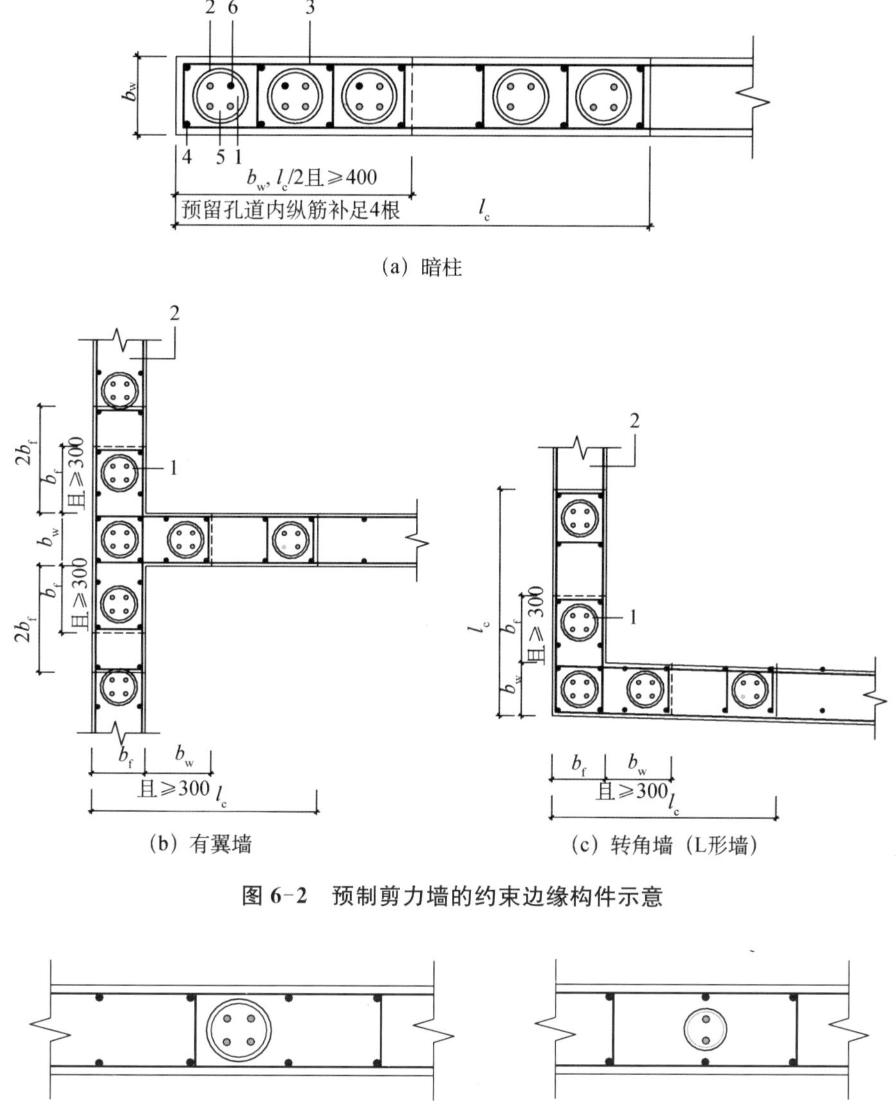

(a) 暗柱

(b) 有翼墙

(c) 转角墙（L形墙）

图 6-2　预制剪力墙的约束边缘构件示意

图 6-3　预制剪力墙的竖向分布钢筋搭接示意

间的黏结作用。黏结作用贯穿于钢筋混凝土结构从开始承担荷载到破坏的各个阶段，对结构的行为与性能有着重要的影响。如正常使用阶段裂缝的开展，混凝土结构的延性都与黏结作用有着密不可分的联系。因此自 20 世纪 50 年代以来，众多学者对这一问题展开了广泛深入的研究工作，并推出了一些黏结模型[1]。由于钢筋与混凝土间的相互作用十分复杂，再加上一些高强材料的陆续推出，对于黏结作用的研究一直未曾停息。钢筋与混凝土间的黏结作用可以分为三个部分[1]：(1)混凝土中水泥胶体与钢筋表面的化学黏结；(2)钢筋与混凝土间的摩擦力；(3)变形钢筋与混凝土间的机械咬合力。变形钢筋外围混凝土内裂缝如图 6-4 所示。

光面钢筋与混凝土间不存在机械咬合力，所以它与混凝土间的黏结作用远小于变形

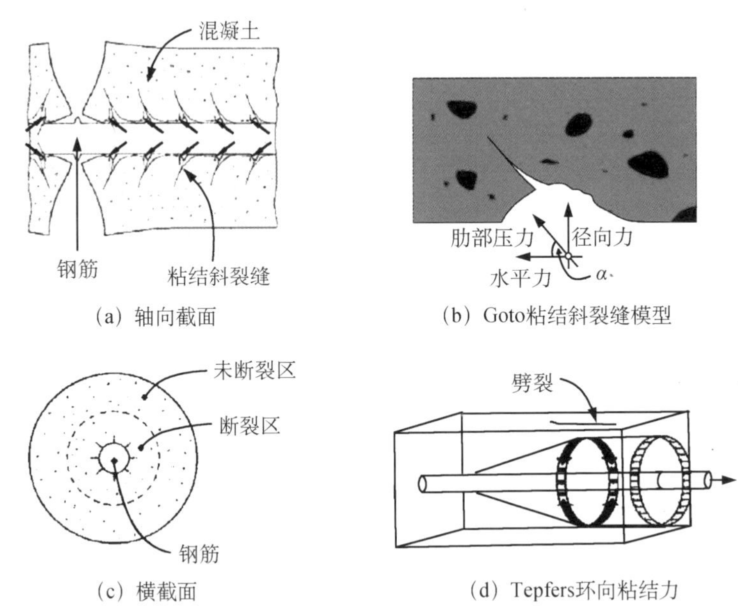

图 6-4　变形钢筋外围混凝土内裂缝

钢筋。当变形钢筋与混凝土间产生相对位移后,化学黏结会立即消失。钢筋横肋的前端会对接触的混凝土产生很大的压力,即机械咬合力,见图 6-4a。机械咬合力的水平分力使钢筋周围的混凝土产生了水平拉力和剪力,径向分力使混凝土产生了环向拉力。轴向水平拉力与剪力使混凝土的内部产生斜向的锥形裂缝(图 6-4b),环向拉力使混凝土内部产生了径向裂缝(图 6-4c)。当钢筋周围包裹的混凝土壳没有足够的厚度或是没有充足的横向钢筋约束时,混凝土内部的径向裂缝会延伸至构件表面,形成沿着钢筋纵向的劈裂裂缝(图 6-4d)。一旦形成了劈裂裂缝,机械咬合作用很快消失,黏结应力下降,产生劈裂型黏结破坏。当包裹钢筋的混凝土壳具有足够的厚度,在 3～3.5d (d 为钢筋直径)以上[2],或是钢筋的周围布置了足够的横向钢筋时,这种内部的径向裂缝并不会延伸至构件的表面。当相对位移达到一定程度,钢筋横肋前端接触的混凝土会被压碎,发生沿肋外径圆柱面的剪切破坏,即剪切型黏结破坏。继续增大相对位移,钢筋横肋外表面以及横肋间的破碎混凝土与周围混凝土间的摩擦力开始发挥作用。以上这类黏结破坏发生的前提条件就是钢筋的锚固长度较短。当钢筋具有足够的锚固长度,在相对位移达到一定程度时钢筋发生了屈服而钢筋横肋前端的混凝土还没有压碎。随着轴向拉力继续增大,钢筋纵向变形会急剧增加,由于 Poisson 效应钢筋的横向收缩已不能忽略[3],见图 6-5。此时钢筋与混凝土间的黏结作用会迅速下降,钢筋周围混凝土间的摩擦力占主导作用,钢筋最终是被拉断而不是被完全拔出。

针对钢筋间接搭接,各国规范叙述都比较少,GB 50010—2010 对此没有相关说明。美国规范对此有部分说明,ACI318M-47 首次提出了间接搭接的概念,认为搭接净间距不应小于 3/2 倍的钢筋直径和 4/3 倍的最大骨料尺寸,而且不小于 1 英寸(25.4 mm);

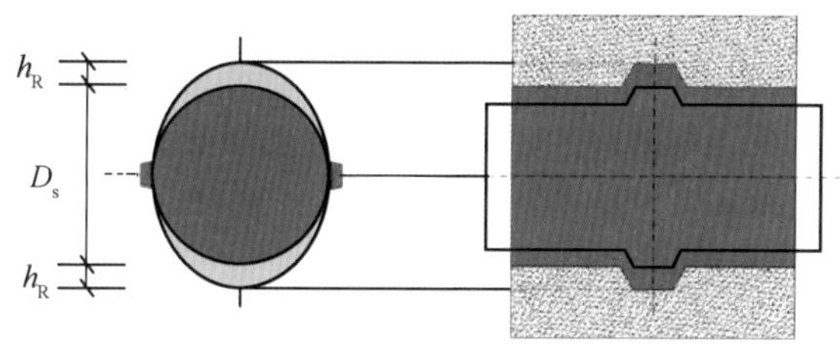

图 6-5 钢筋屈服前后的形态变化

ACI318M-51 对搭接净间距的限制进行了调整，认为搭接净间距不应小于 1 倍的钢筋直径和 4/3 倍的最大骨料尺寸，而且不小于 1 英寸(25.4 mm)；ACI318M-63 明确了在钢筋连接中间接搭接和绑扎搭接均可以，扩充了搭接的方式；ACI318M-71 指出受弯构件间接搭接横向间距不应大于要求搭接长度的 1/5 和 150 mm，后续的各版规范直到 ACI318M-14 都没有对此进行调整。并且规范在注释中指出，若间接搭接的钢筋间距过大，则会形成未配筋的截面，认为可能形成沿着之字形线的裂缝(5∶1 倾斜)。在规范 AS3600—2009 中规定，对于间接搭接，搭接长度不应小于直接搭接的搭接长度，且不小于锚固长度和 1.5 倍的搭接净间距之和。

早期对间接搭接的研究可以追溯到十九世纪四十年代，Kluge 和 Tuma[4] 通过试验发现直接搭接和搭接净间距为 1.5 倍钢筋直径的间接搭接的工作性能差异很小，之后 Walker[5]、Chamberlin[6]、Cairns[7] 和 Chinn[8] 等人通过拔出试验和足尺梁式搭接试验认为在单向荷载下直接搭接和间接搭接差异很小，但是这些试验的搭接净间距均限制在 3 倍的钢筋直径范围内。

Goto[9] 发现在间接搭接范围内的混凝土出现斜裂缝，并认为搭接长度和搭接间距会影响斜裂缝的角度。Betzle[10] 认为当钢筋搭接间距大于 4 倍钢筋直径时和单独锚固性质一致，而且研究发现在搭接的起点和终点黏结应力出现峰值，这个结果也在 Panahshahi[11] 利用弹塑性有限元进行搭接仿真分析中(搭接净间距为四分之一的钢筋直径)被证实，而且发现搭接间距较小时力的传递长度更大，这和搭接有效长度的概念是一致的。

Sagan、Gergely 和 White[12] 研究在单向荷载和重复非弹性荷载下的间接搭接行为，分析认为间接搭接的破坏模式为搭接钢筋之间的劈裂破坏。试验分析结果表明，在 6 倍的搭接间距范围的间接搭接受单向荷载作用的极限承载力和搭接间距无关，在重复荷载作用下，搭接的屈服荷载和极限荷载也和搭接间距无关(适用范围为 6 号和 8 号钢筋，搭接间距在 8 倍的钢筋直径内)。研究结果同时表明，随着搭接间距的增长，间接搭接承受的重复非弹性荷载的循环次数先增加后减小，峰值点对应的搭接间距在 2 到 4 倍的钢筋直径之间，而且这个特性受混凝土强度的影响。

Hamad 等[13] 通过 17 个梁式搭接试验分析了搭接间距对搭接劈裂破坏极限承载力的影响，结果表明，随着搭接间距的增大，极限承载能力先增大后减小，该试验分析的搭接间距在现行的美国规范规定的间接搭接的搭接净间距范围内。Yuan 和 Graybar[14] 研究了高性能混凝土中高强钢筋的间接搭接问题，同样认为间接搭接间距存在最优值，并给出了钢筋搭接有效的间距上限。Gilbert 等[15]根据系列对比试验分析认为对于现行规范AS3600—2009,基于间接搭接和直接搭接的搭接长度计算方法的安全系数没有明显差异,但是基于7.5倍的搭接间距的试验结果认为,间接搭接的极限承载力比直接搭接小。

6.4 预制剪力墙结构试验研究

6.4.1 试件设计

本章研究的预制剪力墙结构是一种新型的装配整体式结构形式[16],采用6.1节叙述的节点构造方式,如图6-6所示。每片剪力墙底部两端和中部都开有孔道,孔道外部有螺旋箍筋包裹,剪力墙受力钢筋伸出顶端一定距离。连接时将下层剪力墙顶部伸长钢筋按照对应位置插入上层剪力墙的孔道内,然后灌浆密封,养护成型。这样将原本需要在剪力墙整个截面上连接的钢筋集中起来,在对应的孔道内集中连接。由于孔道的直径比钢筋直径大很多,因而连接效率高且操作简单。对采用这种连接方式的三片剪力墙进行了单向加载试验,目的是研究这种连接方式下剪力墙的抗剪传力机理及破坏模式,确定连接方式的可靠性,为理论分析提供试验依据。

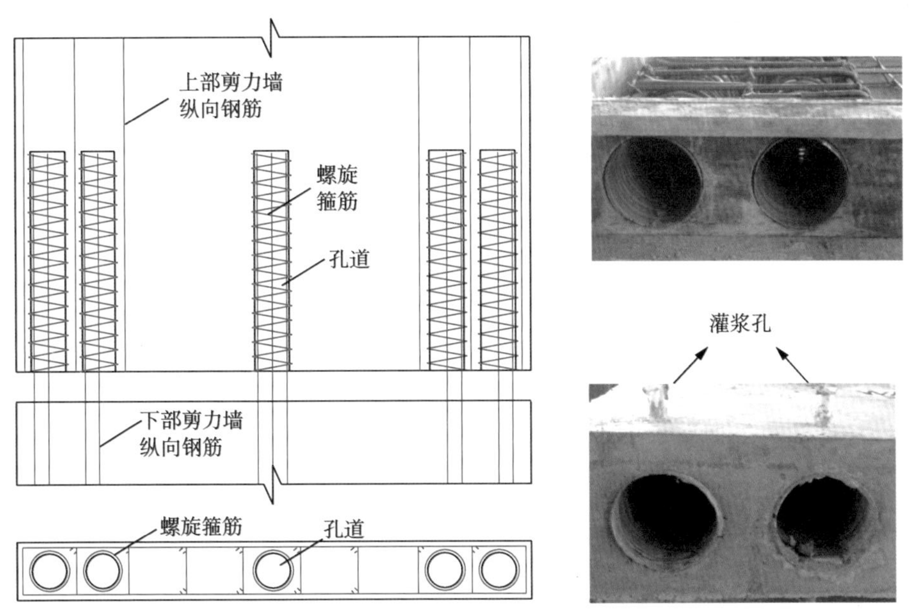

图6-6 预制剪力墙节点构造

1) 试件的设计

剪力墙试件截面尺寸为1 800 mm×2 600 mm×200 mm,顶端加载梁截面尺寸为250 mm×250 mm,两端与墙齐平,底部基础梁截面尺寸为400 mm×450 mm,两端各伸出墙边450 mm,底部开设5个孔道,孔道直径140 mm,高度为760 mm,孔道中心至墙端部的距离依次为115 mm、300 mm、900 mm、300 mm和115 mm。整个试件的高度控制在反力墙和作动器的容许范围之内。

墙的纵向受力钢筋直径为 14 mm(HRB400),水平分布钢筋和竖向分布钢筋直径均为 8 mm(HRB400),螺旋箍筋直径为 6 mm(HRB335),暗柱内箍筋直径为 10 mm(HRB335),具体试件参数见表 6-1,配筋情况见图 6-7。预制墙体、加载梁和基础梁混凝土强度等级为 C35,灌浆材料选用高一等级的水泥灌浆料。其中 WC-1 为标准试件,WC-3和 WC-4 与其对比不同水平分布钢筋配筋率的影响。

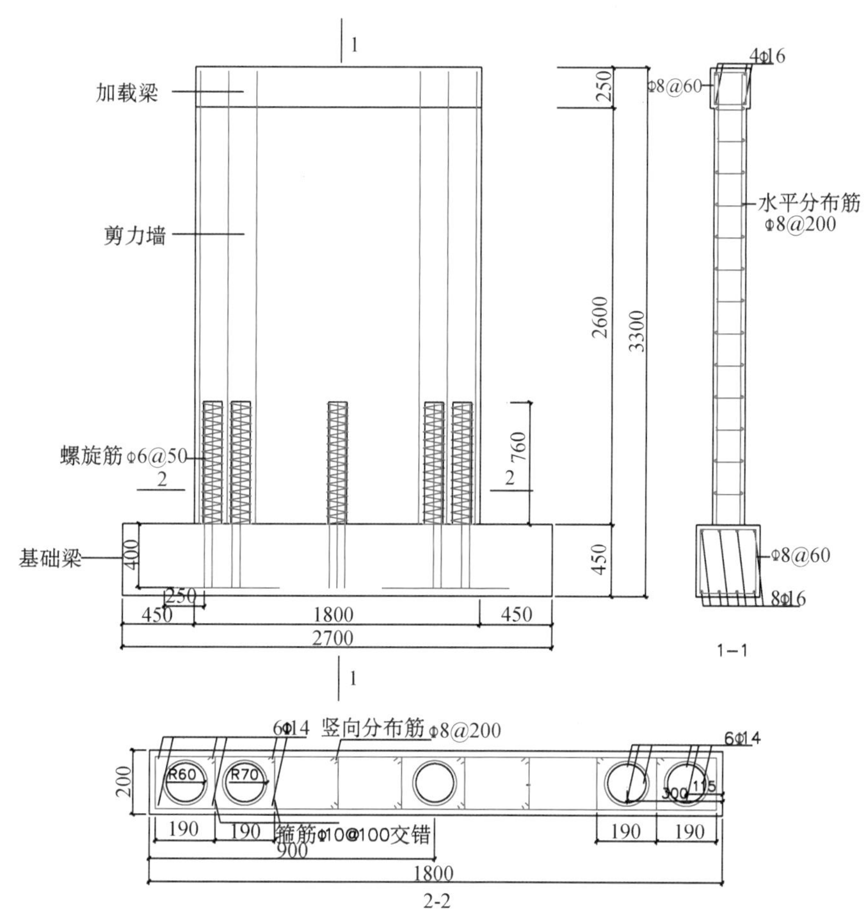

图 6-7 预制剪力墙配筋图

表 6-1 试验试件参数

试件编号	墙宽(mm)	水平分布筋间距(mm)	竖向分布筋间距(mm)	纵向受力钢筋等级	分布钢筋等级
WC-1	1 800	200	200	HRB400	HRB400
WC-3	1 800	250	200	HRB400	HRB400
WC-4	1 800	100	200	HRB400	HRB400

2）材料性能

试件在南京大地集团普瑞公司进行制作，每次浇筑所用的混凝土均根据普瑞公司试验室提供的配合比进行配比，每批混凝土均预留 3 个 150 mm×150 mm×150 mm 混凝土立方体试块进行材性试验，同时灌浆料预留 3 个 150 mm×150 mm×150 mm 立方体试块进行材性试验。每个不同直径不同等级的钢筋根据试验规范的要求取样 3 根。相应的试件均按照材料试验规范进行了材性试验，试件的材料力学性能见表 6-2 和表 6-3。

表 6-2　混凝土和孔道灌浆料弹性模量及立方体抗压强度

试件编号	设计强度	立方体抗压强度(MPa)	弹性模量(×10^4 MPa)
WC-1	C35	36.6	3.10
WC-3	C35	37.7	3.11
WC-4	C35	34.3	3.12
灌浆料		41.1	3.10

表 6-3　钢筋弹性模量及屈服强度

钢筋直径(mm)	6	8	8	10	14	14
钢筋等级	HRB335	HRB335	HRB400	HRB335	HRB335	HRB400
屈服强度(MPa)	375	382	467	387	390	479
弹性模量(×10^5 MPa)	2.10	2.09	2.10	2.08	2.09	2.08

6.4.2　监测与加载制度

1）测点布置

根据本次试验的目的，选取合理的量测项目，主要包括剪力墙顶部的荷载—位移曲线、纵向受力钢筋应变、水平分布钢筋和竖向分布钢筋的应变、基础梁自身的水平位移和两端的竖向位移、裂缝开展情况。部分测点布置如图 6-8 所示。

试件浇筑前在试件钢筋笼上布置一定数量的应变片，应变片的位置如图 6-9 所示，主要分布在插筋、墙体下部的箍筋及竖向钢筋上。通过测定各应变片的数值，便可得到相应钢筋的应变发展规律，为解释试验现象提供依据。将不同位置的钢筋应变实测数据进行汇总分析，可以从宏观上确定剪力墙的受力状态，剪力墙内部力流的传递路径及连接处的传力方式等，有助于初步认识预制剪力墙的抗剪机理。

2）试验仪器及装置与加载制度

本次试验在东南大学结构试验室完成，试验中使用的仪器主要包括美国产 100 t 作动器、DH3816 静态数据采集仪、60 t 液压千斤顶及油泵加载系统、位移计以及支架等。支架包括顶部的十字钢梁和底部的固定螺杆，顶部钢梁放置在墙上作为千斤顶支架，底部

图 6-8　测点布置图

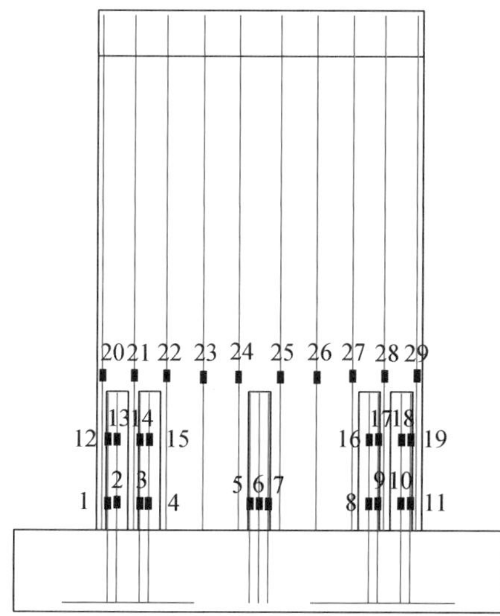

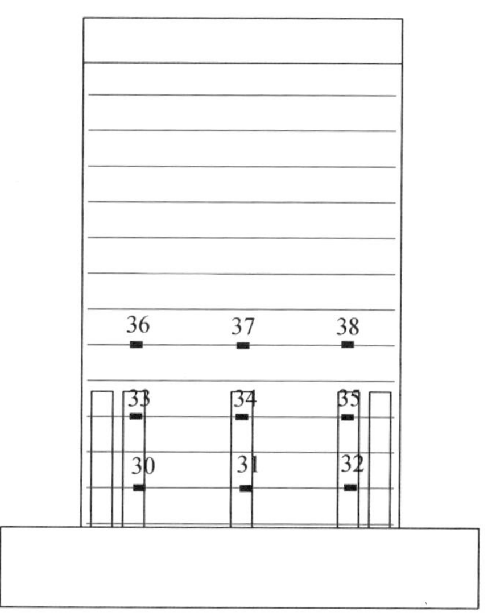

图 6-9　大墙应变片分布

螺杆锚固在反力墙上防止剪力墙发生滑移。

本次试验的水平加载设备采用 100 t 作动器，由电脑程序控制，作动器置于剪力墙顶部加载梁处，固定在反力墙上。荷载由作动器自带的力传感器测量，位移由连接在作动器上的位移传感器量测。竖向加载设备采用 2 台 60 t 液压千斤顶，由油泵系统控制，千斤顶置于顶部十字钢梁上，通过钢绞线与地锚连接，张拉钢绞线提供所需轴力。

本试验为单向加载试验，加载装置如图 6-10 所示，试验中为防止剪力墙在加载过程中发生侧向失稳，出现提前破坏，设计了一种侧向约束装置。约束装置由一对钢梁组成，每根钢梁上安装了三个可自由滚动的钢球，试验时一对钢梁固定在剪力墙的两侧，提供侧向约束反力，钢梁上的钢球减轻了约束装置与剪力墙之间的摩擦，效果较好。同时为防止钢绞线在支座处剪断发生危险，设计了一种球面支座，钢绞线端部可在支座处发生一定的转动。

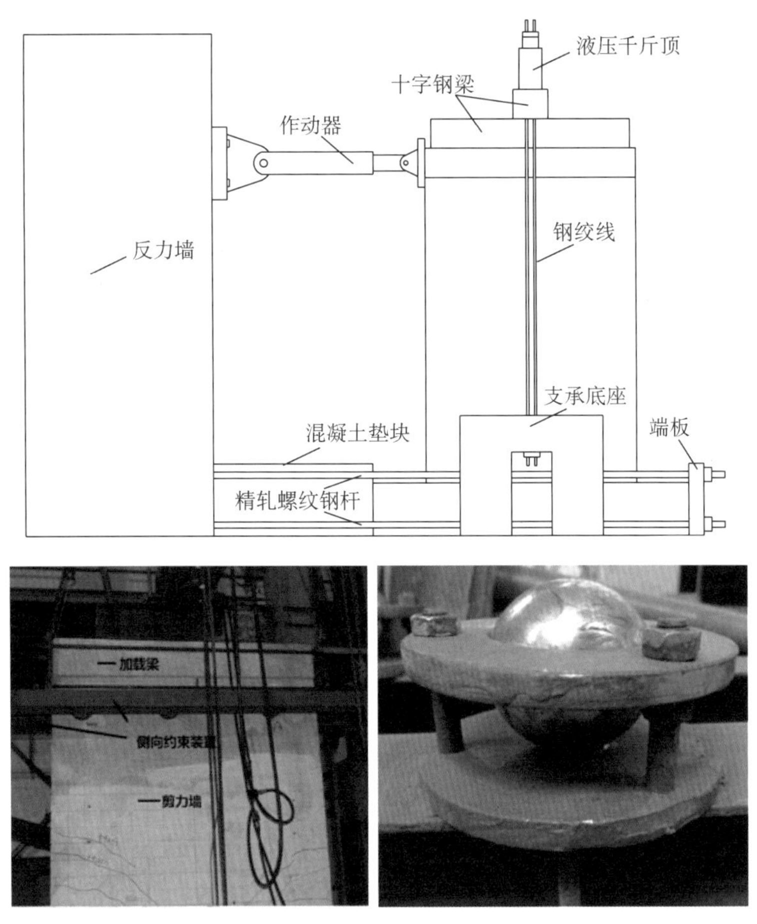

图 6-10 试验加载装置图

6.4.3 试验现象与结果

1）裂缝发展试验现象

以 WC-4 为例，分析试件在不同荷载和位移阶段的裂缝发展，如图 6-11 所示。280 kN 前试件处于弹性阶段，平稳加载至 280 kN 时，距离墙底约 820 mm 高处出现了一条长为 380 mm 的裂缝，将其确定为实测开裂荷载。继续加载至 300 kN 时，底部坐浆开裂，长度接近墙宽的一半。当荷载为 340 kN 时，第一条裂缝斜向发展，长度达 550 mm，同时高 760 mm 处出现长为 250 mm 的水平裂缝。当荷载达到 420 kN 时，720 mm 和 820 mm 高处裂缝合二为一，并朝斜向发展，长度达墙宽的一半。继续加载至 460 kN 时，在 700 mm 处出现短裂缝，760 mm 处裂缝继续斜向发展，250 mm 高处出现一条新的水平裂缝，同时受拉区下部出现小斜裂缝。当荷载为 500 kN 时，第一条斜向裂缝继续发展，400 mm 和 600 mm 高处分别出现长 480 mm 和 600 mm 的裂缝。继续加载至 540 kN，950 mm 高处形成新斜裂缝，长度1 150 mm，第一条斜裂缝发展至受压区，同时受拉区坐浆开裂加快。在位移加载阶段，当加载至54 mm时，高1 130 mm和1 320 mm 处出现两条斜裂缝，两条主斜裂缝均向受压区发展，人字形裂缝开始形成，受拉区继续开裂。加载至 64 mm 时，人字形裂缝基本形成，其余裂缝发展稳定。当位移加载至 74 mm 时，520 mm 高处出现长为 300 mm 的水平裂缝，1 450 mm 高处出现新斜裂缝，同时 1 320 mm高处裂缝斜向发展加快。当加载至 84 mm 时，受拉区翘起明显，400 mm 高处裂缝水平发展，裂缝发展基本稳定。位移加载至 94 mm 时，受压区出现裂缝，1 600 mm 高处出现长为 400 mm 的斜裂缝。当位移达到 134 mm 时，剪力墙位移过大，不适合继续加载，试验宣告结束，其余构件的破坏形态与该试件类似。

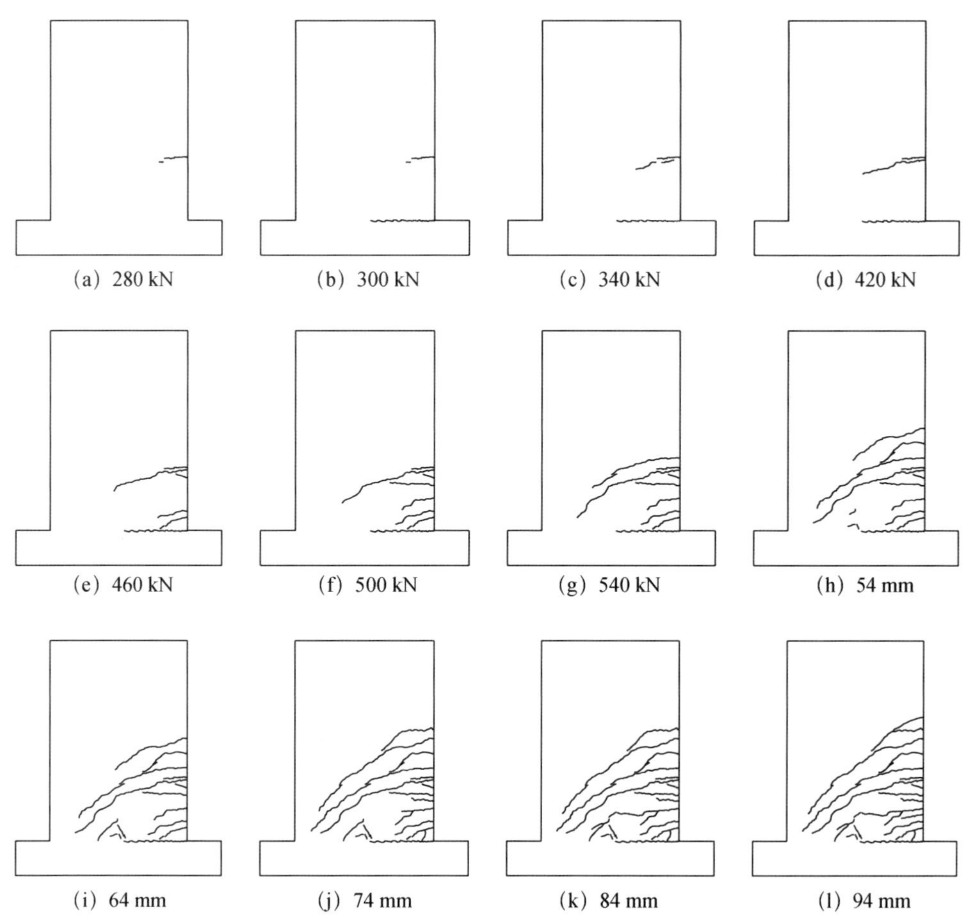

图 6-11　试件 WC-4 不同荷载和位移阶段的裂缝发展图

2）裂缝分布形态

混凝土构件在承受荷载的同时会产生裂缝，在正常使用阶段，裂缝宽度和长度均较小，发展缓慢，但随着荷载增加，裂缝宽度和长度会显著增加，发展较快，逐渐出齐，并在破坏阶段形成一幅裂缝分布图，裂缝分布形态反映了构件的受力状态。各试件的裂缝分布形态如图 6-12 所示。

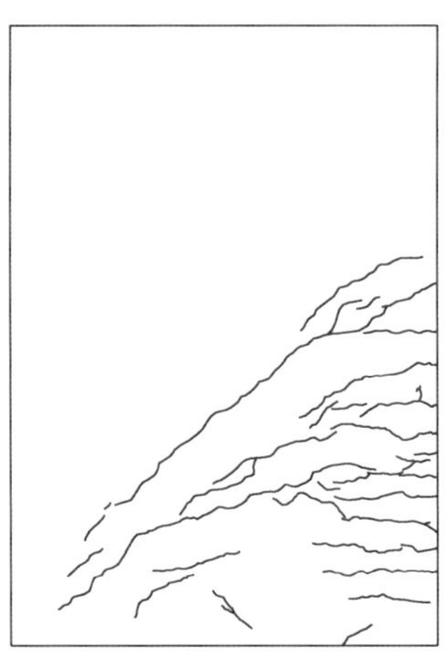

(a) WC-1试件裂缝分布形态

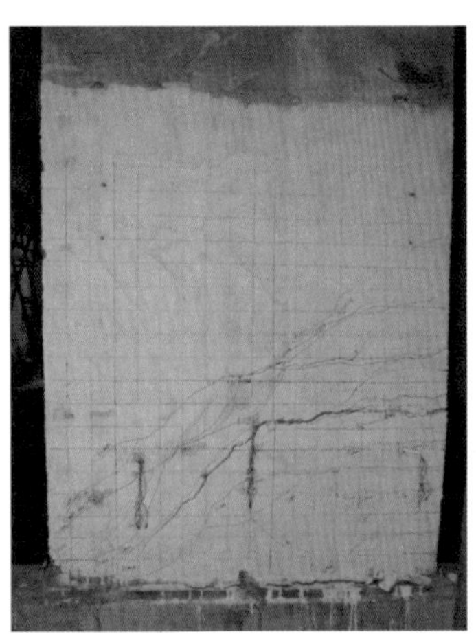
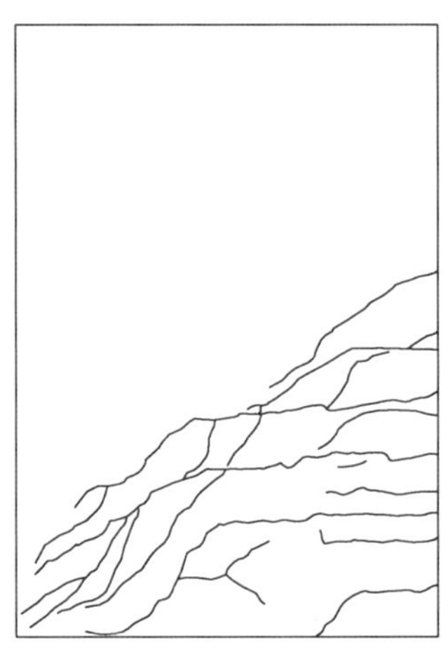

(b) WC-3试件裂缝分布形态

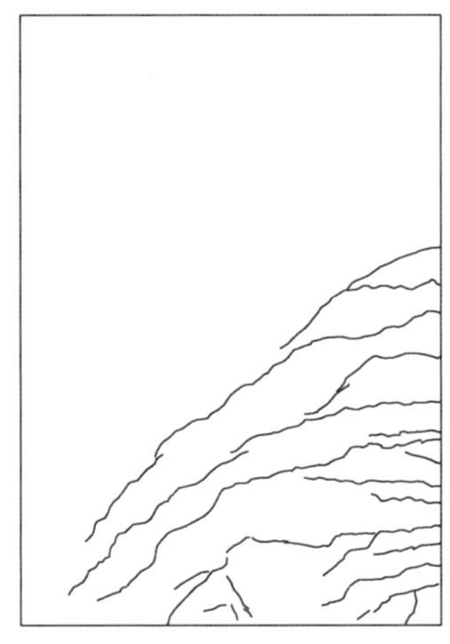

(c) WC-4试件裂缝分布形态

图 6-12　试件裂缝分布形态图

裂缝的总体分布存在以下特点：主要集中在受拉侧中点和受压侧角部连线的下方；受拉侧区域裂缝呈水平分布，越靠近受压侧，裂缝斜向发展的趋势越明显，最终主斜裂缝均向受压区角部汇集；剪力墙预留孔道高度范围内裂缝长度较短，宽度较小，发展缓慢；剪力墙上宽度最大的裂缝位于预制孔道顶部处，为剪力墙上第一条形成的裂缝，在整个加载过程中发展较快，如图 6-13 所示。

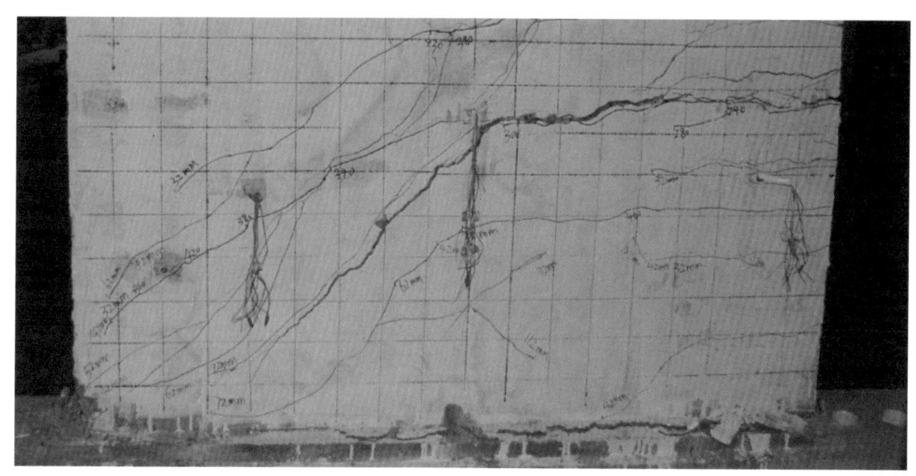

图 6-13 试件孔道顶部处裂缝

各剪力墙虽然配筋存在差异，但裂缝分布特征基本相同。剪力墙中部存在 3 至 4 条主要的斜裂缝，由受拉侧中部形成，至受压区角部结束，将墙身分割成几根受压的混凝土棱柱，压应力通过混凝土棱柱从受拉侧传递至受压侧角部。墙体中部会在荷载较大时形成人字形裂缝，裂缝宽度较小，其形成的原因是随着荷载增加，中间孔道内插筋逐渐发挥作用，较大的钢筋拉力会在附近的混凝土区域内形成拉应力流，导致混凝土开裂成人字形。

3）荷载—位移曲线

试件 WC-1、WC-3 和 WC-4 的荷载—位移曲线如图 6-14 所示。曲线后半段出现锯齿形的原因如下：试验过程中，为防止作动器失控，当施加在剪力墙上的荷载达到一定数值时，加载制度由力控制变为位移控制。在每个位移加载阶段，计算机保证施加在墙上的位移不变，但剪力墙裂缝会不断发展，刚度逐渐降低，实际施加在剪力墙上的荷载逐渐变小，反映在曲线上为一小段竖直向下的直线。

由图可知，采用集中约束搭接连接的预制剪力墙受力过程表现为典型的三个阶段。加载初期，剪力墙承受的水平荷载较小，截面未开裂，混凝土处于弹性工作阶段，荷载—位移曲线近似直线。加载至一定程度，钢筋开始屈服，荷载—位移曲线出现拐点，位移增长逐渐变快，承载力继续增长，表明试件开始进入屈服阶段，试件表现出一定的塑性性能。随着塑性变形的加大以及裂缝的开展，剪力墙承载力达到峰值，此后承载力逐渐下降，位移增长很快，表明试件进入破坏阶段，最终试件由于破坏严重丧失承载力。

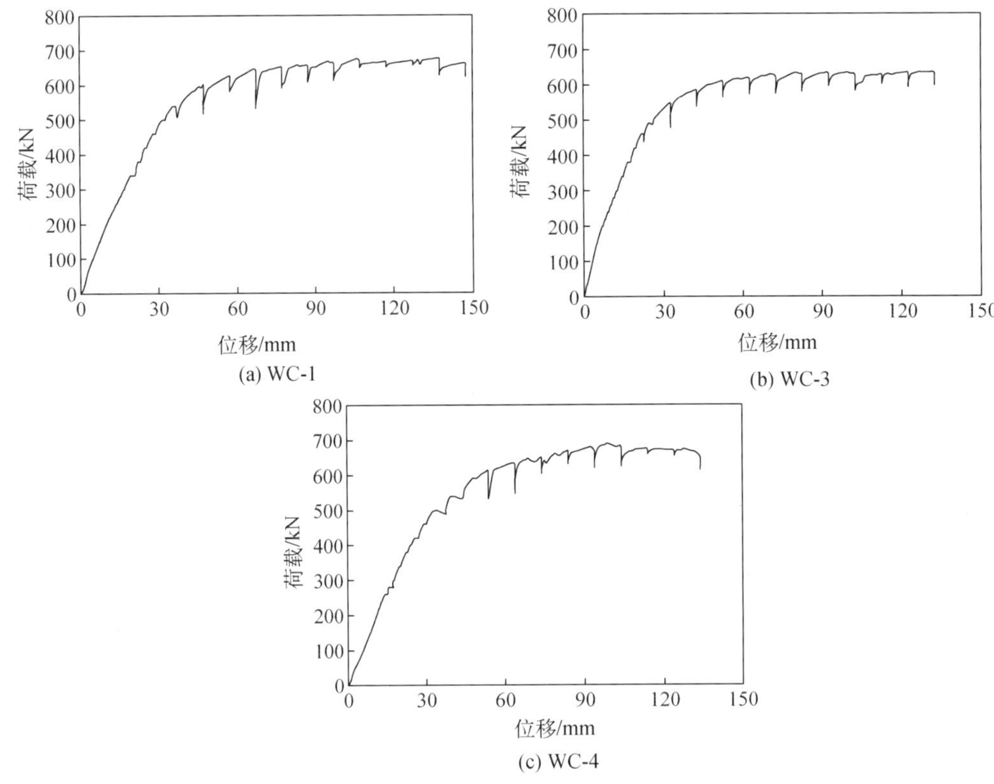

(a) WC-1

(b) WC-3

(c) WC-4

图 6-14　试件荷载—位移曲线

分析曲线上的特征点可知，剪力墙试件屈服荷载较大，由屈服阶段到极限阶段需要经历较长的过程，且荷载超过峰值后，承载力下降缓慢，从试件屈服至最终破坏，剪力墙发生了一段很长的位移。试件的屈服荷载和极限荷载见表 6-4。

表 6-4　剪力墙试件屈服与极限荷载

试件编号	WC-1	WC-3	WC-4
屈服荷载(kN)	450	450	450
极限荷载(kN)	646	630	679

4）试件应变分析

（1）试件 WC-1

试件浇筑时需要振捣，导致部分应变片损坏，所以在以下的应变分析中缺少部分数据。试件 WC-1 试验时在左侧施加推力，各应变片数据整理如图 6-15 所示。

由图可知，当荷载小于 200 kN 时，2 号应变片和 13 号应变片的应变数值基本相等，但当荷载大于 200 kN 时，2 号应变片的应变增长明显大于 13 号应变片，两者之间的差值越来越大，直到荷载达到 500 kN 后，13 号应变片的应变才有较快增长。2 号应变片和 13 号应变片是位于同一根插筋上不同位置的应变片，这一现象表明，在荷载较小阶段，孔道中插筋的应力比较小，不同位置的应变相差不大；但随着荷载逐渐增加，插筋的应力逐渐变大，而力由钢筋传递给灌浆料需要一段距离，因此越往上钢筋的应变越小，2 号应变片与 13 号应变片的数值相差越来越大，而 13 号应变片只有当荷载很大时才具有较大的数值。

由图中 10 号应变片和 18 号应变片的数据可知，随着荷载的增加，10 号应变片的应变增长比 18 号应变片快，且两者都是压应变。10 号应变片和 18 号应变片是位于同一根插筋上不同位置的应变片，均位于受压外侧孔道内。此处钢筋承担的是压力，随着荷载增加，插筋的压应力逐渐变大，而力由钢筋传递给灌浆料需要一段距离，因此越往上钢筋的应变发展越慢，因此 10 号应变片的应变增长较 18 号应变片快。同样的情况也出现在 11 号应变片和 19 号应变片之间。这些应变数据表明受压侧插筋与灌浆料连接可靠，两者依靠黏结应力传递力，并未发生严重的滑移现象，保证了预制剪力墙受压侧传力的连续性。

由图可知，20 号应变片、21 号应变片和 22 号应变片的曲线在 340 kN 时发生明显变化，荷载小于 340 kN 时，曲线基本重合，应变数值都较小，荷载大于 340 kN 后，应变数值显著增大，其中 20 号应变片应变增长最快，21 号应变片其次。由试验现象可知，340 kN 是试件 WC-1 的实测开裂荷载，且第一条裂缝出现的位置与这三个应变片的位置十分接近，开裂导致钢筋应变较快发展，由于 20 号应变片最靠近墙体端部，裂缝宽度最大，因此对应的应变增长也最快。33 至 35 号应变片位于水平分布钢筋上，荷载超过 500 kN 后，分布钢筋的应变才有较快的发展。

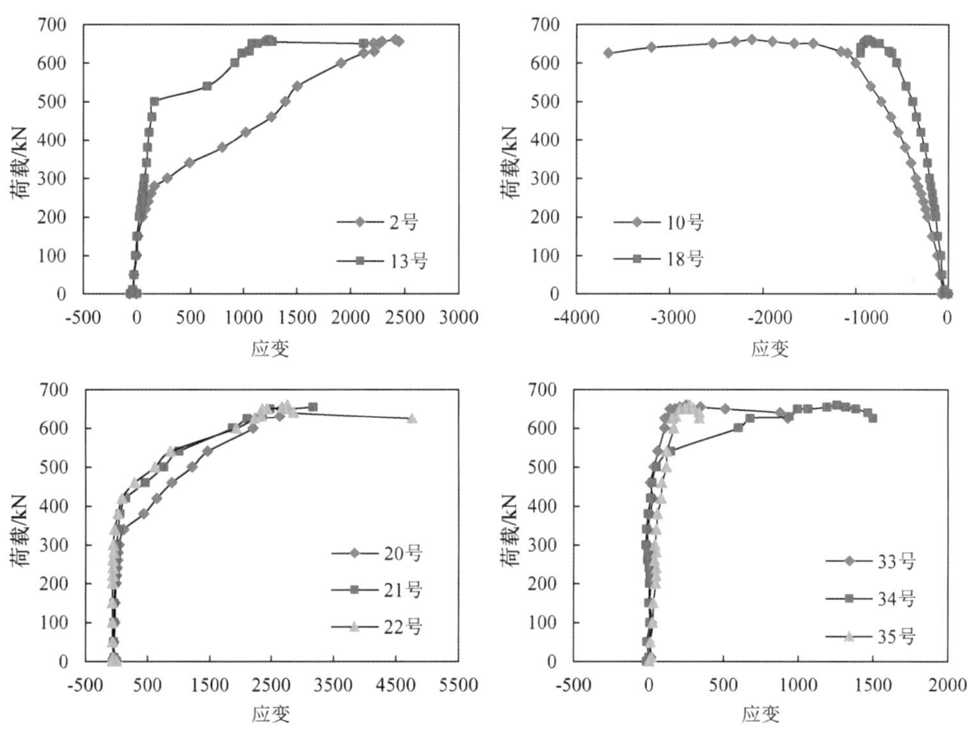

图 6-15 试件 WC-1 钢筋应变

（2）试件 WC-3

试件 WC-3 试验时在右侧施加推力，与前面试件施加推力的方向不同，因此受拉区和受压区的位置不同，各应变片数据整理如图 6-16 所示。

由图中 2 号应变片和 13 号应变片的数据可知，两者都是压应变。2 号应变片的应变增长比 13 号应变片快，表明受压侧插筋与灌浆料连接可靠，两者依靠黏结应力传递力，保证了预制剪力墙受压侧传力的连续性。

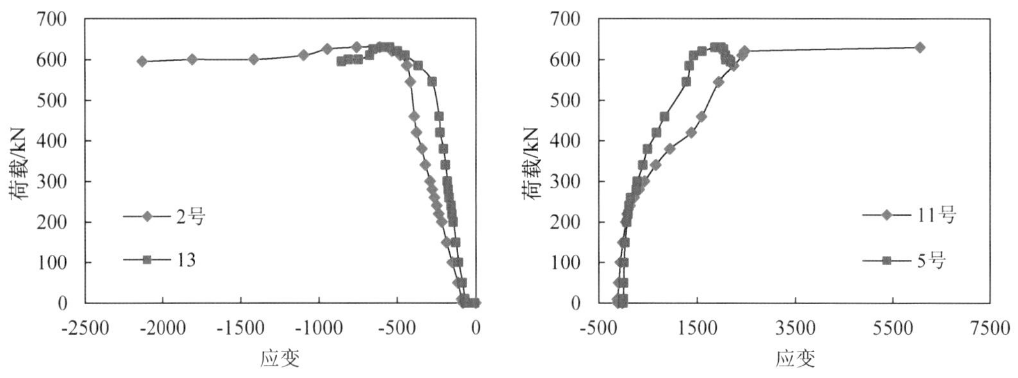

图 6-16　试件 WC-3 钢筋应变

对比 5 号应变片和 11 号应变片的数据可知，荷载小于 250 kN 时，两者相差不大，荷载超过 250 kN 后，11 号应变片的应变大于 5 号应变片，当荷载接近极限荷载时，两者的数值相差不大，且都达到屈服应变。

（3）试件 WC-4

试件 WC-4 试验时在左侧施加推力，各应变片数据整理如图 6-17 所示。由图可知，20 号应变片、21 号应变片和 22 号应变片的应变在 280 kN 时发生明显变化，荷载小于 280 kN 时，曲线基本重合，应变数值都较小，荷载大于 280 kN 后，应变数值显著增大，这些应变数据验证了试件 WC-4 的实测开裂荷载为 280 kN 这一判断。

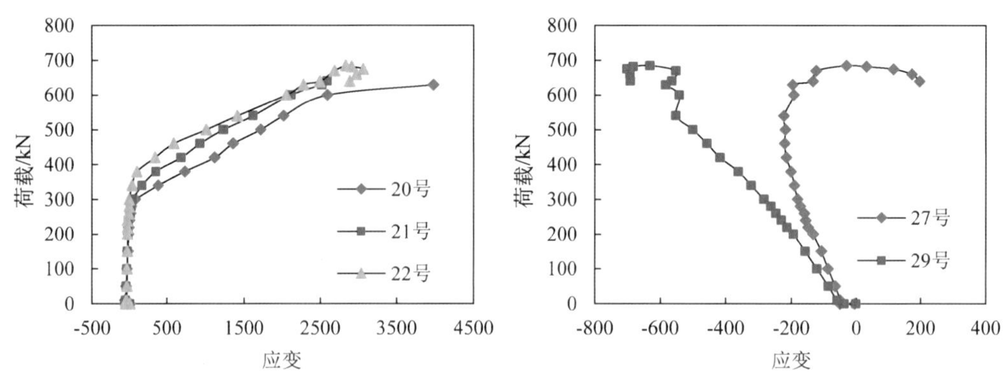

图 6-17　试件 WC-4 钢筋应变

27 号应变片和 29 号应变片位于墙体受压侧，随着荷载增加，29 号应变片受压应变逐渐增长，而 27 号应变片受压应变先增后减，峰值点对应 550 kN。表明荷载超过 550 kN 后，剪力墙刚度下降，斜裂缝发展至受压区，由于 27 号应变片靠近剪力墙内部，受斜向裂缝影响最大，验证了试验过程中主斜裂缝逐渐开展至受压区的结论。

6.4.4 试验结论

试验部分详细介绍了三片预制剪力墙试件的设计和加载方式，以及剪力墙试件的裂缝发展过程和破坏状态，通过对试验现象的描述，可以得出如下结论。

预制剪力墙连接部位在单向荷载作用下表现良好，钢筋未发生明显滑移或拔出现象，传力合理可靠。剪力墙下部受拉侧区域裂缝出现迟，裂缝宽度小，发展较慢，主要沿水平向分布；中部斜向裂缝出现迟，裂缝宽度大，发展迅速，通常会发展至受压区；中间孔道对应位置会出现人字形裂缝。最终破坏阶段，底部坐浆开裂长度不超过剪力墙宽度的三分之二，未形成贯通裂缝。

剪力墙裂缝主要集中在受拉侧中点和受压侧角部连线的下方，且受拉侧区域裂缝呈水平分布，越靠近受压侧，裂缝斜向发展的趋势越明显，裂缝最终汇集于受压区角部；剪力墙预留孔道高度范围内裂缝宽度较小，最大的裂缝位于预制孔道顶部处。剪力墙中部存在 3 至 4 条主要的斜裂缝，将墙身分割成几根受压的混凝土棱柱，压应力通过混凝土棱柱从受拉侧传递至受压侧角部。剪力墙裂缝发展，刚度降低，导致荷载—位移曲线出现一系列锯齿形。采用集中约束搭接连接的预制剪力墙受力过程表现为弹性、屈服和破坏三个阶段，试件屈服荷载较大，由屈服阶段到极限阶段需要经历较长的过程，且荷载超过峰值后，承载力下降缓慢，从试件屈服至最终破坏，剪力墙发生了一段很长的位移。由应变分析可知，受拉侧和受压侧插筋与灌浆料连接可靠，两者依靠黏结应力传递力，并未发生钢筋拔出或严重滑移的现象，保证了预制剪力墙的整体性和传力连续性。受拉孔道和中间孔道内的插筋可以达到屈服状态。受拉侧钢筋应变发展规律验证实测开裂荷载的正确性，分布钢筋的应变发展规律与试验中斜裂缝的发展现象相一致。

6.5 预制剪力墙结构工程应用

采用集中约束的搭接连接构造的预制装配整体式剪力墙结构已经成功应用到示范工程中，如南京丁家庄二期 A27 地块项目。结构地下二层为停车库，1～3 层均为商业，4～30 层为住宅，建筑高度 91.800 m，其中地上建筑面积 38 108.2 m^2，住宅建筑面积 25 299.5 m^2，标准层面积 486 m^2。该项目为 2016 年江苏省建筑产业现代化示范项目，以三星级绿色建筑为目标，形成可推广、可复制、低成本、高效益的绿色建筑产业化技术集成体系，为在保障性住房中推广建筑产业现代化技术和绿色建筑技术提供示范，其中预制率大于 30%，装配率大于 70%。

图 6-18　南京丁家庄二期 A27 地块项目信息

该项目地下室，1～3 层及屋面为非标准层，采用混凝土现浇技术，4 层采用 PCF 外墙板及预制阳台分户墙，5～30 层为标准层，采用混凝土预制装配技术，如图 6-19 所示。

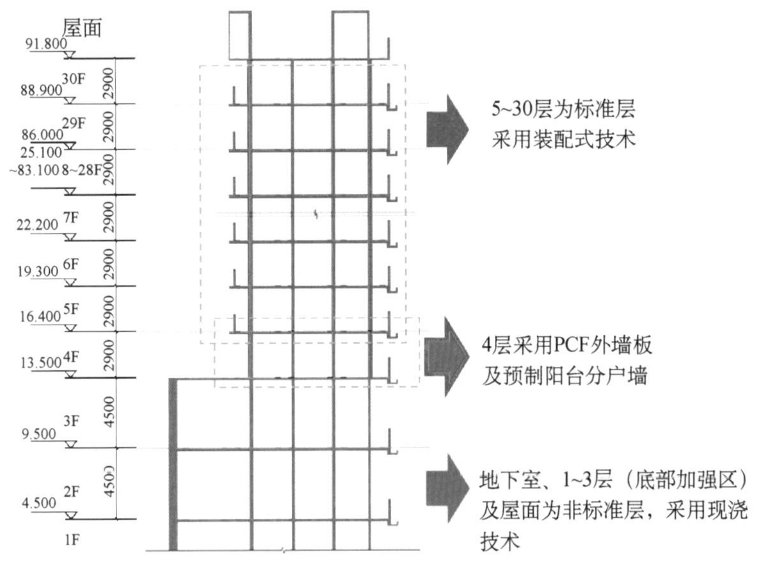

图 6-19　南京丁家庄二期 A27 地块项目预制区域分布图

竖向预制构件包括一字型预制剪力墙、L 形预制剪力墙、T 型预制剪力墙，水平预制构件包括预制叠合阳台、无洞口预制叠合楼板、带洞口预制叠合楼板、预制楼梯和预制花池，外围护预制构件包括 PCF 墙板、PCF 外墙和 L 形 PCF 外墙，外围护外挂预制构件主要包括阳台分户墙、带窗外墙、烟道等，三维模型如图 6-20 所示。

预制剪力墙采用工业化、标准化生产和安装，集约效果明显，改善劳动环境，生产效率大大提高；现场湿作业减少、材料浪费减少，有利于文明施工，减少施工扰民。预制墙体的加工和现场施工如图 6-21 和图 6-22 所示。

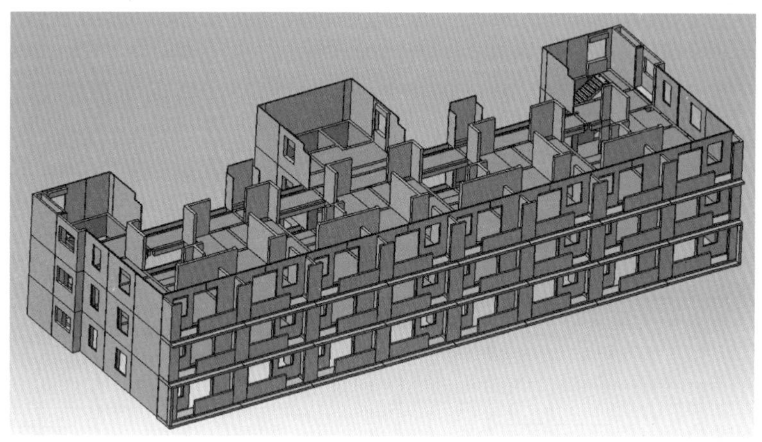

图 6-20　预制构件拼接三维模型

图 6-21　预制墙体的加工

图 6-22　预制墙体的现场安装

预制剪力墙构造边缘区域和竖向钢筋连接区域如图 6-23 所示。边缘构件部分每个预留孔内应设置四根钢筋，宜设置直径及伸出长度与其相同的附加钢筋，其面积不少于总面积的 25%。附加钢筋应设置在预制墙中并满足锚固长度要求。预制剪力墙的竖向分布钢筋，采用每预留孔四根钢筋搭接连接。螺旋箍筋缠绕直径为预留孔道外径+10 mm，螺距为 100 mm。孔道中心间距不大于 720 mm。不连接的竖向分布钢筋直径不应小于 6 mm。

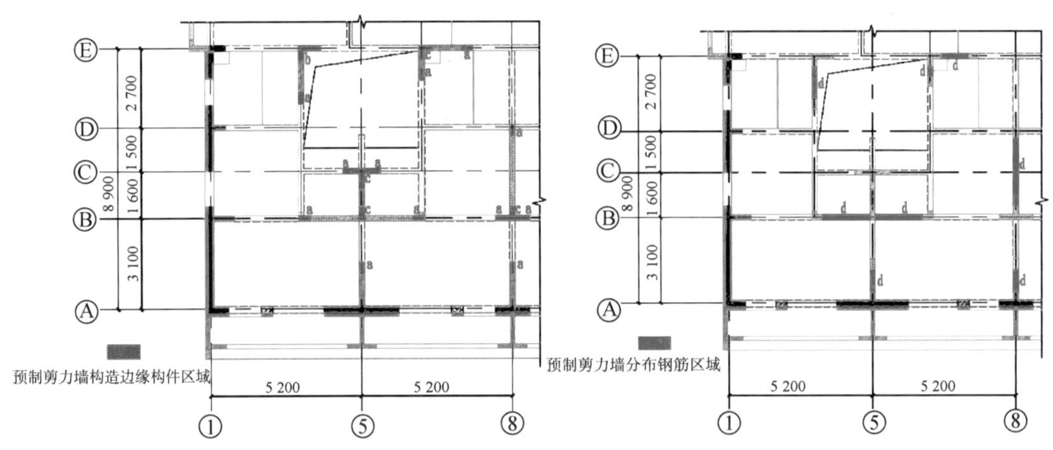

图 6-23　预制墙体构造边缘区域和竖向钢筋连接区域分布示意

预制剪力墙与现浇梁的连接节点和预制剪力墙的连接节点分别如图 6-24 和图 6.25 所示，在相邻的预制剪力墙中设置后浇带进行连接。

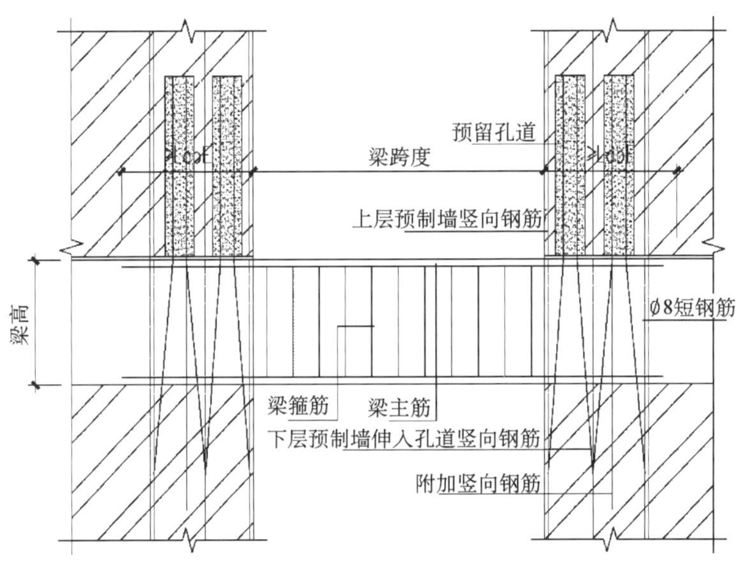

图 6-24　现浇梁与预制剪力墙的连接节点

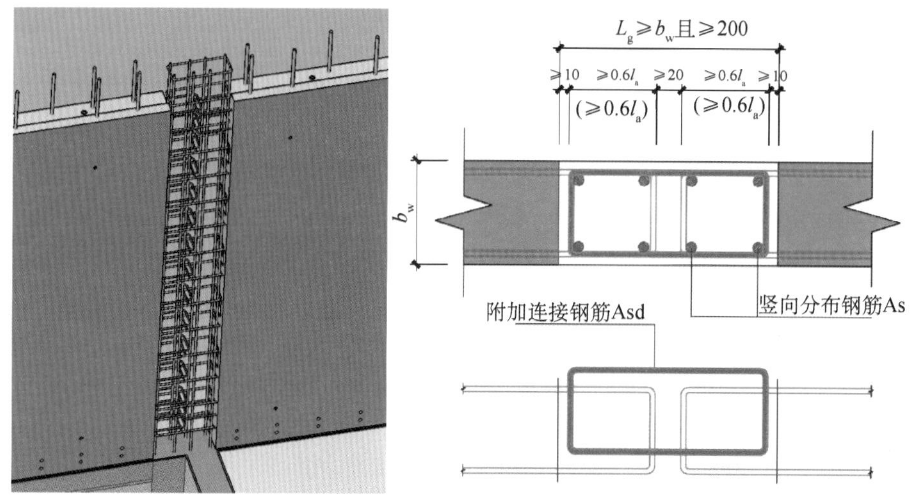

图 6-25 预制剪力墙连接节点

6.6 小结

本章提出了一种采用集中约束搭接连接的预制装配剪力墙构造方法，其基本特征为下部墙体的竖向钢筋分组集束深入上部预制墙体的预留孔洞中，并且通过在预留孔洞内部预埋螺旋箍筋提高对所搭接竖向钢筋的握裹力。集中约束搭接连接的构造本质是多根钢筋间的间接搭接，可以从单根钢筋的黏结滑移和两根钢筋间的间接搭接等角度进行传力机制分析。

对采用这种集中约束搭接连接方式的三片普通剪力墙进行单向加载试验，分析了试件的破坏特征、荷载—位移曲线和钢筋应变的发展规律，结果表明采用集中约束搭接连接的预制剪力墙可以满足相应现浇剪力墙的设计需求，预制剪力墙试验中并未出现钢筋拔出或者严重滑移，说明采用集中约束搭接连接方式的装配剪力墙结构具备足够的整体性和传力有效性。

本章提出的集中约束搭接连接的预制剪力墙连接构造方法解决了现有竖向钢筋连接技术中需要将每根钢筋插入各自对应的预留孔道内的施工精度难题和灌浆套筒施工质量难以保证的现场问题，得到设计单位的认可，并成功应用于南京丁家庄二期 A27 地块的示范工程中。通过试验研究和工程应用可知，设计阶段要对异形预制墙体的布局进行优化，既满足结构设计需求又可以减小异形模板种类的制作；边缘构件部分的预留孔道高度需要根据抗震需求下的钢筋搭接长度计算确定；为保证竖向连接的有效性，边缘构件部分每个预留孔内应设置四根钢筋，其中三根为下层预制墙体深入孔道的竖向钢筋，一根为附加竖向钢筋，且预制剪力墙底部接缝需要采用灌浆料填实。

本章参考文献

[1] International federation for structural concrete (fib). Bond of reinforcement in Concrete [R]. Lausanne, 2000.

[2] 叶列平，赵作周. 混凝土结构[M]. 北京：清华大学出版社，2006.

[3] Fernández R M, Hars E, Muttoni A. Bond mechanics in structural concrete: theoretical and experimental tests (draft) [R]. IS-BETON, E'cole Polytechnique Fédérale de Lausanne (EPFL), Switzerland, 2005.

[4] Kluge R W, Tuma E C. Lapped bar splices in concrete beams[J]. ACI Structural Journal. 1945, 42(2):13-33.

[5] Walker W T. Laboratory tests of spaced and tied reinforcing bars[J]. ACI Journal Proceedings. 1951, 47(1): 365-372.

[6] Chamberlin S J. Spacing of spliced bars in beams[J]. ACI Structural Journal. 1958, 54(2):689-697.

[7] Cairns J. Strength of compression splices: a reevaluation of test data[J]. Journal of the American Concrete Institute. 1985, 82(4): 510-516.

[8] Chinn J, Ferguson P M, Thompson J N. Lapped splices in reinforced concrete beams[J]. ACI Structural Journal. 1955, 52(10), 201-213.

[9] Goto Y. Cracks formed in concrete around deformed tension bars[J]. ACI Journal Proceedings. 1971, 68(4): 244-251.

[10] Betzle M. Bond slip and strength of lapped bar splices[J]. ACI Special Publication. 1978, 55:493-514.

[11] Panahshahi N. Compression and tension lap splices in reinforced concrete members subjected to inelastic cyclic loading[D]. Cornell University. 1987.

[12] Sagan V E, Gergely P, White R N. Behavior and design of noncontact lap splices subjected to repeated inelastic tensile loading[J]. ACI Structural Journal, 1991, 88(4): 420-431.

[13] Hamad B S, Mansour M Y. Bond strength of noncontact tension lap splices[J]. ACI Structural Journal, 1996. 93(3): 316-326.

[14] Yuan J, Graybar B A. Bond behavior of reinforcing steel in ultra-high performance concrete[R]. 2014.

[15] Gilbert R I, Kilpatrick A E. On the strength and ductility of lapped splices of reinforcing bars in tension[J]. Australian Journal of Structural Engineering, 2015, 16(1): 35-46.

[16] Chen Y, Zhang Q, Feng J, et al. Experimental study on shear resistance of precast RC shear walls with novel bundled connections[J]. Journal of Earthquake and Tsunami, 2019 13 (3n 04): 194002.

第7章 装配式混凝土构件高效连接

7.1 引言

装配式混凝土结构构件连接不仅需要保证内力间的传递，还要具有较高的刚度和较强的恢复能力。目前，在装配式混凝土结构中常采用套筒灌浆连接、钢筋浆锚连接、钢筋焊接和现浇带连接等方式。针对目前预制构件配筋复杂、安装效率低、安装质量难以保证的问题，本章从大直径钢筋连接和集束配筋连接入手，研究了大直径钢筋套筒灌浆连接和约束浆锚连接两种高效连接方式的性能。

7.1.1 大直径钢筋套筒灌浆连接

钢筋套筒灌浆连接是通过钢筋套筒注入强度较高的灌浆料将构件进行连接，其连接力学性能对装配式结构来说起着至关重要的作用。预制混凝土构件配筋复杂、数量多，导致安装效率低、安装质量难以保证，特别是在钢筋套筒灌浆施工过程中，采用小直径钢筋套筒灌浆连接，钢筋套筒的内部经常不能完全充满灌浆料，而出现缺陷，严重影响其连接性能[1-12]。大直径钢筋可以减少构件中钢筋的连接数量，减少纵筋根数，实现构件制作简单、提高工效的高效连接设计理念。但大直径的钢筋灌浆套筒研究少[13-14]，本节通过大直径钢筋套筒浆锚连接灌浆密实度的拉拔试验和梁式构件的力学性能试验，重点研究大直径钢筋套筒灌浆连接性能。

7.1.2 约束浆锚连接

预制混凝土柱多采用柱四周或两侧布置竖向钢筋并配置相应箍筋的配筋形式，如图7-1(a)所示。每根钢筋都需要连接，连接数量多，如截面 600 mm×600 mm 的柱截面需配置 16 根钢筋。台湾润泰集团所做的大量的试验及应用案例证实，图 7-1(d)所示的五环集束配筋柱在用于混凝土短柱和小偏心受压柱时，可使柱子的竖向承载力和耗能延性提高 30%以上。柱子的抗剪承载力可以提高 7%，延性提高 37%。对大偏心受压长柱，其承载力与耗能延性比传统配筋的混凝土柱略有提高。五环集束配筋柱和传统箍筋柱相比，钢筋消耗量大幅减小，仅仅为采用传统钢筋用量的 60%～70%[15-23]。为此本章在台湾润泰的集束钢筋的预制混凝土柱如图 7-1(b)、7-1(c)、7-1(d)、7-1(e)基础上，提出采用“集束浆锚连接”上、下柱的设计理念，只需在四角采用集束筋约束浆锚连接，减少了连接数量，提高了工效，且质量易保证。

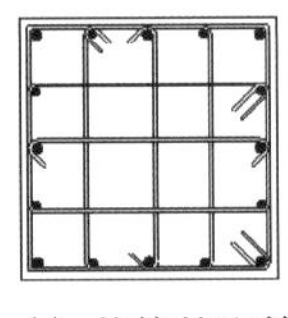
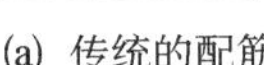
(a) 传统的配筋

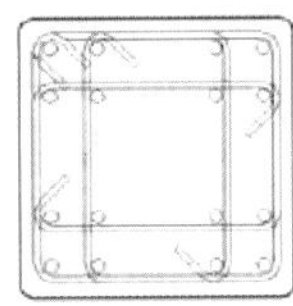
(b) 集束配筋

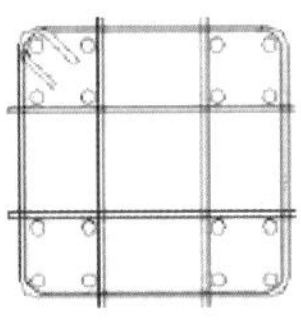
(c) 井字集束配筋

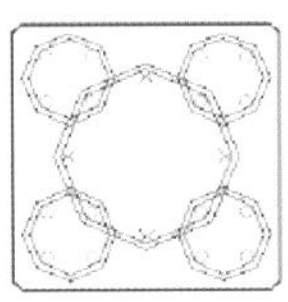
(d) 五环集束配筋

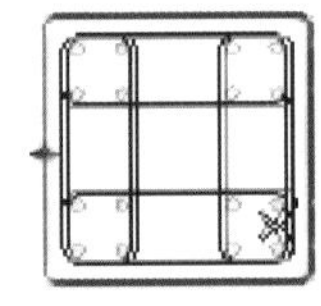
(e) 九宫格集束配筋

图 7-1　集束配筋形式

本节主要研究集束筋半灌浆约束浆锚连接、集束筋全灌浆约束浆锚连接以及大直径钢筋约束浆锚连接。

1）集束筋半灌浆约束浆锚连接

集束筋半灌浆约束浆锚连接是指在预制混凝土的上部构件预留灌浆孔洞，并按要求设置灌浆孔和排气孔，将上部构件的预留孔洞对准下部构件的预留钢筋束进行拼装，上下部构件预留间隙为 10 mm～20 mm，以柱的控制标高和轴线定位，拼装完成后进行灌浆，如图 7-2 所示。

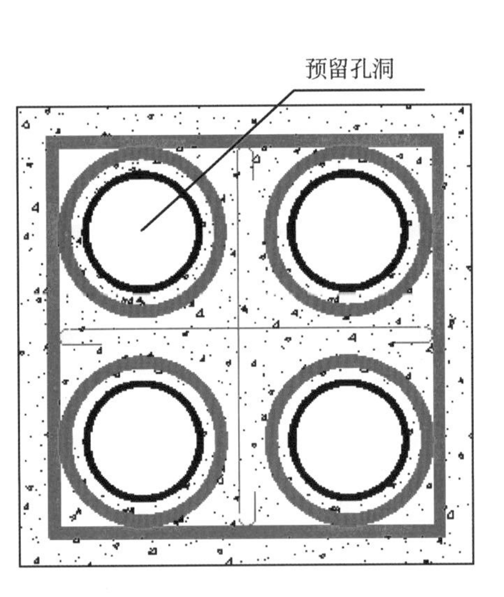

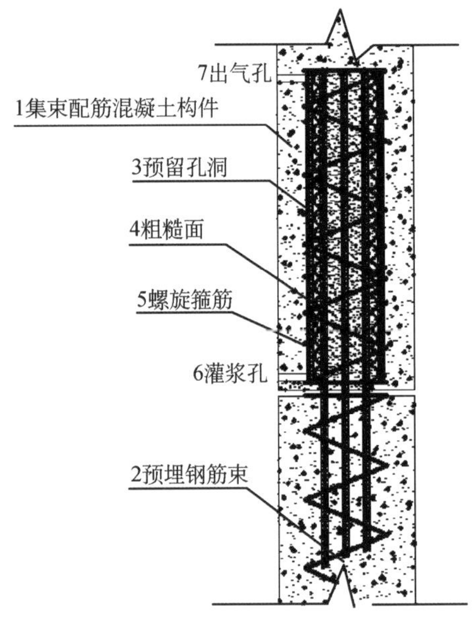

图 7-2　集束筋半灌浆连接

2）集束筋全灌浆约束浆锚连接

集束筋全灌浆约束浆锚连接构件是指上、下预制混凝土构件均预留孔洞，并沿孔洞按要求设置灌浆孔和排气孔。拼接时，连接钢筋束先插入下部构件的预留孔洞内固定后，将上部构件的预留孔洞对准插入下部构件的连接钢筋束进行拼装，上下部构件预留间隙为 10 mm～20 mm，以柱的控制标高和轴线定位，拼装完成后进行灌浆，如图 7-3 所示。

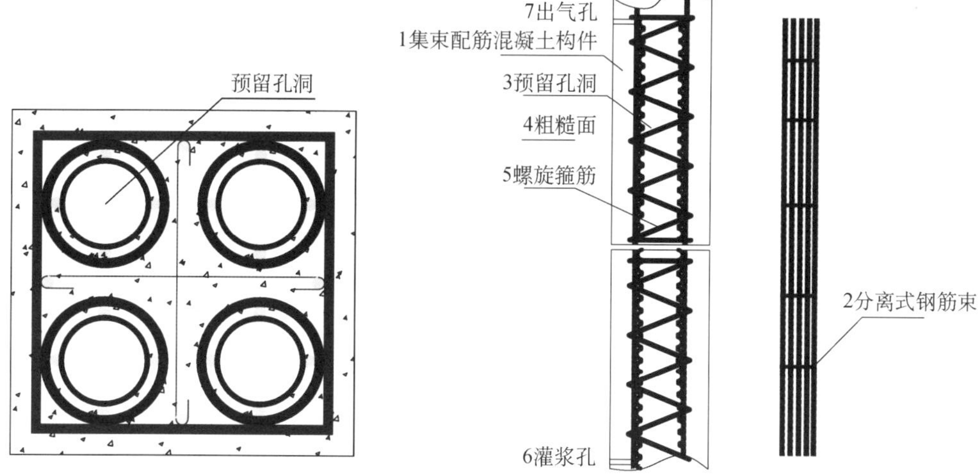

图 7-3　集束全灌浆连接

3）大直径钢筋的约束浆锚连接

大直径钢筋的约束浆锚连接是指连接钢筋采用大直径钢筋替代多个钢筋或集束筋的连接，连接的构成是上、下预制混凝土构件均预留孔洞，并沿孔洞按要求设置灌浆孔和排气孔。拼接时，大直径连接筋先插入下部构件的预留孔洞内固定后，将上部构件的预留孔洞对准插入下部构件的连接钢筋束进行拼装，上下部构件预留间隙为 10 mm～20 mm，以柱的控制标高和轴线定位，拼装完成后进行灌浆。

7.2　大直径钢筋套筒灌浆连接性能研究

钢筋套筒灌浆连接经常出现套筒内不密实，套筒内部有缺陷的情况，降低了钢筋的连接性能，有时可造成钢筋从套筒中拔出，无法保证其连接性能。以钢筋直径、钢筋套筒灌浆密实度为参数设计钢筋套筒拉拔试件，通过拉拔试验，研究大直径钢筋套筒浆锚连接性能的影响。

7.2.1　大直径钢筋套筒灌浆连接试件拉拔试验[24]

本节主要研究灌浆密实度为 50%、70%、90%、100%对灌浆套筒连接性能的影响。试件在中南建筑产业集团有限公司沈阳公司预制件工厂进行加工制作，如图 7-4 所示。

图 7-4　套筒拉拔试件

1）试验试件参数

试验的具体参数如表 7-1 所示。

（1）钢筋和灌浆套筒

选用 HRB400 级用灌浆套筒，灌浆套筒设计抗拉强度为 520 MPa，采用球墨铸铁制作。为研究套筒拉断的时承载力，钢筋采用 HRB500 级，根据《金属材料室温拉伸试验方法》(GB/T 228—2002)[25]的方法，实测抗拉强度为 701 MPa，分别截取 16 根长度为 600 mm、直径为 40 mm 的钢筋，具体尺寸如表 7-2 所示。

表 7-1　试件设计参数

试件编号	钢筋直径(mm)	数量	灌浆密实度(%)	试件长度(mm)
T40-1	40	2	50%	1 200
T40-2	40	2	70%	1 200
T40-3	40	2	90%	1 200
T40-4	40	2	100%	1 200

表 7-2　灌浆套筒尺寸规格

全灌浆套筒规格(mm)	套筒长度(mm)	套筒壁厚(mm)	套筒内径(mm)	套筒外径(mm)
40	705	7	68	82

(2) 灌浆料

依据《水泥基灌浆材料应用技术规范》(GB/T 50448—2015)[26]要求，选用 SGM-85 型灌浆料，其配合比为 12%～13%，材料的流动度、抗压强度、竖向膨胀率、氯离子含量及泌水率如表 7-3 所示。

表 7-3　灌浆料检测参数表

检测项目		技术指标	实测结果
流动度(mm)	初始值	≥300	330
	30 min	≥260	310
抗压强度(MPa)	1 d	≥35	40.50
	3 d	≥60	74.5
	28 d	≥85	97.4
竖向膨胀率/(%)	3 h	≥0.02	0.10
	24 h 与 3h 差值	0.02—0.5	0.07
氯离子含量(%)		≤0.03	0.01
泌水率(%)		0	0

2）试验过程

试验在天津大学北洋园校区实验室进行，采用300 t卧式拉力试验机施加轴向拉力，如图7-5所示。试验采用全程位移控制加载[24]，试件加载时其加载速率为5 mm/min，当试件失效或者断裂时可将位移加载速率变为10 mm/min。试件荷载降低较慢或者稳定在一定范围内时可将位移加载速率变为20 mm/min，以起到加速降低荷载的目的。

图 7-5　卧式拉力试验机

所有试件均在加载初期发生了微小的滑移，随着加载继续，其中灌浆密实度50%和70%的试件破坏形态为钢筋拔出，灌浆密实度90%和100%的试件破坏形态为套筒拉断，如图7-6和7-7所示。

图 7-6　钢筋拔出破坏形态

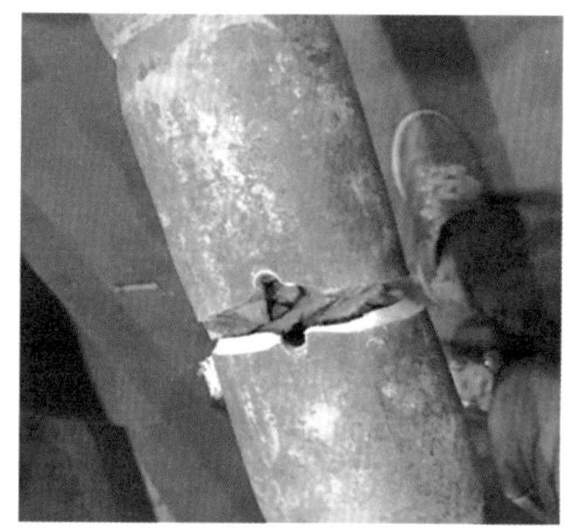

图 7-7　套筒拉断破坏形态

灌浆密实度90%和100%的试件抗拉承载力在加载初期随着加载位移的增加而增加，加载过程中灌浆体逐渐被压碎，套筒中间控制孔处发生拉断。套筒断截面情况如图7-8所示。

(a) 套筒灌浆密实度90%的断截面

(b) 套筒灌浆密实度100%的断截面

图 7-8　拉断套筒断截面情况

从图 7-8 不同密实度套筒断截面破坏情况来看，断面比较平整，断裂的部位均出现在钢筋灌浆套筒的螺栓孔处，预留控制孔部位属于套筒薄弱环节，在受力时套筒出现应力集中。

3）试验结果分析

（1）承载力

各试件的破坏形态和试验荷载汇总如表 7-4 所示。灌浆密实度对大直径钢筋套筒灌浆连接的抗拉性能有很大的影响，当灌浆密实度为 50%时，试件的抗拉承载力平均值仅为灌浆密实度 100%试件的 10%左右，试件的破坏形式均表现为钢筋拔出；当灌浆密实度为 70%，拉拔件的抗拉承载力平均值达到灌浆密实度 100%试件的 50%左右。由此可见，灌浆密实度对套筒连接的抗拉强度影响较大，灌浆密实度是影响大直径钢筋套筒灌浆连接性能的主要参数指标之一。

当灌浆密实度为 90%和 100%时，灌浆套筒拉断，套筒灌浆连接的抗拉强度约为 530 MPa。由此可知该批灌浆套筒的抗拉强度平均值为 531.2 MPa。

表 7-4 大直径高强钢筋套筒灌浆连接拉拔试验结果

试件编号	试验荷载(kN)	套筒灌浆连接的抗拉强度(MPa)	钢筋抗拉强度(MPa)	破坏形式
T40-1-50-1	95	75.6	701	钢筋拔出
T40-1-50-2	50	39.8	701	钢筋拔出
T40-2-70-1	293	233.3	701	钢筋拔出
T40-2-70-2	391	311.3	701	钢筋拔出
T40-3-90-1	670	533.4	701	套筒拉断
T40-3-90-2	661	526.2	701	套筒拉断
T40-4-100-1	677	539.0	701	套筒拉断
T40-4-100-2	661	526.2	701	套筒拉断

注：T 代表套筒连接；40 代表钢筋直径；1、2、3 代表编号；50、70、90、100 代表不同密实度。

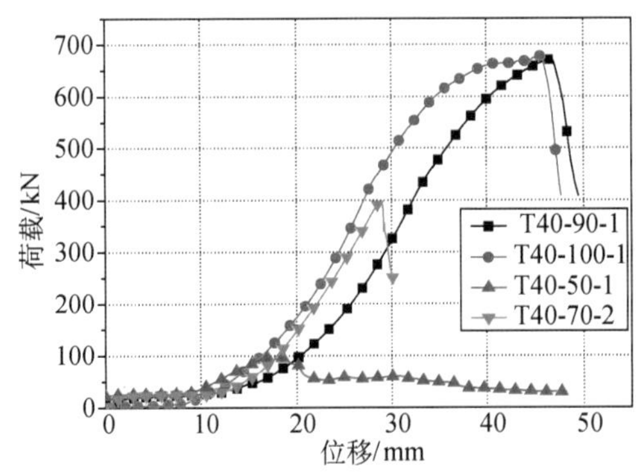

图 7-9 40 mm 直径钢筋对应不同密实度荷载—位移曲线

（2）拉拔荷载—位移曲线

图 7-9 为钢筋直径 40 mm 对应不同密实度的荷载—位移曲线对比。当套筒灌浆密实度低于 70%时，钢筋与套筒协同工作能力较差，且对钢筋的锚固作用较差，以至于在受力时钢筋因锚固不足在承受较小的拉力时就被拔出。同时，灌浆不密实也会导致套筒受力时出现受力不均匀的现象，套筒局部应力较大，对灌浆套筒连接的抗拉性能产生不利影响。对于大直径高强钢筋而言，当灌浆密实度达到 90%时，灌

浆套筒和钢筋间才能有效地传递荷载，保证套筒连接的抗拉承载力。

7.2.2 大直径钢筋套筒灌浆水平连接试验研究

为了研究钢筋灌浆套筒灌浆不密实对预制构件承载力的影响规律，课题组开展了对灌浆套筒密实度为 70%的预制钢筋混凝土梁的承载力试验研究。

1）试验试件设计

依据相关标准制作大直径高强套筒灌浆连接预制钢筋混凝土梁[27-29]，试件的截面尺寸为 350 mm×700 mm，混凝土保护层厚度为 40 mm；受拉钢筋采用直径为 40 mm 的 HRB500 钢筋，箍筋采用直径为 10 mm，间距 150 mm 的 HRB400 钢筋，跨中钢筋采用灌浆套筒连接，具体试件参数如表 7-5 所示。

表 7-5 大直径预制钢筋混凝土梁试件参数设计

试件编号	套筒灌浆密实度(%)	试件截面尺寸(mm×mm)	试件长度(mm)	受力钢筋直径(mm)
T40-70-4000	70	350×700	4 000	40

注：T 代表套筒连接；40 代表钢筋直径(mm)；70 代表套筒管灌浆密实度(%)；4 000 代表试件长度(mm)。

预制部分混凝土采用 C40，长度为 1 200 mm；现浇部分采用 C45，梁跨中现浇区长度为 1 600 mm。预制部分钢筋在节点处断开并预留钢筋，通过钢筋套筒灌浆实现梁的拼装；为了提高结合处的连接性能，在梁新旧混凝土结合面做粗糙处理，具体试验结构试件构造示意图见图 7-10。

本次套筒内注入灌浆料的重量为 2.3 kg，实际灌浆密实度为 70%。研究灌浆密实度对梁抗弯承载力的影响。

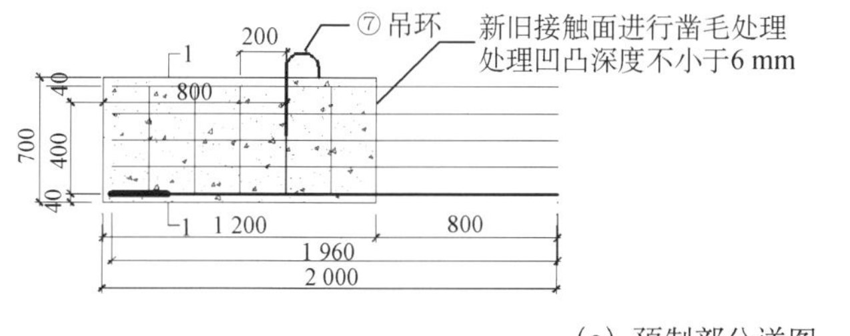

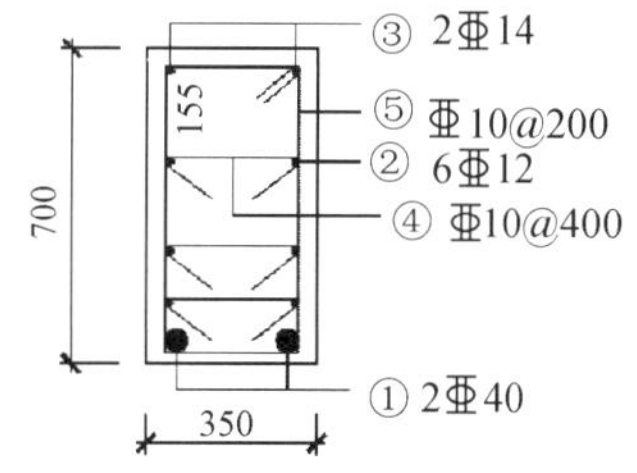

(a) 预制部分详图

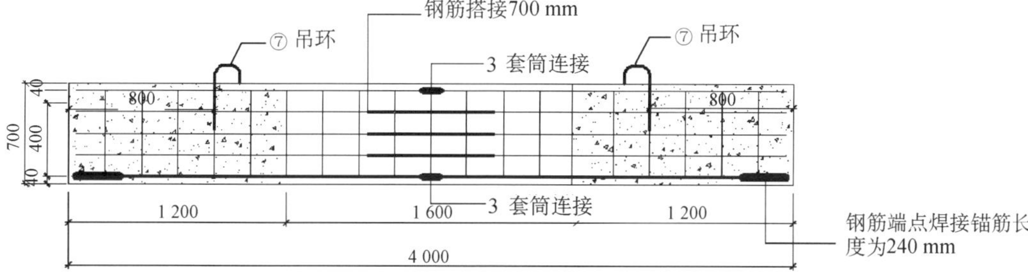

(b) 现浇部分详图

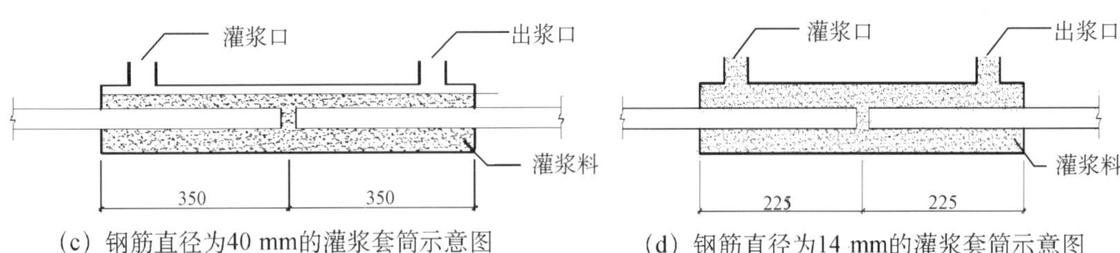

（c）钢筋直径为40 mm的灌浆套筒示意图　（d）钢筋直径为14 mm的灌浆套筒示意图

图 7-10　试验结构试件构造示意图

2）加载制度

本次试验采用静力单调加载，依据《混凝土结构试验方法标准》(GB T 50152—2012)[30]。正式加载首先采用力控制，加载速率为 10 kN/min，每 10 kN 为一级，每级加载结束后持载 10 min，在此期间观测试件有无裂缝及裂缝发展情况，并及时做好记录，当试件出现第一条裂缝时停止加载并记录荷载值。随后将荷载加载速率调整为 20 kN/min，每级加载 50 kN，持载 10 min。直至理论计算值 70%后开始采用位移控制，加载速率为 5 mm/min，每级加载持载 10 min，当荷载降至极限承载力的 75%时停止加载。加载装置如图 7-11 所示。

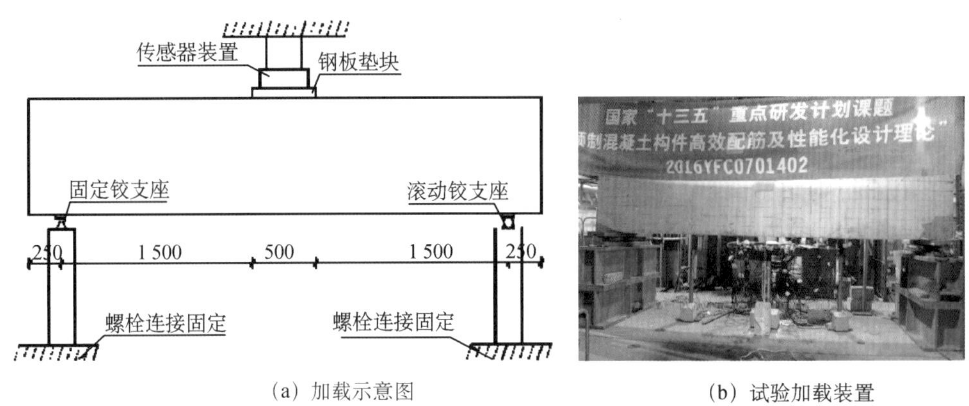

（a）加载示意图　（b）试验加载装置

图 7-11　加载装置

3）量测内容

（1）应变量测

为了进一步了解灌浆套筒和受力钢筋的应力变化情况，在灌浆套筒外侧和连接钢筋上进行布置；混凝土应变片主要设置在梁的跨中部位、预制与现浇部分接缝处，以测量混凝土应变情况，具体测点布置见图 7-12。

（2）位移量测

在梁跨度的 1/3 处布置量程为 200 mm 的位移计，中部布置两个量程为 300 mm 的位移计，梁支座两端各布置一个量程为 100 mm 的位移计。具体量测点布置见图 7-13。

为清楚描述裂缝出现和延伸的位置，以及裂缝发展的方向角度和裂缝的长度，在试件

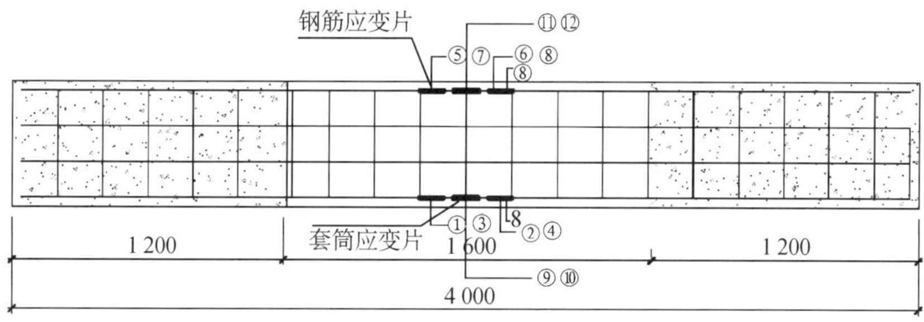

图 7-12 应变片布置图

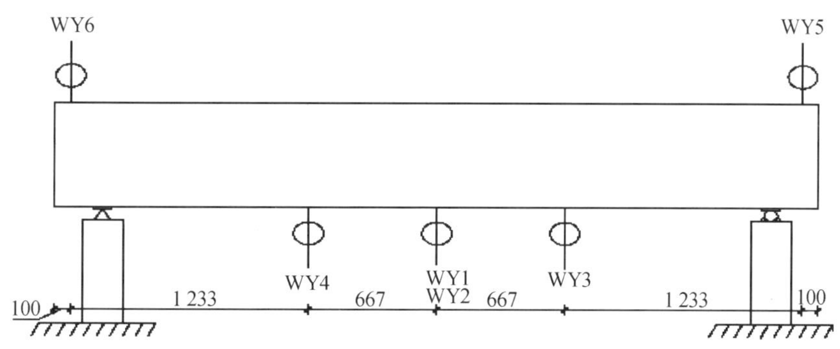

图 7-13 位移计布置图

上画出尺寸为 100 mm×100 mm 的网格线，同时在梁底端分左、中、右三个区域进行编号，高度方向也依次进行编号，具体见图 7-14。

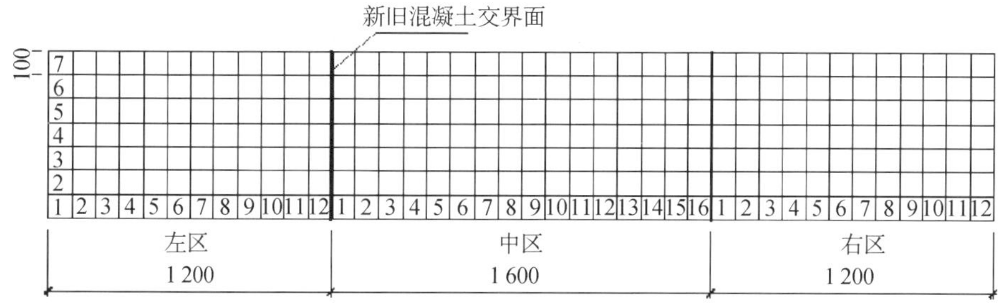

图 7-14 混凝土网格编号

4）试验现象

在试件加载到理论承载力计算值的 21%(190 kN)时，在跨中 5-6 号区域出现第一条裂缝，裂缝宽度为 0.02 mm，高度为 100 mm；当荷载加载至 33%(290 kN)时，跨中区域出现 6 条裂缝，裂缝最大宽度达到 0.08 mm，其中在 9-10 号区域裂缝的高度达到 370 mm；当荷载增加到 38%(340 kN)时，12-14 号区域的两条裂缝发展较快，高度达到 390 mm，接近 9-10 号的裂缝发展高度，裂缝的最大宽度仍在跨中 5-6 号区域，为 0.15 mm；当荷载加载到 44%(390 kN)时，出现 9 条裂缝，最大裂缝在跨中 5-6 号区域，达到 0.2 mm，

9-10 号的裂缝高度为 450 mm；当荷载加载到 50%(440 kN)，裂缝条数增加到 12 条，最大裂缝宽度在跨中 5-6 号区域，为 0.3 mm，裂缝高度无明显发展；当荷载加载到 55%(490 kN)时，斜裂缝发展比较迅速，裂缝的高度发展到 600 mm，最大裂缝宽度在跨中 5-6 区域为 0.35 mm；荷载增加到 61%(540 kN)时，跨中 5-6 区域的裂缝宽度为 0.4 mm，剪切裂缝的高度达到 620 mm；当荷载增加到 67%(590 kN)时，跨中 5-6 号区域的裂缝宽度达到 0.6 mm，剪切裂缝的高度没有进一步发展，但裂缝宽度开始迅速发展；此时转化为位移控制，加载速率为 5 mm/min，当位移加载至 9.8 mm 时裂缝宽度进一步变大，最大裂缝宽度达到 4 mm；在梁的跨中区域出现横向裂缝，横向裂缝宽度达到 0.15 mm，此时试件承载力下降至低于峰值荷载的 75%，试验停止。试验全过程如图 7-15 所示。

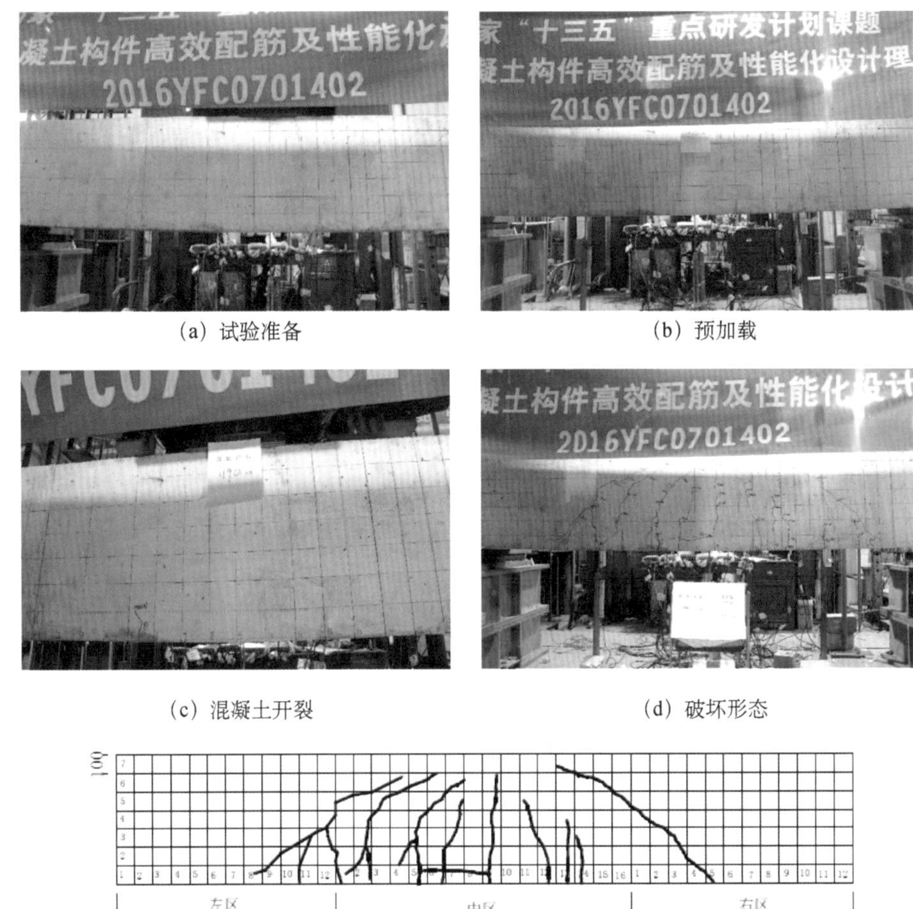

(a) 试验准备　(b) 预加载

(c) 混凝土开裂　(d) 破坏形态

(f) 裂缝发展情况

图 7-15　T40-70-4000 试件各阶段裂缝发展情况

5）试验结果与分析

试验记录的荷载—位移曲线见图 7-16。图中在开裂前，试件曲线呈线性增长，随荷载增加，跨中的挠度增大，位移增长趋势呈线性；当荷载达到理论承载力计算值的 81%

(688.5 kN)时,钢筋拔出,构件承载能力急剧下降。

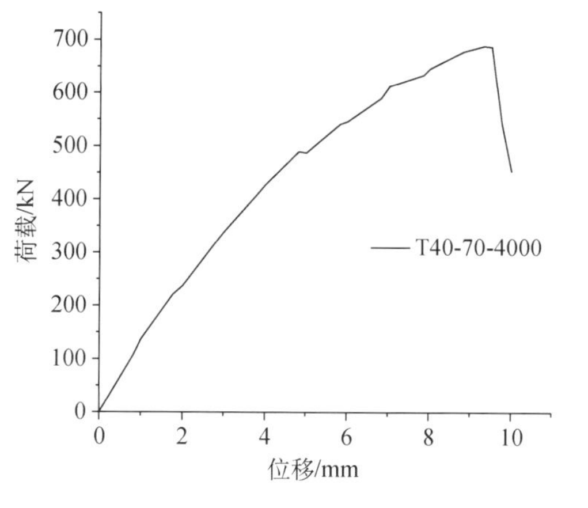

图7-16　试件荷载位移曲线

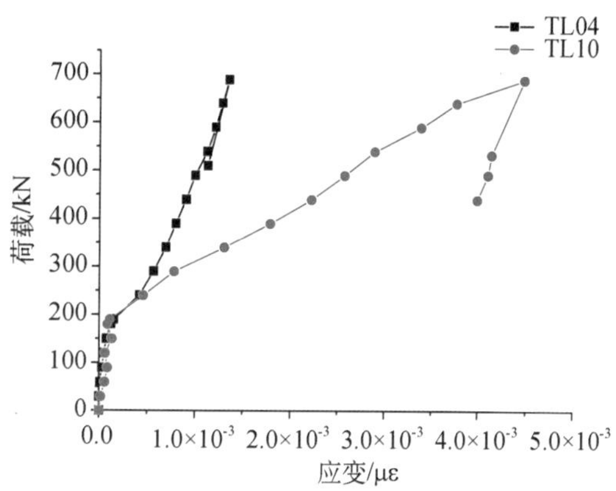

图7-17　T40-70-4000受力钢筋与套筒的荷载-应变曲线

(注:TL04代表受力钢筋应变,TL10代表受力钢筋套筒应变)

图7-17为T40-70-4000受力钢筋与套筒的荷载—应变曲线,由此可见,当荷载达到理论承载力计算值的21%(190 kN)之前,钢筋与灌浆套筒之间的荷载—位移曲线基本保持一致,钢筋灌浆套筒能够与混凝土协同工作。当混凝土开裂后混凝土抗拉退出工作,刚度也有所下降,钢筋灌浆套筒将承担全部的荷载,在荷载—应变曲线上表现为斜率变小。

在荷载未达到理论承载力计算值的27%(240 kN)之前,钢筋与套筒的荷载—应变曲线基本保持一致,钢筋与灌浆套筒的连接性能良好;当荷载大于240 kN时,两者的荷载—应变曲线有较大的差异,说明钢筋与套筒之间的连接性能开始下降;荷载增加到理论承载力计算值的81%(688.5 kN)时,钢筋被拔出,连接失效。

7.3　约束浆锚连接试验研究

7.3.1　集束筋约束浆锚连接的试验研究[31]

集束筋约束浆锚连接,由于连接接头尺寸大、构造复杂,无法采用常规的试验设备进行高应力反复拉压、大变形反复拉压试验。因此,为检验集束筋约束浆锚的连接性能,本节以集束筋约束浆锚连接的预制柱为研究对象,在柱端施加反复的水平荷载试验,实现接缝处连接接头的高应力和大变形的反复拉压,研究集束筋全灌浆约束浆锚连接和集束筋半灌浆约束浆锚连接的连接性能。

1) 试件概况

试验共设计5个约束浆锚连接的试件,预制混凝土柱截面尺寸为400 mm×400 mm,柱高为1700 mm。其中包括2个集束筋半灌浆约束浆锚连接柱(Z1D1、Z1D2),2个集束筋全灌浆约束浆锚连接柱(Z2D1、Z2D2)和1个大直径约束浆锚柱(Z0),混凝土强度为C30,钢筋均选用HRB400级钢筋,试件主要参数见表7-6,试件由亚泰集团沈阳现代建筑工业有限责任公司制作。

表7-6 试件参数表

名称	竖向钢筋直径 d	混凝土型号	配筋率 ρ_s(%)	体积配箍率 ρ_v(%)	箍筋直径 d(mm)	箍筋间距(mm)	预留孔洞内径(mm)	受拉钢筋锚固长度 l_a(mm)
Z0	4Φ28	C30	1.66	1.38	10	110	50	560
Z1D1	16Φ14	C30	1.69	1.35	10	100	100	560
Z1D2	16Φ14	C30	1.69	1.35	10	100	75	560
Z2D1	16Φ14	C30	1.69	1.35	10	100	100	560
Z2D2	16Φ14	C30	1.69	1.35	10	100	75	560

Z1D1、Z1D2为集束半灌浆约束浆锚连接试件,采用四角配置集束筒的形式代替传统配筋形式,每个集束均由4根直径为14 mm的竖向钢筋和直径为10 mm的螺旋箍筋组成,配筋率为1.69%;预留孔直径分别为100 mm和75 mm。试件Z1D1组成示意图如图7-18所示。

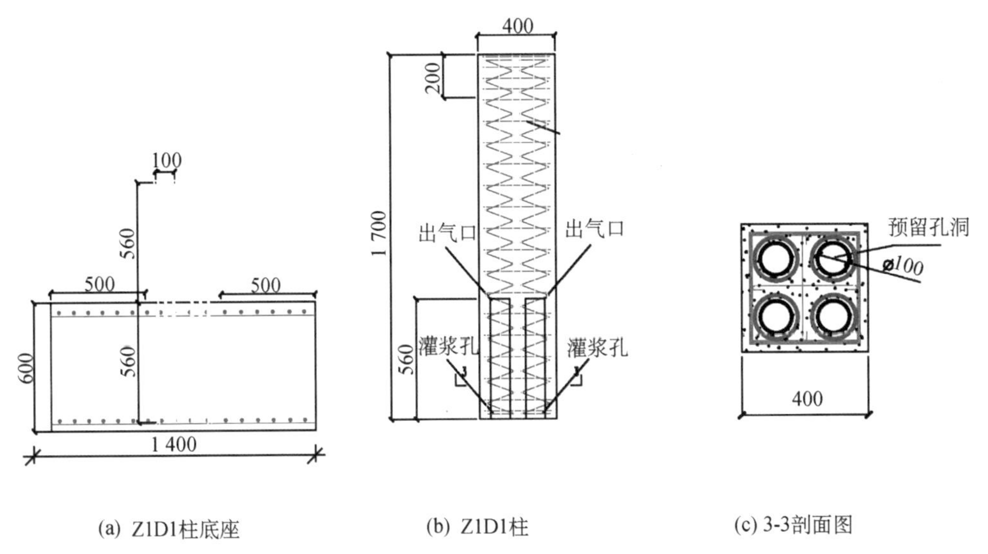

(a) Z1D1柱底座　(b) Z1D1柱　(c) 3-3剖面图

图7-18 Z1D1组成示意图

Z2D1、Z2D2为集束筋全灌浆约束浆锚连接试件,采用四角配置集束筒的形式代替传统配筋形式,每个集束均由4根直径为14 mm的竖向钢筋和直径为10 mm的螺旋箍筋组成,配筋率为1.69%;预留孔直径分别为100 mm和75 mm。Z2D1配筋图如图7-19所示。

Z0为大直径约束浆锚连接试件,竖向钢筋为4根直径为28 mm的热轧钢筋,试件配筋率为1.66%,体积配箍率为1.38%,试件预留孔洞内径为50 mm。Z0组成示意图如图7-20所示。

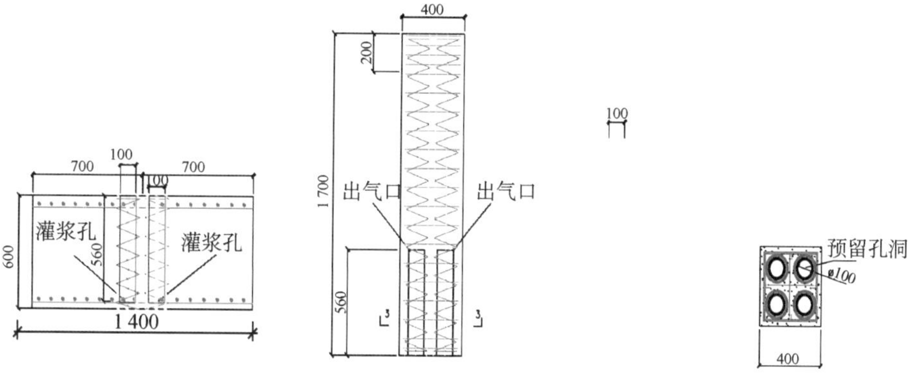

(a) Z2D1底座俯视图　(b) Z2D1柱　(c) 连接钢筋　(d) 3-3剖面图

图 7-19　Z2D1 组成示意图

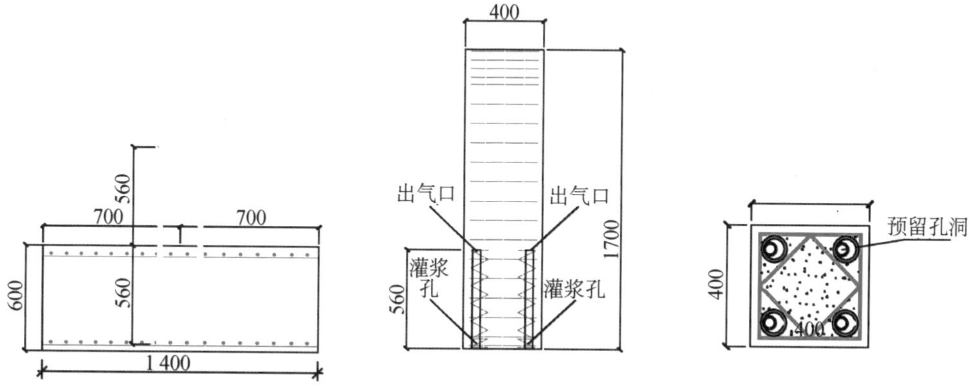

(a) Z0底座俯视图　(b) Z0柱　(c) 3-3剖面图

图 7-20　Z0 组成示意图

本次试验在沈阳建筑大学的结构实验室中进行，试验装置如图 7-21 所示。试验采用 50 t MTS 电液伺服作动器施加反复拉压荷载，加载端位于柱上端距柱顶 100 mm 处。

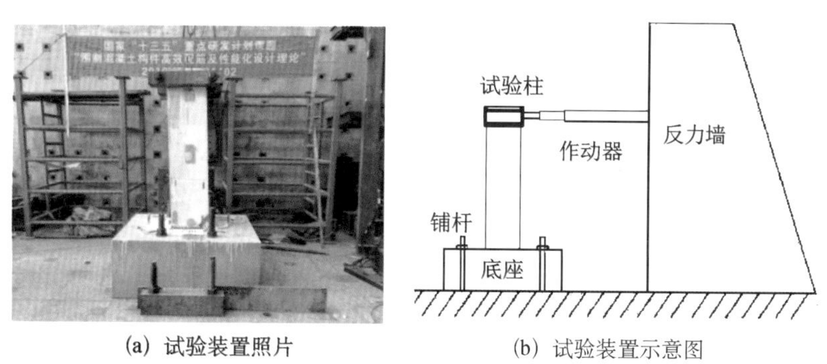

(a) 试验装置照片　(b) 试验装置示意图

图 7-21　试验装置

在集束筋约束浆锚连接柱灌浆区域的纵筋、箍筋、连接钢筋上布置应变片测点，测量纵筋、连接钢筋和箍筋在加载过程中的应变变化情况。在约束浆锚连接柱对应的位置布置应变片，可对比各试件从开裂、屈服、极限直至破坏的受力及变形情况，具体布置见图7-22～图7-24。分别在距离底座1 400 mm处、柱底、柱中和柱顶布置位移计W1、W2、W3和W4，以量测试件的整体挠度变化规律，测点布置如图7-25所示。

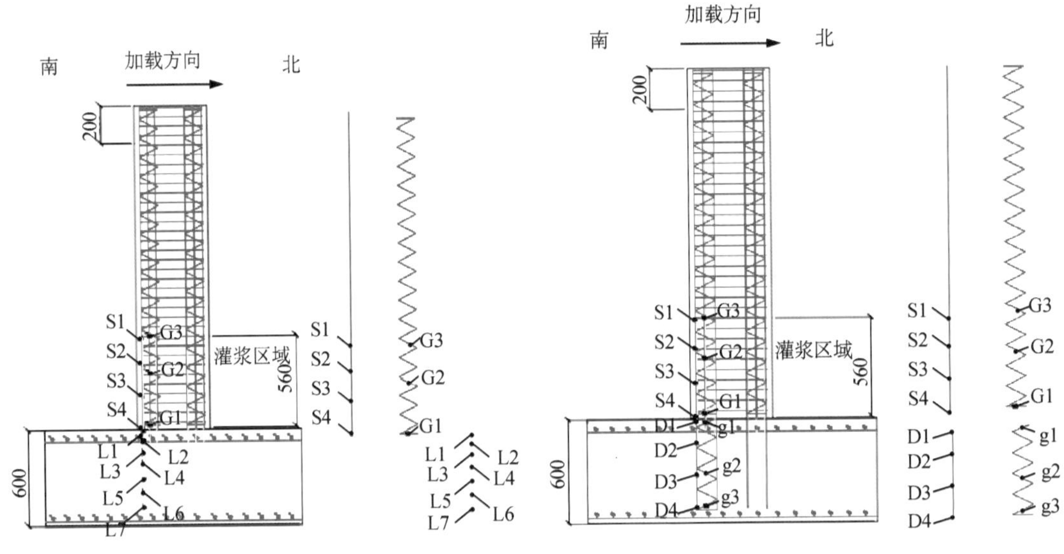

图7-22　Z1D1、Z1D2应变片布置图　　图7-23　Z2D1、Z2D2应变片布置图

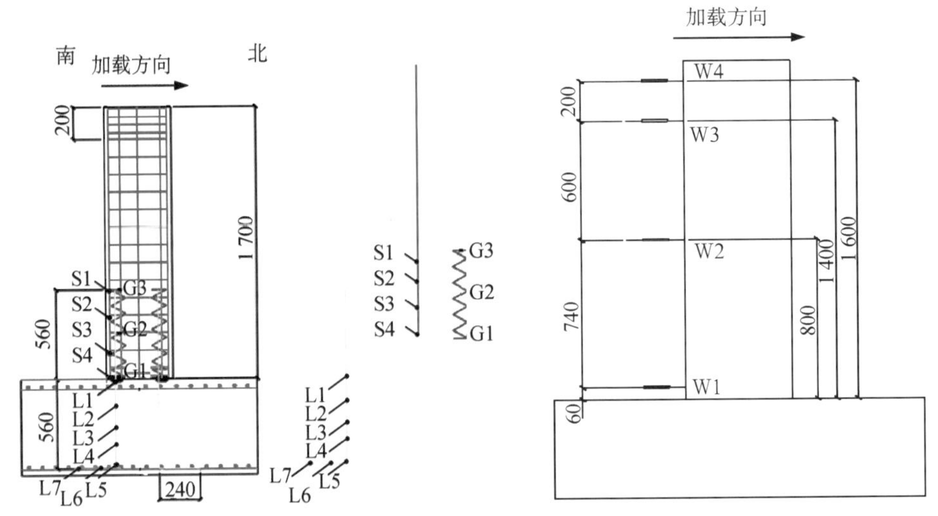

图7-24　Z0柱应变片布置图　　图7-25　柱位移计布置图

2）加载方法

依据《混凝土结构试验方法标准》(GB/T 50152—2012)[30]，在试验正式开始之前对试件进行预加载。正式加载制度如图7-26所示，试件在屈服之前，采用荷载控制加载，并进行适当分级。当试件屈服后，由荷载控制转换为采用水平位移控制。加载采用荷载控制时，以10 kN为一级进行分级加载，每级别循环一次；试件屈服后，位移加载每级位移

循环三次,当观察到构件破坏或者水平承载能力下降到极限承载力的85%以下时,试验宣布结束。

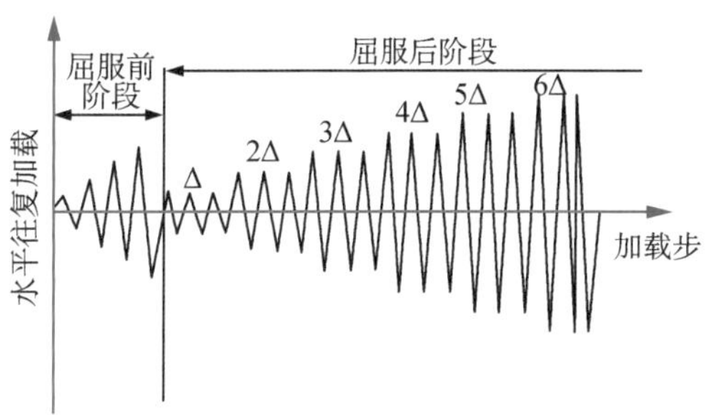

图7-26　加载制度

3) 试验结果与分析

试验中观察分析试件在荷载作用下的开裂、屈服、破坏过程及荷载作用下柱中竖筋、螺旋箍筋和集束钢筋束钢筋的应变,研究了两种连接形式在拉压反复荷载作用下的受力性能和连接区的破坏形态。

(1) 破坏形态

① Z1D1试件

当水平荷载为极限荷载的57.9%(+40 kN)时,灌浆区域北侧在距离底座560 mm处,当方向加载至极限荷载的72.3%(−50 kN)时,灌浆区域南侧在距离底座560 mm处灌浆孔区域出现水平裂缝,随着拉力的增大柱子东面距根部20 mm处出现第一条水平裂缝,长达30 mm。当水平荷载加到极限荷载的87.7%(60.62 kN)时,试件接近屈服状态,位移值为8 mm。之后加载按8 mm位移的倍数施加,1.0Δ 循环过程中,东西两侧的灌浆

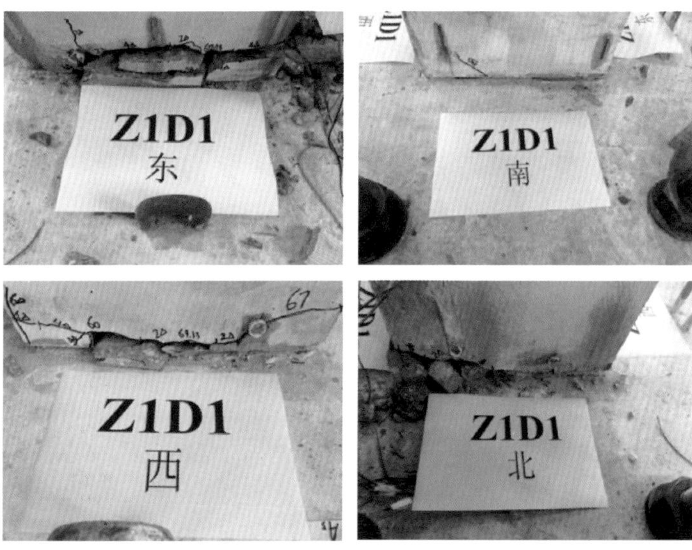

图7-27　灌浆区域破坏图

区域裂缝斜向开展，四周根部均出现竖向裂缝。1.5Δ 循环过程中，北侧距底座 500 mm 处，南侧距底座 420 mm 处出现水平裂缝。2.0Δ 循环过程中，在柱子四周根部的保护层开始脱落，此时达到试件极限承载力为 69.12 kN。2.5Δ 循环过程中，在柱子底部的东北角出现了混凝土脱落的现象。3.0Δ 循环过程中，水平及竖向裂缝的宽度增加，柱子根部的受压区保护层混凝土压碎，逐渐脱落，柱子根部处纵筋及箍筋裸露；承载力下降至 85% 以下，试验结束。破坏形态表现为集束筋半灌浆约束浆锚连接的接缝处受压区混凝土压碎，接缝处连接钢筋中部屈服。

② Z1D2 试件

水平荷载加载至极限荷载的 47.2%（+45 kN）时，Z1D2 试件距底座 20 mm 处出现了第一条水平裂缝，长度约为 30 mm。当反向加载至极限荷载的 42.9%（−40 kN）时，试件距底座 40 mm 处产生长度约为 70 mm 的水平裂缝；随着荷载增加到极限荷载的 83.8%（77.17 kN），此时试件接近屈服状态，位移值为 8 mm。之后加载按 8 mm 位移的倍数施加，1.0Δ 循环过程中，东西两侧的灌浆区域裂缝斜向开展，四周根部均出现裂缝。1.5Δ 循环过程中，北侧距底座 440 mm 处，南侧距底座 320 mm 处出现水平裂缝。2.0Δ 循环过程中，混凝土柱子的根部四周保护层逐渐脱落。2.5Δ 循环过程中，出现混凝土脱落现象，最大荷载达到 93.17 kN。3.0Δ 循环过程中，柱子原来的水平和竖向裂缝的宽度逐渐增加，受压侧柱根部通长的螺旋箍筋露出；拉力方向荷载下降至 85%。继续进行 4.0Δ、5.0Δ 和 6.0Δ 循环，直至灌浆区根部混凝土完全破坏，试验结束。试件的破坏形态表现为集束筋半灌浆约束浆锚连接的连接处受压区混凝土压碎，接缝处连接钢筋中部屈服。

图 7-28 灌浆区域破坏图

③ Z2D1 试件

当水平荷载达到极限荷载的 54.3%（+50 kN）时，Z2D1 柱子的北侧在距离底座 35 mm 处出现一条水平裂缝，长度约为 17 mm。当反向加载至 43.5%（−40 kN）时，试件在距离底座 30 mm 处产生长度为 55 mm 的裂缝；随着荷载加大，裂缝进一步延伸。当荷载达到极限荷载的 66.9%(61.5 kN)时，试件接近屈服状态，位移值为 7 mm。之后加载按 7 mm 位移的倍数施加，1.0Δ 循环过程中，东西两侧的灌浆区域裂缝斜向开展，四周根部均出现裂缝。1.5Δ 循环过程中，在柱子底部的南北两侧，出现了许多水平裂缝。2.0Δ 循环过程中，试件根部四周混凝土逐渐脱落，荷载不断加大到试件极限承载力 91.96 kN。2.5Δ 循环过程中，在柱子底端东北部出现了混凝土脱落的现象。3.0Δ 循环过程中，裂缝宽度不断增加，柱子根部混凝土被压碎，混凝土逐渐脱落，柱子根部纵筋和螺旋箍筋出现露出现象；承载力下降至 85%以下。继续 4.0Δ、5.0Δ、6.0Δ 和 7.0Δ 循环，直至灌浆区根部完全破坏，试验结束。破坏形态表现为集束筋全灌浆约束浆锚连接的接缝处受压区混凝土压碎、7.0Δ 循环后灌浆柱体拔出。

图 7-29　灌浆区域破坏图

④ Z2D2 试件

当水平荷载为极限荷载的 43.4%(+40 kN)时，灌浆区域北侧在距离底座 560 mm 处，灌浆区域南侧在距离底座 560 mm 处灌浆孔区域出现水平裂缝，随着荷载增大试件东面距根部 20 mm 处出现第一条水平裂缝，长达 30 mm。当反向加载至极限荷载的54.3%(−50 kN)时，混凝土柱子底部西侧产生了长度约为 70 mm 的水平裂缝；当荷载加至极限荷载的 56.1%(51.62 kN)时，试件接近屈服状态，位移值为 4 mm。之后加载按 4 mm 位移的倍数施加，1.0Δ 循环过程中，东西两侧的灌浆区域裂缝斜向开展，试件根部四周均出现竖向裂缝。1.5Δ 循环过程中，在试件南、北侧距底座 400 mm 处出现水平裂缝。2.0Δ 循环过程中试件根部四周混凝土逐渐脱落，此时达到极限荷载 92.07 kN。2.5Δ循环过程中，试件受压侧混凝土被压碎。3.0Δ 循环过程中，试件原有的裂缝宽度逐渐增加，试件根部混凝土被压碎，试件东北部的纵筋及箍筋露出。继续 4.0Δ、5.0Δ 和 6.0Δ 循环，直至灌浆区根部完全破坏，试验结束。破坏形态表现为集束筋全灌浆约束浆锚连接的接缝处受压区混凝土压碎，6.0Δ 循环后灌浆柱体拔出。

图 7-30　灌浆区域破坏图

⑤ Z0 试件

当水平荷载为极限荷载的 39.17%（+44 kN）时，灌浆区域北侧在距离底座 260 mm 处，当反向加载至极限荷载的 26.7%（−30 kN）时，灌浆区域南侧在距离底座 280 mm 处出现水平裂缝；随着荷载的增大，试件受拉侧距根部 10 mm 处出现第一条水平裂缝，长达 22 mm。当水平荷载加载至+50 kN 时，试件西侧距根部大约 40 mm 处产生长度大约为 70 mm 的水平裂缝。当荷载为极限荷载的 67.3%（75.62 kN）时，试件接近屈服状态，位移值为 12 mm。之后加载按 12 mm 位移的倍数施加，1.0Δ 循环过程中，东西两侧灌浆区域裂缝斜向开展，试件根部四周均出现竖向裂缝。1.5Δ 循环过程中，试件北侧距底座 560 mm 处，南侧距底座 440 mm 处出现水平裂缝。2.0Δ 循环过程中，试件根部四周混凝土逐渐脱落，此时达到极限承载力为 112.32 kN。2.5Δ 循环过程中，试件四周出现混凝土脱落现象。3.0Δ 循环过程中，承载力下降至 85%以下。4.0Δ 循环过程中，试件根角部混凝土脱落，底部混凝土裂缝宽度增大，试验结束。破坏形态表现为约束浆锚连接试件角部混凝土压碎。

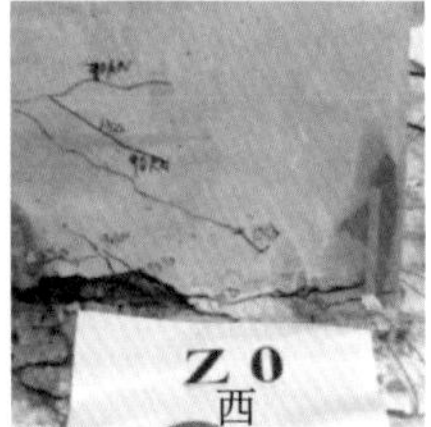

图 7-31　灌浆区域破坏图

（2）荷载—位移曲线

试验过程中，记录荷载与位移的滞回曲线图，见图 7-32～图 7-36。

由各试件的滞回曲线可知，试件在屈服前，滞回曲线基本一致、刚度退化较小，试件处

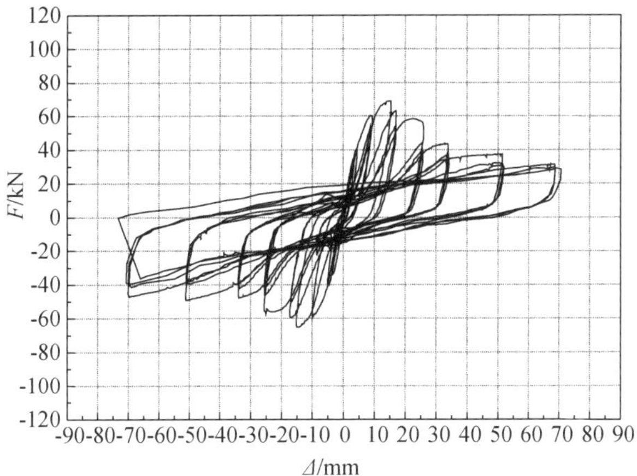

图 7-32　Z1D1 柱滞回曲线

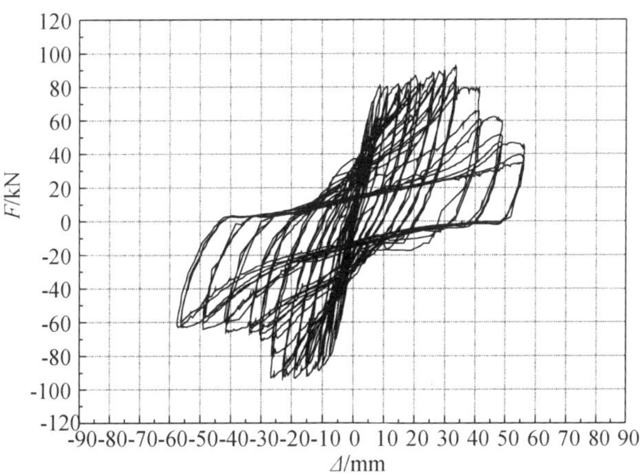

图 7-33　Z1D2 柱滞回曲线

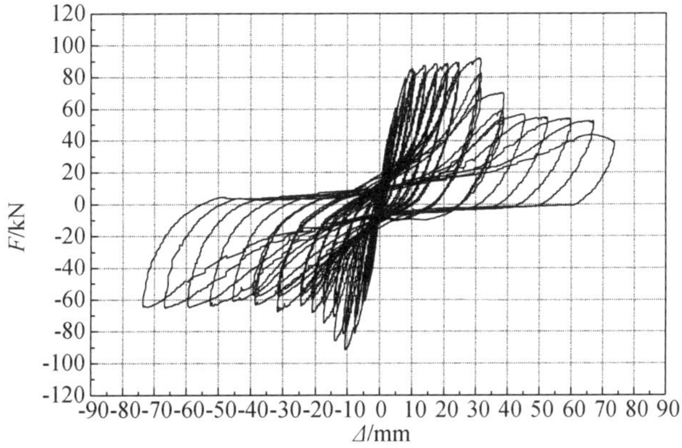

图 7-34　Z2D1 柱滞回曲线

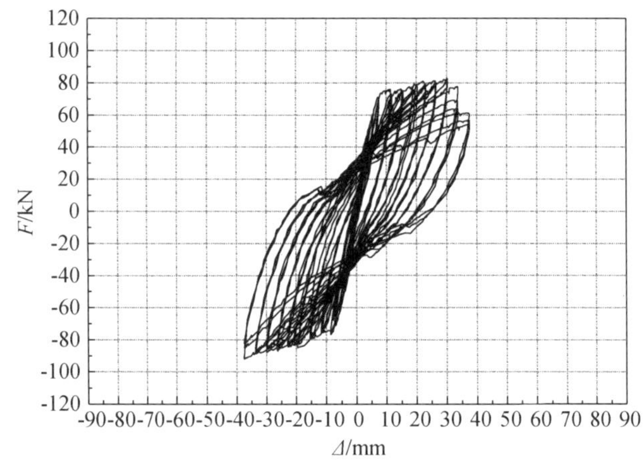

图 7-35 Z2D2 柱滞回曲线

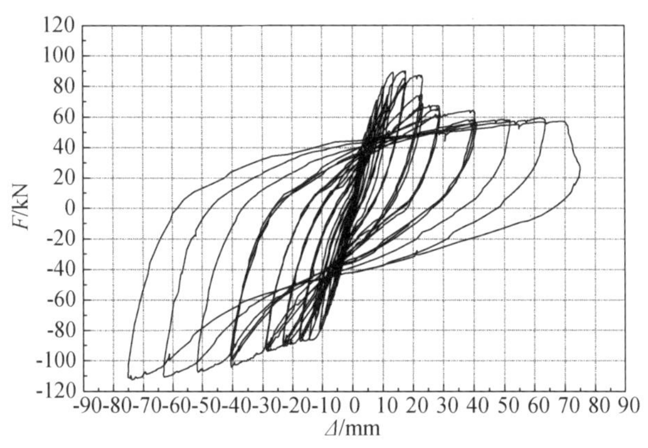

图 7-36 Z0 柱滞回曲线

于弹性阶段；试件屈服后，随着加载的不断进行，滞回环面积逐步增大，各试件曲线出现差异。在连接方式相同的试验工况下，预留孔径 75 mm 的试件相较预留孔径 100 mm 的试件的滞回曲线形状更加饱满，其中试件 Z2D1 的滞回曲线捏拢现象严重，呈明显的狭长带状形式，且残余变形很大，表明集束筋全灌浆约束浆锚连接试件在往复荷载作用下累积损伤严重。

各试件的骨架曲线如图 7-37 所示，Z1D2 和 Z2D2 曲线走势一致，试件屈服后有相当长的"平台段"，说明剪力墙试件进入弹塑性阶段后承载力增加缓慢、变形增长迅速，表现出良好的延性特征，能较好地吸收地震荷载能量，保证在地震作用下具有足够的延性。

本章通过选用几何作图法来确定试件的屈服荷载、屈服位移和极限位移，如图 7-38 所示。具体做法：过 M 点作水平线相交于 H，作直线 OH 与 $P-\Delta$ 曲线初始段相切；作垂线 HI 与曲线 $P-\Delta$ 相交于 I 点；作 OI 线与水平线相交于 A 点，由 A 点作垂线与 $P-\Delta$ 曲线的交点即 B 点，此时 Δ_y 为屈服位移，P_y 为屈服荷载，P_{max} 为骨架曲线的峰值荷载；按照《建筑抗震试验方法规程》(JGJ/T 101—2015)中规定，当水平荷载降至峰值荷载的 85%时，此时的荷载值为试件的破坏荷载，对应的位移为极限位移 Δ_u。各试件在屈

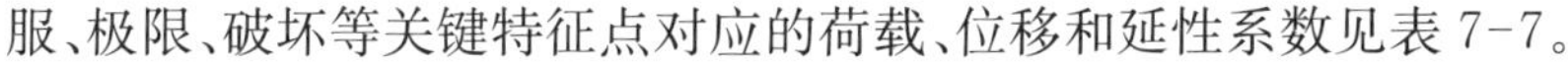
服、极限、破坏等关键特征点对应的荷载、位移和延性系数见表 7-7。

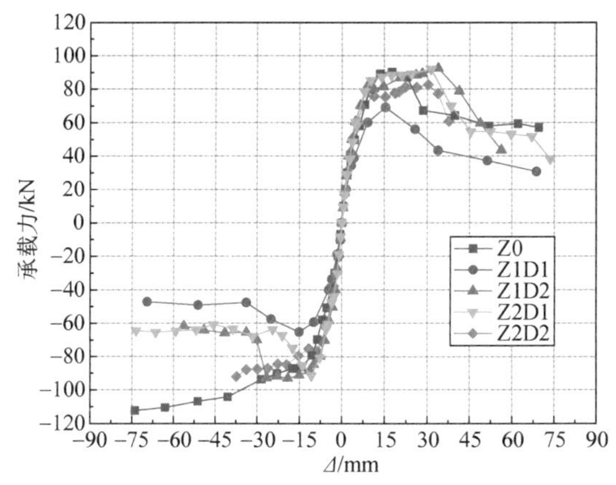

图 7-37 试件的骨架曲线

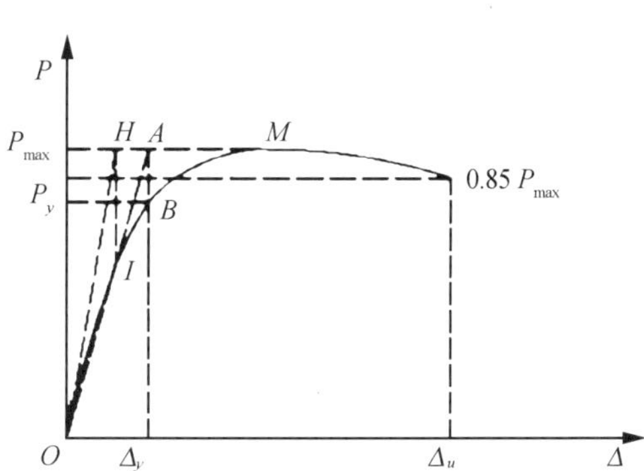

图 7-38 几何作图法确定屈服位移

表 7-7 试件在关键特征点的承载力、位移和延性系数

试件	荷载方向	屈服荷载（kN）	屈服位移（mm）	极限荷载（kN）	极限位移（mm）	延性	均值
Z1D1	反向	−54.14	−8.47	−65.23	−26.96	3.18	2.98
	正向	57.38	8.49	69.12	23.55	2.77	
Z1D2	反向	−74.74	−6.73	−93.17	−28.73	4.27	4.89
	正向	74.73	7.58	92.39	41.75	5.51	
Z2D1	反向	−76.88	−7.22	−91.52	−16.42	2.27	3.45
	正向	79.34	8.40	91.96	35.83	4.62	
Z2D2	反向	−72.57	−7.60	−92.07	−37.36	4.92	5.05
	正向	66.91	6.85	82.72	35.47	5.18	
Z0	反向	−84.03	−13.03	−112.32	−75.16	5.77	4.34
	正向	74.55	8.89	90.2	25.84	2.91	

将各组试件在各关键特征点的荷载、位移及延性系数等指标进行对比，并做如下分析：

① 从预留孔洞内径角度上看，预留孔洞内径越小，其极限荷载越大；当预留孔洞内径相同时，集束筋全灌浆约束浆锚连接试件的极限承载力均大于集束筋半灌浆约束浆锚连接试件；

② 通过计算各组试件的延性系数，结果表明，对于采用相同连接方式的试件，预留孔洞内径越小，延性越好。试件 Z1D2、Z2D2 和 Z0 的延性系数均值大于 4，具有良好的延性。其中试件 Z2D2 延性系数最大，说明集束筋全灌浆约束浆锚连接可使得上下柱连接区域保持较好的整体性和工作状态。

（3）竖向钢筋与连接钢筋的传力机理

钢筋与混凝土之间的黏结力组成与钢筋锚固时相同，主要由以下三部分组成：

① 水泥颗粒在水化作用下，形成了化学凝胶体，这种凝胶体可以吸附在钢筋表面，与周围混凝土形成胶结力；

② 在混凝土凝结的发展过程中，混凝土会收缩，因此钢筋与混凝土间产生压力；

③ 对于变形钢筋，钢筋与混凝土之间的机械咬合力成为承受外部荷载的主要承载力。

观察相同位置处连接钢筋与竖向钢筋的荷载—应变曲线，可以发现钢筋间是否可以实现有效传力。

在柱顶施加反复拉压荷载，通过采集钢筋应变片数据，绘制出钢筋的荷载—应变曲线图，如图 7-39～7-42 所示，通过观察分析绘制出的荷载—应变曲线图，可以看出连接钢筋与纵筋间可以有效地传递内力。通过研究集束筋约束浆锚连接试件的破坏机理发现，由于咬合力的作用，混凝土内壁开裂，此时连接钢筋与竖向钢筋间通过灌浆料与混凝土的作用实现力的传递。

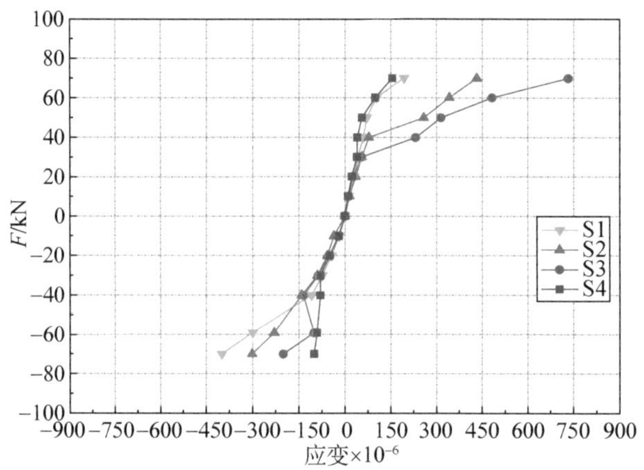

图 7-39　Z1D1 纵筋荷载—应变曲线

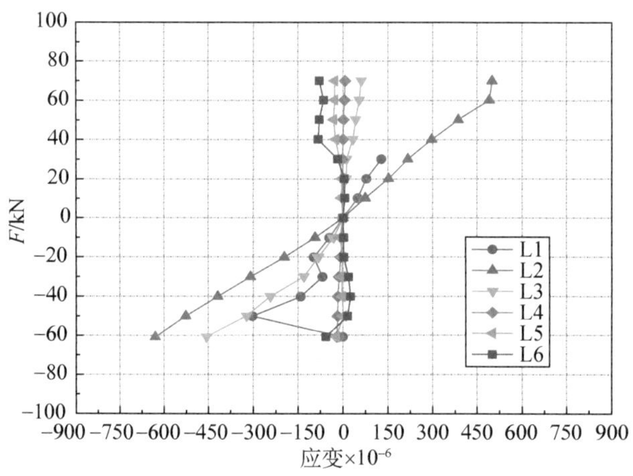

图 7-40　Z1D1 连接钢筋荷载—应变曲线

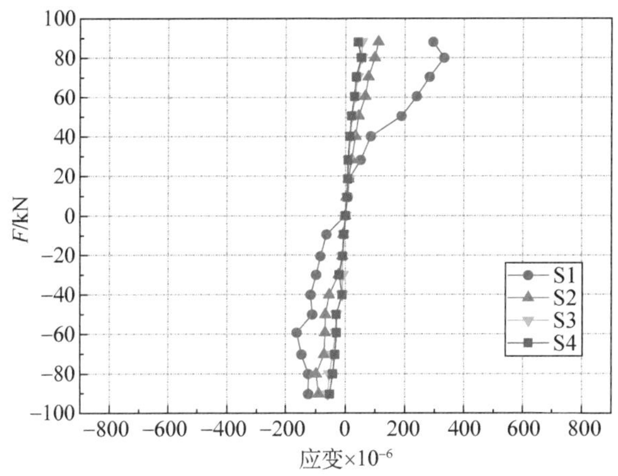

图 7-41 Z1D2 纵筋荷载—应变曲线

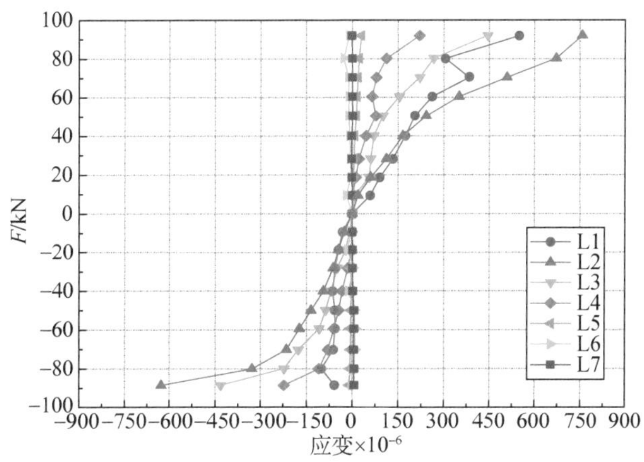

图 7-42 Z1D2 连接钢筋荷载—应变曲线

7.3.2 CPSS 浆锚连接预制剪力墙试验研究[32]

CPSS 浆锚连接是指以预埋波纹管成孔、螺旋箍筋形成约束的浆锚连接，可解决预制构件制作过程中抽芯成孔形成的塌孔缺陷，以及搭接连接长度过长所带来的连接部位较大，从而导致施工效率降低、构件质量不易保证等实际问题。在 CPSS 浆锚连接方式研究结果的基础上，提出一种简化竖向钢筋连接的 CPSS 浆锚连接方式，使预制剪力墙非边缘构件的竖向连接钢筋“以少代多”进行连接，极大程度上简化了施工工序，有效提高工效，减少了连接钢筋的数量，解决预制剪力墙配筋复杂、施工难度大等实际工程问题。

因此，本节通过拟静力试验，对竖向钢筋全数 CPSS 浆锚连接和简化 CPSS 浆锚连接预制剪力墙的抗震性能进行研究，分析钢筋搭接长度、轴压比、约束浆锚的成孔方式等参数对 CPSS 预制剪力墙抗震性能的影响，并对比 CPSS 浆锚连接与简化 CPSS 连接预制剪力墙抗震性能的差异。

1）试验概况

（1）试件设计

预制剪力墙试件的几何尺寸为 2 000 mm×2 800 mm×200 mm，分别与装配式结构的层高、墙厚和窗间墙长相同；墙体内顶部设置暗梁，暗梁的截面尺寸为 200 mm×400 mm；为设计上下层墙体的连接，在剪力墙底部设置底梁，以实现预制剪力墙与底梁的水平连接，底梁的截面尺寸为 400 mm×550 mm，底梁与剪力墙接缝处采取凿毛处理。预制剪力墙两侧边缘构件的竖向连接钢筋设计为 HRB400 级钢筋 4Φ16@200，非边缘构件竖向连接钢筋为 12Φ12@200，水平分布钢筋为 HRB400 级Φ12@150，墙体箍筋为 HPB300Φ8@200。

对于 CPSS 浆锚连接墙体试件，CPSS 的波纹管孔径为 40 mm，边缘构件波纹管外部螺旋箍筋为 Φ6@40，非边缘构件波纹管外部螺旋箍筋为 Φ4@60。墙体配筋形式如图 7-44和 7-45 所示。

对于抽芯成孔约束浆锚连接预制剪力墙试件，采用芯模管抽芯成孔、螺旋箍筋约束的连接方式，螺旋箍筋的配筋形式与 CPSS 试件相同。对于简化 CPSS 浆锚连接预制剪力墙试件，非边缘构件的竖向钢筋连接为 HRB400 级 3Φ25@400，螺旋箍筋 Φ6@60，边缘构件的竖向钢筋连接与 CPSS 浆锚连接相同。

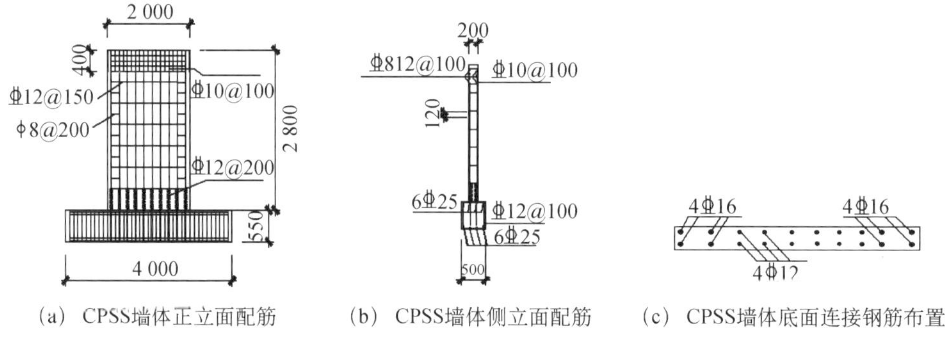

（a）CPSS墙体正立面配筋　（b）CPSS墙体侧立面配筋　（c）CPSS墙体底面连接钢筋布置

图 7-43　CPSS 预制剪力墙截面配筋形式

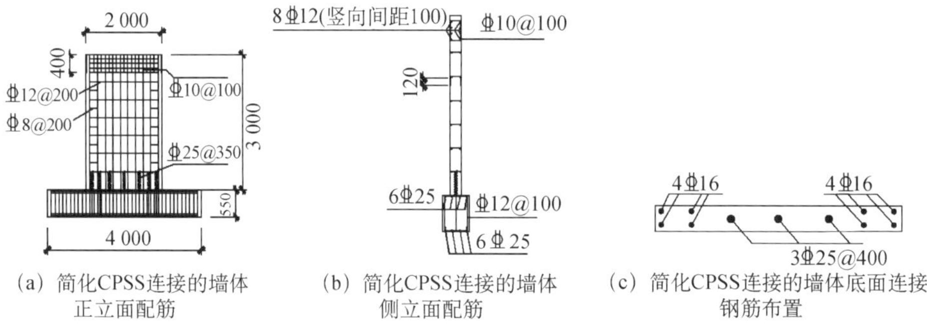

（a）简化CPSS连接的墙体正立面配筋　（b）简化CPSS连接的墙体侧立面配筋　（c）简化CPSS连接的墙体底面连接钢筋布置

图 7-44　简化 CPSS 连接预制剪力墙试件配筋形式

按照轴压比、连接钢筋搭接长度、约束浆锚成孔方式和简化 CPSS 连接方式，共设计制作了 5 组共 16 片足尺比例预制剪力墙试件，见表 7-8。试件编号为 Z2B1、Z2B2、

Z2X2、Z4B1、Z4B2、Z4X2 以及简化连接方式试件 J Z2B2 和 J Z4B2，每个编号的试件各 2 个，试件设计见表 7-8。其中，以"Z4B1-1"为例，字母"Z4"代表轴压比为 0.4，"B"代表金属波纹管，"B1"代表波纹管成孔、钢筋搭接长度为 $0.7l_a$，"B2"代表波纹管成孔、钢筋搭接长度为 $0.9l_a$，"Z4B1-1"代表轴压比为 0.4、波纹管成孔、钢筋搭接长度为 $0.7l_a$ 的预制剪力墙的第 1 个试件。

表 7-8 试件参数设计

<table>
<tr><th>编号</th><th>试件编号</th><th>成孔方式</th><th>轴压比</th><th>搭接长度</th><th>墙片数量</th></tr>
<tr><td>1</td><td>Z2B1-1</td><td rowspan="2">波纹管</td><td rowspan="2">0.2</td><td rowspan="2">$0.7l_a$</td><td rowspan="2">2</td></tr>
<tr><td>2</td><td>Z2B1-2</td></tr>
<tr><td>3</td><td>Z2B2-1</td><td rowspan="2">波纹管</td><td rowspan="4">0.2</td><td rowspan="4">$0.9l_a$</td><td rowspan="2">2</td></tr>
<tr><td>4</td><td>Z2B2-2</td></tr>
<tr><td>5</td><td>Z2X2-1</td><td rowspan="2">芯模管</td><td rowspan="2">2</td></tr>
<tr><td>6</td><td>Z2X2-2</td></tr>
<tr><td>7</td><td>Z4B1-1</td><td rowspan="2">波纹管</td><td rowspan="4">0.4</td><td rowspan="4">$0.9l_a$</td><td rowspan="2">2</td></tr>
<tr><td>8</td><td>Z4B1-2</td></tr>
<tr><td>9</td><td>Z4X2-1</td><td rowspan="2">芯模管</td><td rowspan="2">2</td></tr>
<tr><td>10</td><td>Z4X2-2</td></tr>
<tr><td>11</td><td>Z4B2-1</td><td rowspan="2">波纹管</td><td rowspan="2">0.4</td><td rowspan="2">$0.9l_a$</td><td rowspan="2">2</td></tr>
<tr><td>12</td><td>Z4B2-2</td></tr>
<tr><td>13</td><td>J Z2B2-1</td><td rowspan="2">波纹管</td><td rowspan="2">0.2</td><td rowspan="2">$0.9l_a$</td><td rowspan="2">2</td></tr>
<tr><td>14</td><td>J Z2B2-2</td></tr>
<tr><td>15</td><td>J Z4B2-1</td><td rowspan="2">波纹管</td><td rowspan="2">0.4</td><td rowspan="2">$0.9l_a$</td><td rowspan="2">2</td></tr>
<tr><td>16</td><td>J Z4B2-2</td></tr>
</table>

① 搭接长度选取

《混凝土结构设计规范》(GB 50010—2017)中第 8.4.4 条分别对受拉钢筋搭接连接时，当同一连接区段内的 100%钢筋搭接接头时，纵向受拉钢筋的搭接长度取 $1.6l_a$（约 $56d$，d 为钢筋直径，l_a 为受拉钢筋的锚固长度）。《高层建筑混凝土结构技术规程》(JGJ 3—2010)中第 7.2.20 条规定，剪力墙的分布钢筋搭接长度不应小于 $1.2l_a$（约 $42d$）。

本文在进行预制剪力墙受拉钢筋搭接长度取值时，考虑下层墙体连接钢筋插入波纹管中，与管内灌浆料形成锚固，分别对受拉钢筋搭接长度为 $0.9l_a$ 和 $0.7l_a$ 的 CPSS 预制剪力墙进行拟静力试验，研究两种搭接长度对 CPSS 预制剪力墙抗震性能的影响。

② 约束浆锚连接成孔方式

采用抽芯成孔时，由于在预制构件生产过程中施工技术水平参差不齐，待灌浆完成后抽出，易出现塌孔的现象，构件质量难以保证。如果以波纹管取代芯模管，使之永久预埋在墙体底部，可避免出现因取出芯模管造成的施工缺陷。因此，通过试验研究，对比抽芯成孔和预埋波纹管两种成孔方式预制剪力墙的承载能力和变形特性。

③ CPSS 的简化连接方式

我国现行规范规定了混凝土剪力墙结构中钢筋之间的最大间距要求，上下墙体的竖向连接钢筋直径在 10～18 mm 范围，这样导致了连接钢筋密集、数量较多、安装施工难度大、造价成本高等诸多问题。针对这些问题，课题组提出了采用“以 1 代 4”的简化连接方式，将墙体非边缘构件的竖向连接钢筋每 4 根Φ12@200 替换为 1 根Φ25@400（“以 1 代 4”），使得原 4 根 Φ12 钢筋的截面面积 452 mm^2 替换为现在的 490.1 mm^2，即以钢筋截面面积的 1.1 倍进行替换，替换后的连接钢筋沿墙体厚度方向居中单排布置。简化后的 CPSS 连接可减少钢筋接头数量，提高现场装配效率。因此，需要对简化连接方式下预制剪力墙的力学性能进行研究，通过拟静力试验，得出简化连接形式下 CPSS 预制剪力墙的抗震性能指标，并与 CPSS 预制墙体进行比较。

本次结构试验构件由剪力墙和墙下底梁组成。墙体内部安装波纹管和螺旋箍筋（边缘构件连接钢筋直径 16 mm，螺旋箍筋 Φ6@40；非边缘构件连接钢筋直径 12 mm，螺旋箍筋 Φ4@60)，底梁用于连接上部剪力墙试验墙体，两者之间的连接构造与现场施工相同。底梁预留竖向连接钢筋，上部墙体预埋波纹管，同时螺旋箍筋约束波纹管与墙体竖向钢筋，底梁和墙体分别浇筑成型后经 28 天养护；将上部墙体用临时斜撑固定后，连接钢筋伸入上部墙体波纹管内，试验墙体与底梁进行波纹管内灌浆并在墙体底面坐浆装配，试件制作完成。试件制作主要包括竖向受拉钢筋应变片粘贴、钢筋骨架绑扎、墙体与底梁混凝土浇筑和预制剪力墙装配等步骤。

（2）加载方案

① 试验装置

本次试验在沈阳建筑大学结构实验室进行，加载装置设计如图 7-45 所示。将 500 t 油压千斤顶安装在剪力墙试件顶部施加轴向压力，同时连接 5 000 kN 力传感器，通过静态电阻应变仪 XL2101B5＋来实时监控竖向轴力，使之在整个试验过程中保持不变。在

(a) 试验装置设计

(b) 试验加载装置

图 7-45 试验加载装置设计

千斤顶与反力架之间安装滑板，剪力墙在承担水平荷载作用时与竖向千斤顶实现同步移动，尽量消除装置之间的摩擦以减小对水平荷载的影响。试验采用 150 t MTS 电液伺服作动器施加往复荷载，加载端位于剪力墙顶部，剪力墙两侧设置足够刚度的刚性支撑，防止试件在试验过程中发生平面外变形和扭转。

② 加载制度

根据《混凝土结构试验方法标准》(GB/T 50152—2012)，试验正式开始前对试件进行 2 次预加载，预加荷载不超过试件预估开裂荷载的 30%，检查所有仪器设备是否能够正常工作。试验正式开始时采用荷载—位移双控制的加载方法。具体方法为试件屈服前，由水平荷载控制加载并适当分级，每级荷载以 100 kN 递增加载；试件屈服后，由试件的屈服位移控制加载，每级加载位移取屈服位移的倍数，且每级循环三次。在接近峰值荷载时适当放慢加载速度，以获得试件的峰值荷载。当试件达到峰值荷载后，继续加载至荷载下降到峰值荷载的 85%，或者构件失去继续承载的能力，即认为构件破坏，试验结束。试验加载制度如图 7-46 所示。

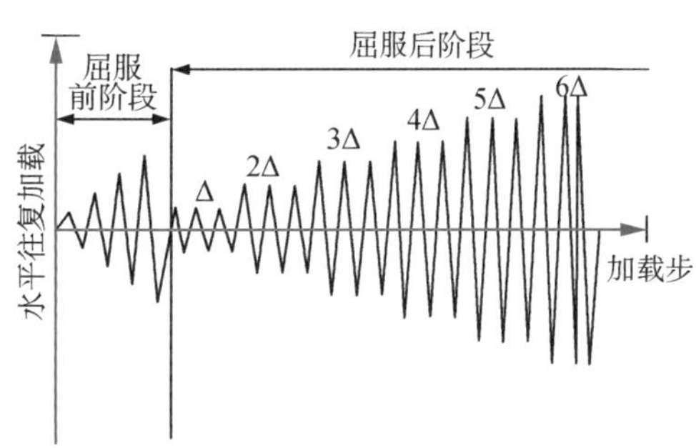

图 7-46　试验加载制度

③ 量测内容

本次试验量测内容为力值量测、位移量测、应变量测和裂缝量测，其中应变量测包括钢筋应变量测和混凝土应变量测。主要包括开裂荷载、屈服荷载、极限荷载及对应的位移、破坏荷载及极限位移、水平接缝处连接钢筋的应变变化规律、试件顶部的荷载—位移曲线(滞回曲线)、裂缝开展、分布及宽度。测点布置见图 7-47 和图 7-48。

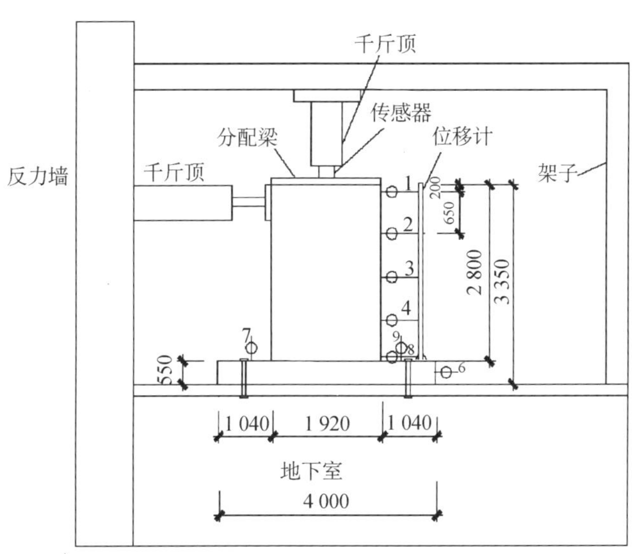

图 7-47　试件位移计布置

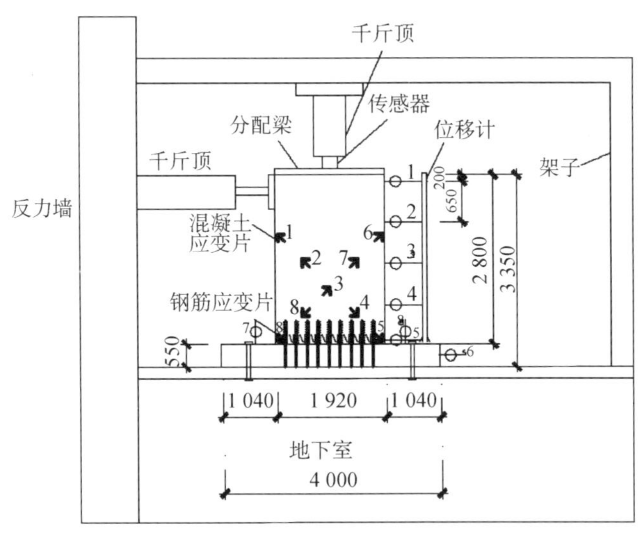

图 7-48 试件钢筋和混凝土应变片布置

(a) 力值

水平荷载由 150 t MTS 电液伺服控制系统施加,荷载的采集与记录由系统自动存储。竖向轴力由 500 t 液压千斤顶和 500 kN 力传感器进行施加,利用静态电阻应变仪(型号为 XL2101B5+)进行实时监测,竖向轴力在整个试验过程中保持恒定不变。

(b) 水平位移

试件共布置 8 个位移计,其中包括沿墙体一侧高度自上而下布置 5 个位移计,最高处的位移计距地面高度为 3.15 m,测量剪力墙的水平位移;为量测底梁平动位移,与墙体宽度同向布置 1 个位移计;在底梁前后两面(平面外)各布置 1 个位移计,量测底梁是否发生平面外扭转。

(c) 钢筋应变

在剪力墙试件纵向钢筋上距墙体底面 40 mm 处粘贴钢筋应变片,用来量测墙体竖向钢筋底部应变变化,验证墙体的平截面假定。

(d) 混凝土应变

沿墙体对角线方向布置混凝土应变花,应变花角度分别为 0°、45°和 90°,量测试件墙体混凝土的应变变化情况。

(e) 混凝土裂缝发展及分布

试验过程中,在试件表面上用黑色记号笔标记出每一级加载后裂缝出现、发展和分布,同时记录裂缝宽度。

2) 试验现象及破坏形态

(1) 抽芯成孔约束浆锚连接预制剪力墙

为研究 CPSS 浆锚连接与抽芯成孔约束浆锚连接两种方式对预制剪力墙抗震性能的影响,将 4 片抽芯成孔约束浆锚连接预制剪力墙在轴压比 0.2 和 0.4 工况下进行了拟静力试验，试件受力过程和试验现象如下所述。

① 试件 Z2X2-1

在轴压比 0.2 的工况下，约束浆锚连接预制剪力墙试件 Z2X2-1 试验加载过程如下所述，裂缝分布如图 7-49 所示。

当水平荷载加载至极限荷载的 26.4%（±250 kN）时，试件处于弹性阶段，荷载与位移呈线性关系。从滞回曲线上看，加卸载曲线基本重合，试件在推拉方向残余变形较小，刚度退化基本为零。当水平荷载加载至极限荷载的 31.7%（±300 kN）时，在剪力墙和底梁水平接缝交界双向都出现了第一道裂缝，裂缝长度约为 280 mm 和 370 mm，标志着试件进入开裂阶段。当水平荷载加载至极限荷载的 67.6%（±640 kN）时，在推力方向分别距墙底约 280 mm 和 460 mm 高度处增加了 2 条新裂缝，其中最长裂缝长度达到 890 mm，裂缝宽度为 0.16 mm；拉力方向增加 3 条裂缝，距墙体底部约 360 mm、210 mm 和 970 mm，最长裂缝长度约为 1.1 m。本级循环加载，墙体最外侧边缘钢筋受拉屈服，试件由弹性阶段进入弹塑性阶段发展，此时剪力墙屈服位移 $\Delta_y = 6$ mm，自此以后以屈服位移的整数倍作为位移控制加载。$2\Delta_y$ (12 mm)循环过程，裂缝沿着原有裂缝继续向斜下方延伸，推力方向新增裂缝 2 条，距墙体底部 700 mm 和 1 050 mm，裂缝开展长度为 950 mm 和 1 300 mm，裂缝宽度为 0.22 mm；拉力方向沿原裂缝继续延伸，且距墙体底部 880 mm。$3\Delta_y$ (18 mm)循环过程，在原有裂缝继续沿 45°斜向延伸，推力方向沿墙高没有新裂缝产生；拉力方向新增 1 条裂缝，距墙体高度为 660 mm，墙体与底梁交界处水平缝隙逐渐增宽加大，并向贯通方向发展。$4\Delta_y$ (24 mm)循环过程，未见新裂缝产生，随着循环加载，原裂缝继续延伸、变宽；墙体与底梁接缝交界处裂缝水平贯通。$5\Delta_y$ (30 mm)循环过程，除了原有裂缝长度延伸且宽度加剧外，在沿墙体高度 1.5 m 处推拉方向均出现了新裂缝，裂缝沿对角线方向交叉发展。$6\Delta_y$ (36 mm)循环过程，水平荷载在本次加载达到峰值为 953 kN，拉力方向距墙体 1.3 m 处出现 1 条新裂缝，主裂缝加宽变长。$7\Delta_y$ (36 mm)循环过程，剪力墙外侧根部混凝土开始剥落，因外侧钢筋弯曲鼓出，边缘混凝土掉落，剪力墙的破坏形态已基本显现。$8\Delta_y$ (48 mm)循环过程，剪力墙外侧角部混凝土被压碎，水平承载力下降超过 15%，试件破坏，试验结束。

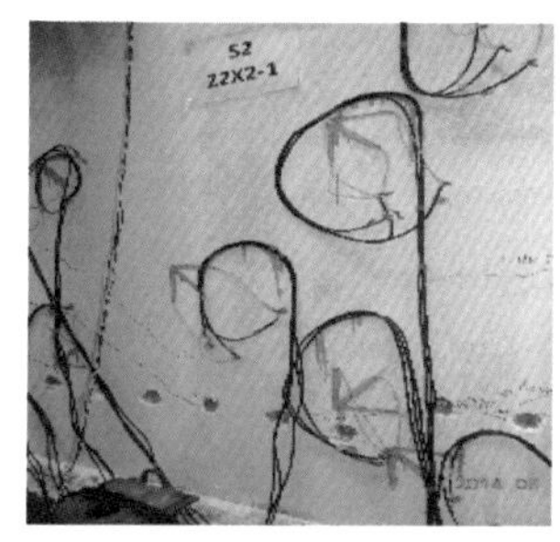

(a) 试件屈服

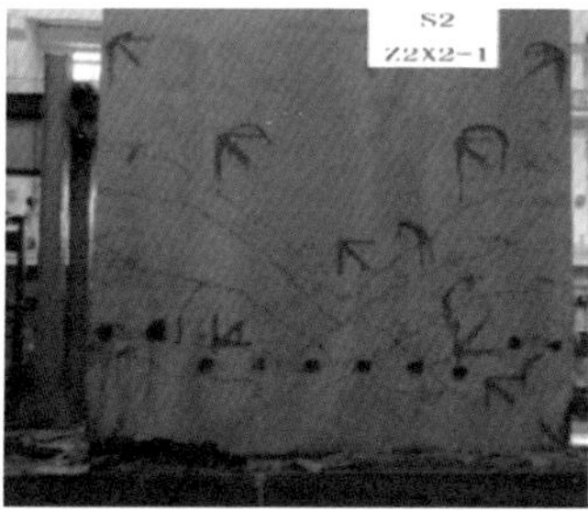

(b) 试件破坏

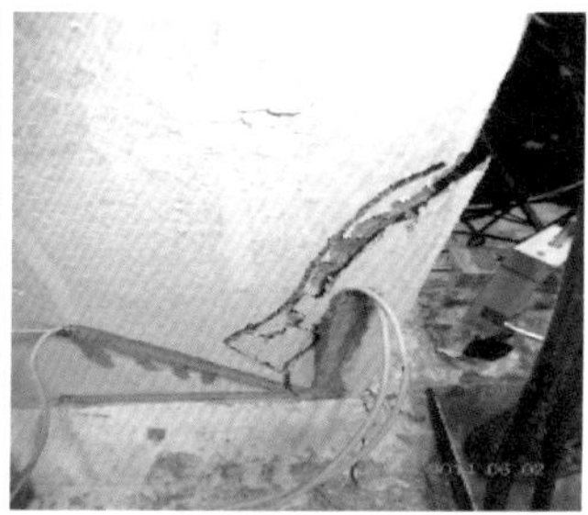
(c) 根部混凝土被压碎

图 7-49　试件 Z2X2-1 破坏形态及裂缝分布

② 试件 Z4X2-1

在轴压比 0.4 的工况下，抽芯成孔约束浆锚连接预制剪力墙试件 Z4X2-1 试验加载过程及现象如下所述，裂缝分布如图 7-50 所示。

当水平荷载加载至极限荷载的 31.8%（±400 kN）时，试件处于弹性阶段，荷载与位移呈线性关系，从滞回曲线上看，加卸载曲线基本重合，试件在推拉方向残余变形较小。当水平荷载加载至极限荷载的 39.8%（±500 kN）时，在剪力墙和底梁水平接缝处出现了第一道裂缝，裂缝长度约为 250 mm 和 270 mm，标志着试件进入开裂阶段。当水平荷载加载至极限荷载的 71.6%（±900 kN）时，在推力方向距墙底约 500 mm 高度处增加了 1 条新裂缝，裂缝宽度达到 600 mm，裂缝宽度为 0.16 mm；拉力方向距墙底高度 460 mm 处新增一条裂缝，裂缝宽度为 0.13 mm。本级循环加载，墙体最外侧边缘钢筋受拉屈服，试件由弹性阶段进入弹塑性阶段发展，此时剪力墙屈服位移 Δ_y =10 mm，自此以后以屈服位移的 0.5 倍作为位移控制加载。1.5 Δ_y (15 mm)循环过程，在推力方向新增 2 条裂缝，裂缝高度分别距墙底 700 mm 和 900 mm，其中高度为 900 mm 的裂缝一直延伸到墙体底部中心。2 Δ_y (20 mm)循环过程，裂缝沿着原有裂缝继续斜向延伸，推力方向新增裂缝 1 条，分别距墙体底 1 050 mm，裂缝开展长度为 550 mm。2.5 Δ_y (25 mm)循环过程，在原有裂缝继续沿 45°方向向下延伸，推力方向新增 1 条裂缝，距墙体高度为 1.6m，在推拉交汇处产生一些短裂缝；墙体与底梁交界处水平缝隙逐渐增宽加大，并向贯通方向发展。3 Δ_y (30 mm)循环过程，本次加载没有产生新的裂缝，往复循环加载使原有裂缝加长变宽，最大裂缝宽度达 1.52 mm。3.5 Δ_y (35 mm)循环过程，在推拉方向沿原有裂缝长度继续延伸，墙体裂缝发展、分布已大致形成。4 Δ_y (40 mm)循环过程，水平荷载在本次加载中达到峰值为 1 291 kN，推力方向出现一条高度为 1.9 m 的新裂缝，随着加载循环，原有裂缝长度延伸、宽度加剧，最大裂缝宽度为 1.95 mm；剪力墙底部表面部分混凝土脱落，剪力墙的破坏形态已显现。4.5 Δ_y (45 mm)循环过程，主要在距墙底 1/3 处出现了更多剪切裂缝，墙体主裂缝的宽度达到 2.52 mm；剪力墙根部混凝土被压碎，墙体两侧混凝土被竖向劈落，墙身表面部分混凝土脱落，试件水平承载力下降超过 15%，试件破坏。

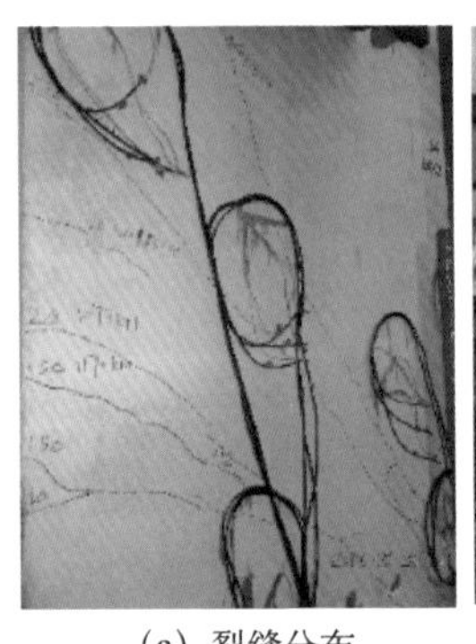

(a) 裂缝分布

(b) 试件破坏

(c) 墙体底部表层混凝土脱落

图 7-50 试件 Z4X2-1 破坏形态及裂缝分布

(2) CPSS 浆锚连接预制剪力墙

在轴压比为 0.2 和 0.4 的工况下,分别对钢筋搭接长度为 $0.7l_a$ 和 $0.9l_a$ 的 CPSS 浆锚连接预制剪力墙试件进行拟静力试验,共计 8 片试验墙体。CPSS 试件从初始加载直至丧失承载力主要经历了弹性阶段、弹塑性阶段和破坏阶段。试验过程中,剪力墙和底梁始终共同工作,在墙体发生破坏时,剪力墙和底梁水平接缝界面也没有出现连接钢筋被拉断,墙体也没有发生剪切滑移,实现了上部墙体与下部底梁的有效连接。

CPSS 预制剪力墙破坏时,裂缝主要集中在墙身的 2/3 高度以内,波纹管连接区域内裂缝较少,波纹管抑制了内部灌浆料应力扩散,上部 1/3 高度内几乎没有裂缝。选取搭接长度 $0.7l_a$ 和 $0.9l_a$ 的各一个典型试件,其受力过程和破坏现象如下所述。

① 试件 Z2B1-1

CPSS 浆锚连接预制剪力墙试件 Z2B1-1 试验加载过程及现象如下所述,裂缝分布如图 7-51 所示。

(a) 试件开裂

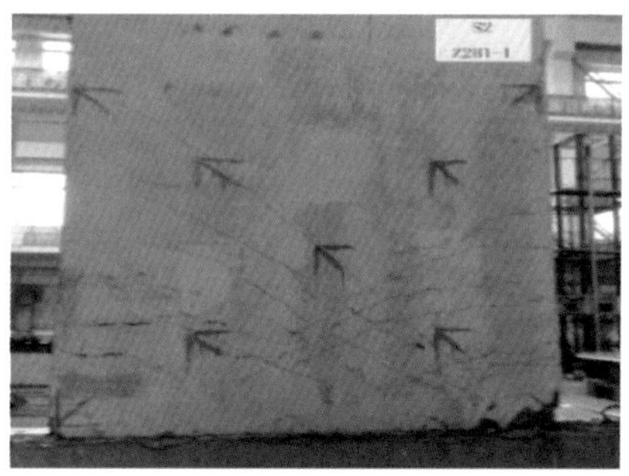

(b) 试件破坏

图 7-51 试件 Z2B1-1 破坏形态及裂缝分布

当水平荷载加载至极限荷载的 21.9%(±250 kN)时,试件处于弹性阶段,荷载与位移呈线性关系,从滞回曲线上看,加卸载曲线基本重合,试件在推拉方向残余变形很小。当水平荷载加载至极限荷载的 22.2%(±254 kN)时,在剪力墙和底梁水平接缝交界处出现第一道裂缝,裂缝长度约为 180 mm,试件进入开裂阶段。当水平荷载加载至极限荷载的 47.9%(±548 kN)时,试件加载达到±548 kN 时,在推力方向分别距墙底约 550 mm 和 630 mm 高度处增加了 2 条新裂缝,其中最长裂缝达到 350 mm,裂缝宽度为 0.12 mm;拉力方向增加 2 条裂缝,距墙体底部约 300 mm 和 480 mm,裂缝长度约为 450 mm。本级循环加载,墙体最外侧边缘钢筋受拉屈服,试件由弹性阶段进入弹塑性阶段发展,此时剪力墙屈服位移 $\Delta_y=6$ mm,自此以后以屈服位移的整数倍作为位移控制加载。$2\Delta_y$(12 mm)循环过程中,本次加载裂缝沿着原有裂缝继续斜向延伸,推拉双方向的裂缝在墙体中部交叉;推力方向新增裂缝 3 条,距墙体底部 260 mm、500 mm 和 720 mm,裂缝开展长度为 520 mm、180 mm 和 330 mm;拉力方向沿原裂缝继续延伸 1 条、新增裂缝 2 条,分别距墙体底部 330 mm 和 450 mm,此时最大裂缝宽度为 0.22 mm。$3\Delta_y$(18 mm)循环过程中,在原有裂缝的间隔内增加了新裂缝,原有裂缝继续向 45°方向延伸，之后成为主裂缝；推拉方向越来越多的裂缝相交汇，并出现很多细微裂缝；沿墙身高度、距墙底 880 mm 处出现新的裂缝，墙体与底梁交界处水平缝隙逐渐增宽并向贯通方向发展。4 Δ_y (24 mm)循环过程中，本级循环加载试件裂缝数量无明显变化，在波纹管上方增加了细微裂缝，最大裂缝宽度约为 0.45 mm。5 Δ_y (30 mm)循环过程中，本次加载使交汇的裂缝形成网格，在推力方向出现位于墙体中部的裂缝，同时伴有细微裂缝；在墙体两侧根部出现宽度达 2 mm 的竖向裂缝，部分混凝土被压碎，墙体与底梁接缝交界处裂缝水平贯通，连接钢筋未出现拉裂现象。6 Δ_y (36 mm)循环过程中，本次加载推力方向新增裂缝出现在试件高度距墙底 1 m 处，宽度 0.45 mm，拉力方向新增裂缝距墙底 650 mm，宽度 0.38 mm；墙体裂缝大都交汇在距墙底三分之一区域内。原有裂缝长度延伸且宽度加剧，达到 1.8 mm；此时已形成塑性铰，墙体内的内力重分布已完成，剪力墙根角部混凝土受压区出现竖向裂缝。7 Δ_y (42 mm)循环过程中，水平荷载在本次加载中达到峰值为 1 144 kN，剪力墙外侧根部混凝土剥落，由于边缘纵向受拉钢筋向外弯曲导致混凝土鼓起，剪力墙的破坏形态已基本显现。8 Δ_y (48 mm)循环过程中，剪力墙外侧根部混凝土压碎严重，边缘钢筋弯曲外露，水平承载力下降超过 15%，试件破坏，试验结束；剥开墙体外侧已经压碎的表层混凝土，可以看见螺旋箍筋约束的波纹管完好，且管内灌浆密实，剪力墙的连接区域无损坏，连接钢筋传力情况较好。

② 试件 Z2B2-1

CPSS 浆锚连接预制剪力墙试件 Z2B2-1 试验加载过程及现象如下所述，裂缝分布如图 7-52 所示。

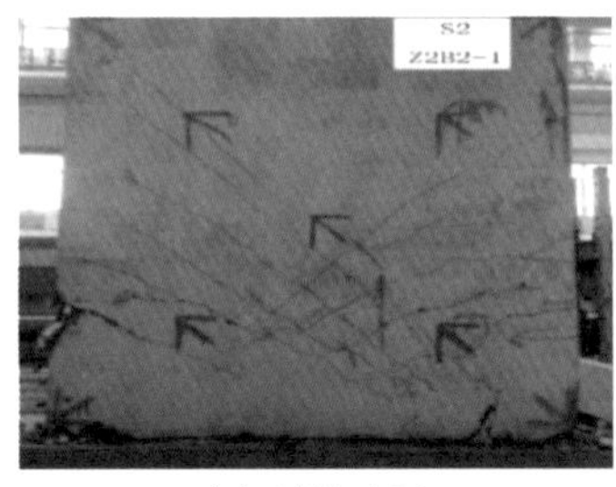

(a) 试件破坏

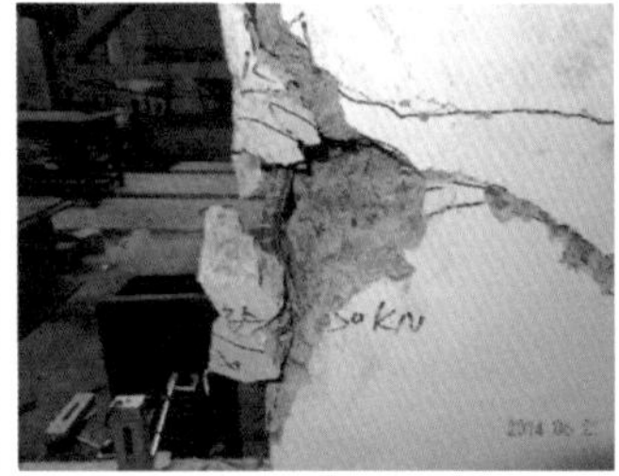
(b) 边缘钢筋鼓起外露

(c) 根部混凝土被压碎

图 7-52 试件 Z2B2-1 破坏形态及裂缝分布

当水平荷载加载至极限荷载的 28.6%(±300 kN)时，试件处于弹性阶段，荷载与位移呈线性关系，从荷载一位移曲线上看，加卸载曲线基本重合，试件在推拉方向残余变形很小，刚度退化基本为零。当水平荷载加载至极限荷载的 33.3%(±350 kN)，当加载至±350 kN 时，在剪力墙和底梁水平接缝处出现了第一道裂缝，裂缝长度约为 280 mm 和 200 mm，标志着试件进入开裂阶段。2 Δ_y (16 mm)循环过程中，本次加载裂缝沿着原有裂缝继续向对角线方向延伸；推力方向新增裂缝 2 条，距墙体底部 320 mm 和 2 250 mm，裂缝开展长度为 1 050 mm 和 370 mm；拉力方向沿原裂缝继续延伸 1 条、新增裂缝 3 条，分别距墙体底部 230 mm、770 mm 和 980 mm。3 Δ_y (24 mm)循环过程中，本次加载原有裂缝继续沿45°方向延伸，在墙体表面形成了裂缝交叉网格，网格间隔内产生许多短裂缝，宽度为0.11 mm～0.12 mm，墙体与底梁交界处水平缝隙逐渐增宽加大，并向贯通方向发展。4Δ_y(32 mm)循环过程中，本次加载未出现新增裂缝；墙体与底梁接缝交界处裂缝水平贯通，上部墙体与底梁保持良好连接。5Δ_y(40 mm)循环过程中，本次加载循环原有裂缝长度延伸且宽度加剧，墙体外侧裂缝宽度达到2.23 mm；剪力墙根部混凝土受压区出现竖向裂缝。6Δ_y(48 mm)循环过程中，水平荷载在本次加载中达到峰值为1 050 kN，剪力墙外侧根部混凝土剥落，主裂缝加宽变长，剪力墙外侧钢筋弯曲鼓出，边缘混凝土掉落。7.5Δ_y(52 mm)循环过程中，剪力墙外侧根部混凝土被压碎，水平承载力下降超过15%，试件破坏，试验结束。

(3) 简化CPSS浆锚连接预制剪力墙

在CPSS浆锚连接方式研究结果的基础上，为简化施工工序，提出简化CPSS浆锚连接形式，即将预制墙体非边缘构件的竖向连接钢筋每4根Φ12@200替换为1根Φ25@400("以1代4")。为考察简化CPSS连接形式下预制剪力墙的破坏形态和变形特征，对4片预制剪力墙进行试验研究，分析该种连接方式对CPSS浆锚连接预制剪力墙连接性能的影响。在轴压比为0.2和0.4的试验工况下，分别选取1个试件来描述墙体的受力过程及其破坏形态。

① 试件J Z2B2-1

试件J Z2B2-1试验加载过程及现象如下所述，试件破坏形态及裂缝分布如图7-53所示。

(a) 试件开裂

(b) 试件极限状态

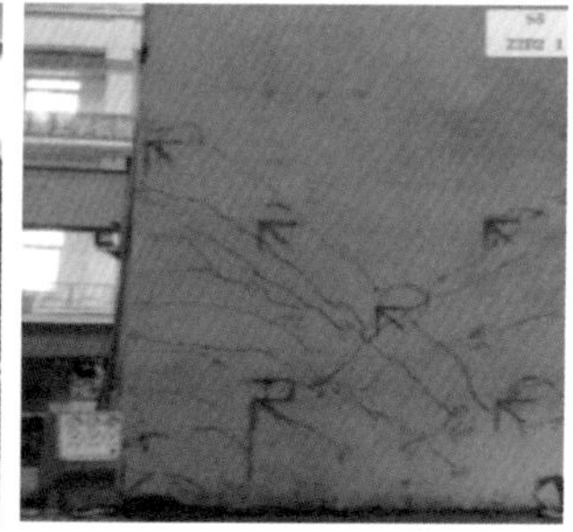
(c) 裂缝分布

图7-53 试件J Z2B2-1破坏形态及裂缝分布

当水平荷载加载至极限荷载的20.80%(±200 kN)时，试件处于弹性阶段，荷载与位移呈线性关系，从滞回曲线上看，加卸载曲线基本重合，试件在推拉方向残余变形较小。当水平荷载加载至极限荷载的25.9%(±249 kN)时，在剪力墙和底梁水平接缝处出现了第一道裂缝，裂缝长度约为400 mm和330 mm，标志着试件进入开裂阶段。当水平荷载加载至极限荷载的39.1%(±376 kN)时，在推力和拉力方向分别距墙底约220 mm和200 mm高度处各增加了1条新裂缝。本级循环加载，墙体最外侧边缘钢筋受拉屈服，试件由弹性阶段进入弹塑性阶段发展，此时屈服位移Δ_y=6 mm，自此以后以屈服位移的倍数作为位移控制加载。2 Δ_y (12 mm)循环过程中，本次加载在推力方向新增 2 条裂缝，裂缝高度分别距墙底 500 mm 和 800 mm，最大裂缝宽度为 0.28 mm；拉力方向新增裂缝 1 条，距墙底高度 770 mm，裂缝宽度为 0.12 mm。3 Δ_y (18 mm)循环过程中，本次加载裂缝沿着原有裂缝继续向对角线延伸，推力方向新增裂缝 1 条，分别距墙体底 820 mm，裂缝一直延伸到试件底部中心，裂缝开展长度为 1500 mm；在此次加载中拉力方向的裂缝继续沿着 2 Δ_y 循环产生的裂缝延伸。4 Δ_y (24 mm)循环过程中，本次加载推力方向新增 2 条裂缝，距墙体高度为 1 200 mm 和 1 500 mm；拉力方向沿原裂缝继续延伸，裂缝宽度达 0.33 mm；墙体与底梁交界处水平缝隙逐渐增宽加大，并向贯通方向发展。5Δ_y(30 mm)循环过程中，本次加载推力和拉力方向各新增 1 条裂缝，高度分别为 1 400 mm 和 1 500 mm，往复循环加载使原有裂缝加长变宽。6 Δ_y (36 mm)循环过程中，本次加载循环在推拉方向沿原有裂缝长度继续延伸，墙体裂缝发展、分布已大致形成，尽管连接钢筋减少，但墙体连接区域内产生的裂缝与 CPSS 试件相比并未增加。6.5 Δ_y (39 mm)循环过程中，水平荷载在本次加载中达到峰值 961 kN，推力和拉力方向各出现一条距墙底高度为 2 100 mm 的新裂缝，随着加载循环，原有裂缝长度延伸、宽度加剧，最大裂缝宽度达到 2.35 mm。本次循环加载剪力墙表层混凝土脱落，外侧根部混凝土被劈落和压碎，试件水平承载力下降超过 15%，试件破坏，试验结束。从破坏形态上看，墙体与底梁未发生滑移剪切破坏。

② 试件 J Z4B2-1

试件 J Z4B2-1 试验加载过程及现象如下所述，裂缝分布如图 7-54 所示。

(a) 试件屈服

(b) 正向加载裂缝发展

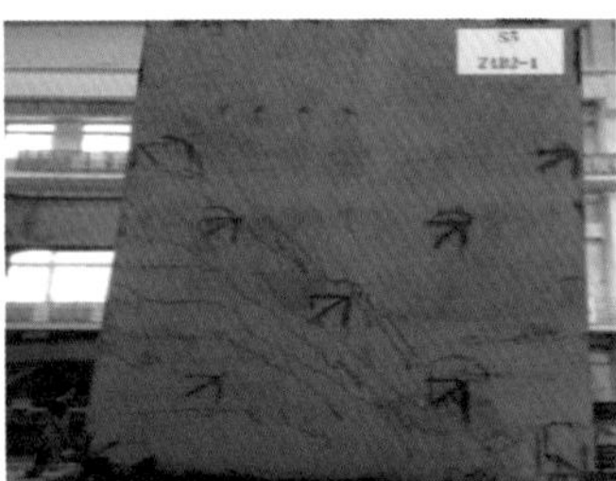
(c) 试件破坏

图 7-54 试件 J Z4B2-1 破坏模式及裂缝分布

当水平荷载加载至极限荷载的 37.6%(±500 kN)时，试件处于弹性阶段，荷载与位移呈线性关系，从滞回曲线上看，加卸载曲线基本重合，试件在推拉方向残余变形较小。当水平荷载加载至极限荷载的 41.1%(±546 kN)时，在剪力墙和底梁水平接缝交界双向都出现了第一道裂缝，裂缝长度约为 270 mm 和 350 mm，标志着试件进入开裂阶段。当水平荷载加载至极限荷载的 62.6%(±832 kN)时，推力方向沿墙体高度 280 mm 处增加了 3 条新裂缝，均呈水平方向且基本等距，间隔 200 mm；拉力方向新增 3 条裂缝，分别距墙底约 180 mm、540 mm 和 690 mm；本级循环加载，墙体最外侧边缘钢筋受拉屈服，试件由弹性阶段进入弹塑性阶段发展，此时剪力墙屈服位移 Δ_y =7 mm，自此以后以屈服位移的倍数作为位移控制加载。2 Δ_y (14 mm)循环过程中,本次加载在推力方向新增5条裂缝,裂缝高度分别距墙底730 mm、910 mm、1 070 mm、1 130 mm和1 350 mm,裂缝宽度范围为0.16~0.37 mm;拉力方向沿原有裂缝继续延伸至墙体底部。3 Δ_y (21 mm)循环过程中,本次加载推力方向新增裂缝1条,距墙底1 560 mm,裂缝开展长度为890 mm,裂缝宽度为0.54 mm。4 Δ_y (28 mm)循环过程中,本次加载原有裂缝继续沿45°方向延伸,推力方向新增1条裂缝,距墙底高度为1 800 m,宽度为0.75 mm;拉力方向未发现新增裂缝;墙体与底梁交界处水平缝隙逐渐增宽加大,并向贯通方向发展。5 Δ_y (35 mm)循环过程中,本次加载推力方向原有裂缝在往复荷载作用下继续延展,墙体表面裂缝走势呈剪切破坏。6 Δ_y (42 mm)循环过程中,本次加载循环未产生新增裂缝,原裂缝继续延伸并加宽,此时墙体裂缝最大宽度为2.2 mm。墙体裂缝发展、分布已大致形成。6.5 Δ_y (45 mm)循环过程中,水平荷载在本次加载中达到峰值1 341 kN,与同条件双排配筋连接的剪力墙相比,连接区域内未见裂缝明显增多。本次循环加载剪力墙根部混凝土被压碎,试件水平承载力下降超过15%,试件破坏,试验结束。

CPSS浆锚连接预制剪力墙试件的最终破坏形式表现为墙体两侧角部混凝土被压碎剥落、纵向受拉钢筋鼓起外露,部分试件表层混凝土起皮掉落,最终破坏形式为弯剪破坏。在轴压比为0.2的工况下,预制剪力墙试件Z2B1-1、Z2B1-2、Z2B2-1、Z2B2-2、Z2X2-1、Z2X2-2试件表面裂缝分布均匀,在墙体中部形成剪切网格;从破坏程度上看,剪力墙两侧角部混凝土被压溃,受力均匀,破坏标志明显;从连接钢筋搭接长度上看,浆锚连接的搭接长度为0.7 l_a 与0.9 l_a 试件的承载力相当,墙体的破坏模式相似,且与底梁连接可靠,未出现滑移现象;抽芯成孔约束浆锚预制剪力墙试件Z2X2-1和Z2X2-2的破坏形态与CPSS试件相似,同样也表现出弯剪破坏形态。

轴压比为0.4的试验工况下,因试验装置的限制,试件Z4B1-1、Z4B1-2、Z4B2-1、Z4B2-2、Z4X2-1、Z4X2-2在推力方向按照屈服位移倍数承载循环加载,而在拉力方向受到1.0 Δ_y 的往复循环,故从墙体裂缝分布上看,推力方向的对角线剪切裂缝明显,拉力方向裂缝较少且接近试件底部。从连接钢筋的搭接长度上看,搭接长度0.7 l_a 和0.9 l_a 的剪力墙试件的破坏形态未见差别;从浆锚搭接的成孔方式上看,墙体所表现出来的破坏形态相近,但在墙体裂缝分布上略有差异。在墙体与底梁连接区域内,抽芯成孔的墙体产生裂缝略多,而CPSS试件的裂缝大多位于波纹管上方,波纹管在一定程度上抑制了灌浆料应力的发生与扩散。

对于简化连接方式的CPSS预制剪力墙试件J Z2B2-1、J Z2B2-2、J Z4B2-1、J Z4B2-2,在轴压比为0.2和0.4的试验工况下,墙体表现出来的破坏形式与CPSS试件基本相同。在最终破坏时,简化连接方式下预制剪力墙与底梁的连接钢筋没有出现断裂或者与墙体分离的现象,在连接区域未出现裂缝明显增多,表明采用简化连接方式的CPSS预制剪力墙与下部底梁依然显现出良好的整体工作性能。

3) 试验结果与分析

根据CPSS浆锚连接预制剪力墙拟静力试验结果,本节重点研究各试件的滞回曲线

(荷载—位移曲线)与骨架曲线、承载力与延性、层间位移角、刚度退化、耗能能力和钢筋应变等,以及对比分析 CPSS 连接和简化 CPSS 连接预制剪力墙的抗震性能差异。

(1) 滞回曲线与骨架曲线

将构件的滞回曲线上同向(推或拉)各次加载的荷载极值点依次相连后可以得到构件的骨架曲线。骨架曲线反映了不同加载阶段构件的承载力和变形特性,包括承载力、延性、刚度及耗能能力等,可以用来评定构件的抗震能力,同时骨架曲线也是建立恢复力模型的重要依据。

① 抽芯成孔约束浆锚连接与 CPSS 浆锚连接预制剪力墙

在轴压比为 0.2 的工况下,各个试件的滞回曲线和骨架曲线如图 7-55、7-56 所示。从图 7-55 中各试件的滞回曲线来看,试件在屈服前,滞回曲线基本重合,刚度退化较小,

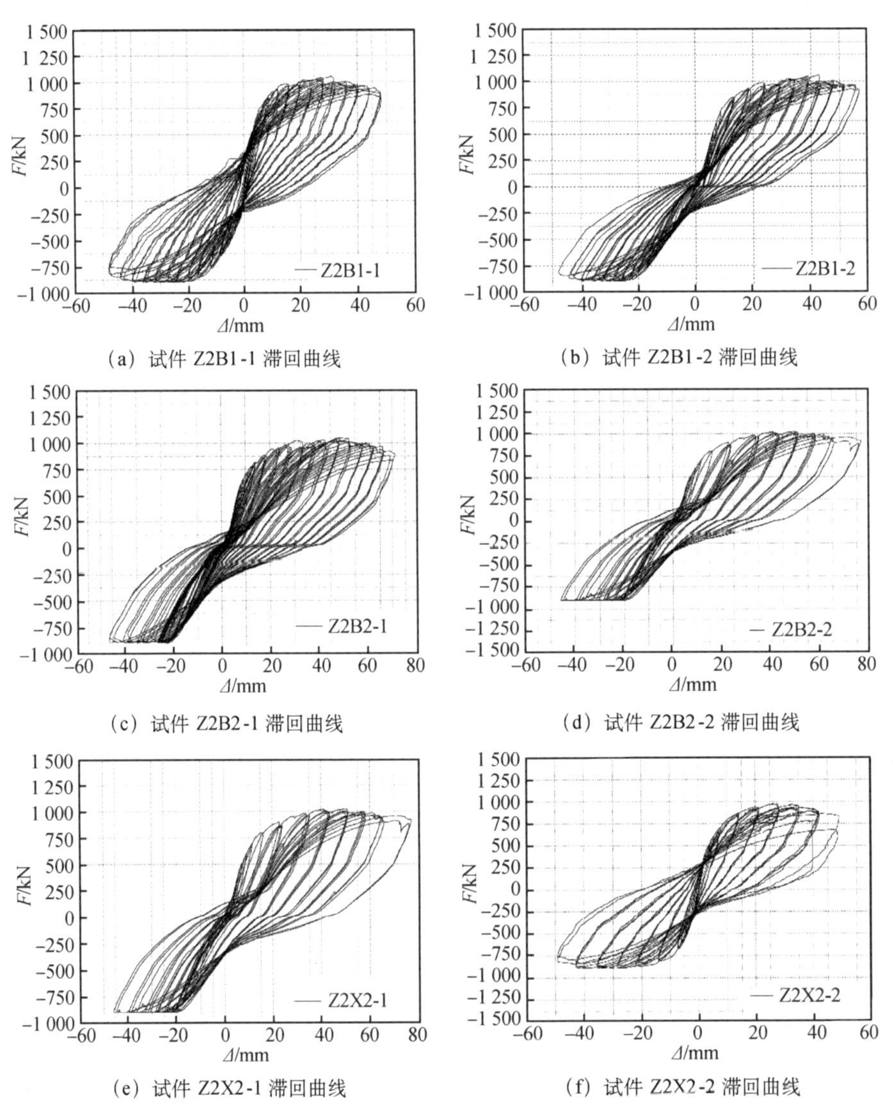

(a) 试件 Z2B1-1 滞回曲线　(b) 试件 Z2B1-2 滞回曲线

(c) 试件 Z2B2-1 滞回曲线　(d) 试件 Z2B2-2 滞回曲线

(e) 试件 Z2X2-1 滞回曲线　(f) 试件 Z2X2-2 滞回曲线

图 7-55　轴压比为 0.2 的工况下 CPSS 试件的滞回曲线

试件处于弹性阶段；试件屈服后，随着加载的不断进行，滞回环面积逐步增大且形状饱满，表现出良好的耗能能力，但部分试件如Z2B1、Z2X2-1在一定程度上表现出捏缩现象。对于连接钢筋搭接长度0.7 l_a 的试件Z2B1-1和Z2B1-2，其滞回曲线（见图7-55(a)、(b)）与连接钢筋搭接长度0.9 l_a 的试件Z2B2-1和Z2B2-2（见图7-55(c)、(d)）较为相似，此后以搭接长度0.9 l_a 的试件Z2B2-1和Z2B2-2为参照对比件。与以抽芯成孔约束浆锚搭接连接的预制剪力墙相比，CPSS试件的滞回曲线较抽芯成孔试件饱满，耗能性能好于抽芯成孔试件。

从图7-56各个试件的骨架曲线来看，各试件骨架曲线走势基本一致，试件在达到极限承载力的过程中有“平台”阶段，此时表现为试件在塑性阶段的变形增大，具有良好的延性和变形能力，可以有效地降低地震带来的影响。随着荷载的持续增加，试件承载力下降至极限荷载的85%时，墙体破坏。

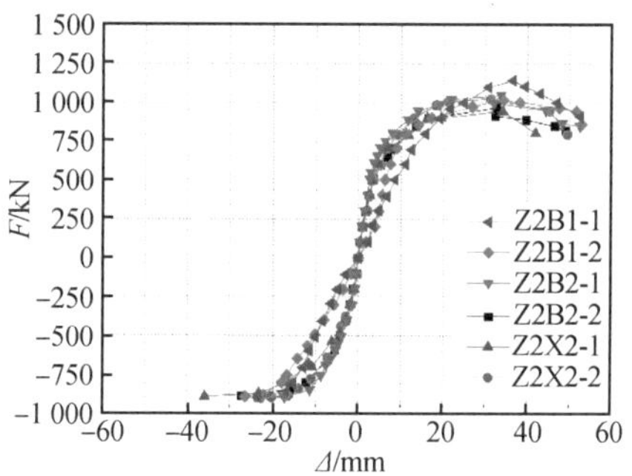

图7-56 轴压比为0.2的工况下CPSS试件的骨架曲线

在轴压比为0.4的工况下，各个试件的滞回曲线和骨架曲线如图7-57、7.58所示。从连接钢筋搭接长度上看，搭接长度0.7 l_a 的CPSS试件Z4B1-1和Z4B1-2(图7-57(a)、(b))较0.9 l_a 的CPSS试件Z4B2-1和Z4B2-2(图7-57(c)、(d))的滞回曲线更加饱满，0.9 l_a 的CPSS试件的滞回曲线捏拢现象严重，呈明

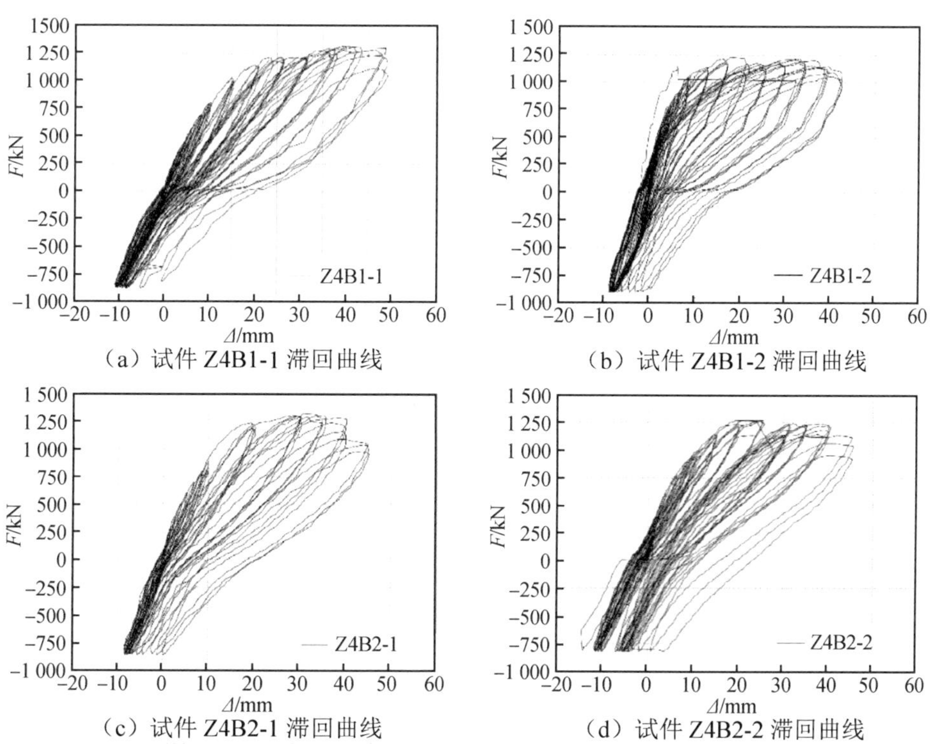

(a) 试件Z4B1-1滞回曲线　(b) 试件Z4B1-2滞回曲线

(c) 试件Z4B2-1滞回曲线　(d) 试件Z4B2-2滞回曲线

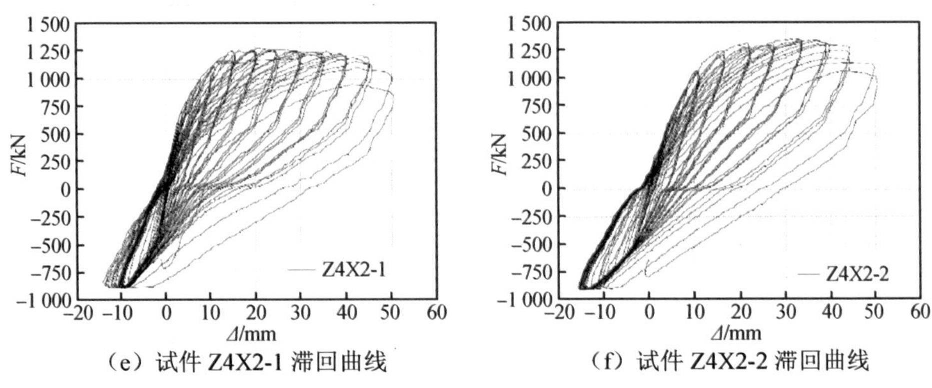

（e）试件 Z4X2-1 滞回曲线　　（f）试件 Z4X2-2 滞回曲线

图 7-57　轴压比为 0.4 的工况下 CPSS 试件的滞回曲线

显的狭长带状形式。从对比可以看出，试件 Z4B1-2 的延性和耗能能力较好。从成孔方式上看，抽芯成孔试件 Z4X2-1 和 Z4X2-2(图 7-57(e)、(f))滞回环面积相对 Z4B2-1 和 Z4B2-2 的 CPSS 试件略大，但承载力低于搭接长度 0.9 l_a 的 CPSS 试件，且残余变形依然很大，表明抽芯成孔的约束浆锚搭接连接预制剪力墙试件在往复荷载作用下累积损伤严重。

从图 7-58 各试件的骨架曲线来看，各试件曲线走势一致，试件屈服后有相当长的“平台段”，说明剪力墙试件进入弹塑性阶段后承载力增加缓慢、变形增长迅速，表现出良好的延性特征，吸收地震荷载能量，保证在抗震设计时具有足够的延性。

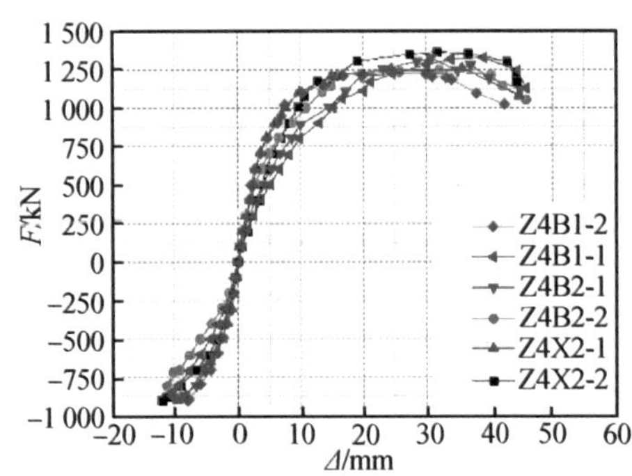

图 7-58　轴压比为 0.4 的工况下 CPSS 试件的骨架曲线

② 简化连接方式的 CPSS 预制剪力墙

通过对简化连接方式 CPSS 预制剪力墙的试验研究，得到滞回曲线和骨架曲线如图 7-59 和 7-60 所示。在轴压比为 0.2 的工况下，试件 J Z2B2-1 的滞回环面积较小，曲线呈反“S”形，捏缩严重，反映出该试件吸收地震能量的能力略差；对比轴压比取值和连接钢筋搭接长度相同的 CPSS 预制剪力墙试件，简化连接的 J Z2B2-1 试件承载力有所降低。从试件 J Z2B2-2 的滞回曲线上看，滞回环饱满，在试件屈服后位移控制后期，承载力降低缓慢，变形增加，说明试件在往复荷载作用下存在能量吸收、消耗过程。

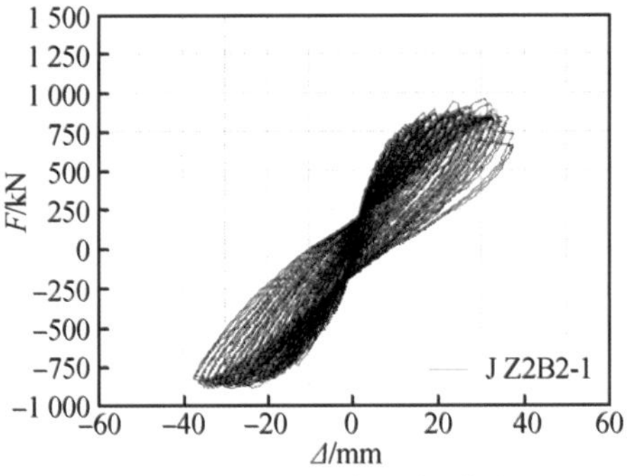

(a) J Z2B2-1试件滞回曲线 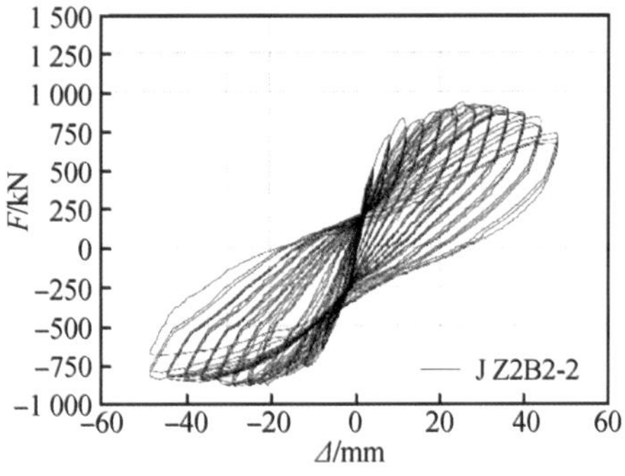　　(b) J Z2B2-2试件滞回曲线

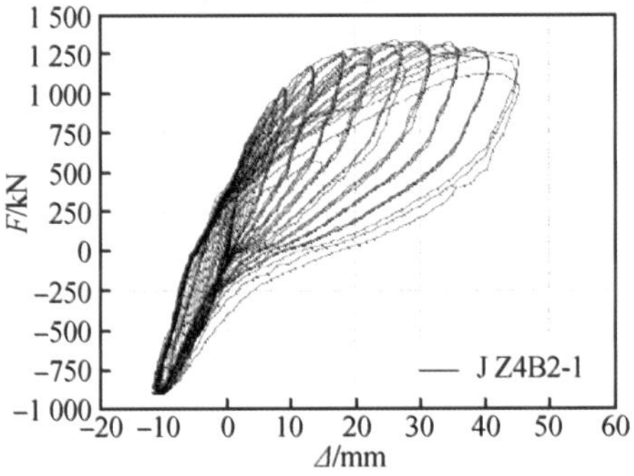

(c) J Z4B2-1试件滞回曲线 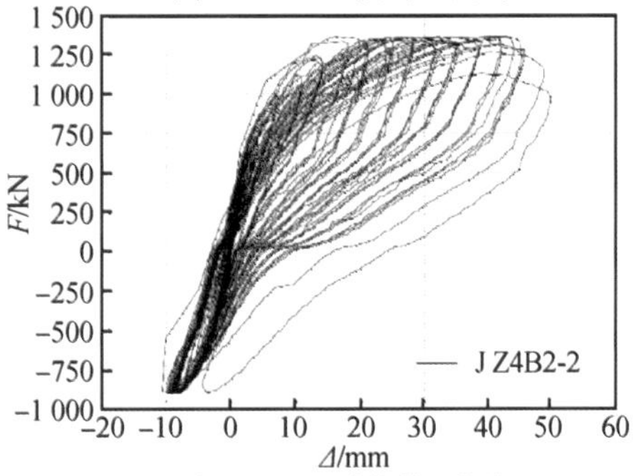　　(d) J Z4B2-2试件滞回曲线

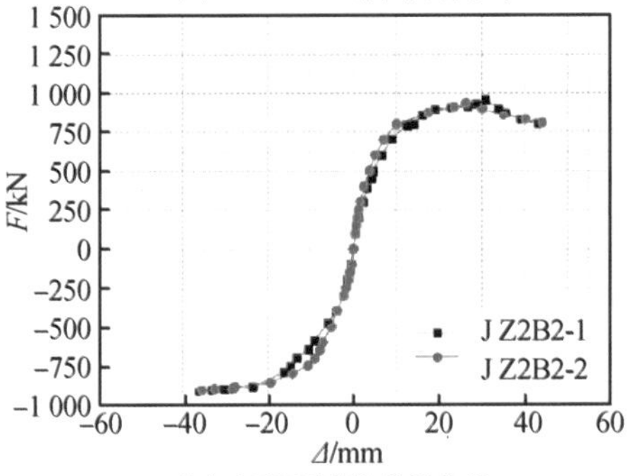

(e) J Z2B2试件骨架曲线 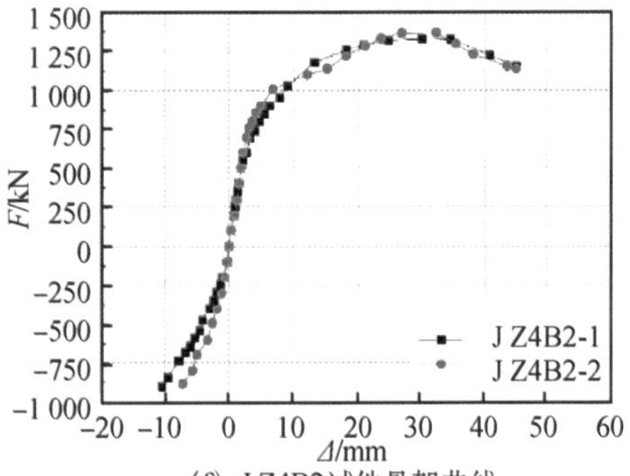　　(f) J Z4B2试件骨架曲线

图 7-59　简化连接的 CPSS 试件滞回曲线和骨架曲线

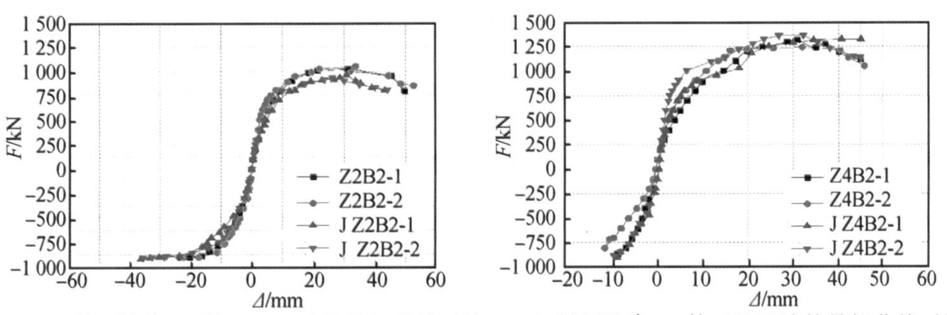

(a) 轴压比为 0.2 的工况下试件骨架曲线对比　(b) 轴压比为 0.4 的工况下试件骨架曲线对比

图 7-60　简化连接的 CPSS 试件与 CPSS 试件骨架曲线对比

在轴压比为 0.4 的工况下，两个试件在初始阶段推力方向的滞回环曲线基本重合，曲线基本呈线性变化，试件残余变形很小；随着屈服后位移控制等级的不断提高，试件进入弹塑性阶段，滞回曲线斜率逐渐下降，刚度退化。从两个试件的对比情况可以看出，试件 J Z4B2-1 与 J Z4B2-2 的滞回环面积较大，显现出较好的耗能能力；试件 J Z4B2-2 在屈服后出现明显的平缓阶段，说明试件在弹塑性阶段的层间位移增长较快，延性较好。从图 7-59(e)、(f)两组试件的骨架曲线可以看出，曲线走势基本一致，试件在屈服前，初始刚度大，曲线斜率变化较小；试件屈服后至达到极限承载力都经历了一个“平台”阶段，刚度急剧退化，变形快速增长，延性较好，有利于抗震。

在轴压比为 0.2、钢筋搭接长度为 0.9 l_a 的工况下，将简化 CPSS 连接试件与 CPSS 墙体的骨架曲线进行比较，如图 7-60 所示。在图 7-60(a)中，两种连接方式的 CPSS 试件骨架曲线走势基本相同，简化 CPSS 连接试件 J Z2B2-1 和 J Z2B2-2 的承载力略低于 CPSS 试件 Z2B2-1 和 Z2B2-2，降低幅度约为 9%；图 7-60(b)中，在轴压比为 0.4 的工况下，简化 CPSS 连接试件 J Z4B2-1 和 J Z4B2-2 的骨架曲线与 CPSS 试件基本重合，在屈服前弹性阶段呈线性变化，屈服后的弹塑性阶段两者受力性能比较接近，墙体变形较大，达到最大承载能力后仍能吸收一定量的能量，充分发挥钢筋塑性性能。通过骨架曲线的对比发现，简化连接的 CPSS 预制剪力墙受力特性与 CPSS 试件相似，但在轴压比为 0.2 时，简化连接的 CPSS 预制剪力墙承载力略低。

(2) 承载力与延性分析

延性是指结构或构件从屈服开始到达最大承载能力，或到达以后而承载能力还未发生明显下降期间的变形能力，是反映结构抗震性能的重要指标。本节通过几何作图法来确定试件的屈服荷载、屈服位移。各试件在开裂、屈服、极限、破坏等关键特征点对应的荷载、位移和延性系数见表 7-9。

表 7 9　预制剪力墙试件在关键特征点的承载力、位移和延性系数

试件编号	开裂荷载 F_{cr}(kN)	开裂位移 Δ_{cr}(mm)	屈服荷载 F_y(kN)	屈服位移 Δ_y(mm)	峰值荷载 F_p(kN)	峰值位移 Δ_p(mm)	破坏荷载 F_u(kN)	极限位移 Δ_u(mm)	延性系数 μ
Z2B1-1	254	4.96	1 052.82	20.95	1 144.0	36.25	972.4	48.81	2.33
Z2B1-2	300	4.80	925.39	20.19	1 018.0	34.35	899.3	52.87	2.62
Z2B2-1	350	5.29	766.01	6.64	1 050.0	33.73	892.5	52.53	7.11
Z2B2-2	420	5.67	767.15	8.41	1 025.0	31.28	870.4	49.54	5.65
Z2X2-1	300	4.63	706.03	6.93	953.0	34.16	810.1	42.00	6.05
Z2X2-2	320	4.23	685.48	7.47	970.6	32.65	824.5	49.01	6.52
Z4B1-1	520	2.40	1 000.21	15.27	1 324.0	39.21	1 127.1	45.94	3.01
Z4B1-2	596	2.22	946.15	6.91	1 219.0	30.00	1 036.2	42.47	6.02
Z4B2-1	395	2.83	942.94	12.12	1 322.0	30.88	1 103.3	45.00	3.71
Z4B2-2	400	2.81	946.10	9.64	1 244.0	32.06	1 082.9	45.86	4.74
Z4X2-1	500	2.99	944.15	6.69	1 291.0	35.72	1 097.4	44.83	6.70

续表 7-9

试件编号	开裂荷载 F_{cr}(kN)	开裂位移 Δ_{cr}(mm)	屈服荷载 F_y(kN)	屈服位移 Δ_y(mm)	峰值荷载 F_p(kN)	峰值位移 Δ_p(mm)	破坏荷载 F_u(kN)	极限位移 Δ_u(mm)	延性系数 μ
Z4X2-2	630	3.55	1 176.13	12.85	1 361.0	31.83	1 156.9	44.33	3.45
J Z2B2-1	249	3.83	723.24	9.59	961.0	30.87	816.9	43.12	4.28
J Z2B2-2	225	3.67	723.32	7.74	935.0	26.24	794.8	44.00	5.69
J Z4B2-1	546	3.82	957.37	7.91	1 341.0	30.07	1139.9	45.08	5.70
J Z4B2-2	662	3.40	1 017.36	7.42	1 368.0	32.29	1 165.4	45.01	5.79

① 连接钢筋搭接长度和浆锚成孔方式

在轴压比为 0.2 和 0.4 的工况下，以试件 Z2B2-1 和 Z2B2-2、Z4B2-1 和 Z4B2-2 为参考对比试件，研究各个关键特征点试件的荷载、位移和延性系数，进行如下分析。

(a) 从连接钢筋搭接长度上看，搭接长度 0.7 l_a 试件 Z2B1-1 与搭接长度 0.9 l_a 试件 Z2B1-2 在屈服前其开裂位移比试件 Z2B2-1 和 Z2B2-2 小，但达到极限时，搭接长度 0.7 l_a 和搭接长度 0.9 l_a 的 CPSS 墙体承载力相当，搭接长度 0.9 l_a 的 CPSS 预制剪力墙的延性系数大于搭接长度 0.7 l_a 的 CPSS 试件。

(b) 从约束浆锚成孔方式上看，在轴压比为 0.2 时，CPSS 试件承载力比抽芯成孔试件提高了 8%；在轴压比为 0.4 时，CPSS 试件承载力与抽芯成孔试件相当。抽芯成孔试件 Z2X2-1 和 Z2X2-2 的开裂位移、屈服位移和极限位移较 CPSS 试件 Z2B2-1 和Z2B2-2小，这是因为 CPSS 试件 Z2B2-1 和 Z2B2-2 在连接区域使用的波纹管成孔能够有效抑制管内灌浆料的应力扩散，从而使得上下墙连接区域保持较好的整体性和工作状态。同时在波纹管外部的螺旋箍筋加强了混凝土的约束作用，对提高墙体的承载力有着积极的影响。

(c) 计算 CPSS 预制剪力墙的延性系数发现，搭接长度为 0.7 l_a 和 0.9 l_a 的 CPSS 预制剪力墙的承载能力相当；搭接长度为 0.9 l_a 的试件的延性系数平均为 5.45，搭接长度为 0.7 l_a 的试件的延性系数平均为 3.85，搭接长度为 0.9 l_a 的墙体的延性好于 0.7 l_a 试件。

② 简化连接的 CPSS 预制剪力墙

将简化连接的 CPSS 预制剪力墙与 CPSS 预制剪力墙在各关键特征点的荷载、位移及延性系数等指标进行对比，进行如下分析。

(a)在轴压比为 0.2 的工况下，简化连接的 CPSS 预制剪力墙试件 J Z2B2-1、J Z2B2-2 在开裂、屈服、极限及破坏关键特征点的荷载比 CPSS 试件 Z2B2-1、Z2B2-2 小，屈服荷载分别减小了 33.2%和 46.28%，极限荷载减小了 9.26%和 9.52%。这是因为采用简化连接后，连接钢筋之间间距变大，钢筋应力传递路径更长，混凝土很快介入工作，导致开裂荷载较早出现，且裂缝长度较长。因此，简化连接的 CPSS 预制剪力墙承载力平均值较 CPSS 预制剪力墙承载力有所降低，降低幅度约 9.3%。

(b) 在轴压比为 0.4 的工况下，简化连接的 CPSS 预制剪力墙承载力与 CPSS 预制剪力墙承载力相当。

(c) 在相同设计参数下，简化 CPSS 连接预制剪力墙的延性系数平均值为 5.365，CPSS 预制剪力墙的延性系数平均值为 5.3，CPSS 预制剪力墙的延性系数平均值为 5.3，CPSS 简化连接与 CPSS 连接的墙体延性系数相近，且均大于 4，说明具有良好的延性。

(3) 钢筋应变分析

在本章第 7.3.2 节中试件应变的测点布置主要是量测墙体竖向钢筋在反复荷载作用下的应变变化情况。因在墙体竖向钢筋底部和搭接钢筋上均布置了应变测点，为便于分析，选择每种参数中的一个具有代表性的试件。

在 CPSS 预制剪力墙试件距底面 40 mm 处粘贴钢筋应变片，可量测试验墙体竖向钢筋的应变变化，如图 7-61 中 2 个试件的应变片编号相同，应变片变化反映该钢筋的相对位置，钢筋应变编号为 SG1～SG10，其中 SG1 代表 CPSS 墙体最外侧受压（首先由推力开始加载）的钢筋应变，随着钢筋编号的增大，应变片的位置逐步向墙体另一侧变化，SG10 代表边缘构件最外侧受拉的钢筋应变。

① CPSS 预制剪力墙底部竖向钢筋

为研究 CPSS 预制剪力墙底部钢筋应变的发展及其变化规律，在轴压比为 0.2 的试验工况下，对搭接长度为 $0.7\,l_a$ 和 $0.9\,l_a$ 的 CPSS 预制剪力墙及简化 CPSS 连接预制剪力墙底部竖向钢筋的应变进行了量测，每种参数取一个试件，钢筋应变—墙体宽度的关系曲线如图 7-61 所示。

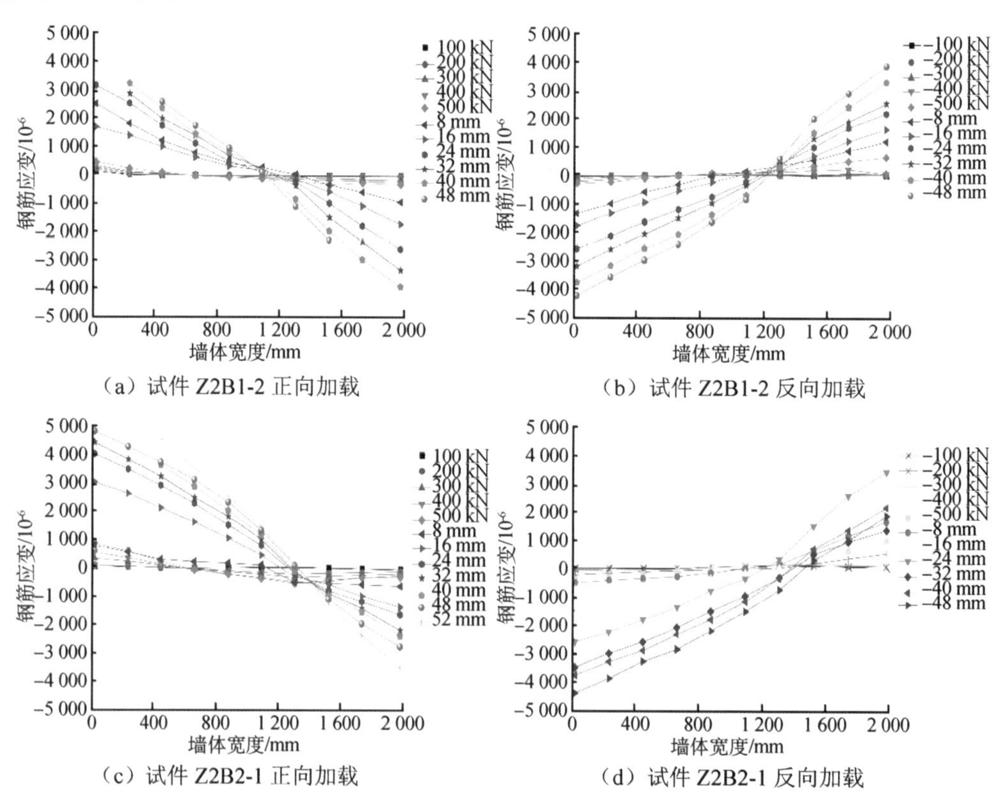

(a) 试件 Z2B1-2 正向加载

(b) 试件 Z2B1-2 反向加载

(c) 试件 Z2B2-1 正向加载

(d) 试件 Z2B2-1 反向加载

图 7-61 CPSS 预制剪力墙底部纵向钢筋应变分布

从图 7-61 可以看出，CPSS 预制剪力墙从加载到破坏的往复加载过程中，墙体竖向受拉钢筋的应力在达到屈服强度之前及达到屈服强度后的一定塑性转动范围内，墙体水平接缝截面的钢筋应变基本沿墙体宽度呈线性变化，试件受力变形前的平截面上各个位置在变形后仍保持在同一平面上，符合平截面假定。因此，按照平截面假定建立判定竖向受拉钢筋是否屈服的界限条件和确定屈服之前钢筋的应力 σ_s 是合理的。从图7-61(a)(b)上来看，CPSS 预制剪力墙在达到极限承载力时，墙体竖向受拉钢筋最大拉应变未达到《混凝土结构设计规范》(GB 50010—2010)中规定的极限拉应变 0.01，保证墙体构件具有一定的延性。对比图 7-61(c)(d)，可以看出，连接钢筋的搭接长度为 0.7 l_a 和 0.9 l_a 的 CPSS 预制剪力墙底部竖向钢筋的应变发展规律基本一致，中性轴位置较相近，受拉区和受压区均达到屈服，连接钢筋的搭接长度对 CPSS 预制剪力墙底部钢筋应变的发展未见影响。

② 简化连接的 CPSS 预制剪力墙底部竖向钢筋

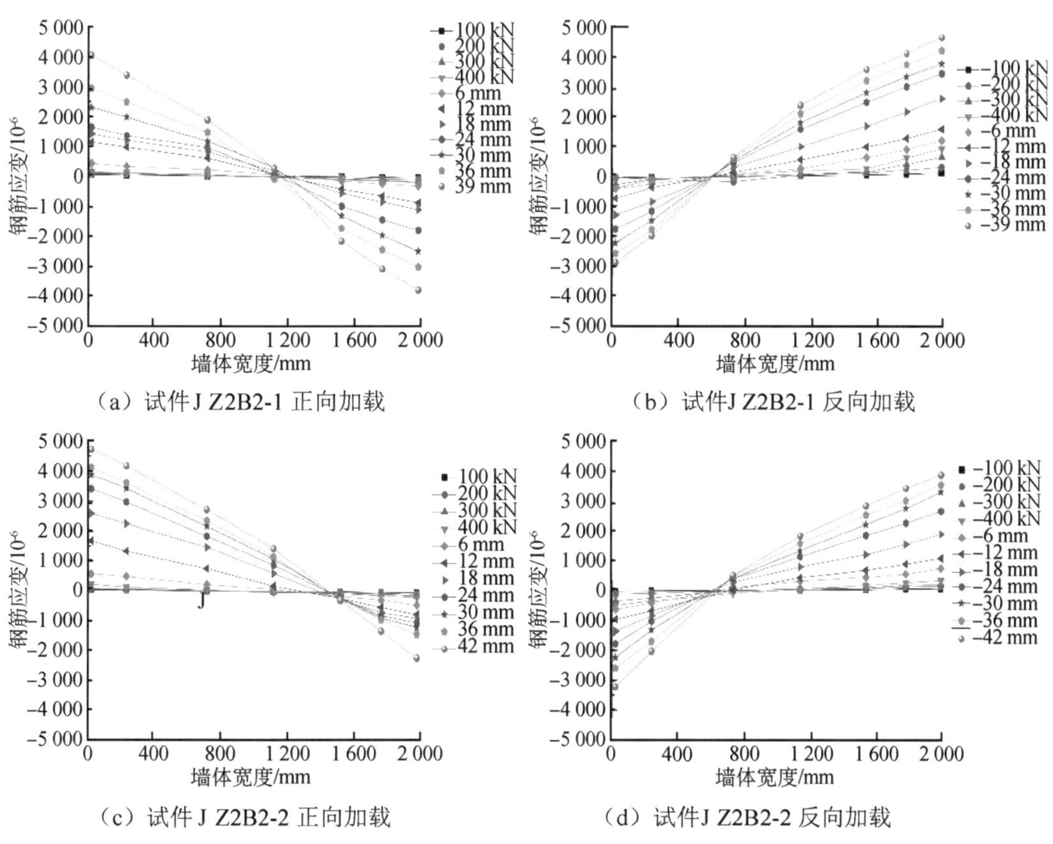

(a) 试件 J Z2B2-1 正向加载　(b) 试件J Z2B2-1 反向加载

(c) 试件 J Z2B2-2 正向加载　(d) 试件J Z2B2-2 反向加载

图 7-62　简化连接的 CPSS 预制剪力墙底部钢筋应变曲线

由图 7-62 可见，简化连接的 CPSS 预制剪力墙水平接缝截面处墙体竖向钢筋应变随墙体宽度呈线性变化，平截面假定依然适用。因此，可采用平截面假定作为计算手段，对简化 CPSS 连接预制剪力墙水平接缝截面承载力进行计算。

7.4 小结

本章主要研究了适用于装配式混凝土构件的大直径灌浆套筒连接、集束筋约束浆锚连接以及简化预埋波纹管成孔螺旋箍筋约束浆锚连接这三种高效连接方式的性能，主要研究成果如下：

（1）通过开展不同密实度大直径钢筋灌浆套筒连接拉拔试验和灌浆套筒密实度为70％的预制混凝土梁的承载力试验研究发现，当套筒灌浆密实度低于70％时，钢筋与套筒协同工作能力较差，且对钢筋的锚固作用较差，以至于在受力时钢筋会因锚固不足在承受较小的拉力时就被拔出。同时，灌浆不密实也会导致套筒受力时出现受力不均匀现象，套筒局部应力较大，会对灌浆套筒连接的抗拉性能产生不利影响。对于大直径钢筋而言，当灌浆密实度达到90％时，灌浆套筒和钢筋间才能有效地传递力，保证套筒连接的抗拉承载力。灌浆密实度对套筒连接的抗拉承载力和变形性能影响较大，灌浆密实度是影响大直径钢筋套筒灌浆连接性能的主要参数指标之一。

（2）开展了1个大直径约束浆锚连接柱、2个集束筋的半灌浆约束浆锚连接柱和2个集束筋全灌浆约束浆锚连接柱的拉压往复荷载试验，观察分析了试件在荷载作用下的开裂、屈服、破坏过程及荷载作用下柱中竖筋和集束钢筋束钢筋的应变，研究了两种连接形式在低周反复荷载作用下受力性能和连接区的破坏形态、滞回曲线等。试验结果表明，提出的两种连接均能有效地传递柱间的内力，连接可靠，可用于预制混凝土柱的竖向连接。

（3）对4片约束浆锚连接和8片CPSS浆锚连接预制剪力墙试件进行了低周往复荷载下的拟静力试验，考察轴压比、钢筋搭接长度和浆锚成孔方式对墙体力学性能的影响规律，揭示了CPSS浆锚连接预制剪力墙的破坏形态与工作机理，提出了CPSS浆锚连接方式下搭接长度的建议取值。在CPSS浆锚连接的基础上，提出了一种简化CPSS浆锚连接形式，并对其进行了拟静力试验。研究结果表明，简化CPSS浆锚连接预制剪力墙表现出与CPSS墙体试件相似的破坏形态。

本章参考文献

[1] 许成顺，刘洪涛，杜修力.高应力反复拉压作用下钢筋套筒灌浆连接性能试验研究[J].建筑结构学报，2018，39(12)：178-184＋193

[2] 李向民，高润东，许清风，等.灌浆缺陷对钢筋套筒灌浆连接接头强度影响的试验研究[J].建筑结构，2018，48(07)：52-56

[3] 郑清林，王霓，陶里，等.灌浆缺陷对钢筋套筒灌浆连接试件性能影响的试验研究[J].建筑科学，2017，33(05)：61-68.

[4] 李辉，刘晓凤.灌浆套筒灌浆饱满度检测技术研究[J].江西建材，2017(21)：74＋76.

[5] 王天骄，郑冠雨.数值模拟分析灌浆缺陷对灌浆套筒连接力学性能的影响[J].佳木斯大学学报(自然科学版)，2018，36(02)：196-200＋205.

[6] 郑永峰,郭正兴,张新.套筒内腔构造对钢筋套筒灌浆连接黏结性能的影响[J].建筑结构学报,2018,39(09):158-166.

[7] 张乐.装配整体式混凝土结构工程中的钢筋套筒灌浆施工质量控制[J].建筑施工,2019,41(02):229-230+249.

[8] 王瑞,陈建伟,王宁.钢筋套筒灌浆连接性能有限元分析[J].华北理工大学学报(自然科学版),2019,41(01):47-56.

[9] 何磊,熊伟,杨闻达,等.钢筋套筒灌浆技术的受力性能试验及工程运用分析[J].产业创新研究,2018(06):105-106+109.

[10] 吴涛,成然,刘全威.钢制灌浆套筒连接性能试验研究[J].西安建筑科技大学学报(自然科学版),2018,50(03):309-316+323.

[11] 吴涛,王珅,刘毅斌,等.钢筋套筒灌浆连接件的力学性能[J].建筑科学与工程学报,2019,36(02):21-29.

[12] 高润东,王玉兰,李向民,等.高强钢筋套筒灌浆连接单向拉伸试验研究[J].工业建筑2017年增刊II,2017.

[13] 秦童,高林,刘英利.大直径钢筋套筒注浆对接连接试验研究[J].世界地震工程,2015,31(03): 251-257.

[14] 高润东,李向民,许清风.装配整体式混凝土建筑套筒灌浆存在问题与解决策略[J].施工技术,2018,47(10):1-4+10.

[15] 翁正强.台湾钢骨钢筋混凝土构造(SRC)设计规范之发展[J].结构工程, 2005, 20(1): 3-30.

[16] 翁正强,王晖舜.钢梁与包覆RC箱型钢柱之梁柱接头耐震性能研究[J].建筑钢结构进展, 2005, 7(5): 33-49.

[17] 翁正强.台湾首部钢骨钢筋混凝土构造(SRC)设计规范之特色[J].土木水利, 2005, 32(5):54-62.

[18] 张国镇.尹衍梁,王瑞祯,等.螺旋箍筋于矩形柱应用之试验研究[J].工程, 2005, 78(3): 101-124.

[19] 王柄雄.新矩形混凝土柱围束型式之研究[D].台北:台湾大学,2004.

[20] 翁正强,颜圣益,林俊昌,包覆型SRC柱钢骨对混凝土围束箍筋量之影响[J].土木水利工程学刊,1998, 10(2):193-204.

[21] American Concrete Institute, Building Code Requirements for Structural Concrete(ACI 318-05) and Commentary(ACI 318R-5)[S]. Farmington Hills, Michigan,2005.

[22] 营建署.钢骨钢筋混凝土构造设计规范与解说[S].台北,2004.

[23] 翁正强.王晖舜,李让,等.钢骨钢筋混凝土柱围束箍筋量之试验与耐震设计[J].结构工程, 2006,21(3).

[24] 郑义强.考虑制作缺陷的预制混凝土梁板构件承载力性能研究[D].沈阳:沈阳建筑大学,2019.

[25] 中华人民共和国国家质量监督检验检疫总局. 金属材料:室温拉伸试验方法:GB/T

228—2002[S].北京:中国标准出版社,2002.

[26] 中华人民共和国住房和城乡建设部. 水泥基灌浆材料应用技术规范:GB/T 50448—2015[S].北京:中国建筑工业出版社,2016.

[27] 中华人民共和国住房和城乡建设部. 装配式混凝土结构技术规程:JGJ 1—2014[S].北京:中国建筑工业出版社,2014.

[28] 中华人民共和国住房和城乡建设部. 混凝土结构设计规范:GB 50010—2010(2015 年版)[S].北京:中国建筑工业出版社,2011.

[29] 辽宁省住房和城乡建设厅.装配式混凝土结构设计规程:DB 21/T 2000—2015[S].北京:中国标准出版社,2016.

[30] 中华人民共和国住房和城乡建设部. 混凝土结构试验方法标准:GB/T 50152—2012[S].北京:中国建筑工业出版社,2012.

[31] 裴梓洋.集束配筋预制混凝土柱竖向连接方法分析与试验研究[D].沈阳:沈阳建筑大学,2017.

[32] Chen X, Liu M, Biondini F, et al. Structural Behavior of Precast Reinforced Concrete Shear Walls with large-Diameter Bars [J]. ACI Structural Journal, 2019, 116 (5): 77-86.

第8章 装配式框架节点高性能混凝土连接

8.1 引言

梁柱节点是装配整体式混凝土框架结构体系的关键部位。图 8-1 为一种典型装配整体式混凝土框架中节点的构造形式，预制叠合梁底部纵筋采用 90°弯钩或端部锚固板锚固于节点核心区，预制柱纵筋在节点核心区以上连接，梁叠合层和节点核心区混凝土现场浇筑。对于这种常用节点构造，核心区包含了来自四个方向的预制梁底部纵筋(含弯钩或锚固板)、柱纵筋以及核心区加密箍筋。对应于高烈度区较高的抗震等级和需求，核心区配筋将更为复杂，从而造成极大的施工难度，严重影响了装配整体式混凝土框架的施工质量和周期，成为制约装配式建筑在高烈度区推广应用的一大瓶颈。如何在等同现浇的要求下尽可能简化节点区配筋是亟待解决的关键问题。

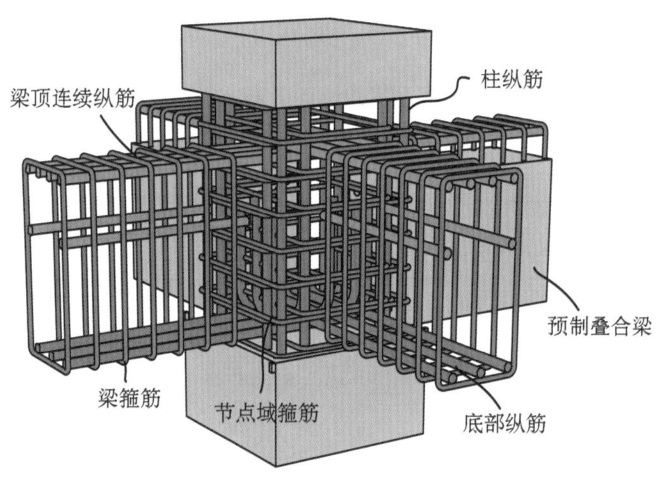

图 8-1　典型后浇整体式预制装配框架节点配筋构造

纤维增强水泥基复合材料(Engineered Cementitious Composites，简称 ECC)是近年来兴起的一种新型工程材料，最早由美国密歇根大学的 V C Li 提出[1-2]。通过合理控制 PVA 纤维及基体的界面参数，可使 ECC 具有 3%～7%的极限拉应变以及多点开裂的特性，且裂缝宽度不超过 100 μm，裂缝间距 10 mm 左右，从而使其与普通混凝土相比具有超高的韧性以及更好的耗能能力和耐久性[3-5]。国内外已有学者将 ECC 材料应用于现浇框架梁柱节点[6-10]，通过往复加载试验证明了 ECC 节点相比于传统钢筋混凝土节点具有更好的耗能性能及损伤控制能力，并且可以部分乃至全部替代箍筋。基于此，如将装配整体式混凝土框架节点中的后浇混凝土替换为 ECC，有望提升节点性能，简化节点构造，方便施工，从而促进装配式混凝土框架在地震区特别是高烈度区的推广应用。本研究所采用的 ECC 材料为清华大学张君教授研制的高韧性低收缩 ECC 材料——LSECC[11-12]。该材料由水泥、石英砂、PVA 纤维、外加剂等组成，不含粗骨料。采用的 PVA 纤维长度为 12 mm，抗拉强度为 1 620 MPa，纤维的体积含量为 1.7%，抗拉强度为 3.56 MPa，极限拉应变约为 2%。

8.2 节点域应用 ECC 的装配整体式节点

8.2.1 节点方案

图 8-2 给出了一种后浇 ECC 叠合梁—预制柱装配整体式节点的构造形式，将一种典型装配整体式混凝土节点中的后浇混凝土替换为后浇 ECC。在施工过程中，上下两层柱的纵筋通过套筒连接。带箍筋和底部纵筋的预制混凝土梁放置在底层柱上，预制梁通过 90°弯起的底部纵筋（或端部锚固板）在节点区域锚固。在布置好预制混凝土梁后，将纵筋安置在梁顶部，连续穿过节点区域。最后在节点域和叠合梁顶层后浇 ECC 从而完成节点的制作。利用 ECC 良好的抗剪性能，节点域可以不布置或者少量布置箍筋，从而达到简化构造、方便施工的目的。

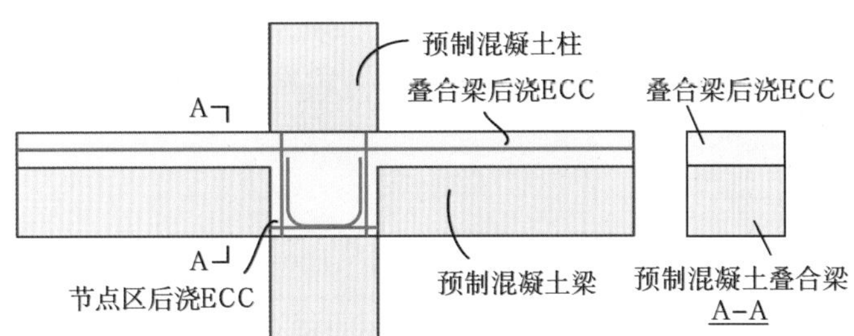

图 8-2 后浇 ECC 叠合梁—预制柱装配整体式节点示意图

8.2.2 关键构造验证

由于一般的 ECC 材料收缩性较大，流动性相对混凝土较弱，应用于后浇整体式节点可能存在后浇 ECC 与预制混凝土部分界面脱开、浇筑不密实等问题。因此首先单独将节点试件的梁和核心区取出设计了一组小比例梁式试验，探究 ECC 应用于装配整体式框架节点的可行性和优势，并对界面构造、纵筋锚固等关键基础问题进行研究，为后续大比例梁柱节点试验奠定基础。如图 8-3(a)所示，对于梁柱中节点梁端加载模式，梁所承受的

剪力为 $P/2$,梁端弯矩为 $PL/2$。因此可采用图 8-3(b)所示的装配整体式梁及跨中单点加载的方式来模拟节点中梁的受力情况,从而考察实际节点中梁端界面、纵筋锚固以及塑性铰区域的表现。这种方式相比于开展大比例节点试验可以节约材料,减少构件加工时间。当然梁式试验不能准确反映节点核心区所处的剪切受力状态,也不能反映节点在往复荷载下的耗能能力、强度与刚度退化等滞回性能,这也是下一节进行节点试验的必要性所在。

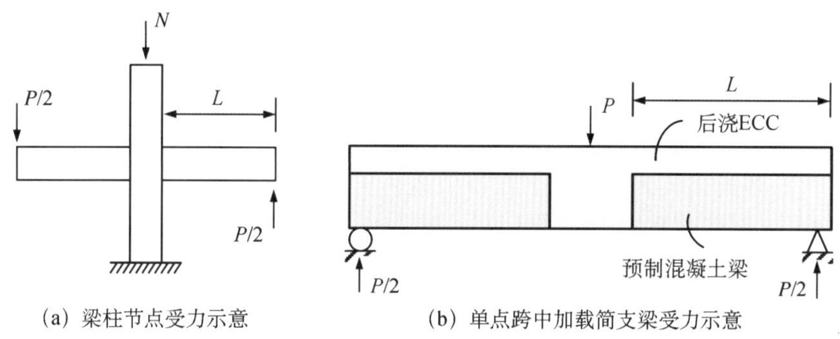

图 8-3 装配整体式梁式试验研究方案

共设计 3 根简支梁试件,包括 1 根纯混凝土装配整体式对比梁(CB)和 2 根后浇 ECC 装配整体式梁(PB-1、PB-2),分别采用不同的构造方式。图 8-4 给出了试件尺寸和主要构造。各试件均长 1 750 mm、高 175 mm、宽 125 mm。梁纵向钢筋采用 3 根直径 10 mm 的 HRB400 级钢筋,在节点区进行连接。箍筋采用直径 6 mm 的 HPB300 级钢筋。非加密区箍筋间距 100 mm,梁端加密区采用 50 mm 间距布置。CB 采用后浇混凝土,PB-1 和PB-2 采用后浇 ECC。与 PB-1 梁相比,PB-2 梁在 ECC—混凝土界面增设了直径 6 mm 的 U 形钢筋以增强界面抗拉和抗剪能力,约束裂缝发展。加载方式采用跨中单点加载模式。梁的跨度为 1.6 m,采用简支边界条件。加载制度为开裂前按每级荷载 1 kN 进行加载,开裂后按每级荷载 2 kN 加载,屈服后按照每级跨中挠度 2 mm 加载。

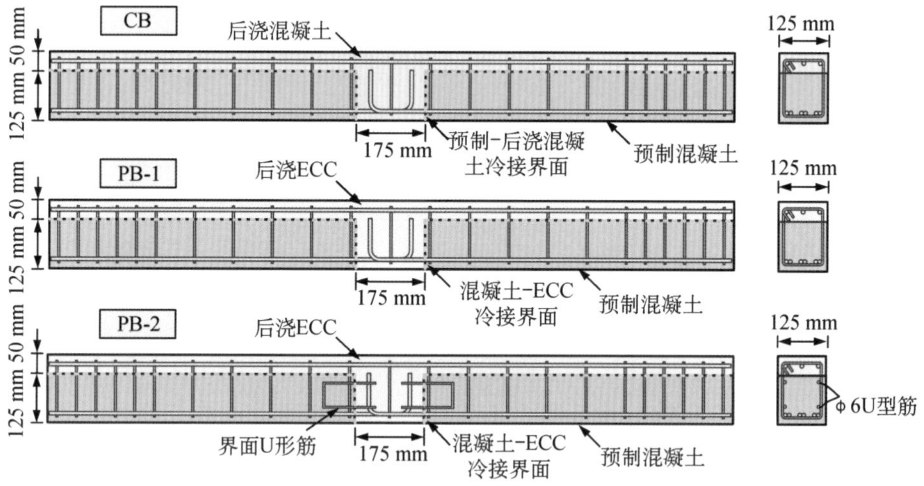

图 8-4 后浇 ECC 装配整体式梁试件设计

各试件的破坏情况与荷载—位移曲线如图 8-5 所示。对于混凝土装配整体式梁 CB，当荷载达到 9 kN 时界面处产生第一条可见裂缝。12 kN 时，中间节点处和右侧混凝土开裂。当荷载达到 16 kN(0.5P_u)时，左侧界面处裂缝宽度超过 0.1 mm。在跨中挠度达到 6.7 mm 时，节点域纵筋位置处出现纵向裂缝。挠度达到 12 mm 时节点域混凝土发生明显剥落现象。最终计件破坏时极限承载力仅为 32 kN，此时梁底部纵筋最大拉应变为 1 600 $\mu\varepsilon$，尚没有屈服。节点纵筋处出现明显纵向劈裂裂缝，为典型的纵筋锚固不足引起的劈裂破坏。这是因为本节梁式试验与节点试验的核心区受力状态不同，梁底受拉纵筋实际应采用搭接长度，该长度明显大于按照《混凝土结构设计规范》[13] 计算的纵筋在节点内的锚固长度。

后浇 ECC 装配整体式梁 PB-1 在荷载达到 11 kN 时，跨中 ECC 和混凝土均出现开裂，14 kN 时，界面处观测到裂缝。构件加载至 25.5 kN(0.5P_u)时，界面处最大裂缝宽度达到 0.1 mm。构件加载至 44 kN(0.9P_u)时，界面处最大裂缝宽度超过 0.5 mm。加载至破坏时，极限荷载为 51 kN，破坏时界面处和 ECC 处都产生较大裂缝，裂缝分布较为均匀，为典型的弯曲破坏。

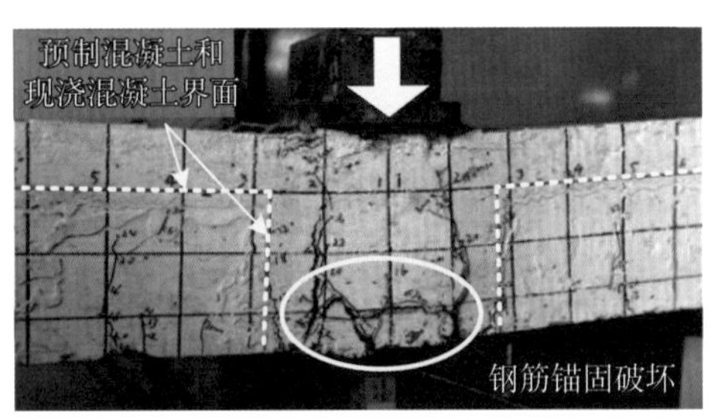

(a) CB梁的裂缝发展与破坏模式

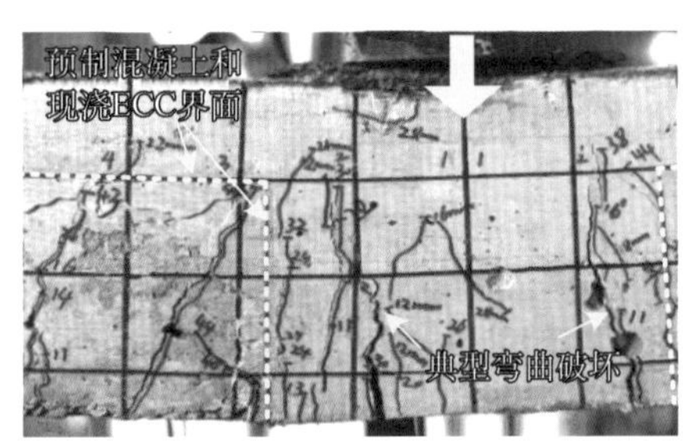

(b) PB-1梁的裂缝发展与破坏模式

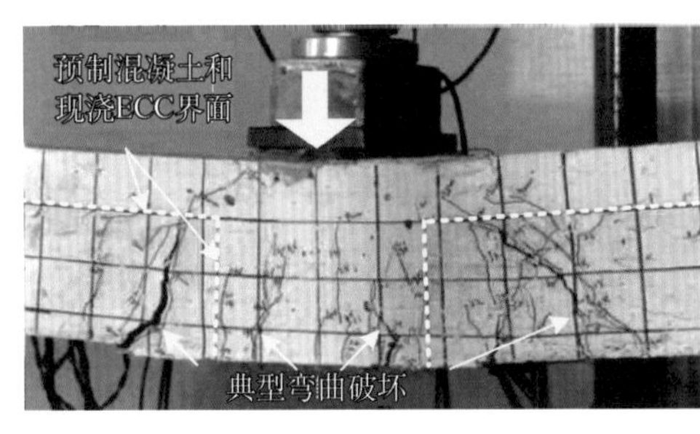

(c) PB-2梁的裂缝发展与破坏模式

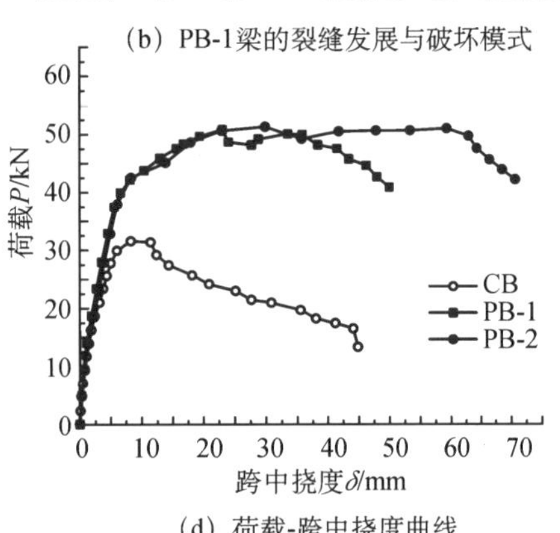

(d) 荷载-跨中挠度曲线

图 8-5 装配整体式梁式试验结果

后浇 ECC 装配整体式梁 PB-2 在荷载加至 9 kN 时左侧混凝土区域观察到第一条裂缝。11 kN 时在跨中 ECC 区域出现第一条裂缝，14 kN 时界面开裂。构件加载至 26 kN (0.5P_u)时，界面处最大裂缝宽度仅为 0.06 mm，两侧预制混凝土最大裂缝宽度超过 0.1 mm。荷载为 42 kN(0.8P_u)时左侧混凝土区域裂缝宽度超过 0.5 mm，界面处最大裂缝宽度尚未超过 0.1 mm。达到极限承载力 52 kN 时,左右两侧混凝土区域出现两条对称的主斜裂缝。节点 ECC 及界面裂缝宽度没有明显发展,为典型弯曲破坏。

可以看出,发生锚固破坏的 CB 梁的延性和承载力明显低于其他试件,在挠度仅为 $l/160$ 时就迅速下降。尽管 PB-1 和 PB-2 都远远不满足按照《混凝土结构设计规范》[13] 计算的受拉纵筋搭接长度要求,但其钢筋强度仍然可以充分发挥,从而达到构件的理论弯曲承载力。这表明 ECC 与钢筋之间的黏结作用要明显强于混凝土与钢筋。PB-1 和 PB-2 梁对比说明,在界面处增加 U 形构造配筋能够显著提高梁的变形能力。

三个叠合梁的裂缝分布示意图如图 8-6 所示。从图中可以看出,CB 梁裂缝间距较大,且在底部纵筋和弯起筋处出现大裂缝,发生了典型的锚固破坏。PB-1 梁的裂缝集中在预制混凝土—ECC 界面处,而 PB-2 梁的裂缝分布均匀。

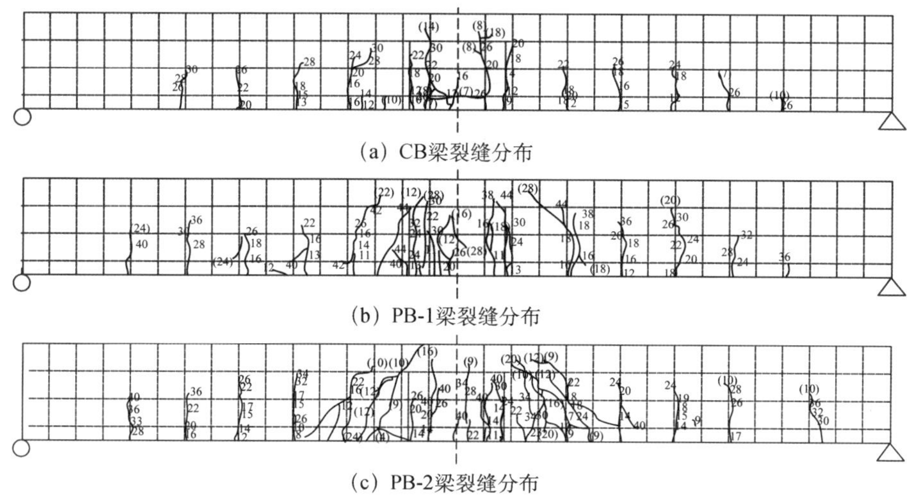

(a) CB梁裂缝分布

(b) PB-1梁裂缝分布

(c) PB-2梁裂缝分布

图 8-6 裂缝分布示意图

根据开裂区域的不同,可以将梁划分为混凝土梁、后浇 ECC 梁和预制—后浇界面 3 个区域。各区域观测到的开裂荷载如表 8-1 所示。从表中可以看出,在跨中后浇区域,三个试件的开裂荷载相当。在界面处,CB 梁的开裂荷载较小,PB-1 和 PB-2 梁的开裂荷载相当。这说明增加 U 形筋对开裂荷载的影响不显著。

表 8-1 试验实测开裂荷载

编号	界面部分 P_{cr-i}(kN)	预制部分 P_{cr-c}(kN)	后浇部分 P_{cr-p}(kN)
CB	9	12	12
PB-1	13	11	11
PB-2	14	8	11

各区域裂缝宽度发展情况如图 8-7 所示。在跨中后浇段区域,CB 梁的裂缝宽度要明显高于 PB-1 和 PB-2 试件,这说明 ECC 的抗裂能力要明显强于混凝土。在界面区域,

增加 U 形构造配筋的 PB-2 梁具有更强的裂缝宽度控制能力。在混凝土梁上，三个试件的裂缝发展速度则相似。从试验现象可以看出，采用 ECC 能够提高试件对应部分的裂缝控制能力，而 U 形构造配筋能够显著提高界面的抗裂性能。

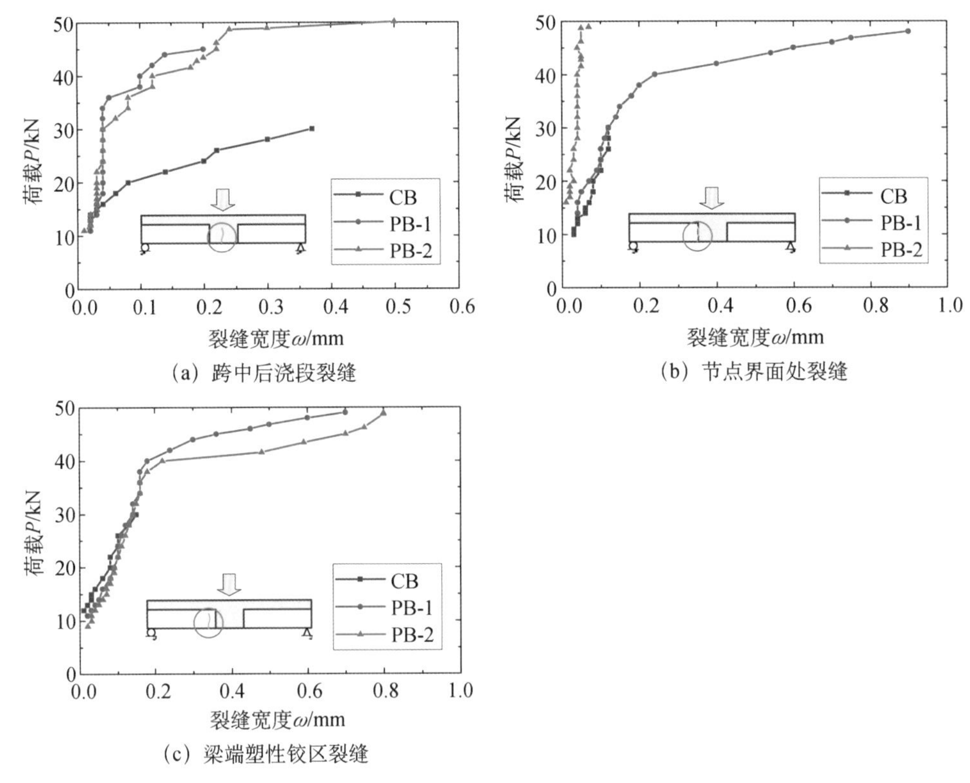

(a) 跨中后浇段裂缝

(b) 节点界面处裂缝

(c) 梁端塑性铰区裂缝

图 8-7 装配整体式梁裂缝发展情况

8.2.3 抗震性能试验研究

根据上述梁式试验的结果，设计了 7 个试件来研究所提出的 ECC 装配式节点的抗震性能，研究的相关参数如表 8-2 所示。两种典型试件(C-RC 与 P-ECC1)的尺寸及其配筋细节如图 8-8 所示。为了避免柱发生破坏，按照“强柱弱梁”的要求对构件进行设计，所采用的柱截面为 350 mm×350 mm，梁截面为 350 mm×250 mm，构件长 3 500 mm，高1 450 mm。试件变化的参数包括装配或现浇、节点区是否应用 ECC 材料、配箍率、纵筋配筋率、锚固长度和柱轴力。P-RC 试件的后浇区域采用普通混凝土材料，而P-ECC1 试件则采用 ECC 材料，二者在节点域均未配置箍筋。试件 P-ECC2 配置了正常构造中一半的箍筋以研究箍筋对节点性能的影响。试件 P-ECC3 配置了直径 20 mm 的纵筋以研究配筋率的影响。试件 P-ECC4 的锚固长度减小为 11 倍的钢筋直径以研究放松钢筋在 ECC 中锚固长度要求的可行性。试件 P-ECC5 的加载轴压比增大为 0.28 以研究轴力的影响。试验中将柱顶和柱底铰接，采用梁端加载的拟静力试验对各个节点的抗震性能进行研究。

表 8-2 后浇 ECC 叠合梁装配节点试验的研究参数

试件	制作方法	节点材料	配箍率 r_{sv}	纵筋	锚固长度 l_{dh}(mm)	轴压比
C-RC	现浇	RC	1.12%	3D18	无	0.07
P-RC	预制	RC	无	3D18	15 d	0.08
P-ECC-1	预制	ECC	无	3D18	15d	0.08
P-ECC-2	预制	ECC	0.56%	3D18	15 d	0.08
P-ECC-3	预制	ECC	无	3D20	13 d	0.08
P-ECC-4	预制	ECC	无	3D18	11 d	0.08
P-ECC-5	预制	ECC	无	3D18	15 d	0.28

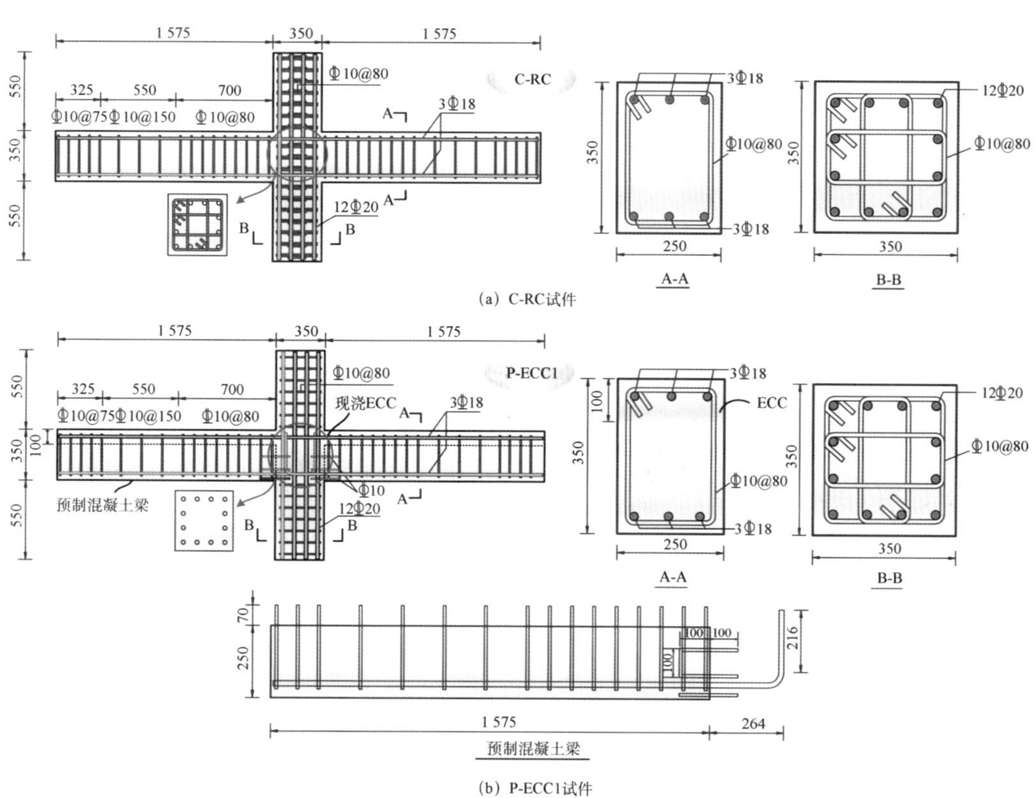

图 8-8 后浇 ECC 叠合梁装配节点试验的构造细节(单位:mm)

试件典型破坏模式如图 8-9 所示。现浇混凝土节点 C-RC 出现了典型的梁端塑性铰弯曲破坏模式,试验结果如图 8-9(a)所示,在混凝土压溃后钢筋发生受压屈曲。破坏时节点域两个方向均出现了约 10 条斜裂缝,最大宽度约为 0.3 mm。预制装配混凝土节点 P-RC 发生了典型的节点域剪切破坏。斜裂缝最大宽度在两倍屈服位移时就达到了 0.6 mm,并最终延伸到了柱区域,导致柱端混凝土保护层脱落,承载力下降较快。ECC 装配式节点 P-ECC1 在大变形时发生了梁端破坏,一条大裂缝贯穿整个梁截面。节点域在屈服时出现了大量细密的斜裂缝，斜裂缝宽度低于 0.2 mm。该节点屈服后承载力下降缓慢，整个过程中未观察到混凝土剥落的现象。减少锚固长度的节点 P-ECC4 发生了梁端和节点域的耦合破坏，破坏时梁端和节点域均出现大裂缝。其余试件破坏模式与 P-ECC1 相似。

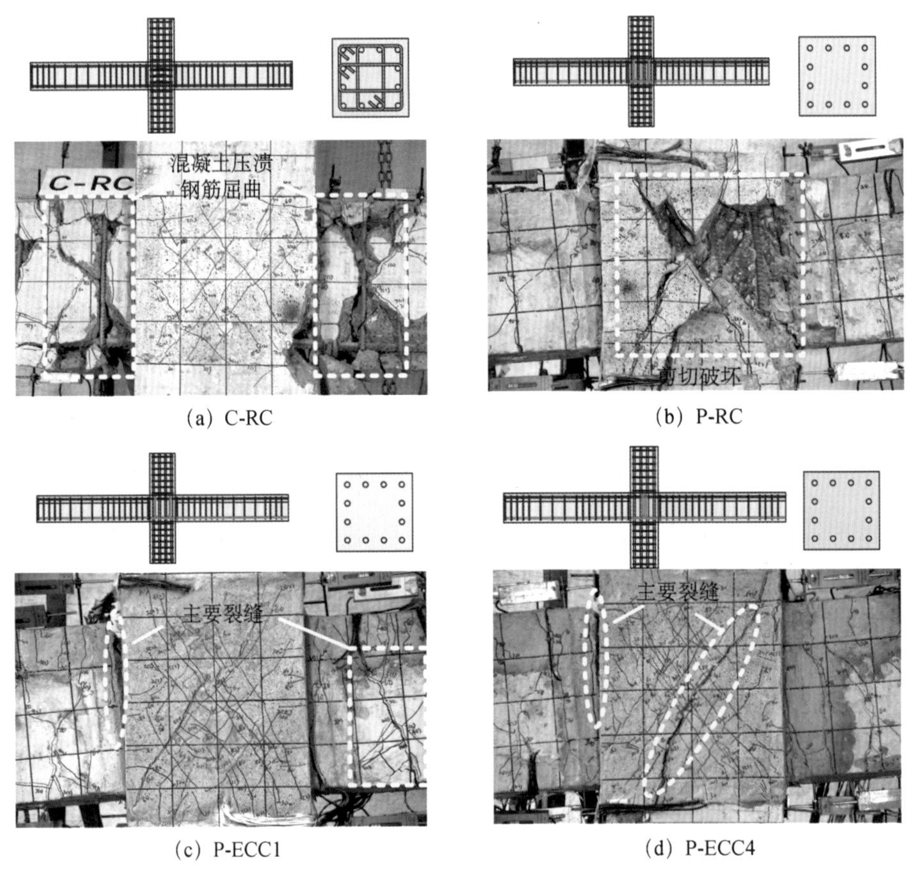

(a) C-RC (b) P-RC

(c) P-ECC1 (d) P-ECC4

图 8-9 典型构件的主要试验现象

节点主要试验结果如表 8-3 所示。试件 C-RC 和 P-ECC2 的滞回曲线饱满，而试件 P-RC 与 P-ECC4 则呈现出明显的捏拢效应，如图 8-10 所示。试件 P-ECC1、P-ECC2 和 P-ECC5 呈现出较好的延性，其中具有少量节点域箍筋的试件 P-ECC2 的延性最好，而增大配筋率和减少锚固长度都会使构件延性出现一定的下降。

位移延性系数定义为极限转角(Q_{ult})与屈服转角(Q_y)之比，是结构抗震性能评估的重要指标。所有七个试件的位移延性系数如表 8-3 所示。结果表明，两个 RC 试件表现出相似的延性系数，尽管预制试件 P-RC 在节点区域没有任何箍筋。ECC 预制试件 P-ECC1、P-ECC2 和 P-ECC5 的延性系数超过了 RC 试件。具有 C-RC 一半箍筋的试件 P-ECC2 表现出更高的延性，而柱的轴压比对于节点延性的影响不大。ECC 预制试件 P-ECC3 和 P-ECC4 的延性系数略小于 RC 试件。对于 P-ECC3 试件而言，增加梁纵筋直径会明显增加节点域的剪切应力水平，进而对延性造成不利影响。对于 P-ECC4 而言，锚固长度的减小同样对节点延性产生了不利影响。

表 8-3 主要试验结果

试件		屈服荷载		峰值荷载		极限荷载		延性系数	峰值剪力 v_j(MPa)
		P_y(kN)	Q_y	P_u(kN)	Q_u	P_{ult}(kN)	Q_{ult}		
C-RC	正	69.7	1/109	86.6	1/23	73.6	1/17	6.4	7.51
	反	64.9	1/101	84.4	1/27	71.7	1/17	5.9	7.55
P-RC	正	74.5	1/111	85.7	1/61	72.9	1/17	6.5	7.53
	反	72.4	1/109	79.8	1/96	67.8	1/18	6.1	7.61
P-ECC1	正	69.6	1/98	84.8	1/56	77.8	1/15	>6.5	7.54
	反	77.7	1/101	90.0	1/61	77.9	1/14	>7.2	7.46
P-ECC2	正	65.6	1/121	88.0	1/36	—	—	—	7.49
	反	73.9	1/113	85.0	1/36	75.6	1/13	>8.7	7.54
P-ECC3	正	88.6	1/82	100.5	1/53	85.4	1/17	4.8	9.01
	反	98.0	1/75	108.1	1/37	91.9	1/16	4.7	8.90
P-ECC4	正	72.6	1/84	88.4	1/36	75.2	1/15	5.6	7.49
	反	76.5	1/90	86.8	1/37	73.8	1/17	5.3	7.51
P-ECC5	正	79.1	1/95	96.6	1/21	82.1	1/15	>6.3	7.36
	反	79.3	1/103	87.3	1/23	74.2	1/15	>6.9	7.50

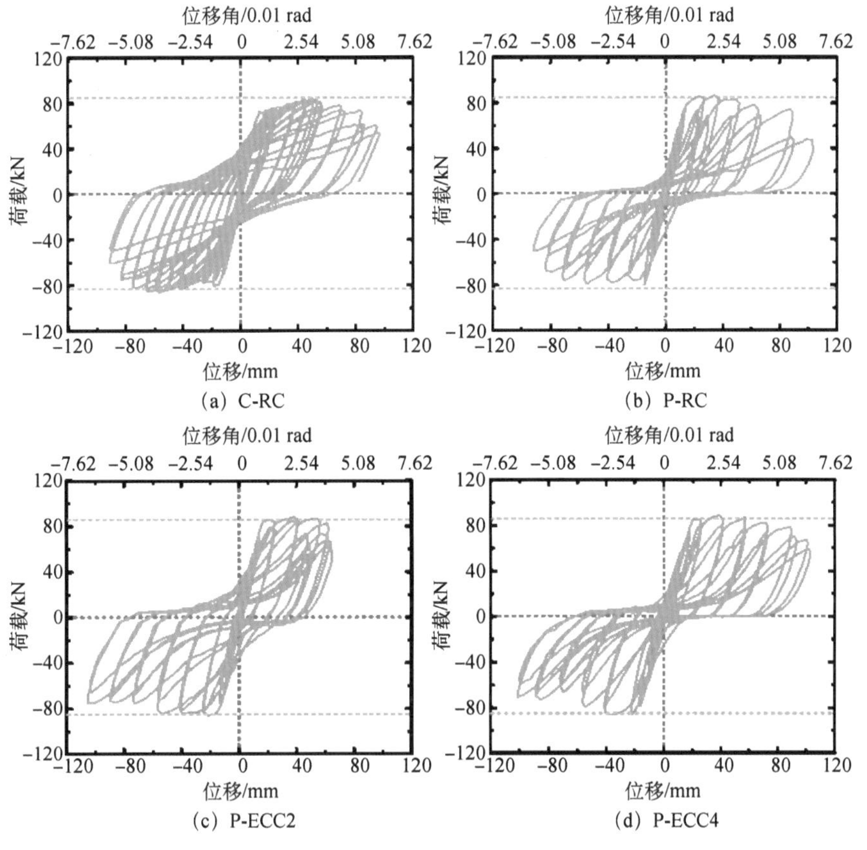

(a) C-RC (b) P-RC

(c) P-ECC2 (d) P-ECC4

图 8-10 典型构件的滞回曲线

典型试件的节点域剪切变形发展如图 8-11 所示。试件 C-RC 的剪切变形发展与 P-ECC1相当，而 P-RC 的节点域剪切变形发展最快，最终的剪切变形是 P-ECC1 的 5 倍以上。在节点域配置箍筋可以进一步控制剪切变形的发展。

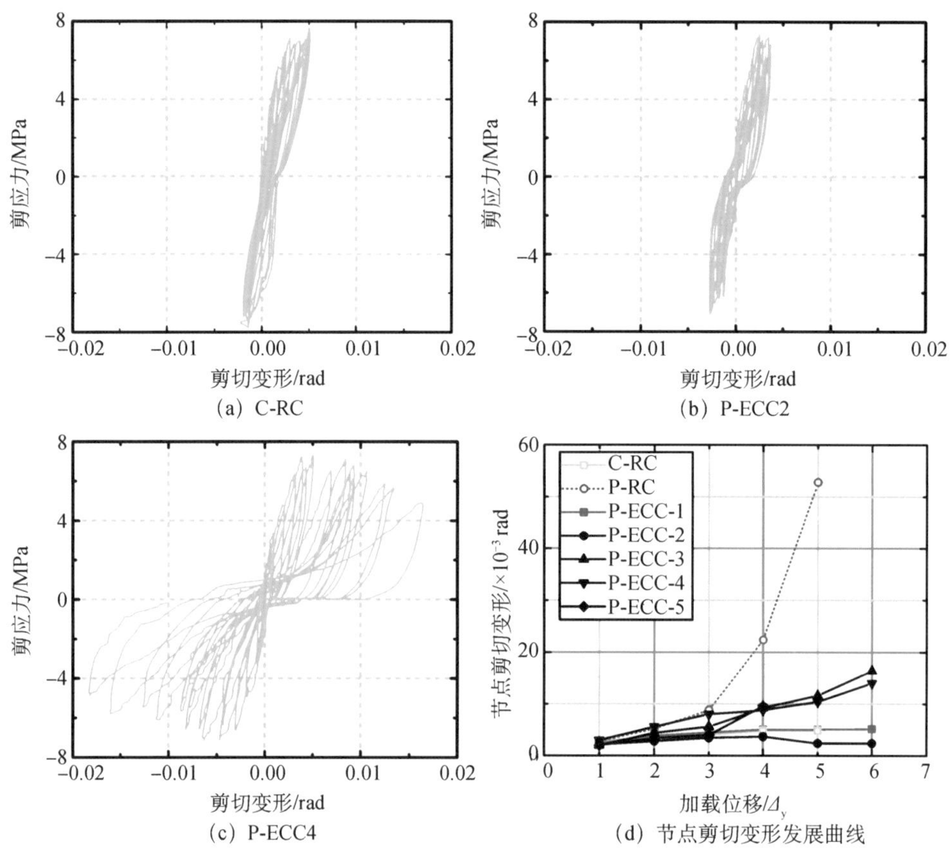

图 8-11 典型构件的节点剪切变形发展

节点的耗能能力通常可以通过等效阻尼系数(h_e)来进行比较。七个试件的等效粘滞阻尼随着加载程度变化的曲线如图 8-12(a)所示。可以看出在梁端转角小于 4%时，试件 P-ECC2 和 P-ECC5 的粘滞阻尼系数明显高于 C-RC。在梁端转角小于 3%时，试件 P-ECC1、P-ECC4 和 P-RC 的 h_e值与 C-RC 的几乎相同。随着转角的增大，部分 ECC 节点发生了梁顶纵筋滑移，而另外一部分节点则发生了剪切破坏。最终，所有预制装配试件的粘滞阻尼系数降低。结果表明，所提出的 LSECC 预制装配节点仅用一半的节点域箍筋即可提高整体耗能能力。此外，在节点域完全不采用箍筋时，LSECC 节点在小转角(低于 3%)时仍然能表现出与 RC 节点类似的耗能能力。累积耗能(E_{total})用于描述节点在加载过程中能量耗散的总量，其对比结果如图 8-12(b)所示。整体而言，LSECC 预制装配节点的累积耗能达到了 RC 节点类似的水平。

本节提出了一种后浇 ECC 叠合梁—预制柱装配整体式节点，并通过梁式试验和节点试验对连接构造细节和整体抗震性能进行了研究。梁式试验表明后浇 ECC 应用于节点连接具有

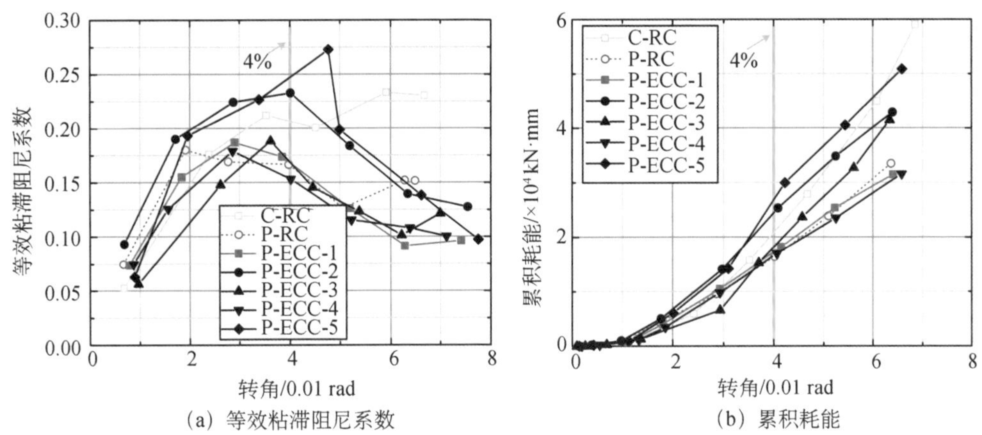

(a) 等效粘滞阻尼系数　　(b) 累积耗能

图 8-12　等效粘滞阻尼系数与累积耗能曲线

可行性,适当的构造配筋可以进一步控制界面裂缝发展,保证共同工作。节点试验表明在节点区应用 ECC 可以显著提高节点的抗剪性能,控制斜裂缝发展并部分替代节点域的箍筋。

8.3　节点域及塑性铰区应用 ECC 的装配整体式节点

8.3.1　节点方案

在前一种连接方案的基础上,将钢筋的连接区域移至梁端塑性铰区域,可以进一步简化节点域的钢筋构造。图 8-13 给出了这种后浇 ECC 槽型叠合梁—预制柱装配整体式节点的构造方法。为方便 ECC 浇筑,在梁端塑性铰区域采用 ECC 预制 U 形槽,既参与受力又可充当模板,梁纵筋的搭接连接和 ECC 的浇筑均可在槽内进行。采用槽型叠合梁的形式不仅优化了节点域的配筋,还能够进一步增强梁端塑性铰区域的变形能力。在带 U 形槽的预制构件中,底部纵筋伸出预制梁混凝土部分,并在 ECC 槽的末端进行 90°弯起。施工过程中,首先将带箍筋和底部纵筋的预制梁放置在底层柱上,在布置好预制混凝土梁后,安置顶部纵筋和两个 ECC 槽之间的搭接纵筋。顶部纵筋连续穿过节点区域,底部搭

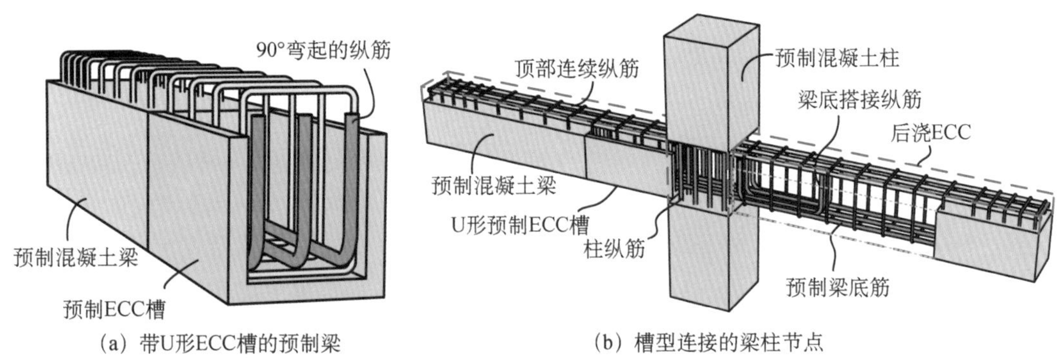

(a) 带U形ECC槽的预制梁　　(b) 槽型连接的梁柱节点

图 8-13　后浇 ECC 槽型叠合梁—预制柱装配整体式节点示意图

接纵筋两端进行 90°弯起，且分别与两个预制梁的底部纵筋在 ECC 槽中搭接。最后在节点域、梁端塑性铰区域和叠合梁顶层后浇 ECC 以完成节点的制作。同样，节点域可以不布置或者少量布置箍筋，进一步简化构造、方便施工。

8.3.2 关键构造验证

为研究这种 ECC 槽型叠合梁的连接构造可靠性，参考 8.2.2 节的思路，设计了如图 8-14 所示的现浇梁试件（CB）和装配整体式梁试件（PB-3），采用单点加载的方式考察节点中梁端界面、U 形槽连接界面、纵筋搭接以及塑性铰区域的力学性能。CB 试件长 1 750 mm、高 175 mm、宽 90 mm。PB-3 试件长 1 750 mm、高 175 mm、宽 125 mm。CB 试件纵筋采用 3 根直径 10 mm 的 HRB400 钢筋贯穿全长。PB-3 试件纵向钢筋采用 3 根直径 10 mm 的 HRB400 级钢筋，在 ECC 槽中进行搭接连接。箍筋布置、加载方式均与 8.2.2 节相同。在 PB-3 试件 ECC—混凝土界面设置直径 6 mm 的 U 形钢筋以增强界面抗拉抗剪能力，约束裂缝发展。

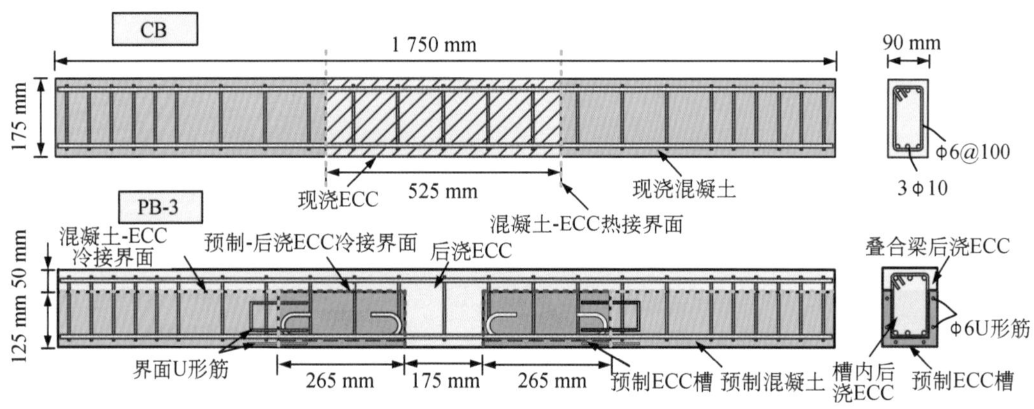

图 8-14 后浇 ECC 槽型装配整体式梁试件设计

混凝土—ECC 一次浇筑梁 CB 在荷载加至 7 kN 时，观察到 ECC—混凝土左侧界面处开裂，12 kN 时观察到右侧混凝土区域开裂，15 kN 时观察到 ECC 段开裂。当荷载达到 27 kN（$0.5P_u$）时，界面处裂缝宽度为 0.1 mm。ECC 部分裂缝均匀开展，裂缝间距仅为 15 mm 左右，明显小于混凝土部分裂缝间距。最终破坏时的情况如图 8-15(a)所示，加载点处产生一条主裂缝，为典型的弯曲破坏。

试件 PB-3 的破坏模式及荷载位移曲线如图 8-15(b)所示。在荷载达到 8 kN 时左侧混凝土与 ECC 界面处开裂，由于梁与核心区之间界面未配 U 形筋，开裂荷载相比PB-2 更低。荷载达到 10 kN 时，节点区域 ECC 开裂。荷载达到 18 kN 时，左右两侧混凝土区域观察到裂缝。构件加载至 30.5 kN（$0.5P_u$）时，右侧预制 ECC 槽与跨中后浇 ECC 界面处最大裂缝宽度达到 0.12 mm。44 kN（$0.7P_u$）时，右侧新老 ECC 界面处裂缝宽度超过 0.5 mm。峰值荷载为 61 kN，且直至挠度达到 1/21 跨度时，荷载均未下降。预制 ECC 槽与预制混凝土连接情况良好，但节点两侧界面处出现主裂缝，为典型的弯曲破坏。

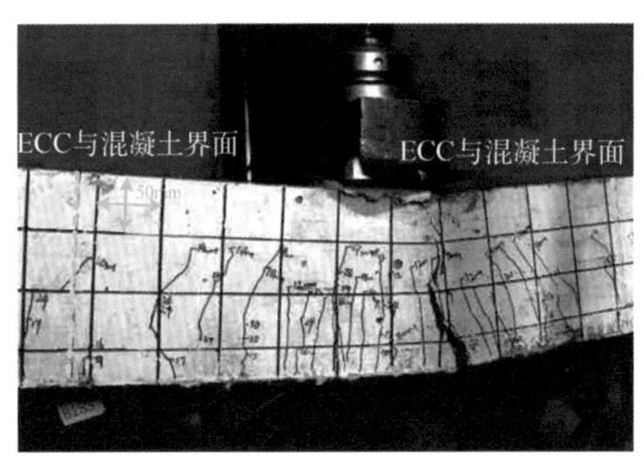

(a) CB梁破坏模式

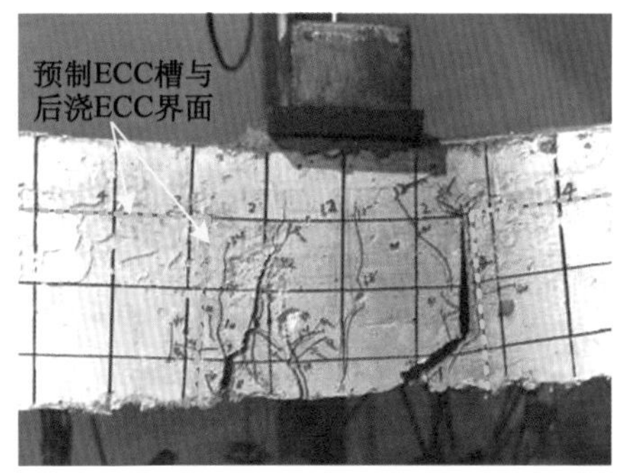

(b) PB-3梁破坏模式

图 8-15　槽型装配整体式梁式试验结果

各区域观测到的开裂荷载如表 8-4 所示，各区域裂缝宽度发展情况如图 8-16 所示。从图中可以看出，两个试件的裂缝控制能力相当。

表 8-4　试验实测开裂荷载

编号	界面部分 $P_{cr\text{-}i}$(kN)	预制部分 $P_{cr\text{-}c}$(kN)	后浇部分 $P_{cr\text{-}p}$(kN)
CB	7	12	15
PB-3	8	12	10

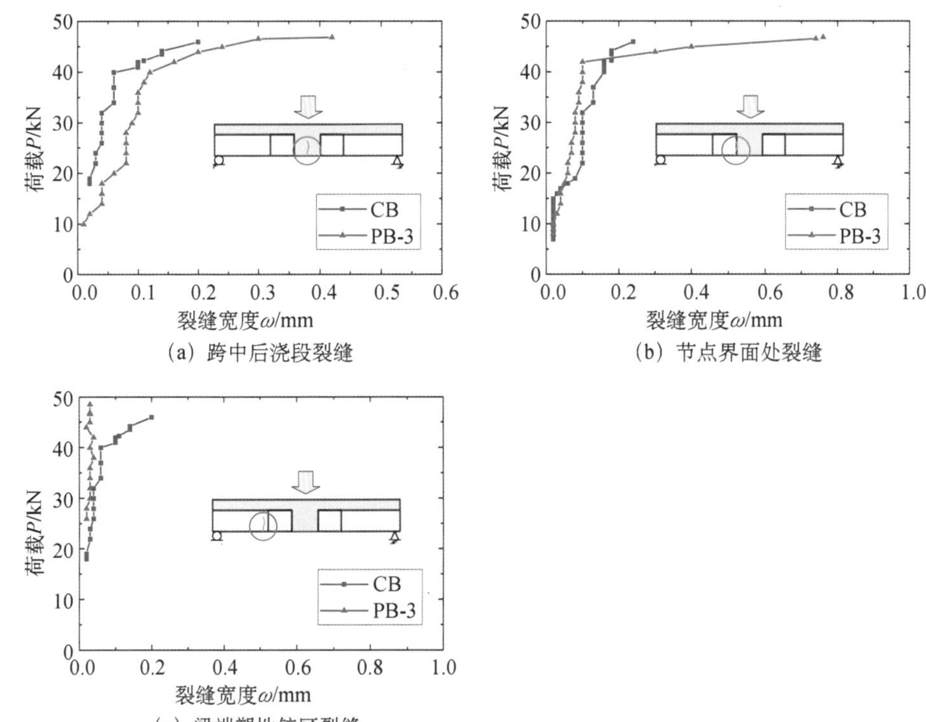

(a) 跨中后浇段裂缝

(b) 节点界面处裂缝

(c) 梁端塑性铰区裂缝

图 8-16　跨中后浇段裂缝发展图

可以看出,尽管 PB-3 梁的纵筋搭接长度未满足规范限值要求,其钢筋的受拉性能与整体的延性仍然能够达到现浇 ECC 梁的水平。与上一节的 PB-1 和 PB-2 相比,ECC 槽型装配整体式构件 PB-3 展现出更高的承载力与更好的延性。同时,ECC 区域的裂缝发展也得到了良好的控制。梁式试验表明,后浇 ECC 槽型叠合梁具有足够的承载能力和延性,连接方式可靠,裂缝控制性能良好。在节点域和梁端塑性铰后浇区增设 U 形构造配筋能进一步提高梁柱界面的抗裂能力。

8.3.3 抗震性能试验研究

根据上述梁式试验的结果,设计了 5 个后浇 ECC 槽型叠合梁—预制柱装配整体式节点试件来研究所提出节点的抗震性能,研究的相关参数如表 8-5 所示。两个典型试件(C-ECC与 PU-ECC1)的尺寸及其配筋细节如图 8-17 所示。截面尺寸与 8.2.3 节相同。试件变化的参数包括装配或现浇、配箍率、纵筋配筋率和预制 ECC 槽长度。C-ECC 试件采用全现浇方式制作,PU-ECC1 采用预制装配方式制作,二者在节点域均未配置箍筋。试件 P-ECC2 配置了少量箍筋以研究箍筋对节点性能的影响。试件 P-ECC3 配置了直径 20 mm 的纵筋以研究配筋率的影响。试件 P-ECC4 的 ECC 槽长度从 525 mm 减小为 350 mm 以研究搭接长度的影响。试件屈服前采用力控制加载;屈服后按照位移控制加载,每级位移循环加载两次。

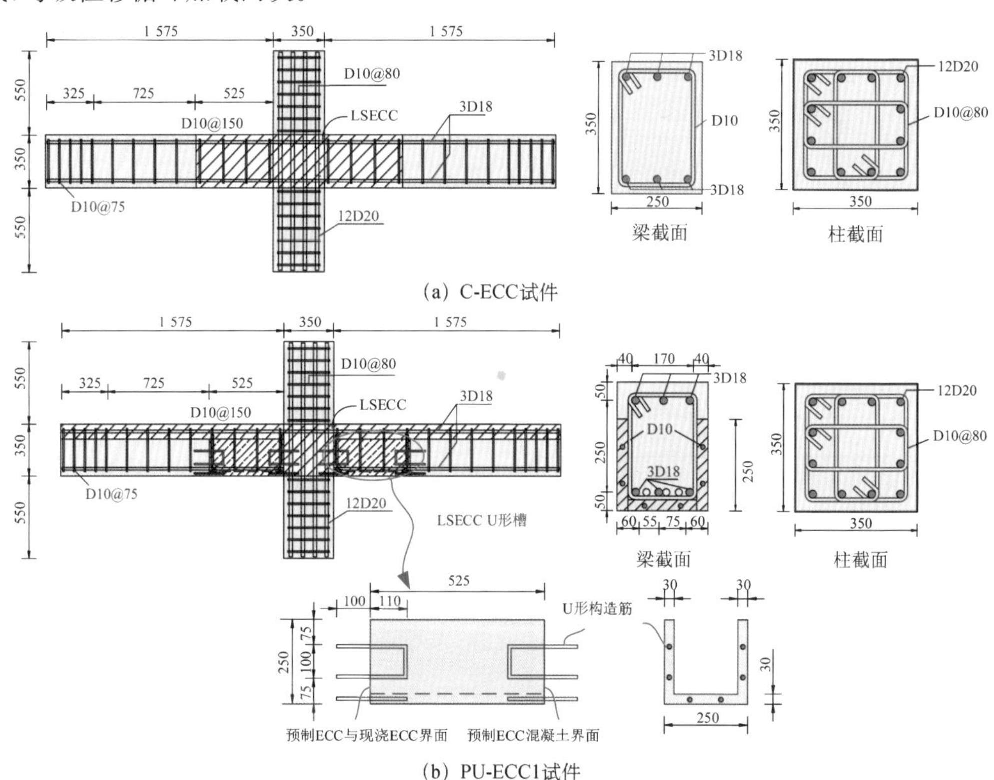

图 8-17 后浇 ECC 槽型叠合梁—预制柱装配整体式节点试件设计

表 8-5 后浇 ECC 槽型叠合梁—预制柱装配整体式节点试验研究参数

试件	制作方法	节点材料	节点配筋	梁配筋	ECC 槽长度（mm）
C-ECC	现浇	ECC	无	3D18	525
PU-ECC1	预制	ECC	无	3D18	525
PU-ECC2	预制	ECC	无	3D20	525
PU-ECC3	预制	ECC	D10@80	3D18	525
PU-ECC4	预制	ECC	无	3D18	350

典型试件的破坏模式如图 8-18 所示。对于现浇节点 C-ECC，节点域在达到 0.44% 的位移角时开裂，初始裂缝宽度为 0.02 mm。最终破坏时，梁端塑性铰区裂缝间距达到 40 mm，梁柱界面开展了一条主裂缝，节点域斜裂缝最大宽度为 0.5 mm。对预制装配节点 PU-ECC1，节点域在达到 0.38%位移角时开裂，初始裂缝宽度为 0.02 mm。最终破坏时在梁顶与柱界面产生了主裂缝，节点域最大裂缝宽度为 0.3 mm，ECC 槽与节点间的裂缝宽度低于 0.2 mm，U 形槽区域整体性良好。节点域配置箍筋的 PU-ECC2 试件的破坏情况与 PU-ECC1 类似，但节点域在达到 0.65%位移角时才开裂，且斜裂缝最大宽度为 0.17 mm。增大纵筋配筋率的 PU-ECC3 试件发生了节点域剪切破坏，最终节点域 ECC 被压溃，梁端塑性铰区域连接性能良好。减少纵筋连接长度的试件 PU-ECC4 展现出良好的搭接性能，梁端塑性铰区域的裂缝间距约为 40 mm，节点破坏模式与 PU-ECC1 类似。

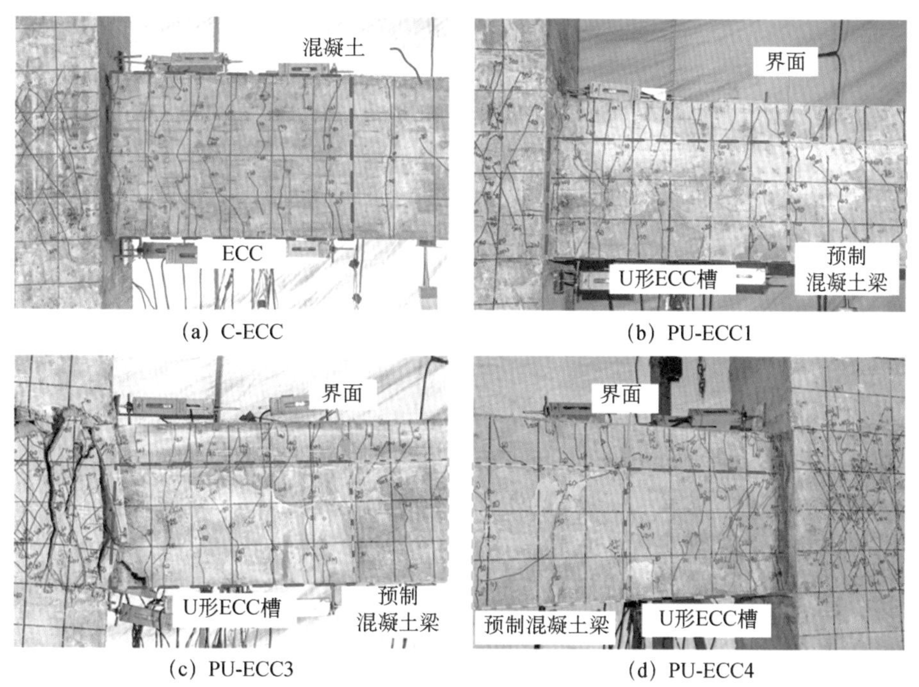

(a) C-ECC　(b) PU-ECC1
(c) PU-ECC3　(d) PU-ECC4

图 8-18 典型试件的试验现象

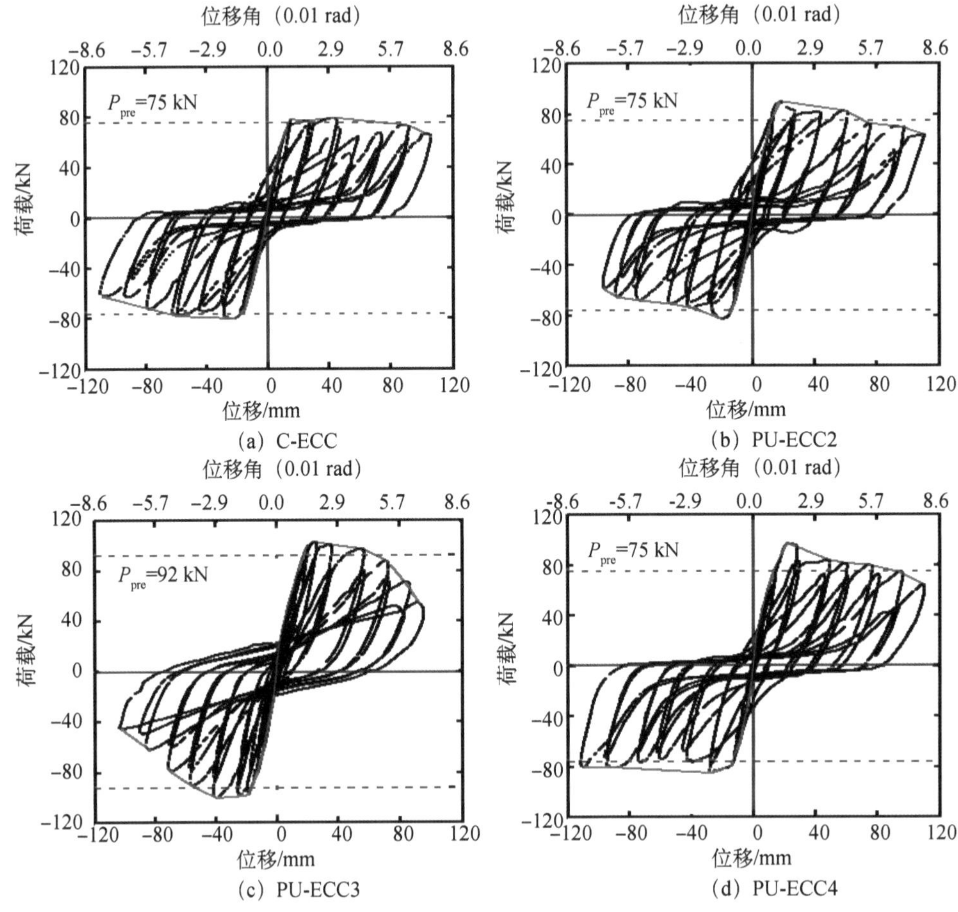

(a) C-ECC (b) PU-ECC2 (c) PU-ECC3 (d) PU-ECC4

图 8-19 典型试件的滞回曲线

表 8-6 主要试验结果

试件		屈服荷载		峰值荷载		极限荷载		等效粘滞阻尼系数
		P_y(kN)	θ_y(rad)	P_m(kN)	θ_m(rad)	P_u(kN)	θ_u(rad)	
C-ECC	正	69.0	1/114	79.8	1/32	67.8	1/14	0.215
	反	73.5	1/90	79.6	1/63	67.6	1/15	
PU-ECC1	正	77.0	1/102	92.2	1/68	78.3	1/23	0.217
	反	73.3	1/102	85.4	1/66	72.6	1/32	
PU-ECC2	正	78.4	1/101	90.2	1/77	76.6	1/20	0.299
	反	72.9	1/112	82.8	1/71	70.4	1/25	
PU-ECC3	正	87.9	1/84	103.2	1/58	87.8	1/19	0.119
	反	85.9	1/96	100.0	1/35	85.0	1/22	
PU-ECC4	正	78.9	1/96	97.4	1/63	82.8	1/26	0.199
	反	69.6	1/120	84.9	1/53	72.2	1/13	

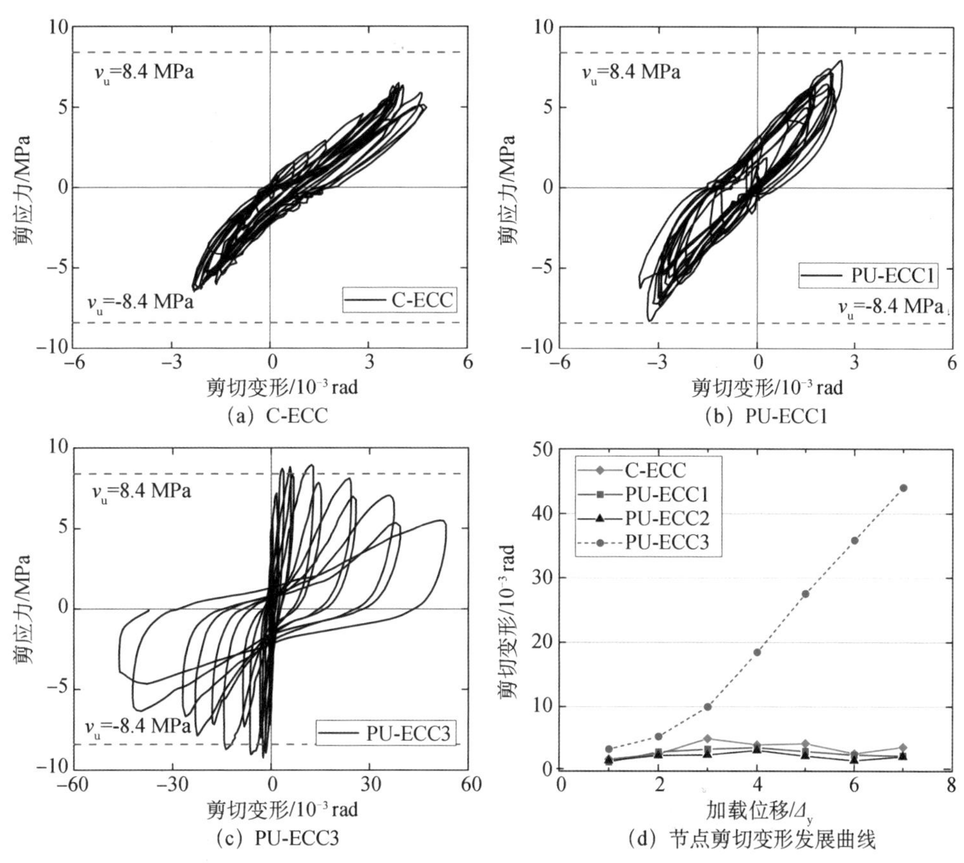

(a) C-ECC (b) PU-ECC1

(c) PU-ECC3 (d) 节点剪切变形发展曲线

图 8-20 典型试件的节点剪切变形发展

典型试件的滞回曲线如图 8-19 所示，其中 P_{pre} 为理论计算峰值荷载主要结果归纳如表 8-6 所示。屈服前各个试件的刚度基本一致。试件 PU-ECC1、PU-ECC2 和 PU-ECC4 的屈服荷载、峰值荷载和强度退化情况基本相同，且正向（北侧梁端位移向上）峰值荷载比反向峰值荷载均大约 10%，超过峰值荷载后强度退化缓慢。正反向荷载的差异与受拉纵筋的布置细节有关。试件 PU-ECC3 由于发生了节点域剪切破坏，延性受到了一定影响。典型试件的节点域剪切变形发展情况如图 8-20 所示，现浇节点 C-ECC 的剪切变形略大于预制装配节点 PU-ECC1。通过增加节点域配筋可以进一步约束节点域变形发展。对于配筋率较高且未配置节点域箍筋的试件 PU-ECC3，节点域最大剪切变形达到 0.044 rad，是 PU-ECC1 最大剪切变形的 17 倍，发生了典型的节点域剪切破坏。

由以上分析可知，大部分试件节点域的变形都不大，因此节点剪切变形对梁端转角的贡献并不大，大部分转角都集中在梁端塑性铰区。在本试验中，梁端塑性铰区的转角通过位移计进行测量。试验分三段测量了 500 mm 长的梁端塑性铰区的转角，测区分为 R1、R2 和 R3，距离梁柱界面的垂直距离分别为 50 mm、250 mm 和 500 mm，如图 8-21 所示。

梁端塑性铰区转角—荷载曲线如图 8-22 所示，这条曲线是 R1、R2 和 R3 区梁端转角

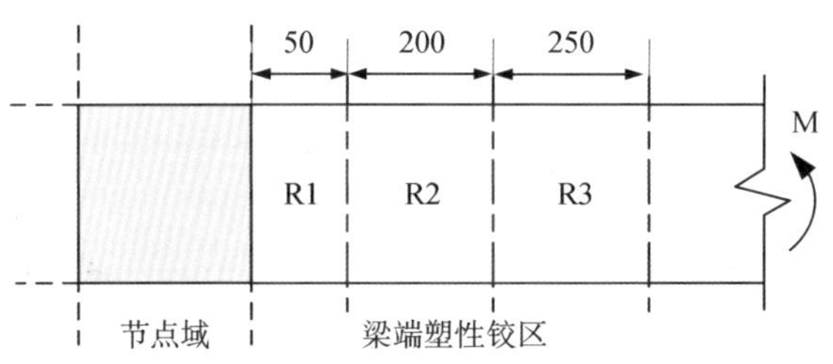

图 8-21　梁端塑性铰区域划分

的总和。图 8-21 梁端加载的方向为正向。对试件 C-ECC 而言，正向和反向的梁端塑性铰区最大转角均为 0.09 rad。预制装配试件 PU-ECC1、PU-ECC2 和 PU-ECC4 的梁端塑性铰转角—荷载曲线均较为相似。反向加载时的最大转角均低于正向加载时的转角，这是由梁顶部和底部不同的配筋造成的。对于 PU-ECC3 而言，梁端塑性铰区的转角仅为 0.05 rad，远小于其他预制装配试件。这是因为 PU-ECC3 节点发生剪切破坏，部分转角由节点剪切变形贡献。

节点顶部、底部以及梁端塑性铰区的钢筋应变反映了节点在加载过程中的特性。梁

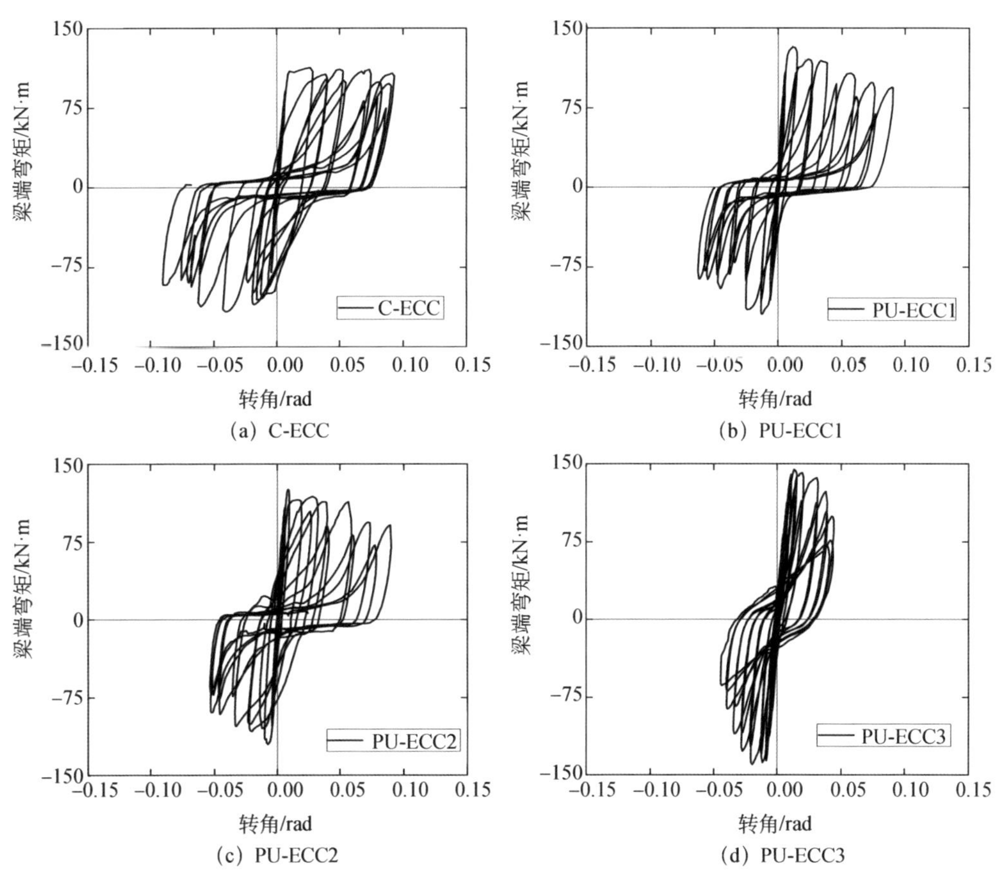

(a) C-ECC　(b) PU-ECC1

(c) PU-ECC2　(d) PU-ECC3

图 8-22　梁端塑性铰区弯矩—转角曲线

端塑性铰区筋上布置的应变片如图 8-23 所示。应变片 T1 用于测量顶部纵筋的应变。对于预制 ECC 梁而言，底部纵筋由横跨节点域的纵筋 A 和从预制混凝土梁伸出来的纵筋 B 在 ECC 槽中搭接而成。应变片 B1 和 B2 布置在纵筋 A 上，而应变片 B3、B4 和 B5 则布置在纵筋 B 上。B1、B2/B3、B4、B5 按照 200 mm 的等间距布置在底部纵筋上。

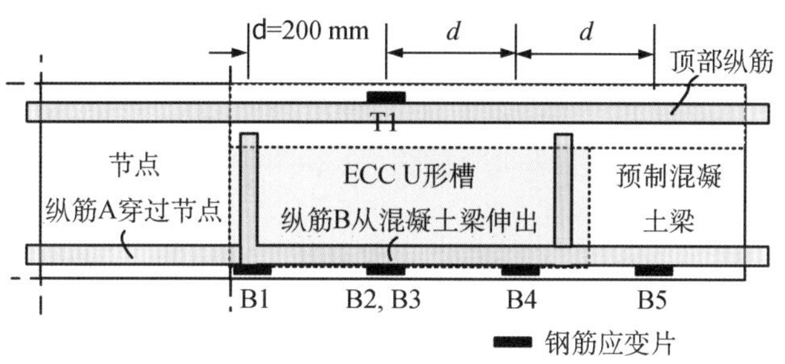

图 8-23　纵筋应变片布置示意图

顶部纵筋的钢筋应变—加载位移骨架曲线如图 8-24 所示。当顶部钢筋承受拉力时，所有试件顶部的纵筋均呈现出相似的应变—加载位移曲线。但是当顶部纵筋承受压力时，骨架曲线则有较大区别。对于 C-ECC、PU-ECC1 和 PU-ECC4 而言，顶部纵筋的压应力在 2 倍屈服位移（$2\Delta_y$）时达到最大值 160 MPa，之后则开始下降。在梁端位移超过 4 倍屈服位移（$4\Delta_y$）时，受压侧的顶部纵筋反而出现了拉应力，这是由于顶部纵筋的滑移导致的。对于具有少量箍筋的试件 PU-ECC2，顶部纵筋压应力下降的速度明显更缓慢，说明顶部纵筋的滑移相对其他试件而言更为滞后，在 $3\Delta_y$ 处最大压应力达到了 357 MPa。试件 PU-ECC3 顶部纵筋的最大压应力达到了 180 MPa，随后随着节点域的剪切破坏，最大压应力逐渐下降。由于该试件发生了剪切破坏而非纵筋滑移破坏，因此顶部纵筋并未出现明显的拉应力。

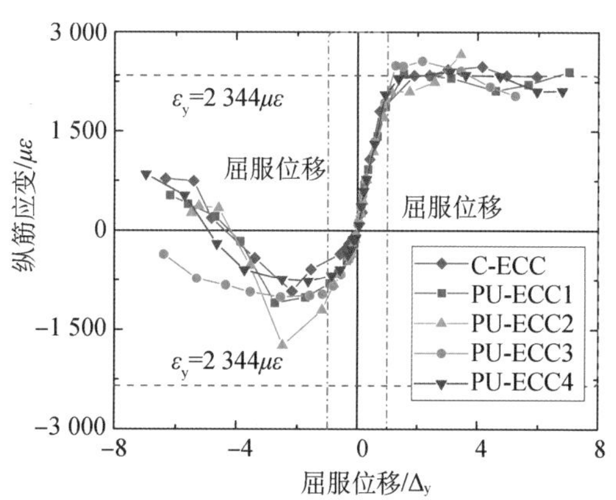

图 8-24　顶部纵筋的钢筋应变—加载位移骨架曲线

ACI 规范给出了混凝土框架结构中纵筋在节点域锚固的规定，对于本节而言，如果严格按照规范规定选取纵筋，在节点尺寸不变的前提下，能够配置的最大纵筋直径为 15 mm。许多学者在研究中指出钢与 ECC 之间的黏结性能比钢与混凝土的更好，于是在设计试验时采用了 18 mm 甚至 20 mm 的纵筋。但从试验结果来看，钢筋在往复滞回加载后期发生了明显的滑移现象。这说明钢与 ECC 之间的黏结性能与加载方式是密切相关的，尚需深入研究。

从图 8-23 中可以看出，应变片 T1、B2 和 B3 处于同一个位置处的梁截面上，该梁截面距离梁柱界面 200 mm。B2、B3 布置在底部纵筋上，而 T1 布置在顶部纵筋上。试件在 B2、B3 和 T1 位置处钢筋的应变—梁端位移曲线如图 8-25 所示。在 C-ECC 中，梁顶部和底部纵筋在受拉和受压时的应变完全一致。因此，C-ECC 在正向加载和反向加载时，节点的承载能力相同。在 PU-ECC1 中，当梁端位移低于 $0.3\Delta_y$时，应变片 B2 和 B3 的应变之和 B2＋B3 等于 T1。当梁端位移超过 $0.3\Delta_y$时，B2＋B3 则比 T1 更高。本节所提出的预制节点塑性铰区 ECC 槽内典型应力分布示意图如图 8-26 所示，梁端承受向上的荷载时，底部纵筋的拉力通过 ECC 和 90°的弯钩在纵筋 A 和纵筋 B 之间传递。由于构造的特殊性，90°弯钩之间的 ECC 承受了一部分压力 C_2。由力学分析可知，截面的总弯矩可以由式 8-1 求得。相关参数均标注在图 8-26 中。

$$M = C_1 x_1 + C_2 x_2 \tag{8-1}$$

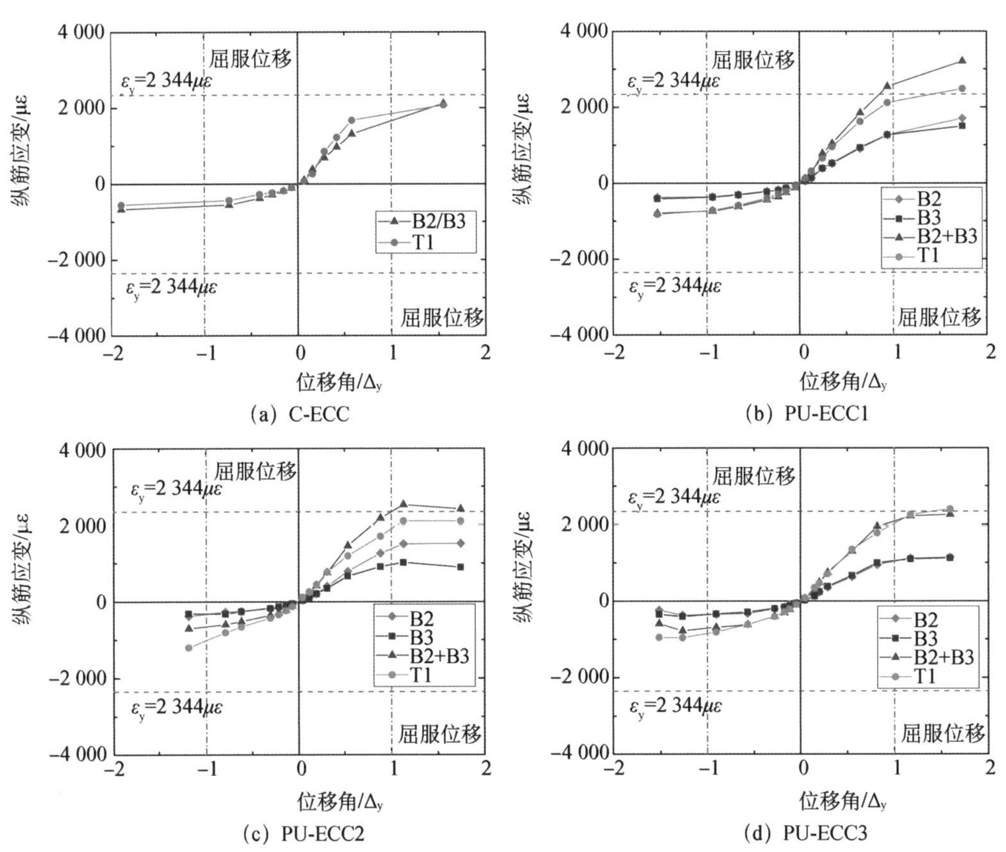

图 8-25　B2、B3 和 T1 位置处钢筋的应变—梁端位移曲线

PU-ECC1 的应变发展如图 8-25(a)所示，屈服后 B2＋B3 比 T1 高约 20%。如果假设这多出来的 20%的轴力通过 C_2 传递，那么正向加载和反向加载时节点承载能力的差别即为 C_2x_2。如果合理假设 $x_2/x_1=0.5$，那么构件正向和反向的承载能力差值约为 10%。从以上的试验可以看出，PU-ECC1 的正向和反向承载力分别为 92.2 kN 和 85.5 kN，这与应力分析得出的结果是一致的。对于 PU-ECC3 而言，在整个加载过程中

B2+B3 与 T1 在受拉时基本相等。这与试验观测结果同样吻合。

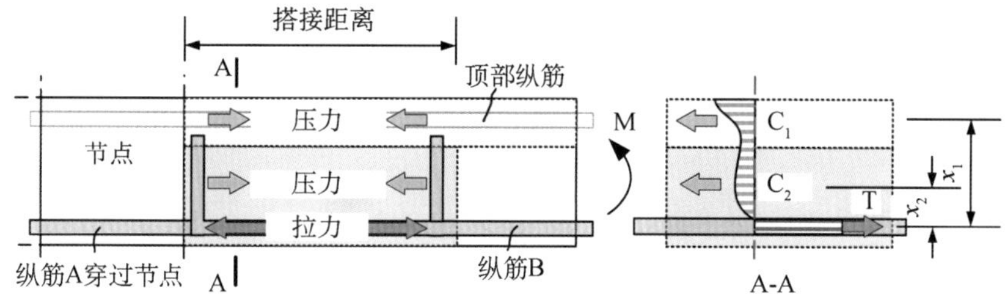

图 8-26 塑性铰区 ECC 槽内典型应力分布示意图

本节在上节所提出的后浇 ECC 叠合梁—预制柱装配整体式节点的基础上进一步提出了一种后浇 ECC 槽型叠合梁—预制柱装配整体式节点,并通过梁式试验和节点试验研究了该节点的构造与抗震性能。梁式试验表明 ECC 槽型梁中的纵筋搭接十分可靠。节点试验表明将钢筋在节点核心区锚固改为梁端搭接,同时减少节点域的箍筋,极大地方便了节点的施工。同时,这种连接方式具有足够的强度、延性与耗能能力。

8.4 小结

本章提出了两种构造简单、易于施工的高性能混凝土节点连接形式。通过应用低收缩 ECC 材料,在保留 ECC 良好抗拉延性的同时还能减少材料的收缩,从而保证构件的浇筑质量和接缝性能。相关试验表明,所提出的两种新型预制装配节点均具有良好的延性、抗剪性能和抗裂性能,在节点域保留部分箍筋还可进一步提高节点的耗能能力并减小裂缝宽度。同时在槽型 ECC 装配整体式节点中,梁端纵筋的搭接长度可以进一步减少以适应实际工程需求。

本章参考文献

[1] Li V C. Postcrack scaling relations for fiber reinforced cementitious composites[J]. Journal of Materials in Civil Engineering, 1992, 4(1): 41-57.

[2] Li V C, Leung C K Y. Steady-state and multiple cracking of short random fiber composites[J]. Journal of Engineering Mechanics, 1992, 118(11): 2246-2264.

[3] Kong H J, Bike S G, Li V C. Constitutive rheological control to develop a self-consolidating engineered cementitious composite reinforced with hydrophilic poly (vinyl alcohol) fibers[J]. Cement and Concrete Composites, 2003, 25(3): 333-341.

[4] 丁一,陈小兵,李荣. ECC 材料的研究进展与应用[J]. 建筑结构, 2007, S1: 378-382.

[5] 曹明莉,许玲,张聪. 高延性纤维增强水泥基复合材料的微观力学设计、性能及发展趋势[J]. 硅酸盐学报, 2015, 43 (5):632-642.

[6] Yuan F, Pan J, Xu Z, et al. A comparison of engineered cementitious composites versus

normal concrete in beam-column joints under reversed cyclic loading[J]. Materials and Structures, 2013, 46(1-2): 145-159.

[7] Qudah S, Maalej M. Application of engineered cementitious composites (ECC) in interior beam-column connections for enhanced seismic resistance[J]. Engineering Structures, 2014, 69: 235-245.

[8] Parra-Montesinos G J, Peterfreund S W, Chao S H. Highly damage-tolerant beam-column joints through use of high-performance fiber-reinforced cement composites[J]. ACI Structural Journal, 2005, 102(3): 487-495.

[9] Said S H, Razak H A. Structural behavior of RC engineered cementitious composite (ECC) exterior beam—column joints under reversed cyclic loading[J]. Construction and Building Materials, 2016, 107: 226-234.

[10] 梁兴文,王英俊,邢朋涛,等. 局部采用纤维增强混凝土梁柱节点抗震性能试验研究[J]. 工程力学, 2016, 04:67-76.

[11] Zhang J, Gao Y, Wang Z. Evaluation of shrinkage induced cracking performance of low shrinkage engineered cementitious composite by ring tests[J]. Composites Part B: Engineering, 2013, 52: 21-29.

[12] Zhang J, Gong C, Guo Z, et al. Engineered cementitious composite with characteristic of low drying shrinkage [J]. Cement and Concrete Research, 2009, 39(4):303-312.

[13] 中华人民共和国住房和城乡建筑部.混凝土结构设计规范:GB 50010—2010 [S].北京:中国建筑工业出版社,2010.

第9章

装配式混凝土结构耐久性研究

9.1 引言

针对普通钢筋混凝土结构的工程调研表明，结构在长期服役过程中会由于侵蚀介质腐蚀、反复荷载作用等因素发生混凝土开裂、钢筋锈蚀等材料层次劣化现象，进而引起结构整体性能劣化。考虑到使用材料和结构形式的相似性，装配式混凝土结构中的耐久性问题同样值得关注。通常认为，工厂中预制的装配式混凝土构件因材料配合比和养护条件受到严格控制，耐久性能较相同材料制作的现浇混凝土构件更优；但现场施工中，装配式混凝土结构中不可避免地会存在构件间拼接接缝，形成相对薄弱面，因此结构在长期服役过程中的性能劣化规律可能较现浇混凝土结构存在差异。

本章主要考虑氯盐侵蚀引起的钢筋锈蚀，通过试验研究明确构件拼接界面对离子输运、钢筋锈蚀以及锈蚀后节点力学性能的影响；在此基础上建立可验证的数值模型，用于关键参数分析；最后结合既有研究成果及可靠度理论，提出装配式混凝土结构耐久性设计方法，以实现结构耐久性关键参数的快速设计。

9.2 装配式结合界面物质传输性能

9.2.1 装配式混凝土结构结合界面耐久性问题

预制装配混凝土结合界面由不同混凝土基体、界面层以及界面钢筋共同构成。由于界面层附近不同混凝土基体的材料性能和水化程度不同，该区域内存在变形协调问题，在荷载和收缩作用下，容易形成薄弱环节；另一方面，这些薄弱界面层为有害物质提供了便捷的传输途径，加速了界面钢筋的腐蚀，腐蚀产物的体积膨胀将加剧结合界面损伤，导致结构在结合界面附近耐久性降低甚至失效。装配式混凝土结合界面耐久性不足将影响结构的适用性能，并威胁结构的安全服役。因此，装配式混凝土结合界面的耐久性能和安全服役是关系结构能否长效工作的重要基础，对延长结构使用寿命、实现土木工程可持续发展具有重要的科学意义和社会价值。

1）混凝土结合界面的构成

目前我国现行行业技术标准《装配式混凝土结构技术规程》(JGJ 1—2014)中将套筒灌浆连接列为装配式结构最常采用的竖向构件连接方式之一。《钢筋套筒灌浆连接应用技术规程》(JGJ 355—2015)中定义套筒灌浆连接为在金属套筒中插入单根带肋钢筋并注入灌浆料混合物，通过拌合物硬化形成整体并实现传力的钢筋对接连接。同时，JGJ 355—2015 对套筒灌浆连接的材料、接头性能要求、设计、接头型式检验、施工和验收进行了规定。

采用套筒灌浆连接的混凝土结构结合界面通常由预制混凝土部分—现浇(后浇)混凝土部分—灌浆层—界面层—界面钢筋等多相构成，如图 9-1 所示。可见，与传统现浇混凝土结构相比，套筒灌浆连接混凝土结构存在双层混凝土结合界面。

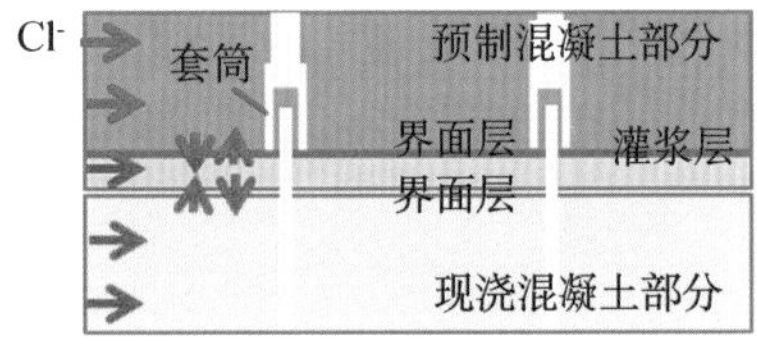

图 9-1　套筒灌浆连接的混凝土结构结合界面

2）套筒灌浆连接混凝土结合界面的耐久性问题

经过大量工程调研发现，由于设计、施工和管理的不完善，套筒灌浆连接混凝土结构结合界面可能存在许多缺陷。例如，当结合界面上部预制混凝土表面粗糙度较大，且未设置排气孔时，界面层气体将不能及时排出，并形成大量气孔，甚至连通形成裂隙，为有害物质的侵入提供了便捷的传输通道，图 9-2(a)所示；在灌浆施工过程中，由于出浆孔道设计不合理，灌浆结束后，部分灌浆料从出浆口流出损失，导致在出浆孔道形成空腔，使套筒暴露于外界侵蚀环境，如图 9-2(b)所示。由此可见，套筒灌浆连接的混凝土结合界面是装配式混凝土结构的薄弱部位，将加速环境中的 CO_2、水分、氯离子等有害物质对混凝土结构的侵蚀进程，引起结合界面钢筋锈蚀、混凝土开裂剥落等隐患问题。如图 9-3 为某套筒灌浆连接混凝土墙体，在 5%NaCl 溶液中浸泡 2 个月之后，发现在出浆口处溢出大量锈蚀产物。

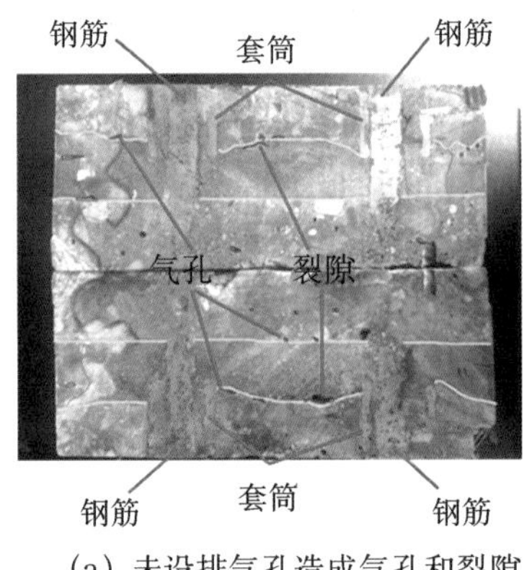

(a) 未设排气孔造成气孔和裂隙

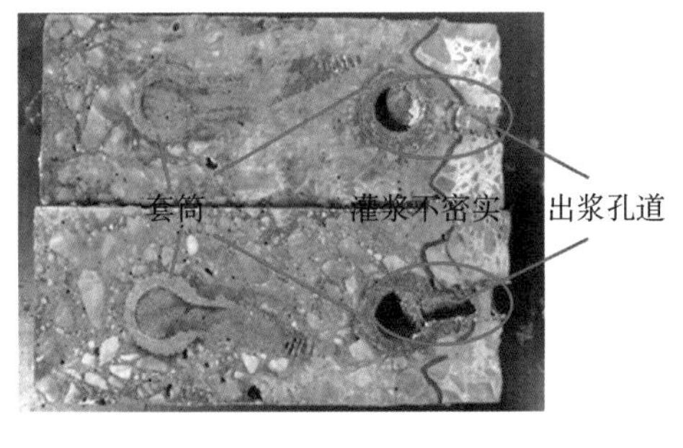

(b) 设计不合理造成出浆孔道空腔

图 9-2　调研照片

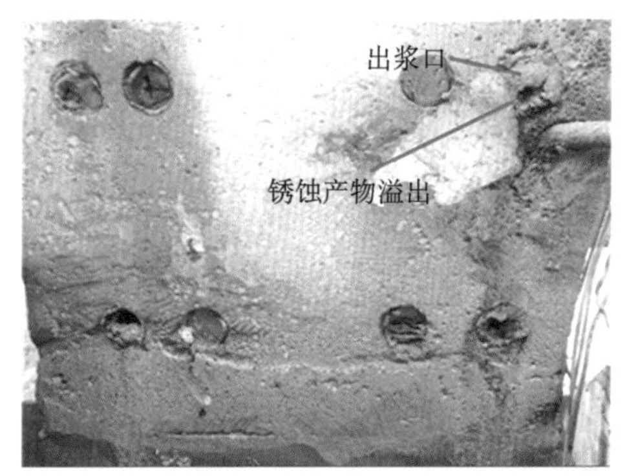

图 9-3 某套筒灌浆连接混凝土墙体的锈蚀问题

综上所述，影响装配式混凝土结构结合界面的耐久性问题的因素众多，包括外界环境作用、材料属性、界面构成、界面粗糙度、套筒灌浆密实度等因素，研究装配式结合界面离子传输机理具有重要意义。本章主要针对氯离子在套筒灌浆连接混凝土结构结合界面的传输过程进行研究。

9.2.2 套筒灌浆连接混凝土结构结合界面氯离子传输试验研究

1）试验设计

为了研究套筒灌浆连接混凝土结构结合界面处的氯离子传输性能，本章设计墙体试件尺寸为 1 800 mm×1 080 mm×240 mm。纵筋采用直径 16 mm 的 HRB400 级钢筋，箍筋采用直径 8 mm 的 HRB400 级钢筋，套筒为型号 GT16 的 JM 钢筋灌浆直螺纹连接套筒。预制部分为 C30 混凝土，现浇（后浇）部分为 C35 混凝土，配合比如表 9-1 所示。灌浆料依据《钢筋连接用套筒灌浆料》（JG/T 409—2013），以水泥为基本材料配以细骨料、外加剂等混合而成。试件设计示意图如图 9-4 所示。

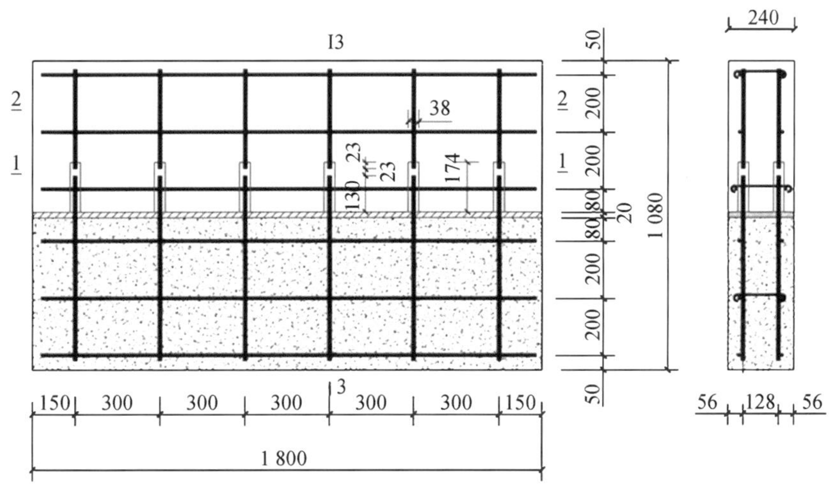

图 9-4 墙体设计示意图

表 9-1 混凝土配合比设计 (单位:kg/m³)

混凝土强度等级	水泥	减水剂	河砂	石子	水
C30	434	6.3	620	1 157	189
C35	490	6.6	595	1 119	196

试件在某预制构件厂进行制作。试件的浇筑与振捣采用自动机械化生产,以保证各个试件施工的一致性。预制部分混凝土成形并养护 28 天后,制作现浇部分混凝土继续养护 28 天,最后由人工辅助灌浆完成试件制作,试件制作的部分过程见图 9-5。

(a) 墙体浇筑

(b) 界面灌浆

(c) 墙体成型

图 9-5 装配式墙体浇筑过程

为研究装配式混凝土结构结合界面的氯离子传输性能,在界面套筒灌浆处钻芯获取尺寸为ϕ100 mm×240 mm 的圆柱体芯样,并同时钻取尺寸相同的预制混凝土和现浇混凝土两组对照组芯样,取芯位置和芯样试件分别如图 9-6 和图 9-7 所示(其中,JS 为界面混凝土试件,PC 为预制混凝土试件,CC 为现浇混凝土试件)。

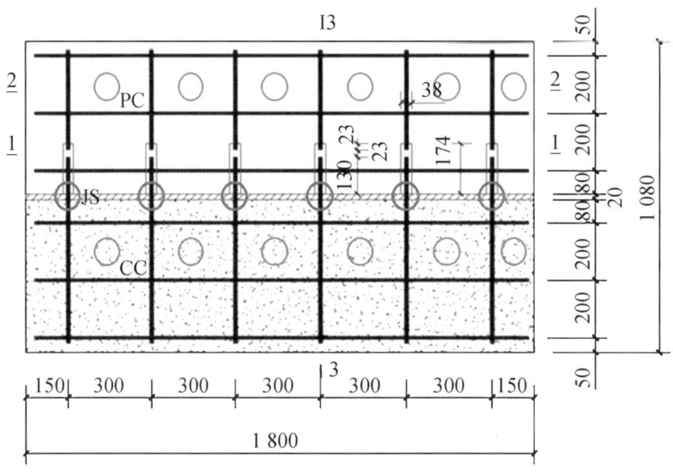

图 9-6 取芯位置示意图

本文利用非稳态电迁移方法研究氯离子在混凝土芯样中的传输过程,设计了快速电迁移试验装置,如图 9-8 所示,其中储液槽按图 9-9 所示设计。

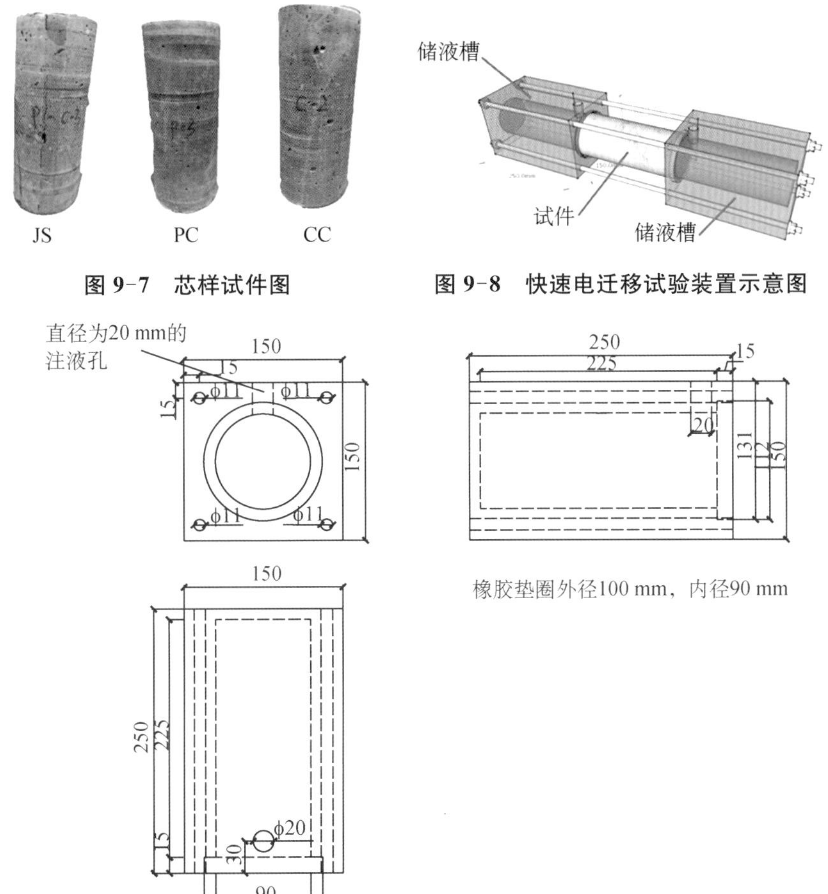

图 9-7　芯样试件图

图 9-8　快速电迁移试验装置示意图

图 9-9　储液槽设计图

快速电迁移试验按下列步骤进行：(1)首先，将试件置入真空容器中，启动真空泵，并在 5 min 内将真空容器中的绝对压强减少至(1～5) kPa，保持该真空度 3 h，在真空泵仍然运转的情况下，用蒸馏水配制饱和氢氧化钙溶液注入容器，使液面高度将试件浸没；在试件浸没 1 h 后恢复常压，并继续浸泡(18±2)h；真空饱水后，从水中取出试件，并抹掉多余水分，且应保持试件所处环境的相对湿度在 95%以上。(2)将试件按图 9-10 所示进行安装，采用螺杆将两试验槽和试件夹紧，在试件与试验槽接触端用玻璃胶进行封堵，试件表面涂覆环氧树脂以保持试件饱水性。(3)待玻璃胶硬化 24 h 后，将质量浓度为 3.0%的 NaCl 溶液注满与电源负极相连的储液槽，同时将摩尔浓度为 0.3 mol/L 的 NaOH 溶液注满与电源正极相连的储液槽。(4)打开电源，将电压设置并保持为(60±0.01)V，当电流值稳定时，记录电流初始读数 I_0(mA)和正极溶液初始温度 T_0(℃)；通电 8 d 后，记录电流末读数 I_1(mA)和正极溶液最终温度 T_1(℃)并切断电源。(5)将试件取下并冲洗干净，沿轴向劈开(图 9-11)，在劈开的试件断面立即喷涂浓度为 0.1 mol/L 的 $AgNO_3$ 溶液显色指示剂；指示剂喷涂 15 min 后，用防水笔描出氯离子的渗透轮廓线；测量显色分界线离试件底面的距离，精确至 0.1 mm。

图 9-10　快速电迁移试验图

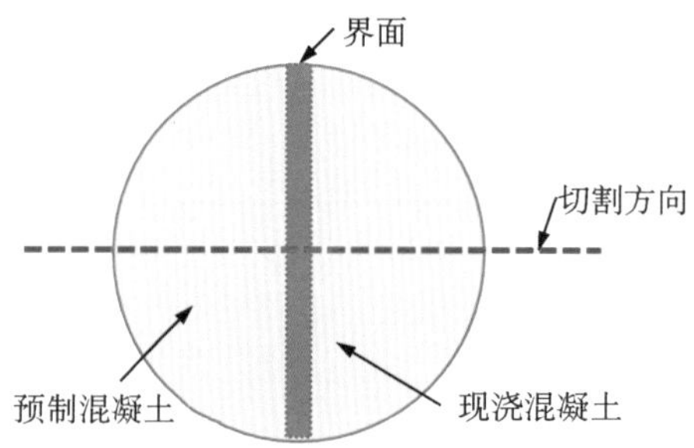

图 9-11　界面混凝土试件切割示意图

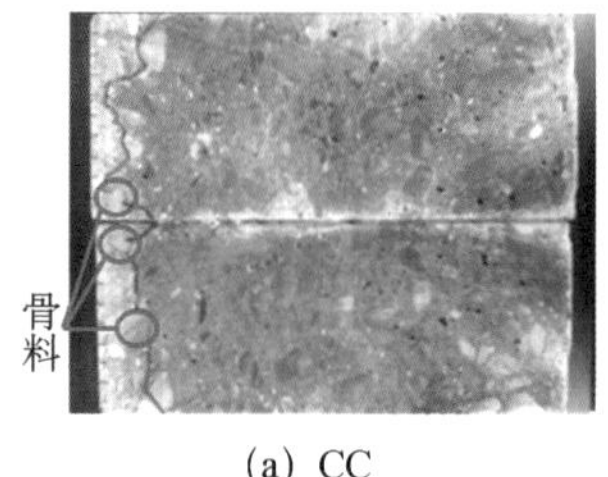

(a) CC

(b) PC

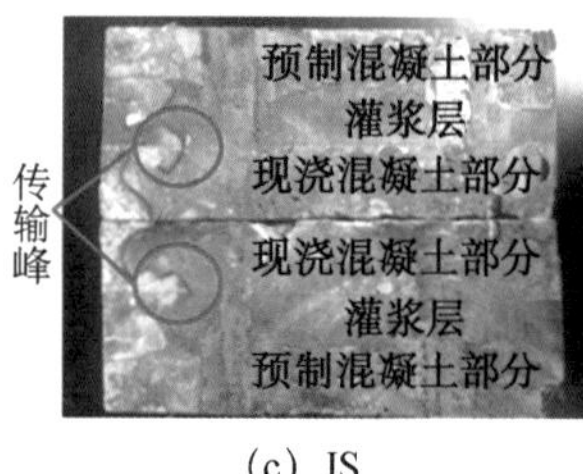

(c) JS

图 9-12　试件显色示意图

图 9-12(a)现浇混凝土试件两部分的氯离子的渗透轮廓线并不对称，主要是由于大骨料的存在，使刻画氯离子的渗透轮廓线时存在较大偏差。图 9-12(b)预制混凝土试件两部分的氯离子的渗透轮廓线基本对称。比较图 9-12(a)与(b)可知，在相同条件下，氯离子在 C35 现浇混凝土试件中的扩散深度明显小于在 C30 预制混凝土试件中的扩散深度。图 9-12(c)为界面混凝土试件显色示意图，图中灌浆层的氯离子扩散深度介于预制混凝土部分和现浇混凝土部分之间；在现浇混凝土和灌浆层之间的界面层，氯离子扩散快，形成传输峰；现浇混凝土部分靠近界面层和灌浆层部分靠近界面层的氯离子扩散深度均有一定的增大，这是由于相间传输对界面层两侧一定范围内的氯离子扩散有一定的促进作用，该峰的宽度即为相间传输的影响范围。比较图 9-12(a)、(b)和(c)，发现(c)中现浇混凝土部分的氯离子扩散深度与(a)现浇混凝土试件的氯离子扩散深度基本一致，(c)中预制混凝土部分的氯离子扩散深度和(b)预制混凝土试件的氯离子扩散深度基本一致，说明界面层的存在并不改变材料的氯离子传输性能。

2）试验结果分析

根据实际测得的各试件尺寸、试验温度、氯离子扩散深度等参数，采用下列公式计算氯离子的非稳态扩散系数，计算结果如图 9-13 所示。

$$D_{nssm}=\frac{0.0239\times(273+T)L}{(U-2)t}\left(X_d-0.0145\sqrt{\frac{(273+T)LX_d}{U-2}}\right) \tag{9-1}$$

式中，D_{nssm}——混凝土的非稳态氯离子迁移系数，精确到 $0.1\times10^{-12}\ \mathrm{m^2/s}$；

T——阳极溶液的初始温度和最终温度的平均值，℃；

L——试件的厚度，mm，精确到 0.1 mm；

U——试验电压，V；

t——试验持续时间，h；

X_{d}——氯离子渗透深度的平均值，mm，精确到 0.1 mm。

采用套筒灌浆连接的混凝土结构结合界面通常由预制混凝土部分—现浇（后浇）混凝土部分—灌浆层—界面层—界面钢筋等多相构成。从图 9-13 氯离子扩散系数图中可以看出，界面层的氯离子扩散系数大于现浇/预制混凝土部分和灌浆层的氯离子扩散系数。这是由于设计、施工和管理过程存在不完善，试件界面层形成大量气孔、裂隙等缺陷，为氯离子的侵入提供了便捷的传输通道。可见在装配式混凝土结构套筒灌浆结合界面处，界面层是影响结构耐久性的关键部位。

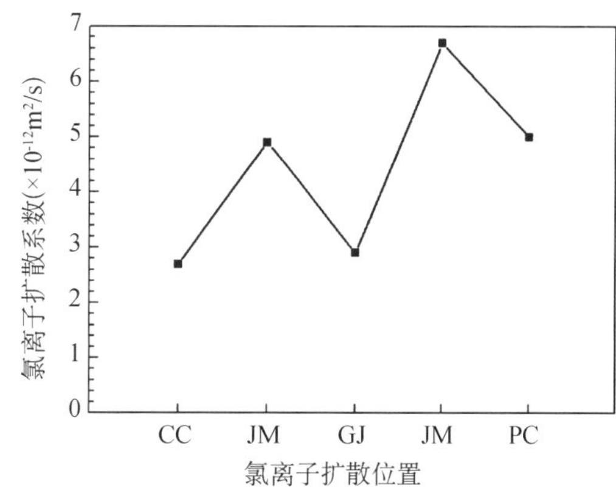

图 9-13　氯离子扩散系数

注：CC 为现浇混凝土部分，JM 为界面层，GJ 为灌浆层，PC 为预制混凝土部分。

9.3　预应力混凝土装配整体式框架结构的时变抗震性能

9.3.1　锈蚀十字形梁柱节点抗震性能

预制混凝土框架结构虽然可以很好地保证梁、柱构件的制作及施工质量，但预制构件连接的接缝位置易受氯离子的侵蚀，同时锈蚀过程很大程度上取决于结构构造和施工过程。然而，迄今为止学术界对锈蚀装配式混凝土框架结构的抗震性能还没有进行系统的研究。本节通过锈蚀装配式混凝土十字形梁柱节点抗震性能试验，对节点的承载能力、耗能能力、破坏特征等进行分析。

1）试验目的

梁柱节点起着传递和分配内力、保证结构整体性的作用，其力学特性直接影响着结构体系中的内力分配，梁柱节点的延性与抗震性能是结构整体抗震性能的重要保证。同时钢筋锈蚀将导致节点性能退化，从而影响结构耐久性和长期使用的抗震性能。本节将对不同锈蚀程度的 5 个十字形梁柱节点试件进行低周反复加载试验，研究预应力混凝土装配整体式框架梁柱节点的承载力、延性、耗能强度等退化规律。

2）试验设计

（1）试件设计

本部分试验的节点试件取自平面受力框架中间层中间节点组合体，根据预应力混凝土装配整体式框架结构体系的某实际工程设计图纸，并在其基础上针对试验需要进行了相应的调整。节点梁截面为 250 mm×450 mm，柱截面尺寸为 400 mm×400 mm，梁段长 1 500 mm，柱段长 1 850 mm，整个试件的长度和高度控制在试验反力架的容许范围之内。梁的上部纵向钢筋直径为 18 mm，保护层厚度为 50 mm；梁节点处 U 形钢筋直径为 18 mm，保护层厚度为 60 mm；梁中预应力筋采用 1860 级钢绞线，直径为 12.7 mm，其保护层厚度为 67 mm；柱主筋保护层厚度为 25 mm；预制梁和预制柱的混凝土强度为 C40，后浇部分混凝土强度为 C45，梁柱中纵筋以及 U 形钢筋采用 HRB400 级钢筋，箍筋均采用 HRB335 级钢筋。试件具体设计尺寸见图 9-14。本部分试验的设计参数为梁柱节点锈蚀区域的钢筋锈蚀率，分别为 6%、12%、18%、24%、30%，共计 5 个十字形梁柱节点，与之对应的试件编号分别为 J-450-6、J-450-12、J-450-18、J-450-24、J-450-30。

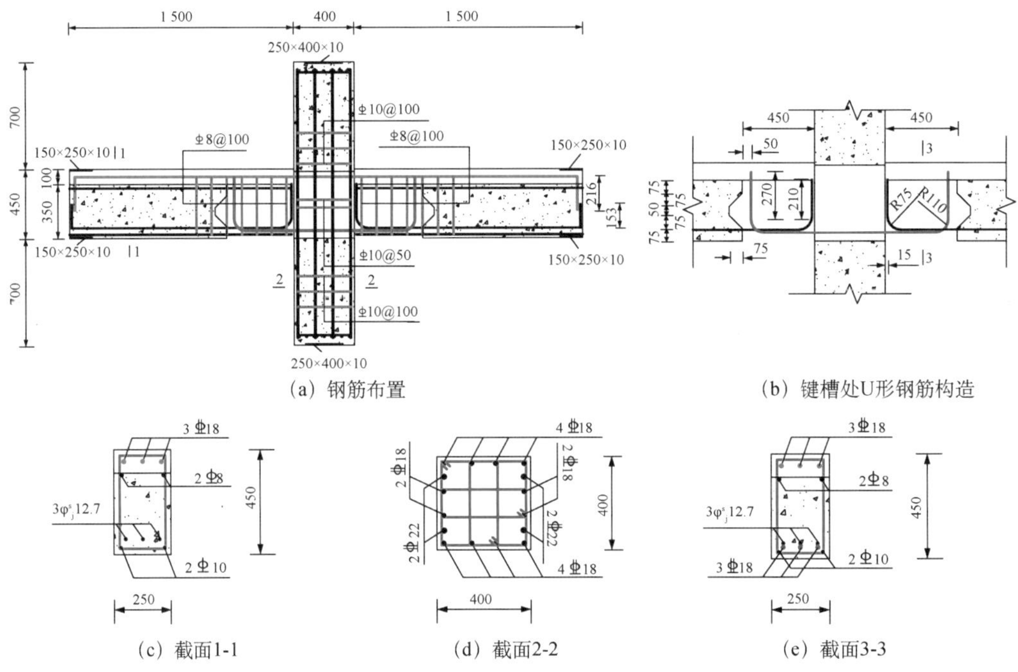

图 9-14　十字形梁柱节点设计（单位：mm）

（2）加速锈蚀试验

东南大学曾对相同或类似设计的未锈蚀梁柱节点的抗震性能进行了大量的试验研究[1-2]，结果表明，节点的破坏部位常位于梁端，且梁端键槽区的 U 形连接钢筋对结构受力性能影响较大。因此选择梁端部位(长 550 mm)作为目标锈蚀区域，如图 9-15 所示。为了更接近真实的锈蚀情况，本试验采用“通电/干湿循环”加速锈蚀的方法。干湿循环周期取为 7 天，其中“湿”4 天，“干”3 天。“湿”的过程中，将被质量分数为 5%的 NaCl 溶液浸湿的海绵和不锈钢网片置于梁与节点目标锈蚀区域表面，每天检查电流是否稳定，并及时添加盐溶液。“干”的过程中，关闭电源，将海绵和不锈钢网片撤去，让目标锈蚀区域得以充分干燥。恒定电流被施加到目标锈蚀区域内的梁顶纵向钢筋、U 形钢筋、钢绞线和箍筋上，在浇筑混凝土前，这些钢筋通过铜导线进行串联连接。目标锈蚀区域内的钢筋与直流电源阳极连接，不锈钢网与直流电源阴极连接。本试验所采用的腐蚀电流密度取 200 $\mu A/cm^2$。

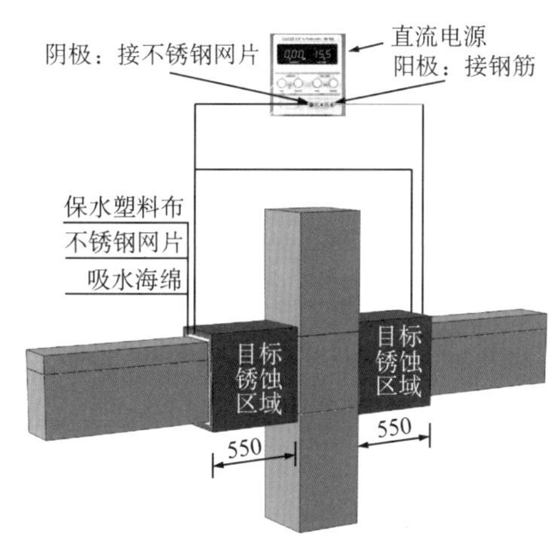

图 9-15　十字形梁柱节点加速锈蚀示意图(单位:mm)

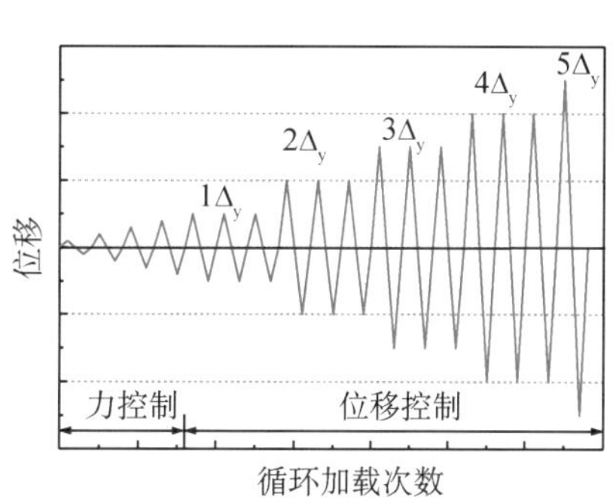

图 9-16　荷载—变形双控制分级加载制度

(3) 加载制度及装置

在试件达到目标锈蚀率后，对试件进行低周反复加载试验。试验采取荷载—变形双控制分级加载制度对节点进行低周反复加载试验，如图 9-16，试验加载装置见图 9-17，规定以梁端向下加载为正向加载，梁端向上加载为反向加载。

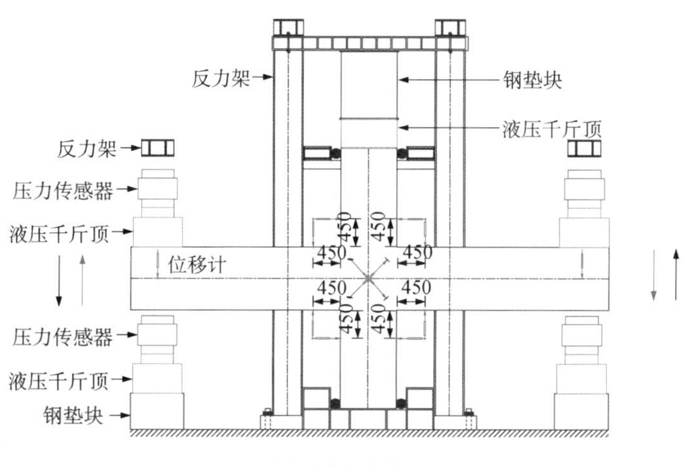

(a) 节点加载装置

(b) 节点加载现场

图 9-17　十字形梁柱节点加载

3）试验结果分析

（1）锈蚀结果与分析

试件加载结束后对试件进行破型处理，取出目标锈蚀区域钢筋，对目标锈蚀区域中钢筋的锈蚀率进行统计。采用《普通混凝土长期性能与耐久性能试验方法》（GB T 50082—2009）[3]规定的锈蚀率测定方法确定钢筋的实际锈蚀率。试验后钢筋的实际锈蚀率见表9-2。可见，试件的实际锈蚀率比按照法拉第定律计算出的理论锈蚀率偏小，这是因为试验中虽然尽可能地保证通电电流的稳定但电流在夜间会出现达不到预设电流而得不到调整的问题，同时由于盐溶液的扩散锈蚀区域较预期锈蚀区域略微扩大，导致部分非目标锈蚀区域钢筋出现锈蚀。

表 9-2　十字形梁柱节点钢筋锈蚀率统计表　（单位：%）

试件编号	梁顶纵筋锈蚀率，η_l	梁底 U 形钢筋锈蚀率，η_u	箍筋锈蚀率，η_t	钢绞线锈蚀率，η_e	试件整体锈蚀率，η_s
J-450-6	2.65	3.04	11.50	1.12	4.68
J-450-12	3.14	6.21	20.13	1.79	8.09
J-450-18	6.14	9.45	28.25	2.45	12.07
J-450-24	16.05	13.15	40.13	2.35	18.82
J-450-30	19.34	14.21	63.11	4.21	25.78

虽然采用了通电加速锈蚀的方法，但试件中钢筋的锈蚀仍然与钢筋位置有较大的相关性。从上表可以看出，总体上同一试件不同位置处钢筋锈蚀率从大到小依次为箍筋、梁顶纵筋、梁底 U 形钢筋、钢绞线，而试件中各钢筋的保护层厚度由大到小依次为钢绞线、梁底 U 形钢筋、梁顶纵筋、箍筋。即采用外裹海绵通电加速锈蚀时同一试件中保护层厚度越小的钢筋锈蚀率越高。

图 9-18 显示了加速锈蚀过程后试件的表面锈蚀形态，试件表面具有明显的锈蚀产物溢出，随着锈蚀率的增加，表面锈蚀产物不断增加并在锈蚀裂缝附近不断堆积。图 9-19 显示了试件锈胀裂缝的分布状况（每小格代表 50 mm），随着腐蚀程度的增加，裂纹变得更长、更宽。由于梁顶纵向钢筋保护层厚度（25 mm）小于梁底 U 形钢筋保护层厚度（50 mm），梁顶锈蚀开裂比梁底锈蚀开裂严重。当试样的腐蚀率较低时，裂纹主要沿梁顶纵向钢筋和 U 形钢筋的位置出现。随着锈蚀率的增加，混凝土表面的横向裂纹开始出现并扩展，导致混凝土表面鼓胀、脱落。

（2）失效模式

试件的最终破坏状态如图 9-20 所示，除试件 J-450-12 外，试件显示出弯曲破坏的失效模式。同时，载荷引起的开裂主要出现在试件的键槽区域内。对于弯曲破坏失效模式的试样，试件的主裂缝出现在梁的根部。尽管试件 J-450-12 的主裂缝是剪切裂缝，但在梁根部附近也存在许多裂纹。随着锈蚀率的增加，混凝土在加载过程中破碎和剥落量增加，同一试件梁底混凝土破坏程度比梁顶混凝土破坏程度严重，这是由于在梁顶有连续的纵向钢筋，而在梁底钢筋不连续所导致反向加载变形较大造成的。

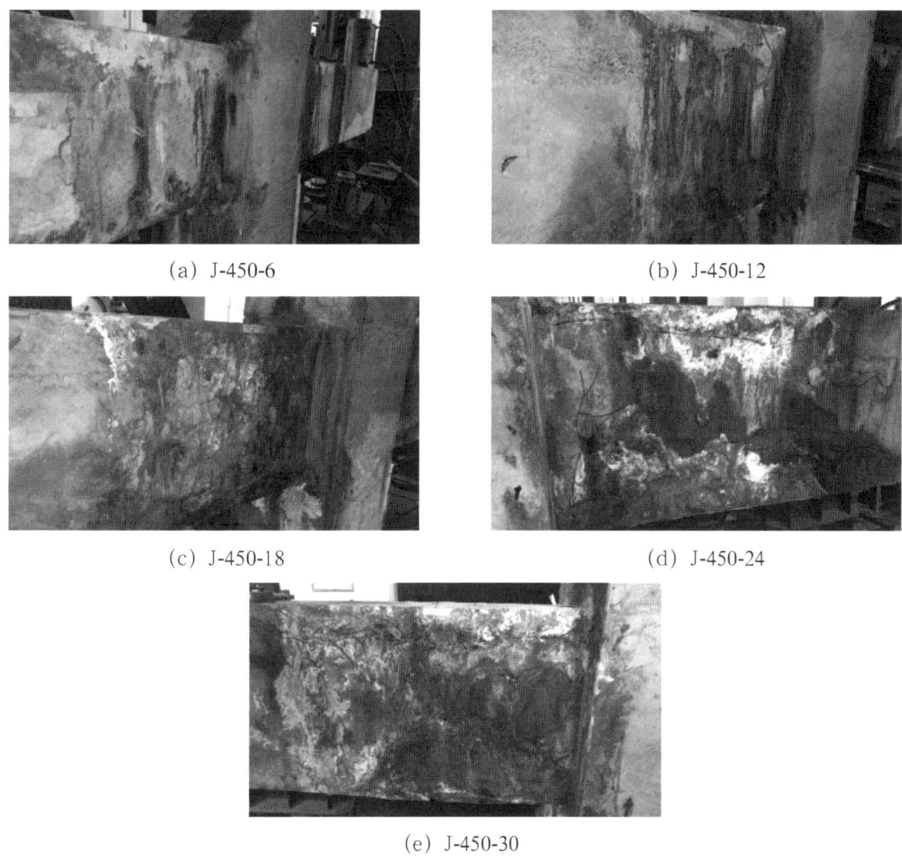

(a) J-450-6 (b) J-450-12

(c) J-450-18 (d) J-450-24

(e) J-450-30

图 9-18 十字形梁柱节点表面锈蚀形态

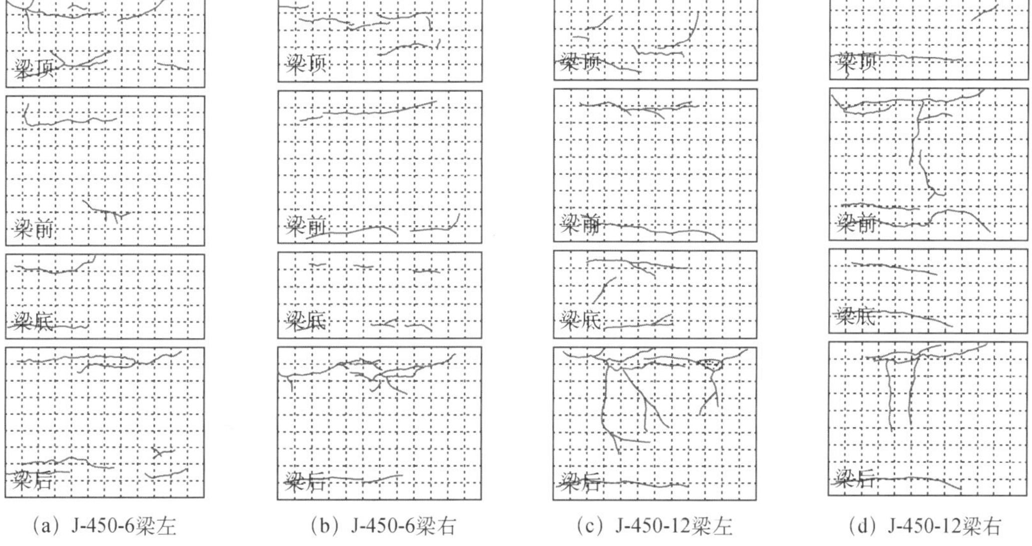

(a) J-450-6梁左 (b) J-450-6梁右 (c) J-450-12梁左 (d) J-450-12梁右

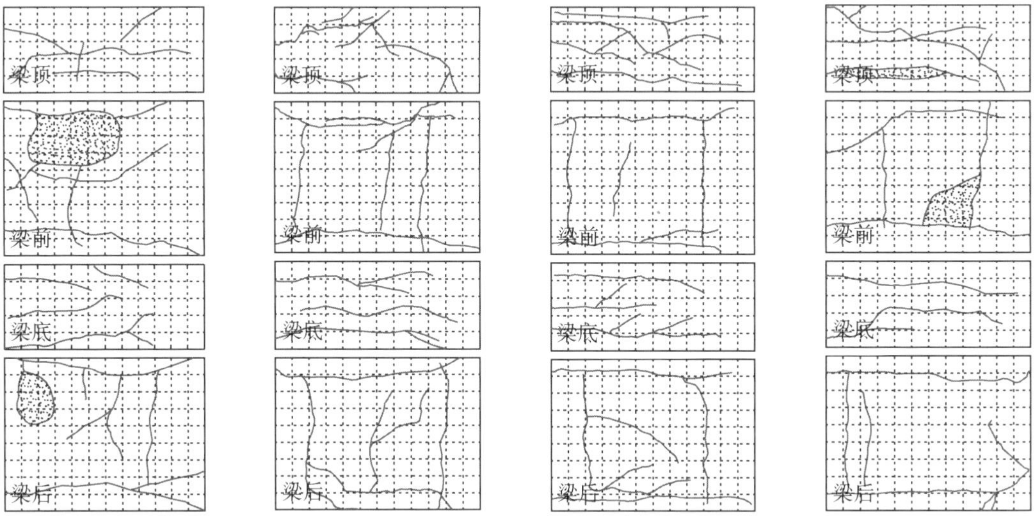

梁顶
梁前
梁底
梁后

(e) J-450-18梁左

梁顶
梁前
梁底
梁后

(f) J-450-18梁右

梁顶
梁前
梁底
梁后

(g) J-450-24梁左

梁顶
梁前
梁底
梁后

(h) J-450-24梁右

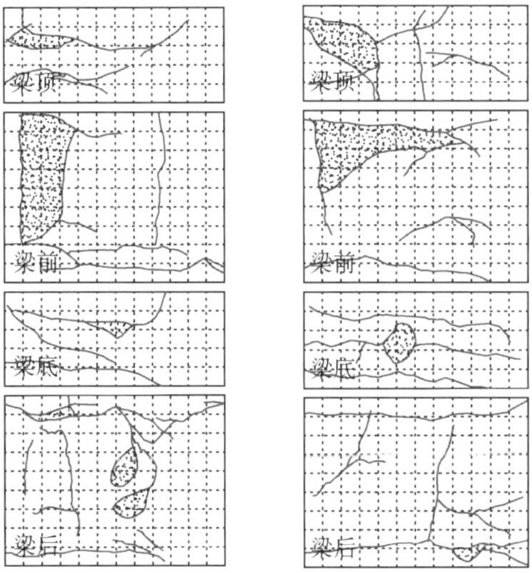

梁顶
梁前
梁底
梁后

(i) J-450-30梁左

梁顶
梁前
梁底
梁后

(j) J-450-30梁右

图 9-19 十字形梁柱节点锈胀裂缝分布

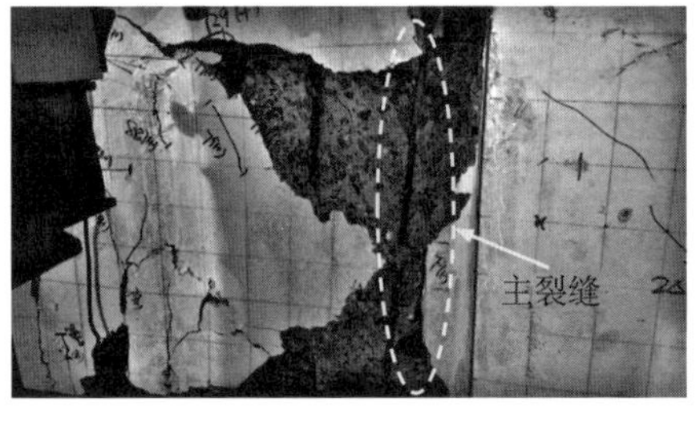

(a) J-450-6

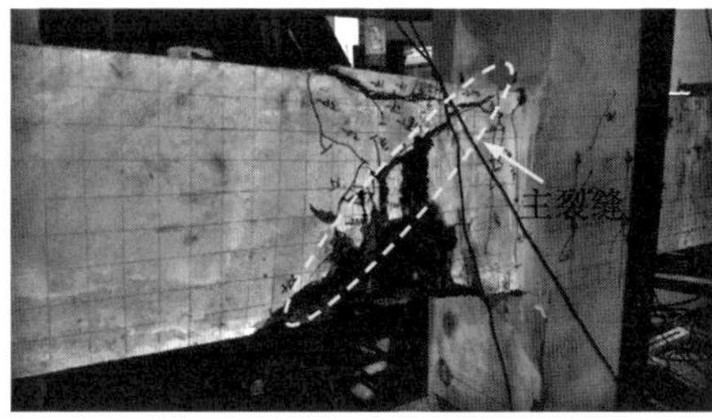

(b) J-450-12

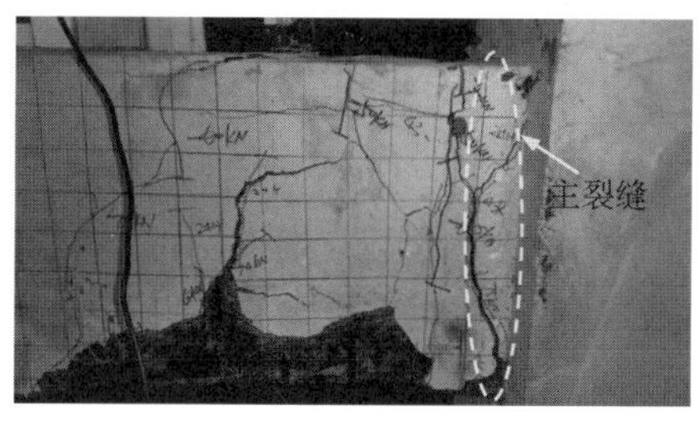

(c) J-450-18

(d) J-450-24

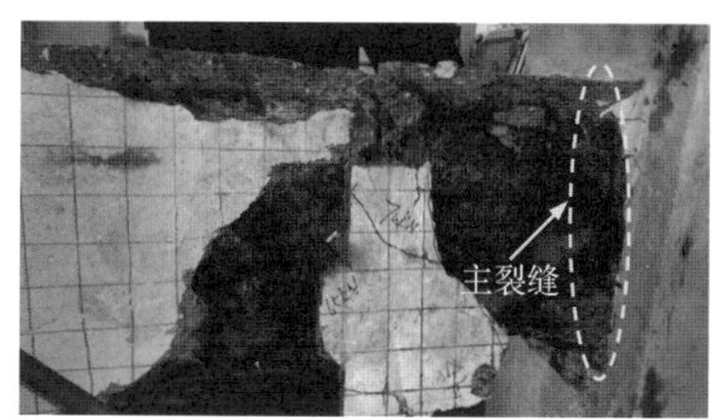

(e) J-450-30

图 9-20　十字形梁柱节点失效模式

(3) 滞回曲线

试件滞回曲线由多次循环加载所形成的一系列滞回环构成。滞回曲线是反复荷载下结构构件强度、刚度、延性和耗能等力学性能的综合反映，是试件抗震性能的综合体现，也是研究试件抗震性能的基础。试件滞回曲线如图 9-21 所示。

对比各试件滞回曲线可以发现如下规律：

① 试件出现明显的屈服前，试件滞回环不明显，但随着锈蚀率的增加，试件在出现明显的屈服前就已经开始形成滞回环，且滞回环面积有所增大，这是因为随着锈蚀率的增加，试件锈胀开裂越来越严重，在一定程度上影响了钢筋和混凝土的弹性工作状态；

② 随着位移的增大，荷载出现峰值后开始减小同时滞回环却越来越大，看上去也变得越来越饱满，但却在向不稳定状态过渡，试件破坏之前的滞回环往往会出现较为明显的不稳定状态；

③ 随着纵筋锈蚀率的增加，滞回曲线的整体饱满程度和等位移下滞回环的饱满程度开始出现下降；

④ 由于梁顶、梁底钢筋的锈蚀程度不一致以及结构构造的不对称，正负荷载作用下试件的受力性能明显不同，同一周期内试件在两个加载方向上的破坏几乎不会同时发生。随着腐蚀率的增加，这种差异更加显著，负载荷下试样的滞回性能随着腐蚀率的增加恶化程度更为迅速。

(4) 骨架曲线

反复荷载试验中，取各试件每一级加载下的第一循环峰值点所连成的骨架曲线进行对比，如图 9-22 所示。

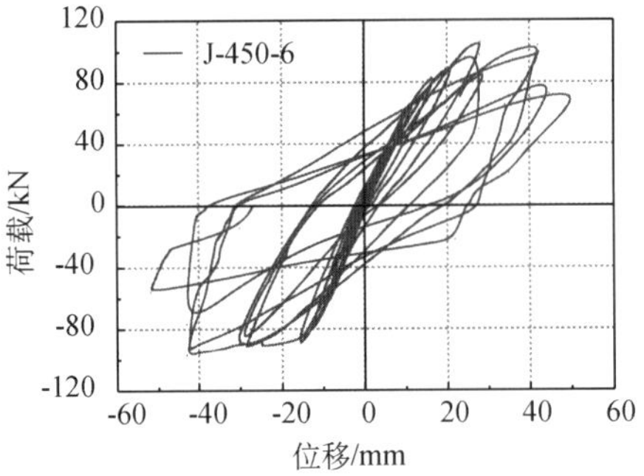

(a) J-450-6

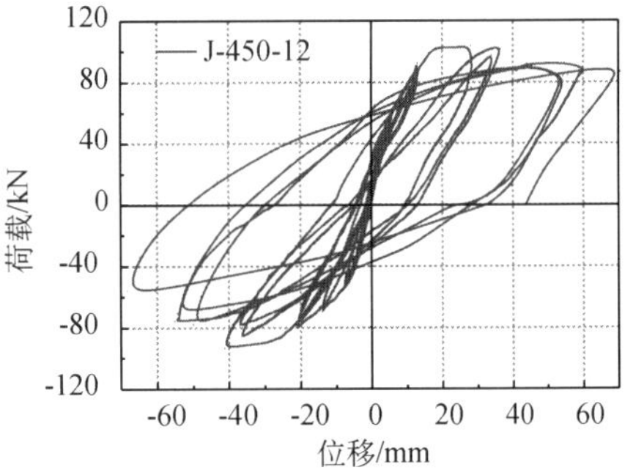

(b) J-450-12

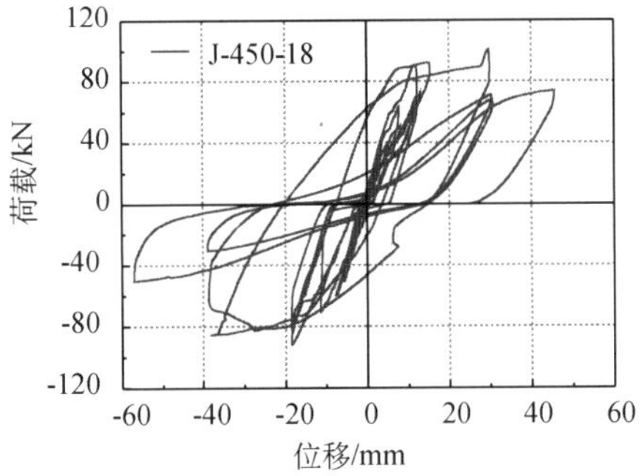

(c) J-450-18

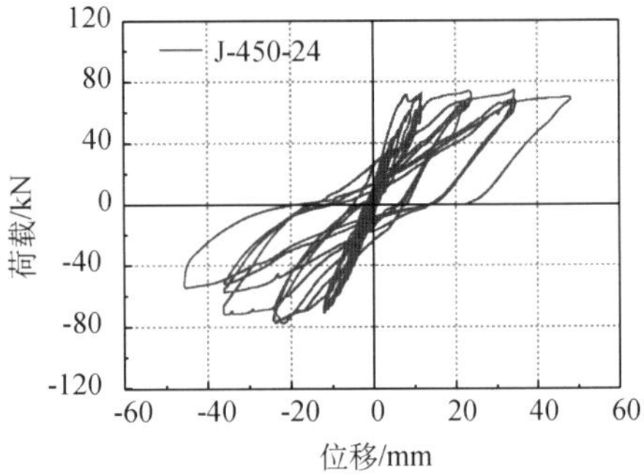

(d) J-450-24

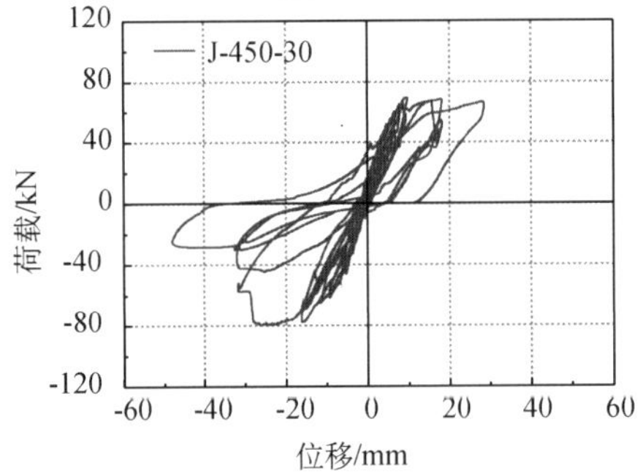

(e) J-450-30

图 9-21　十字形梁柱节点滞回曲线

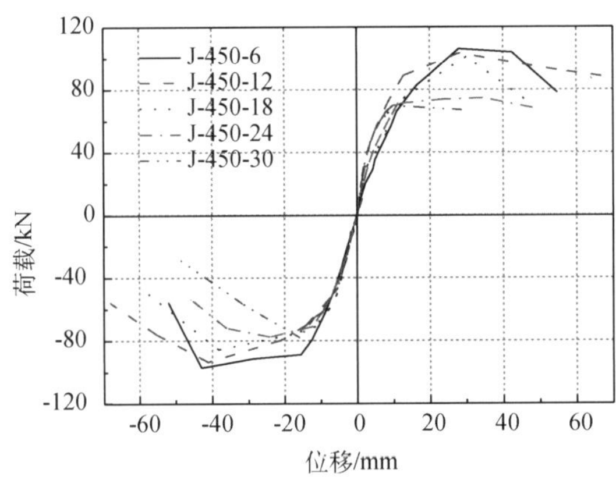

图 9-22　十字形梁柱节点骨架曲线对比

从图 9-22 可以发现如下规律：

① 荷载较小时，钢筋锈蚀率对试件承载力的影响较小，试件出现明显的屈服后，钢筋锈蚀率对试件承载力的影响明显，即随着锈蚀率的增加试件承载力出现明显的下降；

② 随着锈蚀率的增加梁底承载力下降速度越来越快，当试件整体锈蚀率达到 25.78%时(即试件 J-450-30)梁底承载力达到较小的峰值后就开始趋于直线下降，退化极为明显；

③ 梁顶承载力在达到峰值后继续加载，随着位移的不断增加退化较为平缓，而梁底承载力在达到峰值后继续加载，随着位移的不断增加退化较为迅速，这是因为梁顶纵筋沿梁长方向通长配筋，虽然在锈蚀区域处其黏结性能受到破坏，截面发生减小，但两端非锈蚀区域的部分仍可以提供较为良好的锚固。相反由于梁底特殊的 U 形钢筋连接构造，一旦 U 形钢筋由于锈蚀破坏了黏结性能以及箍筋的约束作用，U 形钢筋和混凝土就不能很好地协同工作，从而造成承载力的迅速下降。

(5) 延性

根据试验结果可以看出，键槽区域底部为该梁柱节点的薄弱部位，同时梁根部键槽区域底部的损伤最终导致了节点的失效破坏。因此，此处仅对节点反向延性系数进行计算分析。图 9-23 给出了每个试件的反向延性系数。对于前四个试件，总体上锈蚀率较大的试件比锈蚀率相对较小的试件表现出更好的延性。这种现象是由于混凝土的破坏和钢筋锈蚀所造成的损伤对试件的屈服位移有较明显的影响，但对极限位移的影响相对较小。因此，结构延性可能并不适合作为评估轻、中度锈蚀下预应力混凝土装配整体式框架结构抗震性能的指标。对于试件 J-450-30，延性系数降低可能是由于在加载过程中一个 U 形钢筋出现了断裂。因此，重度锈蚀对极限位移的影响可能大于屈服位移，从而导致结构延性的降低。

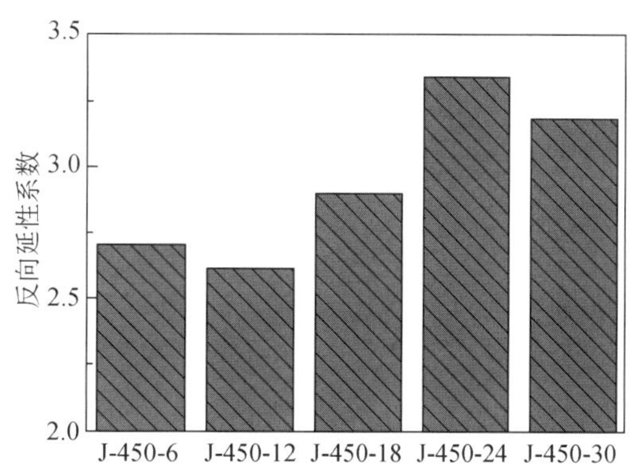

图 9-23 十字形梁柱节点延性系数对比

(6) 能量耗散

取承载力下降至极限承载力的 85%作为结构失效的判定准则，图 9-24 显示了试件失效前累积能量耗散随锈蚀率的变化趋势。显然，随着腐蚀程度的增加，累积能量耗散呈指数衰减。与图 9-23 中的趋势相比，耗能耗散指标比延性系数指标更适合于评估预应力混凝土装配整体式框架结构的时变抗震性能。

9.3.2 锈蚀预应力混凝土装配整体式框架结构抗震性能的有限元模拟

1) 研究目的

基于 ABAQUS 数值模拟平台，通过建立自定义锈蚀钢筋本构模型以及运用生死单

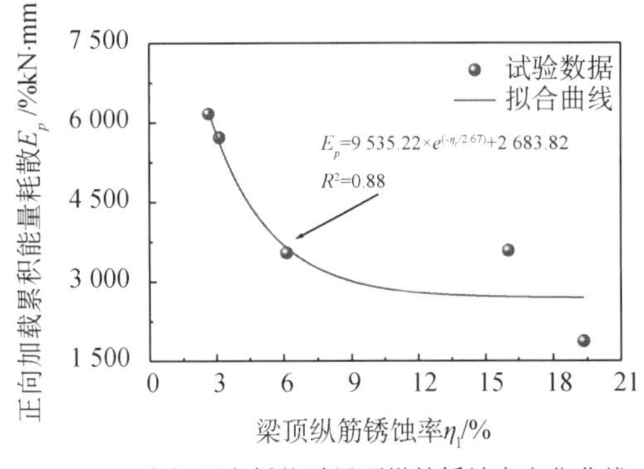

(a) 正向耗能随梁顶纵筋锈蚀率变化曲线

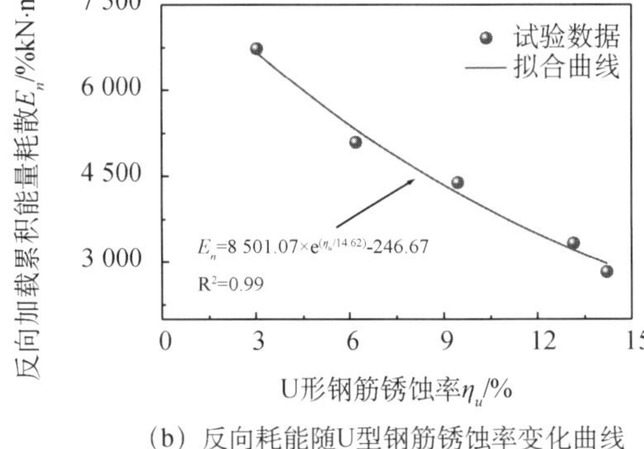

(b) 反向耗能随U型钢筋锈蚀率变化曲线

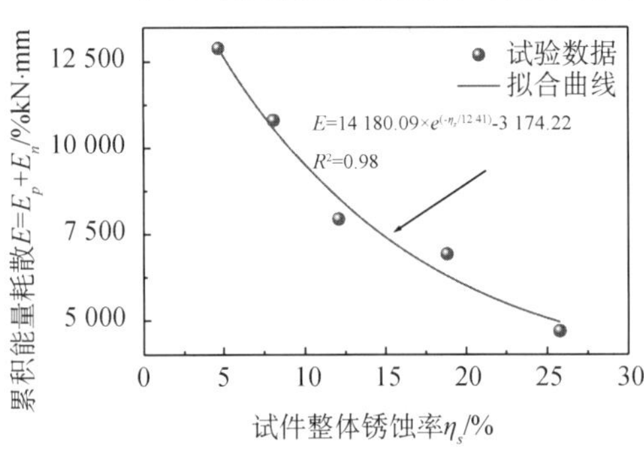

(c) 耗能随试件整体锈蚀率变化曲线

图 9-24 十字形梁柱节点累积耗能随锈蚀率变化曲线

元法,表征出结构的锈蚀损伤,建立锈蚀影响下的预应力混凝土装配整体式框架结构数值模拟方法。结合 9.3.1 节试验结果验证该数值模拟方法的可靠性,为开展装配式结构的时变抗震性能评估提供依据。

2) 材料本构

(1) 混凝土本构模型

混凝土塑性损伤本构是 ABAQUS 软件自带的一种本构模型,目前已经被广泛应用于钢筋混凝土结构抗震性能的分析。考虑到模拟的可操作性,本研究模拟采用我国《混凝土结构设计规范》(GB 50010—2010)[4]所建议的受压和受拉单轴应力—应变关系。

(2) 钢筋本构模型

Clough 等[5]在 1966 年提出了一种带有再加载刚度退化的双线性滞回模型,该模型在反向加载时指向该方向加载历史上所经历的最大应变点,如该方向从未屈服,则指向屈服点。多年以来,该模型被广泛地应用于受弯钢构件以及钢筋混凝土构件中的普通钢筋和钢骨等,并取得较好的效果。

基于 Clough 等[5]提出的最大位移点指向型单轴本构模型,清华大学曲哲[6]提出了一种采用式 9-2 及式 9-3 定义的钢筋强度退化模型。该模型将累积损伤引起混凝土受弯承载力退化以及钢筋混凝土界面黏结滑移等综合因素通过定义循环加载下钢筋屈服强度的退化进行综合反映。

$$f_{yi}=f_{y1}\left(1-\frac{E_{\mathrm{eff},\,i}}{3f_{y1}\varepsilon_f(1-\alpha)}\right)\geqslant 0.3f_{y1} \tag{9-2}$$

$$e_{\mathrm{eff},\,i}=\sum\left[E_i\cdot\left(\frac{\varepsilon_i}{\varepsilon_f}\right)^2\right] \tag{9-3}$$

式中，f_{yi} 表示第 i 个加载循环的屈服强度；$e_{\mathrm{eff},\,i}$ 为第 i 个加载循环时的有效累积滞回耗能；E_i 为第 i 个循环所达到的最大应变；ε_i 为第 i 个循环所达到的最大应变；α 为屈服后的刚度系数；ε_f 为钢筋混凝土构件在单调加载下达到破坏时的受拉钢筋应变。

基于上述模型，利用有限元软件 ABAQUS 的用户定义材料子程序（UMAT）对锈蚀钢筋的滞回性能进行了编译，其中有四个变量，即弹性模量（E_0）、泊松比、初始屈服强度和屈服后的刚度系数（α）。

钢筋锈蚀将会导致钢筋本构关系的特征参数值发生退化，本研究将采用中南大学罗小勇教授提出的循环荷载下锈蚀钢筋本构关系的特征参数值，见式 9-4。根据式 9-4，在算法子程序中输入不同锈蚀程度钢筋的变量参数从而实现锈蚀钢筋滞回本构建立。

$$\begin{cases}f_{yc}=(1-0.339\eta)f_y\\ f_{uc}=(1-0.075\eta)f_u\\ E_c=(1-1.166\eta)E_0\end{cases} \tag{9-4}$$

式中，f_{yc}、f_{uc}、E_c 分别为锈蚀钢筋的屈服强度、极限强度、弹性模量；η 为钢筋锈蚀率；f_y、f_u、E_0 为钢筋未锈蚀时的屈服强度、极限强度、弹性模量。

3）有限元模型的建立及验证

（1）材料模型参数

钢筋及混凝土的材料参数按照 9.3.1 节中材性试验得到的实际结果进行取值。将钢筋实测锈蚀率带入式 9-4 求得钢筋 UMAT 子程序对应的参数，屈服后刚度系数 α 取值为 0.001。

（2）接触设置

ABAQUS 在进行实体单元计算时，采用“Surface-to-surface contact”接触单元实现不同部件之间接触力学的模拟。其中法向接触行为通常采用“硬”接触，即当两个相互接触的实体单元之间的接触间隙为零时，接触面根据边界条件产生接触挤压作用，当两个相互接触的实体单元之间的挤压作用力变为零或负值时，可通过软件的参数设置实现两个实体间接触面的分离。对于切向行为，ABAQUS 软件提供了无摩擦、“罚”摩擦、静摩擦一动摩擦衰减及拉格朗日乘子等多种切向摩擦参数设定。本模拟需要考虑混凝土接触面的水平摩擦作用和竖向挤压及开口位移，故而法向采用允许接触后再次脱离的“硬”接触，切向采用“罚”摩擦接触。

（3）钢筋混凝土的接触设置

钢筋混凝土有限元分析有分离式、嵌入式和分布式三种模型。由于模拟中所采用的钢筋本构已经综合考虑了累积损伤引起混凝土受弯承载力退化以及钢筋混凝土界面黏结滑移等综合因素，故本模拟采用分离式，通过“Embedded”方式在混凝土中嵌入钢筋，钢筋节点自由度与接触的混凝土节点自由度一致。

4）有限元模型及数值模拟结果验证

（1）有限元模型

有限元模型按照试件的实际尺寸建立，其中混凝土间的接触设置见图 9-25。

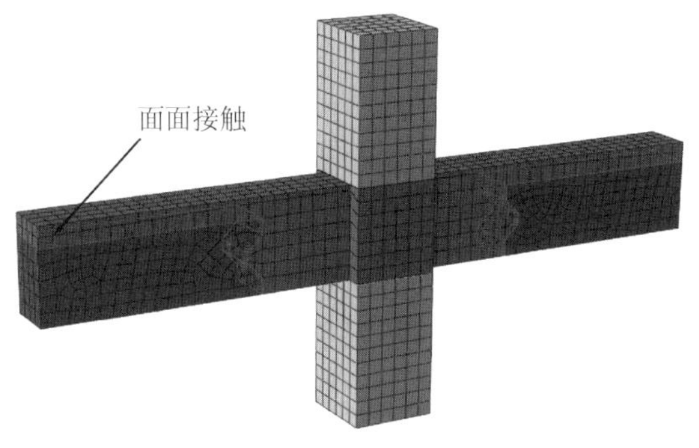

图 9-25 有限元模型中混凝土间接触面位置

（2）数值模拟结果验证

图 9-26 为键槽长度为 450 mm 的十字形节点试验实测滞回曲线和数值分析滞回曲线对比图，比较分析可以看出：总体而言，数值分析滞回曲线与试验实测滞回曲线吻合较好。

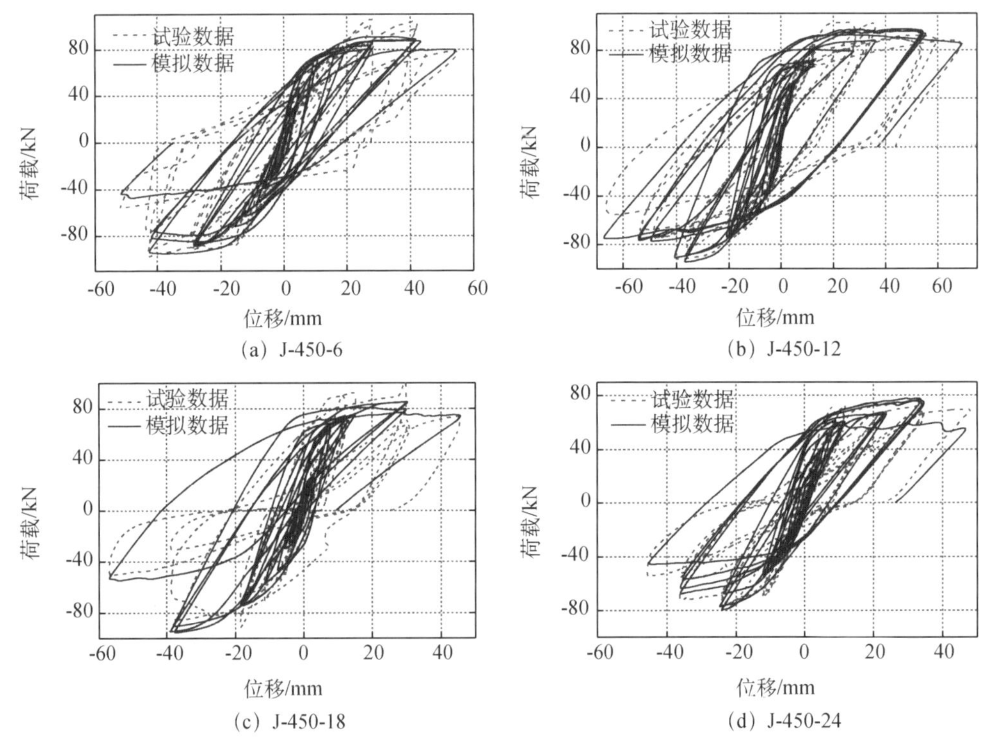

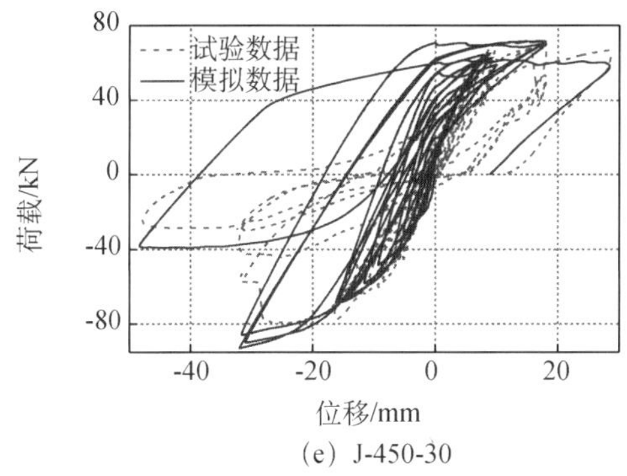

(e) J-450-30

图 9-26 试验实测滞回曲线和数值分析滞回曲线的比较

9.4 装配式混凝土结构耐久性设计方法

9.3.1 装配式混凝土结构时变可靠性分析方法

前述研究表明,结构性能会随着侵蚀的发展呈现明显的时变特性,对应的时变抗力可表述为 $R(t)$。同理,结构所受的外部作用(环境作用、荷载效应等)同样存在时变特性,可表述为 $S(t)$。对应前节不同的劣化阶段,$R(t)$ 和 $S(t)$ 的物理含义亦有所差异,具体可归纳为表 9-3。

表 9-3 不同极限状态下的抗力与效应含义

劣化阶段	结构劣化状态	可靠性问题	功能函数	基本变量含义	
				$R(t)$	$S(t)$
$t_0 \to t_1$	钢筋未锈蚀	耐久性	$Z(t)=R(t)-S(t)$	钢筋脱钝时的氯离子浓度	钢筋表面的氯离子浓度
$t_1 \to t_2$	钢筋开始锈蚀,混凝土保护层未开裂	耐久性	$Z(t)=R(t)-S(t)$	混凝土保护层开裂时的钢筋锈蚀深度	钢筋锈蚀深度
$t_2 \to t_3$	表层混凝土锈胀开裂,钢筋锈蚀加速	适用性	$Z(t)=R(t)-S(t)$	锈胀裂缝宽度达到最大可接受值时的钢筋锈蚀深度	钢筋锈蚀深度
$t_3 \to t_4$	锈胀裂缝达到最大宽度,结构承载力不足	安全性	$Z(t)=R(t)-S_G-S_Q$	结构总体抗力效应	永久荷载效应 S_G 和设计基准期内的最大可变荷载效应 S_Q

表中定义的功能函数 $Z(t)$ 可用于判断结构性能是否退化到可接受阈值。当 $Z(t)>0$ 时,可认为结构能够达到预期使用要求;反之,$Z(t)<0$ 时,结构无法满足使用需求,即被判定为失效。介于二者之间的状态,即 $Z(t)=0$,则被称为极限状态,通常认为达到该状态的时间为结构在对应条件下的使用寿命。

除时变特性外,实际问题中的变量还具有较强的不确定性(如图 9-27 所示),因此可

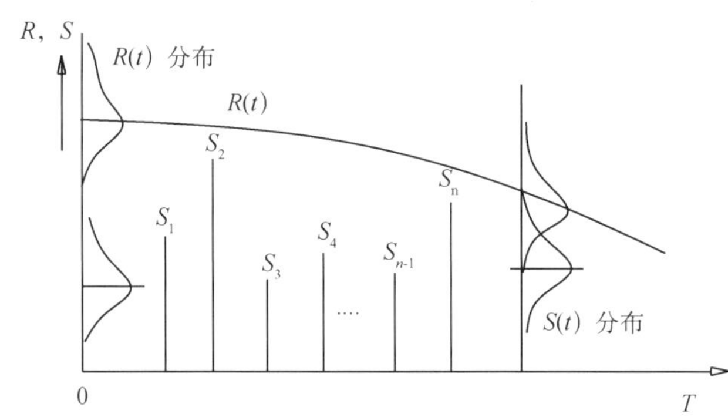

图 9-27 结构抗力及外部效应随机特性示意

以将功能函数中的各参量视为随机变量，引入失效概率的概念进行分析[7]。其定义为

$$P_f(t)=P[Z(t)<0]=P[R(t)<S(t)] \tag{9-5}$$

在获取时变失效概率后，可进一步计算得出结构的时变可靠度：

$$\beta(t)=-\Phi^{-1}[P_f(t)] \tag{9-6}$$

式中，Φ^{-1}为高斯分布函数的反函数，$\beta(t)$为结构的时变可靠度指标。基于此，可结合结构的劣化模型和对应参数的概率分布，采用 Monte Carlo 模拟等方法对特定极限状态下的结构时变可靠度进行分析。

9.4.2 装配式混凝土结构耐久性全概率设计方法

装配式混凝土结构在劣化过程中可采用多种指标定义结构极限状态，如以钢筋脱钝定义的耐久性极限状态、以裂缝宽度或挠度定义的正常使用极限状态、以承载力定义的承载力极限状态以及人为定义的无直接后果的条件极限状态等。不同极限状态对应的关键影响参数及设计表达式存在差异，因此具体需针对各极限状态单独开展设计分析，以保证结构在不同判定标准下的耐久性能均满足要求。

1）不同极限状态对应的目标可靠度指标

为将可靠度理论运用于设计，需首先明确各极限状态下对应的目标可靠度指标。根据 Fib Bulletin 34[8]和浙江省地方标准[9]，将与耐久性相关的各极限状态目标可靠度指标汇总于表 9-4。

表 9-4 各耐久性极限状态目标可靠度指标及失效概率

极限状态	目标可靠度指标[β]	目标失效概率[P_f]
钢筋脱钝，开始发生锈蚀	1.3	9.70×10^{-2}
钢筋适量锈蚀或混凝土表面锈胀开裂	1.5	6.68×10^{-2}
钢筋表面锈胀裂缝宽度达到可接受阈值	2.0	2.28×10^{-2}

承载力极限状态对应的目标可靠度指标需结合结构附加安全措施的成本高低及结构失效所造成后果的严重性综合确定[10]。以一年为参考期，各条件下推荐的目标可靠度指标如表 9-5。

表 9-5　不同条件下承载力极限状态目标可靠度指标推荐值

附加安全措施成本	失效后果较轻	失效后果中等	失效后果较严重
高	3.1	3.3	3.7
中	3.7	4.2	4.4
低	4.2	4.4	4.7

2）耐久性全概率设计方法

为实现结构的耐久性设计，需保证结构在设计使用年限 T 内的时变可靠度指标始终不低于对应的目标可靠度指标。在不进行后续维护的条件下，$\beta(t)$ 随着时间增长单调递减，因此设计目标可表述为：

$$\beta(T) \geqslant [\beta] \tag{9-7}$$

根据前节的描述，$\beta(T)$ 可结合结构性能劣化模型及其中参数的分布特性计算得到。因此在采用全概率设计方法进行耐久性设计时，可预先选定一组参数取值，代入相应模型中分析是否满足式 9-7 的要求。如不满足，则调整参数重新计算，直至计算结果满足设计需求。

以氯盐侵蚀条件下针对钢筋脱钝这一极限状态的设计为例。在此之前氯离子侵蚀以扩散作用为主，可采用 Fick 第二定律进行描述：

$$\frac{\partial C}{\partial t} = \frac{\partial}{\partial x} D(t) \frac{\partial C}{\partial x} \tag{9-8}$$

式中，C 为某一计算单元中的离子浓度值，$D(t)$ 为该单元中的扩散系数。已有研究表明，由于混凝土表面氯离子浓度的累积和持续水化带来的扩散系数衰减，这两个变量都呈现明显的时变特性，需采用 Crank-Nicolson 差分等数值方法对式 9-8 进行求解。但考虑到还需进行不确定性分析，计算过程会较为繁杂，因此在设计阶段可采用简单边界假定推导所得的解析解进行分析，降低计算量的同时使得设计结果偏于保守，保证结构的耐久性能。为保证钢筋在使用寿命内不发生脱钝，需保证钢筋表面的氯离子浓度始终低于临界氯离子浓度，即

$$C(X_{\mathrm{cov}},\ T) = C_0 + (C_S - C_0)\left[1 - erf\left(\frac{X_{\mathrm{cov}}}{2\sqrt{DTF}}\right)\right] < C_{\mathrm{cr}} \tag{9-9}$$

式中，C_0 和 C_S 分别为混凝土中的初始氯离子浓度和结构表面氯离子浓度，C_{cr} 为钢筋脱钝时的临界氯离子浓度，X_{cov} 为钢筋的保护层厚度，$erf(x)$ 为误差函数。实际工程设计时，由于 D 与混凝土材料相关，可将其作为控制指标；而混凝土保护层厚度则可作为设计

指标，通过全概率设计方法确定。由表 9-4 可知，钢筋脱钝这一极限状态对应的目标可靠度指标本身较低，直接采用 Monte Carlo 模拟进行失效概率分析时的计算精度较容易保证，因此无须进行过多特殊处理，设计过程见图 9-28。

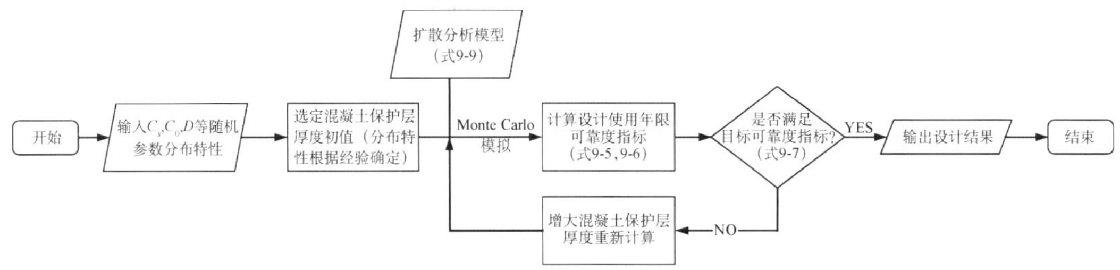

图 9-28　全概率设计法设计流程图

在装配式混凝土结构中，不同区域的氯离子扩散系数取值存在差异。对此可针对不同区域分别计算设计所需的保护层厚度，其中部分参数取值可结合 9.2 中研究内容确定。类似地，还可结合 9.3 中数值模型及已知随机参数分布，运用此方法对承载力极限状态进行分析。如计算量较大，可采用重要抽样方法或拉丁超立方抽样提高样本代表性，在降低样本数量的同时保证计算结果的可信度，并根据设计使用寿命和目标可靠度指标确定关键参数取值，达到耐久性设计的目标。

9.4.3　装配式混凝土结构耐久性设计实用表达式

1）分项系数设计法

尽管前节所述的全概率设计法可以针对装配式混凝土结构实现精确的耐久性设计，但其设计过程较为繁杂，需要一定量的计算分析基础。对于设计人员而言，分项系数设计法是更为简单，也更为实用的设计方法。为使研究成果具有可操作性，同时与现行规范衔接，有必要基于可靠度理论，将时变可靠度分析转化为分项系数的表达形式，针对装配式混凝土结构提出可行的耐久性分项系数设计方法。

在现行的结构设计规范中，荷载分项系数和抗力分项系数通过简单荷载组合（永久荷载与一种可变荷载组合）确定，其表达式为

$$\gamma_G S_{Gk} + \gamma_Q S_{Qk} = R_k / \gamma_R \tag{9-10}$$

式中，S_{Gk} 为恒荷载效应标准值；S_{Qk} 为活荷载效应标准值；R_k 为结构抗力标准值；γ_G、γ_Q 和 γ_R 分别为恒荷载效应、可变荷载效应和结构抗力的分项系数。显然，该设计表达式主要针对结构建成时的性能提出，未考虑各参数的时变特性，特别是结构抗力的衰减特性。

当考虑耐久性引起的结构抗力衰减和设计使用寿命要求时，式 9-10 的分项系数要做出调整，才能使结构在整个设计使用寿命期满足规定的可靠指标要求。本节在调整时，建议荷载分项系数保持不变，仍按现行规范取值，仅对抗力分项系数进行调整。则考虑耐久性退化影响时结构设计实用表达式为：

$$\gamma_G S_{Gk} + \gamma_T \gamma_Q S_{Qk} = R_k / \gamma_{RT} \tag{9-11}$$

式中，γ_T 为结构设计使用寿命期内考虑耐久性影响的抗力分项系数；γ_{RT} 为不同设计使用年限荷载系数调整系数。

为了使按分项系数设计方法所设计的结构与按概率方法设计的结构具有相同的可靠度水平，则需对式 9-12 求导，并取得最小值为条件[11]：

$$H_i = \sum_i (R_{kij}^* - R_{kij})^2 = \sum_i (R_{kij}^* - \gamma_{RT} S_j)^2 \tag{9-12}$$

$$S_j = \gamma_G (S_{Gk})_j + \gamma_Q \gamma_T (S_{Qk})_j \tag{9-13}$$

为满足 $\dfrac{\partial H_i}{\partial \gamma_{RT}} = 0$ 条件，抗力分项系数为

$$\gamma_{RT} = \frac{\sum_j R_{kij}^* S_i}{\sum_j S_j^2} \tag{9-14}$$

式中，R_{kij}^* 为第 i 种结构构件在第 j 种荷载效应比值情况下根据目标可靠指标按概率方法求得的抗力标准值，该标准值考虑设计使用寿命期内抗力的衰减；R_{kij} 为在相同情况下，根据所选的分项系数以设计表达式 9-11 求得的抗力标准值。

为了不改变现有结构可靠度设计方法，本节定义 γ_D 为考虑耐久性退化影响的耐久性系数，即

$$\gamma_D = \frac{\gamma_{RT}}{\gamma_R} \tag{9-15}$$

则设计使用寿命期内，考虑耐久性退化的可靠度实用设计表达式为[12]：

$$\gamma_0 (\gamma_G S_{Gk} + \gamma_Q \gamma_T S_{Qk}) = \frac{R_k}{\gamma_D \gamma_R} \tag{9-16}$$

针对给定环境和设计使用寿命，只要给出耐久性系数 γ_D 取值，即可保证劣化结构在设计使用寿命期内可靠度水平满足目标可靠指标要求。

2) 针对钢筋脱钝的实用设计方法

对于给定的环境，耐久性设计就是要为混凝土质量和保护层厚度的确定提供依据。混凝土质量主要表现为氯离子扩散系数 D 和临界氯离子含量 C_{cr}。当结构使用年限已经为业主或用户确定时，距混凝土表面 x 处的氯离子浓度 $C(x, t) = C_{cr}$ 时，所对应的扩散深度 X_{cr} 即为耐久性设计所需的最小保护层厚度，此时，结构的抗力可根据式 9-9 获得。

$$X_{cr} = 2\sqrt{Dt}\, erf^{-1}\left(1 - \frac{C_{cr}}{C_s}\right) \tag{9-17}$$

因此，可将表 9-3 中的极限状态方程改写为：

$$Z = R - S_L = X_{cr} - X = 0 \tag{9-18}$$

采用分项系数设计法计算时，结构的设计表达式为[13]：

$$\gamma_Q S_{Lk} = R_k / \gamma_{D0} \tag{9-19}$$

式中，S_{Lk} 为环境活荷载效应标准值；R_k 为抗力标准值；γ_{D0} 为结构耐久性系数(抗力分项系数)。

为了使按分项系数设计方法所设计的结构与按概率方法设计的结构具有相同的耐久可靠度水平，则需将式 9-20 求导并取得最小值为条件：

$$H_i = (R_k^* - R_k)^2 = (R_k^* - \gamma_D S)^2 \tag{9-20}$$

$$S = \gamma_Q S_{Lk} \tag{9-21}$$

在满足 $\frac{\partial H_i}{\partial \gamma_D} = 0$ 的条件下，耐久性分项系数为：

$$\gamma_{D0} = \frac{R_k^* S}{S^2} \tag{9-22}$$

式中，R_k^* 为根据目标可靠指标按概率方法求得的抗力标准值；R_k 为相同情况下，根据所选的分项系数以设计表达式 9-19 求得的抗力标准值。

3）针对保护层开裂状态的实用设计方法

由 Faraday 腐蚀定律可知，钢筋的锈蚀深度与腐蚀电流密度成正比，在相同的时间内，腐蚀电流密度越大，钢筋的腐蚀深度越深，由此产生的锈胀力也越大。当钢筋的锈蚀深度达到保护层开裂的临界锈蚀深度时，保护层开裂。因此，在对锈胀开裂失效状态的可靠性进行分析时，可将腐蚀电流密度视为荷载随机变量，而将保护层锈胀开裂时刻的临界锈蚀深度 δ_{cr} 作为结构抗力，则极限状态方程为：

$$Z = R - S(t) = \alpha_{cr}\delta_{cr} - \alpha\delta_1(t) = 0 \tag{9-23}$$

式中，α 为采用式 9-24 确定钢筋锈蚀深度的模式不确定系数；α_{cr} 为采用式(9-25)计算混凝土保护层锈胀开裂时锈蚀深度 α_{cr} 的模式不确定系数。

受腐蚀钢筋的锈蚀深度时变规律为：

$$\begin{aligned} \delta_1(t) &= 0.0116\int_{t0}^{t} i_{corr}(t)dt \\ &= 0.0116\int_{t0}^{t} 32.13\,\frac{(1-W/C)^{-1.64}}{X}t^{-0.29}dt \quad (t_0 < t < t_{cr}) \\ &= 0.525\,\frac{(1-W/C)^{-1.64}}{X}(t^{0.71} - t_0^{0.71}) \end{aligned} \tag{9-24}$$

保护层锈胀开裂时刻钢筋临界锈蚀深度计算模型为：

$$\delta_{cr}=k_1k_2k_3\left[0.15\left(\frac{W}{C'}\right)^{1.55}f_c^{0.34}\left(1+\frac{2X}{d}\right)^{0.19}d^{-0.3}\right] \tag{9-25}$$

式中，$k_1=1-0.07m_1-0.54m_2-2.47m_3$，$m_1$、$m_2$、$m_3$ 分别为粉煤灰、矿渣、硅灰掺量；k_2 为钢筋位置修正系数，角区位置取 $k_2=1.0$，边中位置取 $k_2=1.33$；k_3 为钢筋种类修正系数，带肋钢筋取 $k_3=1.0$，光圆钢筋取 $k_3=0.88$。W/C 为混凝土水灰比；X 为混凝土保护层厚度，单位 mm；d 为钢筋直径，单位 mm；f_c 为混凝土 28 天抗压强度。

在进行保护层锈胀开裂失效状态可靠性设计时，为了便于实际工程运用，仍可考虑采用分项系数设计的表达形式，此时，需要确定满足耐久目标可靠指标要求的各分项系数的取值。对于荷载分项系数，承载力极限状态设计中将其分为恒载分项系数和活载分项系数两部分，考虑的是"恒载+活载"的简单组合。然而，对于锈胀开裂的耐久性设计而言，由于考虑的是钢筋"锈蚀"引起的保护层胀裂，因此，环境的影响是最主要的因素，结构自重及使用荷载对保护层锈胀开裂的影响可以忽略不计，即可仅考虑环境影响产生的腐蚀电流密度引起的作用效应。当仅考虑腐蚀电流密度作为可变作用时，给定一个可变作用分项系数，即可采用与钢筋初锈状态确定耐久性系数 γ_{D0} 一样的方法，求得满足耐久目标可靠指标要求的抗力分项系数 γ_{Dcr}。

4）针对锈胀损伤达到最大阈值的实用设计方法

结构耐久性能超越保护层锈胀开裂极限状态以后，钢筋进一步锈蚀引起的结构损伤通常表现在锈胀裂缝宽度、保护层混凝土剥落及挠度等方面。所有这些影响正常使用的损伤现象，其发展变化的程度主要取决于钢筋的锈蚀程度（锈蚀深度），而钢筋的锈蚀深度又取决于腐蚀电流密度的大小。因此，与保护层胀裂失效状态一样，仍将腐蚀电流密度视为荷载随机变量，其引起的荷载效应 $\delta(t)$ 由公式 9-27 计算。而将混凝土表面出现可接受最大外观损伤时的钢筋锈蚀深度 $\delta(t)$ 作为结构抗力，则极限状态方程为：

$$Z=R-S(t)=\alpha_d\delta_d-\alpha\delta(t)=0 \tag{9-26}$$

式中，α_d 为计算 δ_d 的模式不确定系数；α 为采用式 9-27 确定钢筋锈蚀深度的模式不确定系数。δ_d 为混凝土表面出现可接受最大外观损伤时的钢筋锈蚀深度，可按公式 9-28、9-29 估算[14]。混凝土表面出现可接受最大外观损伤时的耐久目标可靠指标$\beta=2.0$，利用同样的方法计算求得可接受损伤程度极限状态的耐久性系数 γ_{Dd}。

保护层锈胀开裂后 t 时刻钢筋锈蚀深度可表示为：

$$\begin{aligned}\delta_2(t)&=\delta_1(t_{cr})+0.0116\int_{cr}^{t}[0.3683\ln(t)+1.1305]dt\\&=\delta_1(t_{cr})+4.272\times10^{-3}(t\ln t-t_{cr}\ln t_{cr})+0.884\times10^{-2}(t-t_{cr})\end{aligned}\quad(t_{cr}<t) \tag{9-27}$$

式中，$\delta_1(t_{cr})$为由公式 9-25 计算的锈胀开裂时刻钢筋的锈蚀深度。

对于配有圆形钢筋的杆件：

$$\delta_d = 0.255 + 0.012\frac{X}{d} + 0.00084 f_{cuk} \tag{9-28}$$

对于配有带肋钢筋的杆件：

$$\delta_d = 0.273 + 0.008\frac{X}{d} + 0.00055 f_{cuk} \tag{9-29}$$

9.5 小结

本章着重关注氯盐侵蚀环境中的装配式混凝土结构，开展了构件芯样及拼接接缝芯样电通量试验、锈蚀预应力装配式混凝土节点抗震试验以及相应数值模拟研究，定量分析了拼接接缝对离子输运、钢筋锈蚀以及锈蚀后力学性能的影响，随后基于可靠度理论提出了针对钢筋脱钝、锈胀开裂以及锈胀裂缝宽度超过阈值等多极限状态的实用设计方法，所得出的主要结论如下：

(1) 套筒灌浆连接即在金属套筒中插入单根带肋钢筋并注入灌浆料混合物，通过拌合物硬化形成整体并实现传力的钢筋对接连接。因此，采用套筒灌浆连接的混凝土结构结合界面通常由预制混凝土部分—现浇(后浇)混凝土部分—灌浆层—界面层—界面钢筋等多相构成，各相间存在相互传输。

(2) 由于设计、施工和管理的不完善，套筒灌浆连接混凝土结构结合界面是装配式混凝土结构的薄弱部位，试验测得的氯离子扩散系数最大，因此该处 CO_2、水分、氯离子等有害物质的侵蚀进程明显加快。影响该处侵蚀介质输运速率的关键因素包括材料属性、界面构成、界面粗糙度、套筒灌浆密实度等。

(3) 随着锈蚀程度的增加，预应力混凝土装配整体式框架结构梁柱节点的抗震性能不断退化，耗能呈现指数衰减趋势。由于锈蚀对屈服位移的影响大于对极限位移的影响，轻度或中度锈蚀的梁柱节点延性随锈蚀率增加而增大。但在设计锈蚀率为 30%的重度锈蚀试件中，由于 U 形钢筋在加载过程中出现断裂，延性系数显著降低。

(4) 基于锈蚀节点抗震试验建立的数值模型可有效分析不同锈蚀率下装配式混凝土节点的力学性能，可进一步用于关键参数敏感性及装配式混凝土框架结构地震易损性分析。

(5) 所提出的耐久性设计方法根据劣化结构可靠指标的衰减幅度，调整结构的初始可靠度指标，然后采用“校准法”将概率设计转换为分项系数设计的形式，并在现有结构可靠度设计表达式基础上，引入结构耐久性系数来考虑抗力衰减的影响；在保证结构性能劣化后可靠指标满足规范要求的前提下，简化了设计过程，可实现结构在钢筋脱钝、锈胀开裂以及锈胀裂缝宽度超限等多个极限状态下的耐久性设计。

本章参考文献

[1] 曹云峰. 预制预应力混凝土装配整体式框架结构的试验研究[D]. 南京：东南大学，2010.

[2] 蔡建国，朱洪进，冯健，等. 世构体系框架中节点抗震性能试验研究 [J]. 中南大学学报（自然科学版），2012，43(5)：1894-1901.

[3] 中华人民共和国住房和城乡建设部，中华人民共和国国家质量监督检验检疫总局.普通混凝土长期性能和耐久性能试验方法标准:GB/T 50082—2009 [S]. 北京：中国建筑工学出版社，2009.

[4] 中华人民共和国住房和城乡建设部.混凝土结构设计规范:GB 50010—2010[S]. 北京：中国建筑工业出版社，2015.

[5] Clough R W. Effect of stiffness degradation on earthquake ductility requirements [C]// Tech. Rep. SESM66-16. Department of Civil Engineering，University of California，Berkeley，Berkeley，Calif，USA，1966.

[6] 曲哲. 摇摆墙—框架结构抗震损伤机制控制及设计方法研究[D]. 北京：清华大学，2010.

[7] 赵国藩，金伟良，贡金鑫. 结构可靠度理论[M]. 北京:中国建筑工业出版社，2000.

[8] International Federation for Structural Concrete. Fib Bulletin 34. Model code for service life design[S]. Lausanne，Switzerland，2006.

[9] 浙江省住房和城乡建设厅. 混凝土结构耐久性技术规程:DB33/T 1129—2016 [S]. 杭州，2016.

[10] Joint Committee on Structural Safety（JCSS）. Probabilistic model code[S]. Zurich，Switzerland，2001.

[11] 欧进萍，侯爽，周道成等. 钢筋混凝土结构预期使用期可靠度设计实用方法[J]. 建筑结构学报，2008，29(5)：120-127.

[12] 钟小平，金伟良. 钢筋混凝土结构基于耐久性的可靠度设计方法[J]. 土木工程学报，2016，49(5)：31-39.

[13] 钟小平，金伟良，张宝健. 氯盐环境下混凝土结构的耐久性设计方法[J]. 建筑材料学报，2016，19(03)：544-549.

[14] 中国工程建筑标准化协会. 混凝土结构耐久性评定标准:CECS 220—2007[S]. 北京:中国计划出版社，2007.

第10章 装配式混凝土结构寿命预测与全寿命分析

10.1 引言

近十年来，世界装配式建筑市场规模逐年扩大，装配式建筑已经成为建筑业未来发展的重要方向。在国家和各地区政策的推动下，我国装配式建筑正在经历由试点示范向规模化推进的转变过程，这也对装配式建筑的可靠性和可持续性提出了更高要求，比如装配式建筑"两提两减"(提高质量、提高效率、减少人工、减少污染)的设计目标。装配式混凝土结构在建造完成后，结构性能会由于离子侵蚀、反复荷载以及长期持载等多种劣化作用而产生下降，当结构性能降低到一定程度就需要对其进行检测、维护或维修，在这个过程中将产生各类费用，并对外界环境、周围用户产生影响。因此，对于装配式混凝土结构的设计应当从全寿命角度出发，考虑在设计、施工、运营、维护、维修和寿命终止的全过程中结构的性能变化和对外界影响的累积，其设计目标也不仅仅局限于传统土木工程的设计目标，还需要考虑经济、环境和社会等其他领域的要求。

本章将装配式混凝土结构全寿命设计目标划分为结构性能目标和可持续发展目标。针对装配式混凝土结构的时变性能，结合既有研究成果及可靠度理论，对其耐久性、适用性和安全性等多极限状态下的使用寿命进行预测，分析影响结构使用寿命的关键因素，并为全寿命分析维护方案设计提供定量依据。对于装配式混凝土结构的可持续性则采用综合考虑全寿命成本(Life-Cycle Cost, LCC)、全寿命评估(Life-Cycle Assessment, LCA)和社会影响评价(Social Impact Assessment, SIA)方法进行衡量，提出了货币化的全寿命总成本模型，探讨了装配式混凝土结构在全寿命过程中的工程投资、环境污染、事故伤亡和对地区经济的影响。

10.2 装配式混凝土结构使用寿命预测

10.2.1 装配式混凝土结构的性能劣化过程

装配式混凝土结构在劣化过程中可采用多种指标定义结构极限状态，如以钢筋脱钝定义的耐久性极限状态、以裂缝宽度或挠度定义的正常使用极限状态、以承载力定义的承载力极限状态以及人为定义的无直接后果的条件极限状态等。当结构劣化至特定极限状态时,即可判定其使用寿命终结。对于装配式混凝土结构而言,其构件端部存在拼接接缝,而梁板结构也存在叠合界面,这也使其在外界环境作用下更容易受到有害离子的侵蚀,其劣化过程和使用寿命与现浇混凝土结构存在差异。针对现浇钢筋混凝土结构的研究表明,有害介质侵蚀导致的钢筋锈蚀是造成混凝土结构性能衰减,甚至发生提前破坏的最突出因素之一[1-2]。就劣化机理和劣化阶段划分而言,装配式混凝土结构与现浇混凝土结构并无明显差异,因此可借鉴既有研究成果,从结构全寿命的角度将结构性能变化过程划分为五个阶段,如图10-1所示。

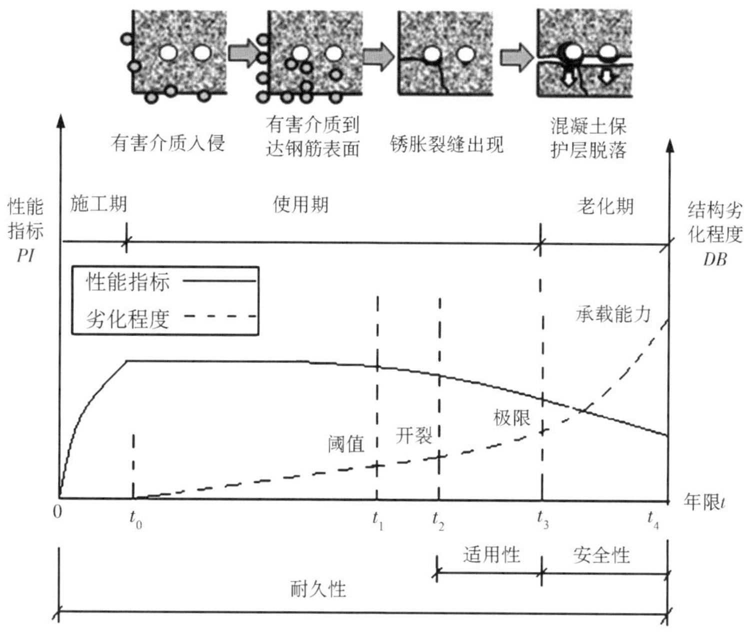

图10-1 侵蚀条件下结构性能的时变特性

在 $0 \to t_0$ 的施工建造期,混凝土材料强度不断增加,结构整体受力骨架逐渐形成,结构的性能表现为逐渐增强的趋势,性能指标曲线不断上升。在从"图纸结构"变为现实空间实体的过程中,极有可能由于设计缺陷、施工缺陷、材料本身性能等因素致使结构整体性能达不到预期水平。因此,结构的耐久性问题伴随着结构的建造过程在施工期已经产生并潜伏于其中。对于装配式混凝土结构而言,其构件多在工厂预制完成,施工条件和材料特性相对可控,因此耐久性能多优于同等条件的现浇混凝土构件。但在现场拼装过程中,可能出现灌浆缺陷等人为失误,影响结构力学性能和耐久性。即使施工操作完全得当,构件间拼缝填充材料也可能由于干缩形成微裂缝,或在服役后因材料本身老化防水性下降,使得拼接界面成为影响装配式混凝土结构耐久性的关键区域。

在 $t_0 \to t_1$ 的前期使用阶段是有害介质缓慢入侵的诱发期,材料性能劣化的速度较慢,劣化的程度有限,劣化程度曲线 DB 和性能指标曲线 PI 变化平缓。在此期间,有害介质侵入结构的速率与结构所用材料密切相关,由于预制构件区域与现场湿接头拼接区域所用材料存在明显差异，不同区域间的侵蚀速率可能存在不同。此外，对于采用套筒连接的装配式混凝土结构而言，由于套筒直径大于钢筋，连接区域附近的混凝土保护层厚度低于构件处的保护层厚度，侵蚀介质抵达钢筋表面所需经历的路径更短，对应的诱发期也相对较短。因此，在装配式混凝土结构中，诱发期结束的时间点 t_1 会随着分析截面的不同发生变化。

在 $t_1 \to t_2$ 时段，随着使用年限的增加，有害介质在钢筋表面堆积，使保护钢筋的碱性环境逐渐消失，钢筋开始发生局部锈蚀。一旦钢筋开始锈蚀，在较短的时间内就能够使混凝土开裂。根据已有研究成果对钢筋锈蚀特征的分析，锈蚀初期，钢筋的力学性能变化不明显，钢筋与混凝土之间的黏结性能在锈蚀量不大时略有增长，而后随着锈蚀率的增加，黏结锚固性能逐渐降低，结构的劣化由内及外逐渐表露[3-4]。而在 t_2 时刻，混凝土达到即将锈胀开裂的临界状态。总体而言，这一阶段的结构性能劣化较上一阶段更快。

在 $t_2 \to t_3$ 时段，随着钢筋锈蚀的加剧，混凝土出现锈胀裂缝，裂缝的存在加速了钢筋锈蚀的进程。试验研究表明，钢筋屈服强度与延伸率随锈蚀率的增加而减小，特别是延伸率下降很明显[5]。锈胀裂缝出现后，钢筋与混凝土之间的黏结性能退化，黏结锚固性能下降进一步引起钢筋和混凝土之间的协同工作能力下降[6]。这一阶段为结构性能劣化的加速发展期，结构劣化程度曲线和性能指标曲线的斜率明显增大。当达到 t_3 时刻时，结构处于正常使用耐久性极限状态。耐久性的不足将使结构构件变形，裂缝开展宽度提前达到正常设计情况时规范规定的限值，使结构的使用寿命缩短，适用性能受到影响，结构的可靠指标明显降低。

在 $t_3 \to t_4$ 时段，结构性能进入老化期。已有研究表明，钢筋严重锈蚀后，屈服强度和极限强度降低，塑性性能下降。混凝土和钢筋之间的黏结性能退化较大，混凝土保护层大面积脱落，同时构件混凝土截面受到损伤，结构构件的承载能力急剧下降[7]。当结构性能退化到 t_4 时刻时，结构构件达到了耐久性的承载能力极限状态。

10.2.2 装配式混凝土结构使用寿命预测模型

（1）路径概率模型

根据前节分析，混凝土结构在氯盐侵蚀环境下的劣化过程呈现明显的阶段性，但描述各阶段劣化规律的模型存在明显不同：诱导期主要考虑离子在构件及连接界面处的输运；锈蚀发展在此基础上还需考虑氧气浓度等其他因素影响；锈胀开裂以及锈蚀诱发的承载力退化还需结合力学模型进行分析。为提高分析效率，可结合关键参数概率分布及各阶段劣化模型，采用蒙特卡洛模拟方法独立计算各阶段失效的条件概率或各关键参量的条件概率分布，随后运用路径概率模型将各阶段计算结果串联，汇总形成结构整体在各极限状态下的时变可靠度指标。

该方法流程如图 10-2，假定钢筋达到初锈的时间为 t_{in}，锈胀裂缝宽度达到限值的时间为 t_{cr}，则对于$(t_{in}, t_{cr}]$中任意一时刻 t，达到此状态的路径在理论上有无限多条，包括 $t_0 \to t_{in1} \to t$、$t_0 \to t_{in2} \to t$ 等。在实际运算中，可将$(t_0, t]$等分为 n 段，当 n 足够大时，可近

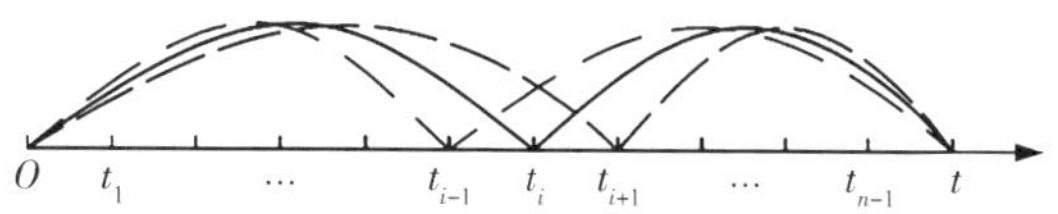

图 10-2　路径概率模型示意

似认定所有路径都被覆盖。对应每一条路径，其 t_{in} 的取值都是唯一确定的，因此各条路径间相互排斥，不存在重合覆盖的情况。

对应其中一条路径，假定其脱钝时间为 t_{ini}，则根据 Bayes 公式可以写出：

$$f(\omega,\ t_{ini}) = f(\omega \mid t_{ini}) P(t_{ini}) \tag{10-1}$$

其中，$f(\omega,\ t_{ini})$ 为该路径下裂缝宽度 ω 的概率密度函数，$P(t_{ini})$ 为恰好在 t_{ini} 时刻出现脱钝的概率，$f(\omega \mid t_{ini})$ 实际可指在 $t_{in1} \rightarrow t$ 时长内锈胀裂缝开展的概率密度函数。由于各路径互斥，t 时刻的裂缝宽度 ω 概率密度分布可通过对各路径所得结果求和得到，即可表示为：

$$f(\omega) = \Sigma f(\omega, t_{ini}) = \Sigma f(\omega \mid t_{ini}) P(t_{ini}) \tag{10-2}$$

在得出任意 t 时刻的裂缝宽度分布 $f(\omega)$ 后，可结合锈胀裂缝宽度阈值计算该极限状态下的结构时变失效概率及时变可靠度指标 $\beta(t)$。当其值小于规定的目标可靠度指标时，可判定结构在适用性极限状态下失效。类似地，可利用式 10-3 推导计算出任意时刻的锈蚀率分布：

$$f(\rho) = \Sigma f(\rho, t_{ini}) = \Sigma f(\rho \mid t_{ini}) P(t_{ini}) \tag{10-3}$$

结合预先选定的地震动强度及地震易损性曲线，可再次运用路径概率模型，结合式 10-3 中计算得出的锈蚀率分布得出结构在安全性极限状态下的时变可靠度指标，其计算流程可表述为式 10-4：

$$\beta(t) = \Phi^{-1}[1 - P_f(t)] = \Phi^{-1}[1 - \Sigma P_f(\rho_i) P(\rho_i,\ t)] \tag{10-4}$$

式中，$P(\rho_i, t)$ 为 t 时刻锈蚀率为 ρ_i 的概率，可根据该时刻锈蚀率分布 $f(\rho)$ 直接导出。$P_f(\rho_i)$ 为在特定锈蚀率 ρ_i 下（如 0%、10%、20%、30%）结构的安全性失效概率，可结合 9.3 中建立的装配式混凝土框架数值模型通过地震易损性分析得到。

由此可见，采用路径概率模型可有效整合前述各项研究，形成如图 10-3 所示的结构时变可靠度指标分析框架，对结构在钢筋脱钝、锈胀裂缝宽度超限以及承载力极限等多个极限状态下的时变可靠度指标进行分析。只要各阶段共同参数概率分布选取一致，本方法中各阶段劣化过程的不确定性分析就可并行进行，且局部修改后对于其他阶段分析结果无影响，仅通过简单重新整合即可形成修改后的分析结果，具有高度的模块化特性。考虑到分析框架中部分过程计算量巨大（如锈蚀框架地震易损性分析等），采用本方法可实现对结构时变可靠度的高效分析。

由于构件间拼接界面的存在，装配式混凝土结构的劣化规律与现浇混凝土结构存在

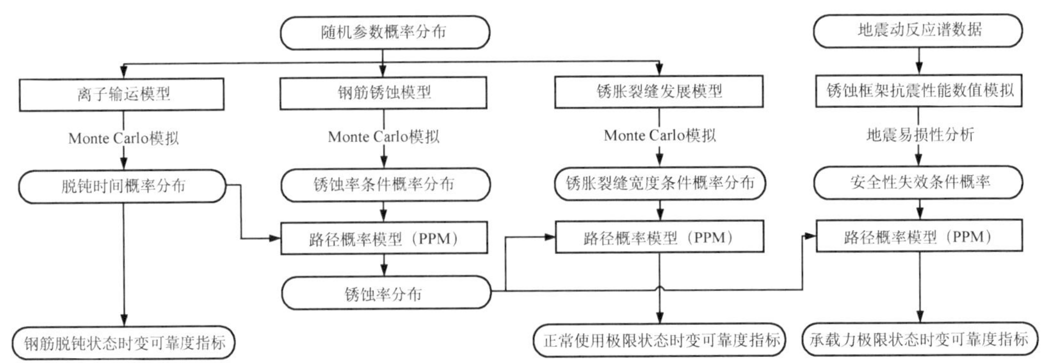

图 10-3 结构时变可靠度指标分析框架

明显不同，在图 10-3 所示分析框架中采用取值差异（黄色框体）或分析模型本身差异（蓝色框体）予以考虑。

（2）离子输运模型

氯离子在混凝土内的扩散通常可用 Fick 第二定律进行计算：

$$\frac{\partial C}{\partial t}=\frac{\partial}{\partial x}D(t)\frac{\partial C}{\partial x} \tag{10-5}$$

式中，C 为混凝土中的氯离子浓度，其取值受到计算位置 x 、混凝土暴露于氯盐环境中的时间 t ，以及混凝土的氯离子扩散系数 D 等多个参数影响。

假设表面氯离子质量分数及扩散系数的取值为常数，在此边界条件下可以得到 Fick 第二定律的解析解：

$$C(x,\ t)=C_s(1-erf\ (\frac{x}{2\sqrt{D_a t}})) \tag{10-6}$$

其中，C_s 为混凝土表面氯离子质量分数；D_a 为混凝土的表观氯离子扩散系数。由研究结果可知，荷载作用下混凝土材料的耐久性不仅与材料本身的特性如龄期、水灰比等有关，还受材料所处的温度、湿度及结构表面裂缝等多重作用的影响，具体可表述为如下模型：

$$D_a=D_{ref}(w/c,t_0)\ f_1(t)\ f_2(T)\ f_3(RH)\ f_4(\omega) \tag{10-7}$$

其中，$D_{ref}(w/c,t_0)$ 为未受荷载混凝土材料的氯离子渗透系数，主要与水灰比 w/c 和混凝土龄期 t_0 有关。依据 ACI 365[8] 对于龄期为 28 天的未受荷混凝土材料的规定，其渗透系数 $D_{ref}(w/c,t_0)$ 可以用如下的公式求得：

$$D_{ref}(w/c,\ t_0)=10^{-12.06+2.4w/c} \tag{10-8}$$

$f_1(t)$ 代表龄期对混凝土材料渗透性的影响系数，可以用如下的公式表示：

$$f_1(t)=\left(\frac{t_0}{t}\right)^m \tag{10-9}$$

其中，t_0 取值应与式 10-8 中计算取值对应，一般为 28 天；m 是混凝土龄期影响系数，其值在 0.2～0.7 之间，主要和混凝土材料的水灰比以及掺合料的用量有关。

$f_2(T)$ 是环境温度对混凝土渗透性的影响系数，可以利用 Arrhenius 法则求得：

$$f_2(T)=exp\left(\frac{U}{R}\left(\frac{1}{T_0}-\frac{1}{T}\right)\right) \tag{10-10}$$

其中，$U=35\ 000$ J/mol；$R=8.314$ J/(mol·K)；T 和 T_0 分别代表环境温度和参考温度 ($T_0=293$ K)。

$f_3(RH)$ 是环境相对湿度影响系数，可以用如下的公式求得：

$$f_3(RH)=\left[1+\frac{(1-RH)^4}{(1-RH_c)^4}\right]^{-1} \tag{10-11}$$

$f_4(\omega)$ 是荷载裂缝宽度影响系数，可以用如下的公式求得：

$$f_4(\omega)=\begin{cases}1 & \omega\leqslant\omega_1=0.08\ mm\\ a/D_{ref}-4.1+(5.5-b/D_{ref})e^{-\omega} & \omega_1\leqslant\omega\leqslant\omega_2\\ c/D_{ref} & \omega>\omega_2=0.2\ mm\end{cases} \tag{10-12}$$

其中，$a=7.6\times10^{-9}$ m²/s，$b=8.2\times10^{-9}$ m²/s，$c=1.510^{-9}$ m²/s 。对于装配式混凝土结构而言，其渗透系数取值可能高于按照 ACI 365 方法计算所得，因此需结合 9.2 节中测试数据预测该部位初锈时间。在考虑上述因素修正后，式 10-6 中提出的解析解无法直接使用，因此需采用数值方法对式 10-5 进行迭代求解，以预测任意时刻给定深度处氯离子浓度。本节采用 Crank-Nicolson 差分法计算该过程。

（3）钢筋锈蚀模型

根据法拉第定律，钢筋的锈蚀速率可表示为：

$$V_c(t)=1.16\,i_{corr}(t) \tag{10-13}$$

式中，$V_c(t)$ 为 t 时刻钢筋的锈蚀速度，$i_{corr}(t)$ 为 t 时刻锈蚀电流强度(μA/mm²)，根据 Liu 和 Weyers[9] 提出的公式可计算 $i_{corr}(t)$：

$$i_{corr}(t)=0.85\,i_{corr}(0)\,t^{-0.29} \tag{10-14}$$

其中，$i_{corr}(0)$ 为初始时刻的锈蚀电流强度(μA/mm²)，具体需根据实际工程现场测定或经验公式计算得到。考虑到环境条件、钢筋位置、氯离子浓度、矿物掺合料都是影响钢筋锈蚀速率的关键因素，可采用以下公式近似计算 $i_{corr}(0)$ [10]：

$$i_{corr}(0)=\frac{0.378\,(1-w/c)^{-1.64}}{x} \tag{10-15}$$

（4）锈胀开裂模型

为简化预测模型，假定锈蚀沿钢筋截面均匀开展，则根据锈蚀量与锈蚀速度的关系可

计算得到脱钝 t_e 后 t 时刻钢筋的锈蚀深度：

$$\Delta D=\int_{t_e}^{t} V_c dt=\frac{0.5249}{x}\left(1-\frac{27}{f_c+13.5}\right)^{-1.64}(t^{0.71}-t_e^{0.71}) \tag{10-16}$$

在此基础上可计算钢筋的平均截面损失率：

$$\rho=\frac{\Delta A_s}{A_s}\approx 1-\frac{(D-2\Delta D)^2}{D^2} \tag{10-17}$$

结合林红威等[11]提出的裂缝宽度—锈蚀深度经验公式，可对 t 时刻的锈胀裂缝宽度进行预测，预测公式如下：

$$\omega=\frac{\omega_u K(\Delta A_s-\Delta A_{cr})}{\omega_u \Omega_{st}+K(A_s-A_{cr})} \tag{10-18}$$

$$\Delta A_{cr}=A_s[1-\left[1-\frac{R_{pit}}{D}\left(7.53+9.32\frac{x}{D}\right)\times 10^{-3}\right]^2] \tag{10-19}$$

其中，A_s 为钢筋的截面积，D 为钢筋初始直径，ΔA_s 为钢筋锈蚀后截面的损失量，计算方法同前。ω_u 为保护层剥离时的裂缝宽度，当箍筋间距为 150 mm 时可取 6.31 mm。Ω_{st} 为考虑箍筋对锈胀裂缝发展限制的影响指数。R_{pit} 为坑蚀系数，当钢筋均匀锈蚀时，取值为 2；当发生局部锈蚀时，取值在 4～8 间变化。如 9.2 节中所分析，装配式混凝土结构会由于拼接界面处氯离子输运明显快于预制和现浇区域而率先脱钝，形成“大阴极，小阳极”的宏电池，造成拼接界面区快速锈蚀，因此该区域局部锈蚀系数取值为 8。对于预制构件和现浇区域而言，不均匀锈蚀同样存在，但由于各界面间材性参数的相关性，其不均匀锈蚀程度不及界面区，因此系数取 4。K 为根据试验数据计算所得的系数，本模型中依照参考文献取值 0.0575。

值得注意的是，式 10-18 基于锈蚀构件研究展开，与装配式混凝土中拼接界面附近较小区域内的局部锈蚀存在差异，因此难以准确描述界面的实际锈胀开裂过程。在实际结构中，拼接界面区通常面积较小，该区域会因较早脱钝而产生明显的局部锈蚀，但此处的裂缝开展还会受到两侧未开裂构件限制，因此采用调整局部锈蚀系数的方式简单考虑可能会放大分析所得的锈胀裂缝宽度，进而使得分析结果偏保守。如需更为准确的预测尚需结合拼接界面及其周边区域锈蚀率分布情况采用数值模拟开展开裂分析。

10.2.3 装配式混凝土结构使用寿命案例分析

(1) 随机参数分布

选取 9.3 节中所述装配式混凝土框架作为分析对象，通过蒙特卡洛模拟及上述模型开展结构在钢筋脱钝、锈胀裂缝宽度超限以及安全性极限状态等多极限状态下的时变可靠度分析和使用寿命预测，用于分析的各随机参数输入信息如表 10-1 所示。

表 10-1 各参数概率分布特性

输入参数	单位	均值	变异系数	分布概型	数据来源
表面氯离子浓度 c_s	%	0.13	0.7	对数正态	文献[12]
临界氯离子浓度 c_{cr}	%	0.12	0.6	对数正态	文献[13]
氯离子扩散系数 D	mm^2/s	变量	0.2	对数正态	部分实测
保护层厚度 x	mm	50	0.05	正态	文献[12]
温度 T	℃	20	0.02	正态	文献[12]
纵筋直径 d_s	mm	18	0.01	正态	文献[13]
混凝土抗压强度 f_c	MPa	51.4	0.2	对数正态	实测
表面氯离子浓度 c_s	%	0.13	0.7	对数正态	文献[12]
临界氯离子浓度 c_{cr}	%	0.12	0.6	对数正态	文献[13]

根据现行规范，装配式混凝土结构现浇区需较预制区高 1～2 个强度等级，因此其抗氯离子侵蚀性能通常更优，9.2 节中试验也证明了此推论。而拼接界面由于局部孔隙的存在，其抗侵蚀性能通常弱于两侧基体。为简化运算，此处仅选取输运系数较大的界面作为代表值，同时忽略灌浆层材料影响，设置预制区、现浇区及界面区的氯离子扩散系数均值分别为 5.0×10^{-12}、2.7×10^{-12} 及 6.7×10^{-12} m^2/s。由于第二章中测试试件数量有限，难以准确获取各区域离子输运系数分布特性，本节中基于既有研究假定离子输运系数满足对数正态分布，且各区域的变异系数一致。此外，部分研究指出，表面氯离子浓度会在暴露初期逐步增长，直至达到峰值；本研究中暂未考虑该时变特性，而是直接选取峰值作为计算参量。

(2) 脱钝时间预测

如图 10-4 所示，各组脱钝时间分别为 18.4 年、25.0 年和 37.5 年，其中界面区域由于扩散系数较大而呈现较短的脱钝时间。由于脱钝直接受氯离子扩散过程控制，因此该极限状态对于扩散系数高度敏感，如图 10-5 所示。如可通过预制构件表面处理提高界面曲

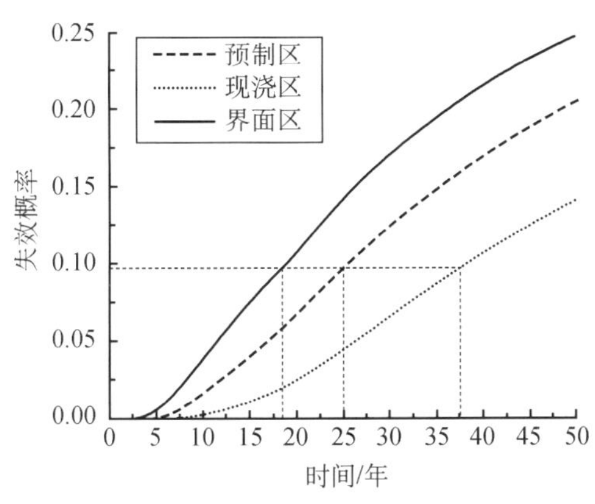

图 10-4 各组脱钝概率时变曲线

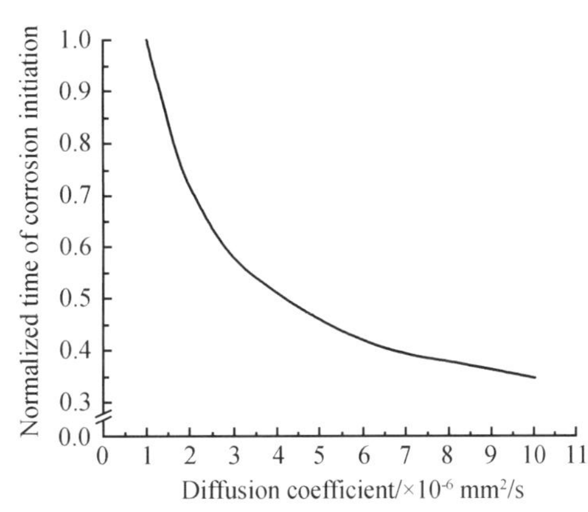

图 10-5 不同扩散系数下的脱钝时间

折度，进而提高界面附近抗渗性，或通过其他措施降低界面处扩散系数，则可显著推迟界面附近钢筋脱钝的发生，进而延长其使用寿命。

(3) 正常使用极限预测

如图 10-6 所示，各组正常使用寿命分别为 25.2 年、32.9 年和 45.4 年，对应劣化期长度分别为 6.8 年、7.9 年和 7.8 年。由此可见，界面区率先脱钝造成的局部锈蚀加速对于其开裂寿命的影响相对有限，但图 10-7 表明，锈蚀发展时间的缩短与前节的脱钝时间提前叠加后同样会降低结构的正常使用寿命。因此从正常使用极限状态的角度而言，界面处的输运性能下降同样值得关注。在实际结构中，界面区通常面积较小，该区域会因较早脱钝而产生明显的局部锈蚀，但实际的裂缝开展还会受到两侧未开裂构件限制，因此装配式混凝土结构正常使用寿命应介于界面区计算值(25.2 年)与预制区计算值(32.9 年)之间。

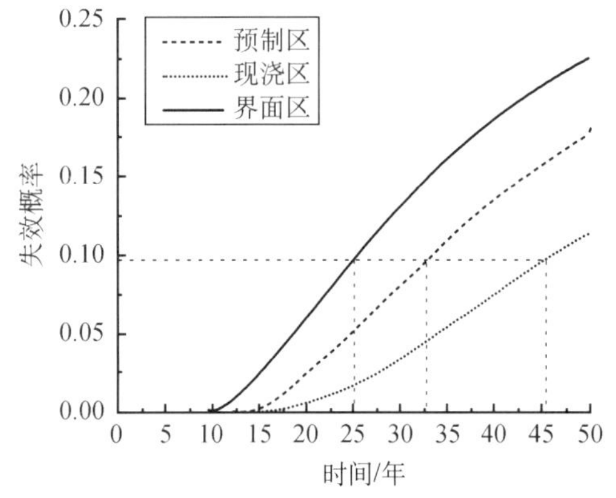

图 10-6　正常使用失效概率时变曲线

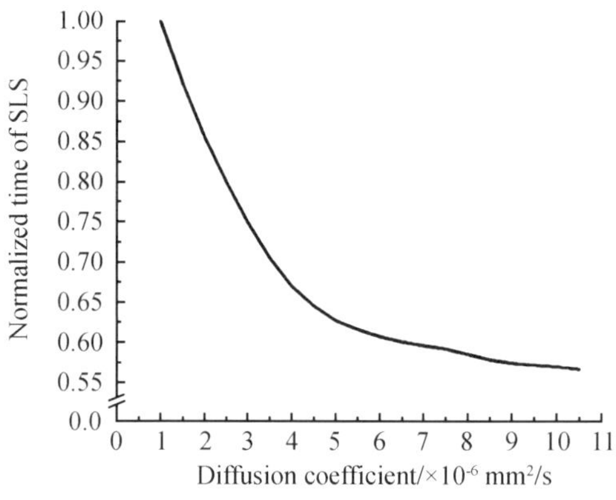

图 10-7　不同扩散系数下的正常使用寿命

(4) 承载力极限状态预测

既有研究表明，界面处较小范围的局部锈蚀及装配式拼接接缝的存在对于结构整体抗震性能的影响相对有限[14]，因此此处选取预制区锈蚀率作为代表值，运用易损性曲线及路径概率模型对结构在地震作用下的安全性进行分析。

如图 10-8 所示，受锈蚀影响，结构在地震作用下，CP 极限状态的失效概率由 7.84×10^{-5} 增长至 1.19×10^{-4}，对应可靠度指标由 3.78 下降至 3.67，如图 10-9 所示，表明锈蚀会对装配式混凝土结构安全性造成显著影响。但在整个退化过程中的退化速率并非恒定：在暴露初期，由于混凝土保护层的保护作用，结构力学性能没有出现明显劣化；自钢筋脱钝后，锈蚀会造成钢筋截面积减小，同时产生膨胀产物造成混凝土开裂，但较低幅度的锈蚀对于结构力学性能的影响仍然较小，甚至可能由于锈蚀产物对钢筋—混凝土界面的填充提升了二者协同工作的性能，因此该阶段劣化速率仍处于较低水平；当锈蚀程度达到一定阈值后，劣化速率加快，结构可靠度指标下降明显。

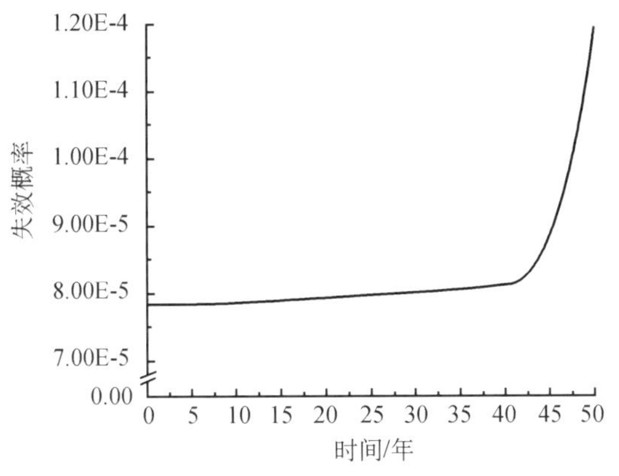

图 10-8 安全性失效概率时变曲线

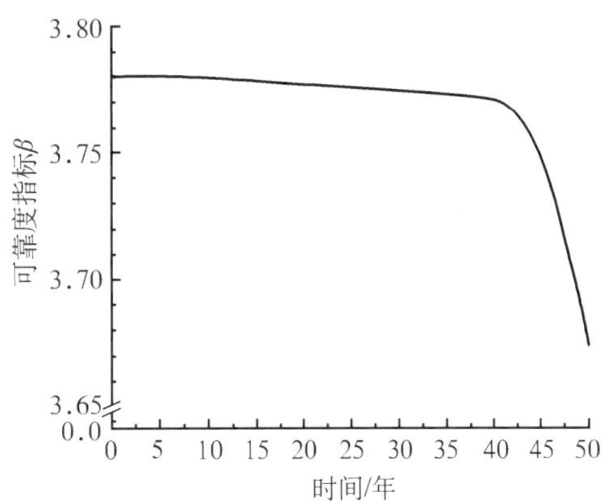

图 10-9 结构的时变可靠度指标

10.3 装配式混凝土结构全寿命设计与可持续性评估方法

10.3.1 装配式混凝土结构全寿命设计指标体系

装配式混凝土结构全寿命设计旨在在结构的设计阶段，通过考虑结构在全寿命周期中可能遭受的荷载、环境作用和灾害作用，以及全寿命工程活动可能造成的经济影响、环境影响和社会影响，制定结构的设计方案、维护方案及灾害应对方案等，使结构在全寿命过程中满足性能要求，并使各类影响降至最低。

全寿命设计理论指标体系将结构的全寿命设计目标明确划分为两类:结构性能目标和结构可持续性目标。其中，结构性能目标对结构本身的全寿命性能和功能进行设计，以结构的可靠性为基础;可持续性目标对结构的经济、社会和环境影响进行设计和评价，以结构可持续发展的概念为依据。相应地，装配式混凝土结构全寿命设计指标体系可分为结构可靠性指标和可持续发展指标两个部分，如图 10-10 所示。

装配式混凝土结构全寿命设计理论体系关注结构在全寿命过程中的长期性能，从结构耐久性出发，将结构的安全性、适用性融合为时变可靠度指标，同时基于时变可靠度将结构的经济影响、环境影响和社会影响组合成动态的全寿命成本指标。通过时变可靠度指标和动态全寿命成本指标，可对结构进行包含所有设计目标的全寿命设计、管理和优化。可靠性指标在上一节已进行了说明，下面重点介绍工程结构的可持续性指标。

装配式混凝土结构的全寿命设计仍采用全寿命成本(Life-Cycle Cost, LCC)作为主要经济指标，但基于可持续性赋予全寿命成本新的内涵:全寿命成本包括直接成本和由环境成本、社会成本组成的间接成本。直接成本指直接发生于结构本身的投资，而间接成本是由结构全寿命工程活动导致的环境、社会损失引起的。结构的建造、维护、维修等工程活动不仅需要资金投入，还将消耗大量的资源并造成环境污染，还可能影响结构本身或周边区域的正常使用，对社会造成不良影响。环境成本和社会成本通常不直接由项目业主

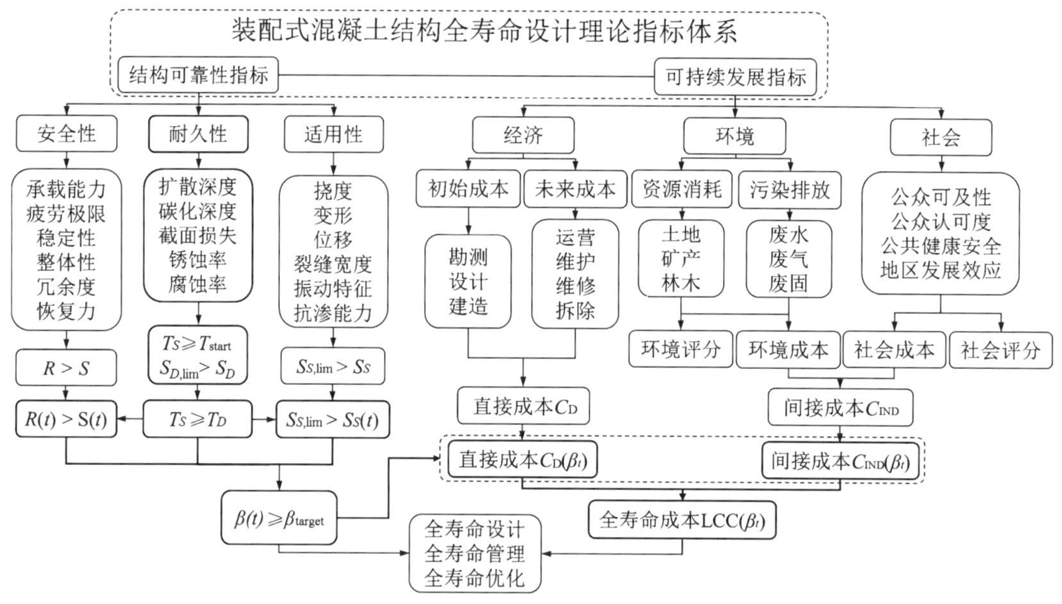

图 10-10　装配式混凝土结构全寿命设计理论指标体系

承担，而是由被影响人群共同承担，因此也称为结构的间接成本。

从时间跨度上来说，全寿命总成本涵盖了装配式混凝土结构建设、检测、维护、维修、拆除等全寿命各阶段的成本。从成本类型来看，全寿命总成本又可以分为直接成本、环境成本和社会成本。综合全寿命时间跨度[15]和成本类型，装配式混凝土结构全寿命总成本可表达为：

$$\begin{cases} LCC = C_{\mathrm{T}} + C_{\mathrm{PM}} + C_{\mathrm{INS}} + C_{\mathrm{REP}} + C_{\mathrm{F}} + C_{\mathrm{D}} \\ LCC = C_{\mathrm{DIR}} + C_{\mathrm{E}} + C_{\mathrm{S}} \end{cases} \tag{10-20}$$

其中，LCC 为装配式混凝土结构的全寿命总成本；C_T 为初始成本，包括设计成本与建造成本；C_{PM}为例行维护成本；C_{INS}为检测成本；C_{REP}为维修成本；C_{F}为结构失效成本；C_{D}为结构拆除成本；C_{DIR}为直接成本；C_{E}为环境成本；C_{S}为社会成本。装配式混凝土结构由于构件生产集中于工厂，施工现场工序简化，因此装配式混凝土结构的成本构成与普通现浇混凝土结构有所不同。而对应的，装配式混凝土结构的后期维护方式、维护频率可能与现浇混凝土结构有所不同，因此装配式结构的后期维护策略及维护成本也是全寿命成本中的重要部分。

在环境方面，装配式结构的全寿命工程活动消耗了大量的自然资源，占据生态区域，并产生环境污染，造成全球环境压力。全寿命评估（LCA）[16]方法可用于评价产品的环境性能，通常考察产品的能源和原材料消耗，以及对大气、水源和土壤的排放等方面。工程结构的环境影响可以分为两类：对环境的“摄取”和“排放”[17]，如图 10-11 所示。其中，对环境的摄取主要包括结构全寿命过程消耗的能源和资源，对环境的排放可以分为废水、废气和固体废弃物三个大类。

采用全寿命环境指标进行全寿命绿色设计，实则是控制工程结构在全寿命过程中对环境造成的影响。工程活动对环境的影响通常需要经历长时间的累积才得以体现，而生态环境在长的时间跨度下也是一个易变的系统，因此结构的环境影响大多难以量化和界定，在环境评价过程中需要通过一些定性指标进行环境性能的综合评分。为了避免以上问题，全寿命环境评价应尽量从源头量化结构全寿命过程中对环境资源的摄取量和污染物排放量，通过减少摄取量和排放量的方式降低结构的全寿命环境影响。

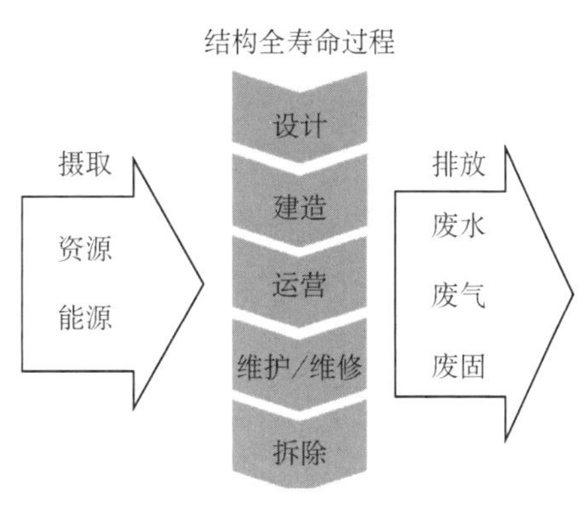

图 10-11　工程结构与环境的相互作用

装配式混凝土结构采用工厂化的构件生产方式，节约了构件生产所需的材料和资源，同时减少了施工现场的污染排放。装配式混凝土结构现场施工的简化使得工期缩短，现场能耗降低，环境性能较现浇混凝土结构有所改善。

缓解结构的全寿命环境影响通常可以采取两种措施：控制污染物排放和治理受损环境。控制结构全寿命的污染物排放，需要采用合理的设计方案使资源使用最为高效，开发环保的新型结构和建材，对污染物进行排放前的处理，并对超过限制的污染排放采取惩戒措施。而修复受损环境所要付出的代价则更为沉重，包括土壤修复、植被修复、水源修复、大气环境修复等。虽然结构的全寿命环境影响是较难量化的指标，但无论是控制污染物排放还是治理受损环境，都离不开经济投资。控制污染物排放所需的成本是预防性成本，环境受损后的修复费用则是损伤成本，这二者均是结构全寿命的环境成本。工程决策中不仅要考虑结构本身对环境的影响带来的环境成本，还要考虑结构失效后造成的环境成本。例如桥梁结构失效迫使车辆绕行将消耗额外的能源、排放额外废气；失效的构件落入河道，则可能导致水体污染或河道堵塞，这一系列环境影响都计为结构失效的环境成本。

工程结构是为了满足用户和社会需求而设计的，而结构全寿命过程中的各种工程活动也将对社会造成影响。社会影响评估(SIA)认为工程结构的社会影响主要包括[17-18]：公众可及性、公众认可度、公共健康安全，以及地区发展效应等。其中，公众健康安全和地区发展效应是多数研究的重点，也是两个比较容易量化的指标。Dong 等[19]在桥梁的多目标优化中采用事故伤亡人数(公众健康安全指标)和停工期(地区发展效应指标)作为社会指标。Cho 等[20]认为桥梁结构失效将造成广泛的社会损失，包括结构本身的经济损失和对周边产业的影响。公众可及性和公众认可度等定性指标则需要通过全寿命各阶段的民意调查等手段进行综合评分。

装配式混凝土结构的现场施工比现浇混凝土结构更为简单洁净，现场大型机械少，结构主体施工只涉及少量的混凝土浇筑，因此施工阶段产生的噪声、粉尘和其他污染物较少。而结构后期的社会影响则与结构的后期可靠度水平相关，也与结构的维护方案密不可分。

环境成本和社会成本均是工程活动产生的间接成本。以往的全寿命成本分析大多将用户成本(社会成本的一部分)作为间接成本的主体,环境成本与绝大部分社会成本常因难以量化而被省略。将结构的全寿命环境影响和社会影响转化为成本形式,不仅完善了结构的间接成本,还为结构全寿命可持续性分析提供了统一的指标。另一方面,结构全寿命成本与其环境影响、社会影响也有着密不可分的关系,结构的每一次经济投入都伴随着资源和能源的消耗,而工程活动也必然造成一定的社会影响。结构全寿命可持续发展评价的三个指标都随着工程活动的推进而不断增长,因此将这三个指标统一为成本的形式是合理可靠的。

10.3.2 装配式混凝土结构环境指标量化方法

(1) 环境影响的范围

装配式混凝土结构的环境成本代表了货币化的环境影响,因此环境成本的范围应建立在经典 LCC 模型和全寿命分析方法 LCA 的基础上,环境成本的时间范围和研究对象应与 LCC 模型一致,而环境成本中考虑的环境影响类型应参考 LCA 的评估清单。一般而言,装配式混凝土结构的 LCA 评估范围包括对空气、水和土地的污染排放。与装配式结构相关的主要工程活动和相应的污染排放如图 10-12 所示。

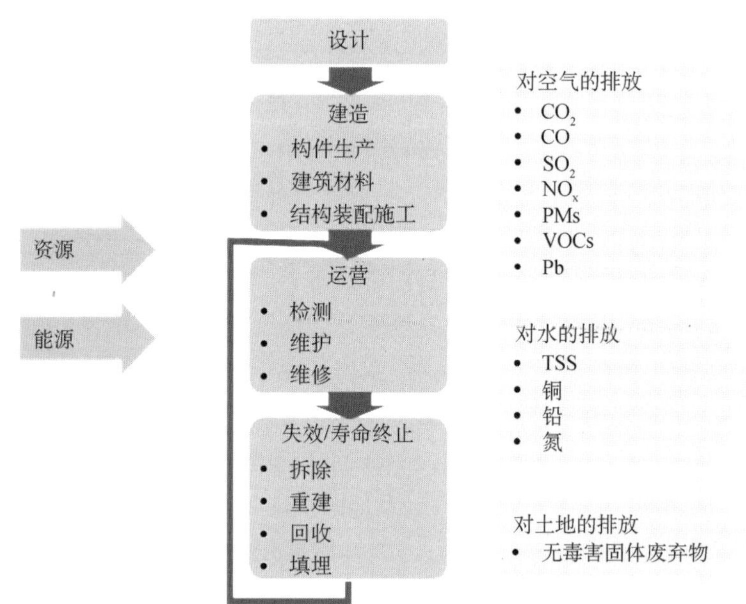

图 10-12 装配式混凝土结构全寿命工程活动产生的环境影响

美国环保署(USEPA)针对六类空气污染物建立了国家空气质量标准[21],包括颗粒物(PMs)、地表臭氧、二氧化硫(SO_2)、二氧化氮(NO_2)、铅(Pb)和一氧化碳(CO)。此外,有害空气排放还包括温室气体如二氧化碳(CO_2)、甲烷(CH_4),及破坏臭氧层的物质如氟氯烃物质(CFCs)和卤素等。其中,装配式混凝土结构的环境成本考虑 CO_2、CO、SO_2、碳氧化物(NO_x)、PMs、挥发性有机污染物 (VOCs)和 Pb 等空气污染物造成的环境影响。

水体污染包括工业活动或生活污水导致的一系列水体的物理、化学或生态变化，装配式混凝土结构的工程活动可能会增加水中悬浮固体、可溶解固体和挥发性固体物质的含量。由于可靠的数据有限，本项目的装配式混凝土水体污染物主要考虑混凝土和钢材生产过程中[22-24]排放的总悬浮固体含量(TSS)、铜、铅和氮污染。

对土地的排放方面，装配式混凝土结构的工程活动主要产生无毒害的固体废弃物，包括施工和拆除过程中的混凝土、砖、木材、瓷砖、玻璃等碎块。与无毒害固体废弃物相关的环境成本一般依据废弃物的重量进行度量。

(2) 环境影响的货币化方法

污染者付费原则(Polluter Pays Principle, PPP)[25]认为造成环境污染的当事人应负担相应的污染治理费用，根据这一原则，装配式混凝土结构的全寿命环境成本与众多团体相关。然而，本项目中讨论的环境成本是用货币的形式评价装配式混凝土结构整体环境性能指标，而非用于确定每个团体应付污染费用的会计工具。因此，与装配式混凝土结构全寿命环境影响相关的成本都将计入环境成本模型中。

污染防治成本和环境损伤成本是两种常用的环境成本表征方式[26]。污染防治旨在降低或防止有害物质的排放，主要包括三种方式：(1)生产系统升级以提高能源效率并降低有害排放；(2)排放处理以减少有害物质含量；(3)对未处理的有害排放征收污染费或环境税。因此，污染防治成本也相应地包括系统升级费用、排放处理费用和污染费用。对于某已经完成生产的建筑产品，其污染防治成本指的是其生产过程中本可以采取的具有最小总费用的污染防治措施(包括系统升级、排放处理和征收污染费等)。相比于污染防治成本，环境损伤成本中通常存在更多的不确定性。例如，全球温室效应的防治成本是用于减少 CO_2 和其他温室气体排放的费用，而温室效应的损伤成本则是由于海平面上升、全球气候变暖、厄尔尼诺现象等导致的经济损失，这类经济损失通常难以估算和量化。因此，装配式混凝土结构的环境成本将采用污染防治成本的思路进行估算，结构的环境成本源于污染物的排放费或环境税，并假设服从三角形分布，如表 10-2 所示。

表 10-2　常见有害排放的环境成本费率

污染物		环境成本费率		
		众数	下限	上限
对空气的排放 (USD/kg)	CO_2	0.020	0.008	0.032
	CO	0.09	0.08	0.10
	SO_2	1.91	1.40	2.42
	NO_x	1.91	0.58	3.24
	PMs	2.76	1.78	3.74
	VOCs	2.12	1.58	2.66
	Lead	3.16	2.21	4.11
	CH_4	1.05	0.60	1.50

续表 10-2

污染物		环境成本费率		
		众数	下限	上限
对水的排放（USD /m^3 effluent）	TSS	1.70	0.80	2.60
	Copper	0.004	0.002	0.006
	Lead	0.008	0.004	0.012
	Nitrogen	2.40	2.10	2.70
对土地的排放（USD /t）	无毒害固体废弃物	2.00	1.05	2.95

注：货币兑换率参考 2017 年 7 月数据：1 USD= 0.88 Euro，1 USD= 6.78 CNY。

有害污染物的排放量乘以其环境成本费率，如式 10-21 所示：

$$C_E = \sum_k \left(\sum_i E_{A,ik} \cdot c_{EA,i} + \sum_j E_{W,jk} \cdot c_{EW,j} + E_{L,k} \cdot c_{EL} \right) \tag{10-21}$$

其中，$E_{A,ik}$ 为装配式混凝土结构全寿命过程中第 k 项工程活动导致的第 i 种空气污染物的排放量；$E_{W,jk}$ 为装配式混凝土结构全寿命过程中第 k 项工程活动导致的第 j 种水体污染物的排放量；$E_{L,k}$ 为装配式混凝土结构全寿命过程中第 k 项工程活动导致的无毒害固体废弃物的排放量；$c_{EA,i}$ 为第 i 种空气污染物的环境成本费率；$c_{EW,j}$ 为第 j 种水体污染物的环境成本费率；c_{EL} 为无毒害固体废弃物的环境成本费率。例如，生产 1 t 水泥[27-28]将产生大约 0.74 t CO_2、0.18 t CO、0.53 kg SO_2、3.65 kg NO_x、0.08 t 粉尘和大约 30.6 m^3 污水，这些污染物的环境成本相加得到 1 t 水泥的环境成本，约为 148 USD /t。

(3) 装配式混凝土结构的环境影响

由于建造方式和施工组织的差异，预制式建筑主体结构成本组成不仅仅包括现浇式混凝土结构直接费中的人工费、材料费、机械费和措施费，还包括预制式部件产品的制作费、搬运费和现场装配费等过程成本。此外，由于非标准化设计、装配率低、安全文明施工费高、预制构件厂产能低等原因，装配式混凝土结构的直接成本往往大于现浇式混凝土结构。相应的，装配式混凝土结构和现浇式混凝土结构的环境成本也存在一定差异，主要体现在资源、能源投入量、施工现场建筑垃圾以及施工现场的噪声和粉尘排放方面。

文献[29]对装配式混凝土结构与现浇式混凝土结构的材料、能源消耗量以及施工阶段的污染程度进行了详细对比。其中，装配式结构中钢材和混凝土的用量比现浇式结构高 2.3%～2.5%，木材、水泥砂浆和保温板的用量可节约 50%以上，水、电资源可节约 20%以上，建筑垃圾排放减少近 70%。此外，由于装配式结构采用预制构件，减少了建筑材料在施工现场运输、装卸、堆放、挖料过程中各种车辆行驶等过程中产生的扬尘，并且由于构件和部分部品在工厂中预制生产，减少了现场支拆模和钢筋切割的大量噪声，缩短了最高分贝噪声的持续时长。

10.3.3 装配式混凝土结构社会指标量化方法

(1) 社会影响的范围

结构的社会影响一般指由于任何公共或个人行为造成的在人们生活、工作、休闲、人际交流和组织关系等方面的转变及这些转变造成的社会后果和文化后果[30]，简而言之，社会影响指的是政策、事件和其他社会变化对社会现状的改变。对于社会影响的评价方法被称为社会影响评价(Social Impact Assessment, SIA)。表 10-3 展示了以往研究中较具有代表性的社会影响清单。尽管结构的提前失效、在灾害作用下的损伤，及全寿命工程活动，都有着潜在的巨大社会影响，但相比于结构经济性和环境影响方面的广泛研究，对于结构社会影响的评价却十分少见，在结构设计和决策过程中考虑结构社会影响的案例更为罕见。这主要是因为 SIA 与结构工程是完全不同的学科，绝大多数结构工程师不熟悉社会影响的度量和量化。其他原因还包括：社会影响的分类较为复杂，历史数据和工程经验较缺乏，社会影响较难量化，度量过程中存在主观性和争议，不同社会影响存在内在关联，以及术语及评价方法较模糊等。

表 10-3 代表性社会影响清单

作者	社会影响清单
Nicholas et al. [31]	生活方式；态度；信仰与价值观；社会组织
Juslén [32]	"标注"社会影响(噪声、污染等)；心理影响；预期与恐惧；SIA 造成的影响；对州府及个人服务的影响；机动性的影响
Interorganizational Committee on Guidelines and Principles for social Impart Assessment [33]	人口特征；社区及体制结构；政治和社会资源；个人和家庭变化；社区资源
Vanclay [34]	生活方式；文化；社区；政治体系；环境；健康；人权与财产权；恐惧与期许
Lockie; et al.[35]	健康与社会福利；宜居性；经济影响和物质财富；文化影响；家庭和社区影响；制度、法律、政治和平等性影响；性别关系

为了结合不同来源、形式和后果的社会影响，并为装配式混凝土结构的设计和决策提供统一的指标，本项目采用货币评价方法将不同的社会影响转化为社会成本。社会成本(Social Cost)是装配式混凝土结构的外部成本，这部分成本不由工程参与者承担，而是由公众和社会承担[35]，代表了工程活动对社会福利的综合影响[36]。社会成本主要源自工程建造、维护、维修和重建对人们造成的干扰、不便和有害影响[37-38]。尽管结构的社会成本很少体现在投标和概预算中，但这部分成本实则是结构间接成本的一部分，代表了结构的社会可持续性。将社会成本融入全寿命成本模型有利于进行综合的结构全寿命成本分析(Life-Cycle Cost Analysis, LCCA)和成本收益分析(Cost-Benefit Analysis, CBA)。

(2) 社会影响的货币化方法

本项目拟将装配式混凝土结构的社会影响转化为社会成本，采用统一的成本指标评价清单中不同的社会影响类型，并实现将社会成本这一间接成本合并入装配式混凝土结构的直接成本中，形成结构的全寿命总成本模型，进行考虑社会影响的结构设计和决策。为此，本项目从个人层面和社会层面两方面考虑装配式混凝土结构的社会影响，如图 10-13 所示。个人层面社会影响是以个人为单位计量的，考虑个人身体状态、心理状态和经济状态；社会层面影响是以社区、机构和区域社会为单位计量的，考虑人居环境、社会经济发展和社会资源。

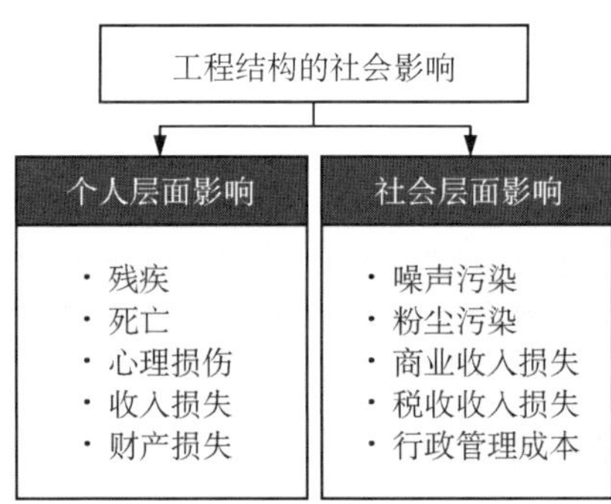

图 10-13 装配式混凝土结构全寿命社会影响

① 个人层面

装配式混凝土结构对个人层面的影响一般指由于结构失效、灾害受损或工程活动造成的不良身体影响、心理影响和个人经济影响。其中，身体影响包括身体损伤/残疾和人员死亡，身体伤残的社会成本一般采用工作能力和工作效率的损失加以量化，如式 10-22[39] 所示。

$$SC_{da}=365\cdot c_{v}\cdot(T_{retire}-T_{injured})\cdot p_{da} \tag{10-22}$$

其中，SC_{da} 为身体损伤和残疾的社会成本（￥）；c_v 为受害者的日薪（￥/天）；T_{retire} 为退休年龄；$T_{injured}$ 为受伤年龄；p_{da} 为医疗机构认定的损伤程度（%）。对于存在人员死亡的案例，有多种不同的方法用于量化人类生命的经济价值，比如由于死亡导致的未来收入损失、统计生命价值（Value of a Statistical Life，VOSL）、避免死亡的隐含成本（Implied Cost of Averting a Fatality，ICAF）等。但必须明确的是，以上生命经济价值并不代表人类生命的真正价值，因为人的生命是无价的，无论年龄、性别、种族和社会地位。为了避免伦理争议，人们通常更倾向用“拯救人类生命的成本”表达人类生命的经济价值，因此，本节采用 ICAF 估算人员死亡导致的社会成本，如式 10-23 所示。

$$SC_{ft}=FT\cdot ICAF \tag{10-23}$$

其中，SC_{ft} 为人员死亡导致的社会成本（￥）；FT 为死亡人数；$ICAF$ 为避免死亡的隐含成本（￥）。

装配式混凝土结构的全寿命结构性能，尤其是结构的失效或事故，都将对相关人群的心理健康造成极大的影响，而这类影响通常不在个人保险的覆盖范围内，也经常被研究人员所忽略。若干以往研究中采用心理风险值方法（Risk-Value Method）估算由痛苦、悲伤导致的社会成本，将死亡、重伤和轻伤的心理风险值定义为 100%、13% 和 1% 的 VOSL[40]。本节也将采用这一方法计算心理影响的社会成本，如式 10-24 所示。

$$SC_{PSY}=(FT+0.13\cdot N_{severe}+0.01\cdot N_{slight})\cdot VOSL \tag{10-24}$$

其中，SC_{PSY} 为工程活动伤亡案例造成的心理健康社会成本（￥）；N_{severe} 为严重伤残人数；

N_{slight}为轻微伤残人数；$VOSL$ 为人类生命统计价值(￥)。

此外，个人经济状态也将受到装配式混凝土结构全寿命性能的影响，装配式混凝土结构的维护、维修或结构失效都将导致结构功能损失和适用性下降。个人经济损失形式的社会成本分为收入损失、财产损失和额外能源消耗三部分。当装配式混凝土结构进行维护、维修等工程活动时，结构可能面临使用功能损失或停工，因此造成的相关人员收入损失可以采用停工时间和日薪的乘积来表示。当装配式混凝土结构全寿命过程中出现工程事故和人员伤亡时，事故受害者、受害者家属及同事的收入损失都要计入个人经济损失 SC_{il} 中。

与装配式混凝土结构相关的财产损失主要源自结构安全性(结构失效)、适用性(结构渗水、振动)、耐久性(钢筋锈蚀、混凝土剥落)不足导致的财物损坏等。这类损坏造成的经济损失与财务本身的价值以及损伤程度有关，相关社会成本可用财务的替换/修复成本计算。

② 社会层面

一个社区是否宜居，很大程度上取决于此地的人居环境，而人居环境中较为重要的两个指标是噪声和粉尘。噪声污染通常来源于施工机械和交通，不仅干扰工作、睡眠，降低生活质量，对人们的身心健康造成影响，还使暴露在噪声污染中的房屋贬值。本节基于噪声污染下的房屋贬值来估算装配式混凝土结构在噪声污染方面的社会成本[41]：

$$SC_{\mathrm{np}}=(N_{\mathrm{C}}-N_{\mathrm{N}})\cdot NDI\cdot APV\cdot N_{H} \tag{10-25}$$

其中，SC_{np}为噪声污染引起的社会成本(￥)；N_{C}为工程活动引起的噪声水平(dB)；N_{N}为无工程活动时的噪声水平(dB)；NDI 为房产价值的噪声折减系数，例如一年期工程的 $NDI=0.2\%/\mathrm{dB}$，而半年期工程的 $NDI=0.1\%/\mathrm{dB}$；APV 为受噪声影响房屋的平均房产价值(￥)；N_{H}为受噪声影响的房屋数量。

与土方工程或市政工程相关的施工活动通常还将导致粉尘污染，使生活品质下降，并带来额外的清理成本。基于控制粉尘污染的额外清理费用，与粉尘污染相关的社会成本可表示为[42]：

$$SC_{\mathrm{dp}}=t_{\mathrm{clean}}\cdot c_{\mathrm{clean}}\cdot(d_t/7) \tag{10-26}$$

其中，SC_{dp}为粉尘污染造成的社会成本(￥)；t_{clean}为粉尘污染导致的每周额外所需清理时间(小时)；c_{clean}为清理工作的时薪(￥/小时)。

装配式混凝土结构的耐久性不足及结构性能失效还将造成商业收入损失和税收收入损失。商业收入损失的计算如式 10-27[43]：

$$SC_{\mathrm{br}}=\alpha_{\mathrm{b}}\cdot R_w\cdot D_w \tag{10-27}$$

其中，SC_{br}为商业收入损失形式的社会成本(￥)；α_{b}为工程活动对商业收入的影响系数；R_w为每周商业收入(￥/周)；D_w为工程活动持续时间(周)。

由于个人经济损失和商业收入损失，政府也将面临税收收入损失。由于各地税收政策的不同，本节采用简化的统一税率计算税收收入损失：

$$SC_{\mathrm{tx}}=\gamma_{\mathrm{tp}}\cdot SC_{\mathrm{il}}+\gamma_{\mathrm{tb}}\cdot SC_{\mathrm{br}} \tag{10-28}$$

其中，SC_{tx}为税收收入损失形式的社会成本(￥)；γ_{tp}为个人收入所得税的税率；γ_{tb}为商业收入所得税的税率。

行政管理成本是指行政部门(警察、消防、司法、保险等)和其他社会组织(交通部门、建设部门等)提供的服务的成本。当出现工程事故时，行政成本所占的比例尤为突出。根据文献估算，本节认为行政成本约占总社会成本的5%[44]。

(3) 装配式混凝土结构的社会影响

装配式结构相对于现浇式结构的社会成本主要体现在工期优势、结构安全优势和劳动力优势上，这也是装配式结构得到大力推广的重要原因。

首先，工期优势。装配式建筑由于大量采用预制构件，主要工作在工厂里进行，如能实现大规模穿插施工，则现场施工工期可大幅度缩短，实现了“空间换时间”方式，可以大大加快开发周期，节省开发建设管理费用和财务成本，从而在总体上降低开发成本，特别是在旧城改造和安置房建设中的优势更加明显。

其次，结构安全优势。随着工厂对装配整体式混凝土结构的生产日渐专业化，在人员使用和技术积淀方面也将会更加专业，此处由于监管工作的开展更加规范化，其产品生产的质量能够得到可靠保证。施工企业在对该混凝土结构进行采购的时候，也能够对产品予以有效掌控，从而使得结构更加安全，结构使用寿命延长，维护措施所造成的社会成本损失也将逐步减小。另外，传统作业是大量工人在施工现场进行施工，高空坠落、触电、物体打击等事故频发，而现在将大量现场作业转移到工厂内，现场用工数最大可减少30%以上，大大减少了现场安全事故发生率。

最后，劳动力优势。现阶段我国平均劳动力成本增加，人口红利消失，据统计，2007年建筑业一线工作人员的平均年龄为33.2岁，而到了2017年其平均年龄为43.1岁，在10年间平均年龄增加了10岁。自2015年起，体力劳动市场人口下滑迅速，劳动人口趋于老龄化，预计到2030年，45～59岁的大龄劳动力占比将达36%左右。此外，建筑业的“用工荒”蔓延，工地现场工作难以吸引年轻劳动群体。而预制装配工艺的运用使机械化程度明显提高，劳动力资源投入相对减少，操作人员的劳动强度得到有效缓解，能够较大幅度地减少施工人员数量。比如，预制构件流水线生产仅需不超过50名工人，手工作业则需要超过200名工人，因此装配式建筑的推广可缓解国内人工需求的巨大缺口，并且随着人工费的不断上涨，装配式建筑的综合造价优势将逐步显现。

10.3.4 装配式混凝土结构的全寿命总成本案例分析

为了能够定量地评估装配式建筑的各项成本，评价装配式建筑“两提两减”的具体成效，本节采用直接成本、环境成本和社会成本对装配式建筑的设计、建造、检测、维护、维修与拆除成本进行计算和分析。

(1) 运营维护设置

选取9.3节中所述装配式混凝土框架作为分析对象，根据10.2.4节的寿命预测结果，装配式混凝土界面区、预制区和现浇区的脱钝寿命分别为18.4年、25.0年和37.5年，正常使用寿命分别为 25.2 年、32.9 年和 45.4 年。本案例采用界面区和预制区耦合锈蚀的时间为装配式结构的寿命，采用预制区寿命作为现浇式结构的寿命，因此，装配式框架的脱钝时间约为 22 年，裂缝宽度达到临界值的时间约为 29 年，现浇式框架的脱钝时间为 25 年，裂缝宽度达到临界值的时间为 33 年。据此对本案例的后期检测和维护计划进行设置，装配式结构在第 29 年进行外观检测和混凝土强度检测，测量裂缝宽度，随后涂抹密封胶修补裂缝并采用环氧砂浆抹面。在装配式框架全寿命周期内共计进行 1 次外观检测、1 次强度检测、1 次修补裂缝维护，假设装配式结构在 50 年使用寿命到达后进行拆除。现浇式框架采用同样的方法来设置后期维护方案，结构在第 33 年进行外观检测和混凝土强度检测，随后涂抹密封胶修补裂缝并采用环氧砂浆抹面。现浇式框架的全寿命周期内共进行 1 次外观检测，1 次强度检测，1 次修补裂缝维护，假设现浇式结构在 50 年使用寿命到达后进行拆除。

(2) 全寿命成本计算

采用工程结构全寿命总成本模型对案例框架的全寿命成本进行计算，将直接成本分为人工、材料和机械三大类，计算分项包括土石方工程、脚手架工程、模板工程、钢筋工程、混凝土工程和预制构件运输及安装工程，具体参考《上海市建筑和装饰工程预算定额》(SH01-31-2016)、《浙江省施工机械台班费用定额》等规定进行直接成本计算。同样地，将环境成本分为人工、材料和机械三大类进行计算，根据直接成本中所列的工程清单计算其中每一项的环境成本单价，再根据工程量计算该结构的总环境成本。最后，对社会成本进行计算，由于社会数据的不完备，对其中部分参数进行假设。由于社会成本量级较大，本案例采用直接成本：环境成本：社会成本＝1：1：0.3 的调整系数计算全寿命总成本，全寿命周期中“设计—建造—检测—维护—拆除”各阶段的直接成本、环境成本、社会成本现值和调整后的全寿命总成本如表 10-4 所示。根据全寿命各阶段工程活动的时间和各项成本绘制装配式结构和现浇式结构的全寿命累积成本，见图 10-14。

表 10-4　装配式结构与现浇式结构全寿命各阶段直接、环境、社会成本

<table>
<tr><th colspan="2">阶段</th><th>类别</th><th colspan="2">装配式结构(元)</th><th colspan="2">现浇式结构(元)</th><th>装配式成本增长率</th></tr>
<tr><td colspan="2">设计阶段</td><td>直接成本</td><td colspan="2">1 500.0</td><td colspan="2">750.0</td><td>100%</td></tr>
<tr><td rowspan="5">建造阶段</td><td rowspan="2">预制构件(包括运输)</td><td>直接成本</td><td colspan="2">24 469.6</td><td colspan="2">/</td><td>/</td></tr>
<tr><td>环境成本</td><td colspan="2">13 029.3</td><td colspan="2">/</td><td>/</td></tr>
<tr><td rowspan="3">现场施工</td><td>直接成本</td><td colspan="2">13 596.8</td><td colspan="2">33 795.9</td><td>13%</td></tr>
<tr><td>环境成本</td><td colspan="2">7 242.5</td><td colspan="2">20 908.5</td><td>−3%</td></tr>
<tr><td>社会成本</td><td colspan="2">132 044.3</td><td colspan="2">172 151.3</td><td>−23%</td></tr>
<tr><td colspan="2" rowspan="3">检测阶段</td><td>直接成本</td><td rowspan="3">第 29 年检测 1 次</td><td>2 137.0</td><td rowspan="3">第 33 年检测 1 次</td><td>1 974.3</td><td>8%</td></tr>
<tr><td>环境成本</td><td>236.4</td><td>218.4</td><td>8%</td></tr>
<tr><td>社会成本</td><td>4 670.0</td><td>4 314.4</td><td>8%</td></tr>
</table>

续表 10-4

阶段	类别	装配式结构(元)		现浇式结构(元)		装配式成本增长率
维护阶段	直接成本	第 29 年维护 1 次	1 746.2	第 33 年维护 1 次	1 184.6	47%
	环境成本		148.7		100.9	47%
	社会成本		5 748.9		4 821.9	19%
拆除阶段	直接成本	1 407.7		1 643.6		−14%
	环境成本	236.8		276.3		−14%
	社会成本	34 412.7		33 941.0		1%
全寿命成本总计	直接成本	44 857.3		39 348.4		14%
	环境成本	20 893.6		21 504.1		−3%
	社会成本	176 875.9		215 228.6		−18%
	调整后总成本	118 813.6		125 421.1		−5%

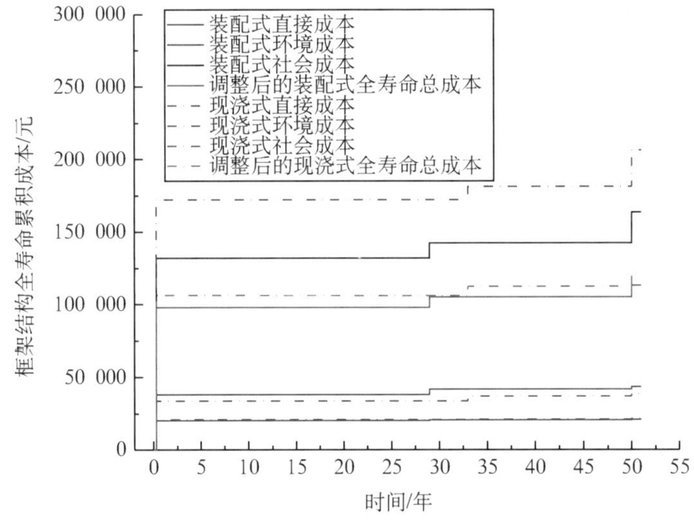

图 10-14 装配式框架结构与现浇式框架结构的全寿命累积成本

从全寿命总成本的角度而言，调整后的装配式结构全寿命总成本比现浇式结构的全寿命总成本少 5%，其中全寿命直接成本多 14%，全寿命环境成本少 3%，全寿命社会成本少 18%，可以看出全寿命社会成本优势较大，而这一优势主要来源于装配式结构建造期的社会成本。在建造期，装配式结构由于采用预制构件工厂生产(这部分工程活动并没有考虑社会成本影响)，而现浇式结构由于现场施工，对周围住宅的住户、交通都存在较大的不利影响，因而在建造阶段，社会成本远高于装配式结构，达到 23%。在全寿命总成本中，除了社会成本外，装配式结构的全寿命直接成本比现浇式结构高 14%，这是现阶段装配式结构由于施工工艺不成熟、工人不熟练、非标准化生产带来的不利影响。尤其是在装配式节点部位易产生裂缝，导致其耐久性、适用性较现浇式结构更低，从而后期运维活动提前，后期维护成本现值更高。在本案例中，装配式结构的后期检测成本比现浇式结构高8%，维护和维修成本高32%。

(3) 各类成本的具体分析

对于直接成本，装配式结构的初始建造成本比现浇式结构高13%，后期运维成本比现浇式结构高10.2%，全寿命直接成本比现浇式高14%。装配式结构的经济效益较低，且与现浇式结构差距较大。装配式结构的优势主要在于建造阶段所采用的模板少、材料损耗低。但由于装配式结构细部设计多、工艺复杂、节点强度高，因而设计成本和预制构件成本比现浇式混凝土更大。另一方面，预制构件需要专门的机械设备进行运输与安装，因此其运输成本也高于现浇式混凝土结构。在后期运维阶段设置装配式结构的维护方案时，由于预制构件的现浇节点受力复杂，钢筋排布密集，存在漏水隐患，因此需要设置更多的检测措施，比如外观检测、人工检查和混凝土强度检测。另外，根据10.2节对装配式结构的寿命预测结果，认为在考虑耐久性能劣化时，装配式结构的寿命更短，因此提前设置检测与维护措施，如裂缝填补。在拆除阶段，按照《房屋建筑与装饰工程消耗量定额》(TY 01－21－2015)，预制梁的拆除费用单价比现浇梁少113元/m^3，装配式结构的拆除直接成本比现浇式结构少14%，但由于拆除时间是结构设计年限50年，在计算拆除成本现值时折算较多，因此相对而言对全寿命直接成本的影响较小，因而总体来看，装配式结构的后期运维直接成本远高于现浇式结构。

对于环境成本，装配式结构在建造阶段的环境成本比现浇式结构低3%，而后期运维成本比现浇式结构高4.4%，全寿命环境成本比现浇式低3%。环境成本主要来源于工程活动使用的材料对环境的污染和对资源的消耗，因此在全寿命过程中建造阶段的环境成本最高。在建造阶段，装配式结构的预制构件所使用的混凝土等级更高并在节点处设置弯筋，这部分是装配式结构额外增加的成本。一方面，装配式结构有大量的预制构件需要运输、堆放、吊装，因而机械设备的电力、汽油和柴油消耗较高，所带来的环境成本也较高。但另一方面，现浇式结构在现场施工时的建材损耗更高，尤其是具有较大单位环境成本的混凝土用量增多，相比之下，现浇式混凝土结构的环境成本比装配式结构的环境成本高3%。对于后期维护的环境成本，装配式结构和现浇式结构每次检测、维护、维修活动的工作步骤和所用材料都基本相同，因而环境成本的大小取决于维养活动的工程量和次数。相比于现浇式结构，装配式结构寿命较短，裂缝较多，因而后期运维提前设置了检测与维护措施，并适当增大了装配式结构裂缝填补的工程量，从而导致后期装配式结构的环境成本略高于现浇式结构。另外，本案例计算过程中直接成本和环境成本都是采用列出成本清单，用成本单价乘以工程量的形式，因此直接成本和环境成本的增量是一致的，只是直接成本单价和环境成本单价大小有所区别。

对于社会成本，装配式结构具有较大优势，尤其是建造阶段的社会成本比现浇式结构低23%。这主要是来源于建造阶段的工期优势。相对于现浇式结构，装配式结构的工期减少10%，周围居民绕行、噪声污染、粉尘污染以及施工期造成的房屋贬值等影响均大大减小。而后期维护阶段则是因为装配式结构的维护活动提前，致使社会成本现值比现浇式高 4.1%。最终，装配式结构的全寿命社会成本比现浇式结构低 18%。虽然社会成本基数较大，但随着“以人为本”理念的不断凸显，社会成本的衡量将更加具有实际意义，这反映出装配式结构在工期和劳动力方面的巨大优势，也是我国大力推行装配式结构的主要原因所在。

此外，对装配式结构和现浇式结构的全寿命各阶段的直接成本、环境成本费用来源进行归纳，划分为人工费、材料费和机械费，计算得到表 10-5，以此来评估装配式结构对于“提高效率、减少人工”的效果大小。

表 10-5 装配式结构与现浇式结构全寿命各阶段的人工、材料、机械成本

成本类型	阶段	装配式结构			现浇式结构		
		人工费	材料费	机械费	人工费	材料费	机械费
直接成本	设计阶段	1 500	0	0	750	0	0
	建造阶段	8 219	25 967	3 880	10 057	22 639	1 101
	检测阶段	390	33	466	361	31	430
	维护阶段	650	728	368	441	494	250
	维修阶段	0	0	0	0	0	0
	拆除阶段	1 202	20	185	1 425	33	185
	全寿命	11 961	26 748	4 900	13 034	23 196	1 966
所占比例	27.4%	61.3%	11.2%	34.1%	60.7%	5.1%	
环境成本	建造阶段	733	18 769	771	893	19 679	336
	检测阶段	21	0	215	20	0	186
	维护阶段	66	9	74	45	6	50
	维修阶段	38	182	104	0	0	0
	拆除阶段	173	0	64	205	0	72
	全寿命	1 031	18 959	1 227	1 163	19 685	643
所占比例	4.9%	89.4%	5.8%	5.4%	91.6%	3.0%	

注：案例中的机械费包括预制构件生产时所使用的机械。

对于人工费，装配式结构的全寿命直接成本相比于现浇式结构减小 8.2%，人工引起的全寿命环境成本（人员运输、生活用电等）相比于现浇式结构减小 11.4%。具体而言，在框架结构初期建造阶段，装配式结构比现浇式结构的人工直接成本少 18.3%，人工环境成本减少 18%。但在框架结构使用后期，由于装配式结构的耐久性寿命较低，装配式结构后期维护的人工费直接成本比现浇式结构多 0.7%，后期人工费的环境成本比现浇式结构多 10.7%。总体而言，装配式人工直接成本所占总成本的比例由现浇式结构成本占比的 34.1%下降到 27.4%，具有较好的“减少人工”的效果。

另一方面，装配式结构的机械费占比增加。装配式结构的机械费全寿命直接成本比现浇式结构增加 149.2%，机械费直接成本所占比例也由现浇式结构的 5.1%增长到 11.2%；装配式结构使用机械所造成的环境成本比现浇式结构增加 90.8%，机械费所占比例也由现浇式结构的 3.0%增长到 5.8%。机械的使用有助于施工活动的效率提高，但目前装配式结构的预制构件种类较多，出筋复杂，在吊装节点处的梁或板时需要注意构件的吊装顺序和空间位置，耗时较多，因而并不能以机械费多少来直接判断施工效率。

10.4 小结

本章从工程全寿命视角，分别对装配式混凝土结构的可靠性和可持续性进行了详细探讨，开展了基于可靠性的装配式混凝土结构寿命预测，评估了结构的耐久性、适用性和安全性。随后构建了装配式混凝土结构全寿命设计理论指标体系，在传统土木工程设计目标的基础上，将结构的环境影响和社会影响纳入设计考量，提出了包括直接成本、环境成本和社会成本的全寿命总成本模型，赋予了可持续性评估一个综合的动态全寿命成本指标，简化了结构的多目标优化和决策过程。本章所得出的主要结论如下：

(1) 基于可靠度理论，可运用路径概率模型整合前述各章研究成果进行钢筋脱钝、正常使用极限及安全性极限等多个极限状态对应的时变可靠度指标分析。分析结果表明，钢筋脱钝和正常使用极限状态对于拼接接缝处的氯离子扩散系数高度敏感。因此对于采用这两个极限状态作为设计实效判据的结构而言，需着重改善拼接区域的抗渗性能，以延长结构的使用寿命。

(2) 结合地震易损性分析和结构抗震性能时变特性的分析结果表明，装配式混凝土结构抗震性能会随着锈蚀发展逐步降低，对应结构可靠度亦呈现加速下降趋势。但由于该下降主要由预制构件性能劣化控制，受拼接界面较小范围内锈蚀影响较为有限。

(3) 对于环境影响的量化是将包含有害气体、污水和固体废弃物排放的结构全寿命环境影响转化为环境成本。基于污染防治理论提出了环境成本的计算方法，汇总了文献中提供的不同有害排放和污染物的环境处罚与环境税，以此计算建筑材料、能源消耗、运输方式和建筑机械使用的环境成本。

(4) 对于社会成本指标的量化是将工程结构的社会影响详细划分为个人层面影响和社会层面影响共 10 个成本指标，个人层面影响包括残疾、死亡、心理损伤、收入损失和财产损失，而社会层面影响包括噪声、粉尘污染、商业收入损失、税收收入损失和行政管理成本，通过具体计算模型将以上社会影响转化为社会成本。

(5) 通过框架案例计算，装配式结构的全寿命直接成本比现浇式结构高 14%，具有较大劣势；装配式结构的全寿命环境成本比现浇式结构低 3%，差距较小；装配式结构的全寿命社会成本比现浇式结构低 18%，具有较大优势。从全寿命总成本的角度而言，调整后的装配式结构全寿命总成本比现浇式结构的全寿命总成本少 5%。

(6) 在装配式混凝土结构的未来发展过程中，需要大力推动标准化设计、规模化预制和精准化施工，来进一步降低预制构件制作以及安装的直接成本。此外，应当着重解决装配式结构的耐久性、适用性质量问题，保证装配式结构节点、界面的安全可靠、适用耐久，只有这样才能从根本上减小装配式结构的后期检测与维护维修费用，凸显装配式结构的可持续性优势。最后，通过对装配式混凝土结构的可持续性评估可以看出，工程或技术的应用与推广不应仅仅着眼于经济指标，而忽略对于周围环境和人群产生的影响，环境层面和社会层面的影响因素应当逐步增加到工程结构的设计、评估和管理过程中。

本章参考文献

[1] 金伟良，赵羽习. 混凝土结构耐久性[M]. 第二版. 北京：科学出版社，2014.

[2] 钟小平. 混凝土结构全寿命设计指标体系研究[D]. 杭州：浙江大学，2013.

[3] 赵羽习. 钢筋混凝土结构黏结性能和耐久性的研究[D]. 杭州：浙江大学，2001.

[4] Cabrera J G, Ghoddoussi P. The effect of reinforcement corrosion on the strength of the steel/concrete[C]//In Proceedings of International Conference, 1992, Latvia.

[5] 袁迎曙，贾福萍，蔡跃. 锈蚀钢筋混凝土梁的结构性能退化模型[J]. 土木工程学报，2001，34(3)：47-52.

[6] 金伟良，赵羽习. 锈蚀钢筋混凝土梁抗弯强度的试验研究[J]. 工业建筑，2001，31(5)：9-11.

[7] Alsulaimaini G J, Kaleemullah M, Basunbul LA, et al. Influence of corrosion and cracking on bond behavior and strength of reinforced concrete members [J]. ACI Structural Journal, 1990, 87 (2): 220-237.

[8] ACI Committee 365. Service life prediction state-of-the-art report. Manual of Concrete Practice[S]. 2001.

[9] Liu T, Weyers R W. Modeling the dynamic corrosion process in chloride contaminated concrete structures[J]. Cement and Concrete Research, 1998, 28(3): 365-379.

[10] Stewart M G, Rosowsky D V. Time-dependent reliability of deteriorating reinforced concrete bridge decks[J]. Structural Safety, 1998, 20(1): 91-109.

[11] 林红威，赵羽习. 钢筋混凝土梁锈胀开裂宽度预测模型[J]. 建筑结构学报，2014，35(s2)：248-253.

[12] Li Q, Li K, Zhou X, et al. Model-based durability design of concrete structures in Hong Kong—Zhuhai—Macau sea link project[J]. Structural Safety, 2015, 53: 1-12.

[13] Vu K A T, Stewart M G. Structural reliability of concrete bridges including improved chloride-induced corrosion models[J]. Structural Safety, 2000, 22(4): 313-333.

[14] Yan Q, Chen T, Xie Z. Seismic experimental study on a precast concrete beam-column connection with grout sleeves[J]. Engineering Structures, 2018, 155: 330-344.

[15] Frangopol D M, Lin K Y, Estes A C. Life-cycle cost design of deteriorating structures [J]. Journal of Structural Engineering, 1997, 123(10): 1390-1401.

[16] ISO 14041:1998. Environmental management—Life cycle assessment—Goal and scope

definition and inventory analysis[S/OL]. ISO, 1998. https://www.iso.org/standard/23152.html.

[17] Sahely H R, Kennedy C A, Adams B J. Developing sustainability criteria for urban infrastructure systems[J]. Canadian Journal of Civil Engineering, 2005, 32(1): 72-85.

[18] Burdge R J, Chamley S, Downs M, et al. Principles and guidelines for social impact assessment in the USA [J]. Impact Assessment and Project Appraisal, 2003, 21(3): 231-250.

[19] Dong Y, Frangopol D M, Saydam D. Sustainability of Highway Bridge networks under seismic hazard [J]. Journal of earthquake engineering, 2014, 18(1):41-66.

[20] Cho H N, Kim J H, Choi Y M. Practical application of life-cycle cost effective design and rehabilitation of civil infrastructures[C]// Third IABMAS International Workshop on Life-Cycle Cost Analysis and Design of Civil Infrastructures Systems, March 24-26, 2003, Lausanne, Switzerland. Reston, VA, USA: American Society of Civil Engineers, 2003: 295-311.

[21] US EPA. Air pollution: current and future challenges [M/OL]. EPA, 2017. [2017-11-12] https://www.epa.gov/clean-air-act-overview/air-pollution-current-and-future-challenges#content

[22] US EPA. Development document for effluent limitations guidelines and new source performance standards for the cement manufacturing point source category [M/OL]. EPA, 1974. [2017-11-12] https://nepis.epa.gov/Exe/ZyNET.exe/2000LFGD.TXT?ZyActionD=ZyDocument&Client=EPA&Index=Prior+to+1976&Docs=&Query=&Time=&EndTime=&SearchMethod=1&TocRestrict=n&Toc=&TocEntry=&QField=&QFieldYear=&QFieldMonth=&QFieldDay=&IntQFieldOp=0&ExtQFieldOp=0&XmlQuery=&File=D%3A%5Czyfiles%5CIndex%20Data%5C70thru75%5CTxt%5C00000001%5C2000LFGD.txt&User=ANONYMOUS&Password=anonymous&SortMethod=h%7C-&MaximumDocuments=1&FuzzyDegree=0&ImageQuality=r75g8/r75g8/x150y150g16/i425&Display=hpfr&DefSeekPage=x&SearchBack=ZyActionL&Back=ZyActionS&BackDesc=Results%20page&MaximumPages=1&ZyEntry=1&SeekPage=x&ZyPURL

[23] Mehan G T, Grubbs G H, Frace S E, et al. Development document for final effluent limitations guidelines and standards for the iron and steel manufacturing point source category[M/OL]. US EPA, 2002. [2017-11-12]. https://www.epa.gov/sites/production/files/2015-11/documents/mp-m_dd_2003.pdf

[24] Donoso M C, Vargas N M. Water interactions with energy, environment, food, and agriculture [J]. Interactions: Food, Agriculture and Environment, 2010:348-367.

[25] Gaines S E. The polluter-pays principle: from economic equity to environmental ethos [J]. Texas International Law Journal, 1991, 26:463.

[26] Hunkeler D, Lichtenvort K, Rebitzer G. Environmental life cycle costing [M]. Florida: CRC press, 2008.

[27] Huntzinger D N, Eatmon T D. A life-cycle assessment of Portland cement manufacturing: comparing the traditional process with alternative technologies [J]. Journal of Cleaner Production, 2009, 17(7):668-675.

[28] VanDen H P, DeBelie N. Environmental impact and life cycle assessment (LCA) of traditional and 'green'concretes: literature review and theoretical calculations[J]. Cement and Concrete Composites, 2012, 34(4): 431-442.

[29] 王广明，文林峰，刘美霞，等. 装配式混凝土建筑增量成本与节能减排效益分析及政策建议[J]. 建设科技，2018，366 (08) :141-146

[30] Nicholas T C, Bryan C H, Goodrich C C. Social Assessment Theory, Process and Techniques [M]. Studies in Resource Management No. 7, Center for Resource Management, P.O. Box 56, Lincoln University, New Zealand,1990.

[31] Juslén J. Social impact assessment: a look at Finnish experiences[J]. Project Appraisal, 1995, 10(3): 163-170.

[32] Interorganizational Committee on Guidelines and Principles for Social Impact Assessment. Guidelines and principles for social impact assessment [J]. Environmental Impact Assessment Review, 1995, 15(1): 11-43.

[33] Vanclay F. Conceptualising social impacts[J]. Environmental Impact Assessment Review, 2002, 22(3): 183-211.

[34] Lockie S, Franetovich M, Sharma S, et al. Democratisation versus engagement? Social and economic impact assessment and community participation in the coal mining industry of the Bowen Basin, Australia[J]. Impact Assessment and Project Appraisal, 2008, 26(3): 177-187.

[35] McKim R A, Kathula V S. Social costs and infrastructure management [M]. INFRA 99 International. CERIU, Montreal, 1999.

[36] Rahman S, Vanier D J, Newton L A. Social cost considerations for municipal infrastructure management [M/OL]. National Research Council Report B-5123.8. 2005. http://www. nrc-cnrc. gc. ca/obj/irc/doc/pubs/b5123.

[37] Tanwani R. Social costs of traditional construction methods [M/OL]. Gunda Corporation. Gunda Corporation, 2012. http://gundacorp. com/2012/04/19/social-costs-oftraditional-construction-methods/.

[38] Maibach M, Schreyer C, Sutter D, et al. Handbook on estimation of external cost in the transport sector [M]. Produced within the Study Internalisation Measures and Policies for All external Cost of Transport (IMPACT) version 1.0, 2007.

[39] Tang S L, Ying K C, Chan W Y, et al. Impact of social safety investments on social costs of construction accidents [J]. Construction Management and Economics, 2004, 22(9): 937-946.

[40] Korzhenevych A, Dehnen N, Bröcker J, et al. Update of the Handbook on External Costs of Transport[R]. Report for the European Commission: DG MOVE. ED 57769 - Issue Number 1. 2014: 21-23.

[41] Matthews J C, Allouche E N. A social cost calculator for utility construction projects[J]. North American Society for Trenchless Technology, 2010: F-4-03.

[42] Matthews J C, Allouche E N, Sterling R L. Social cost impact assessment of pipeline infrastructure projects [J]. Environmental Impact Assessment Review, 2015, 50: 196-202

[43] Tang S L, Chan S S, de Saram D D, et al. Costs of construction accidents in the social and humanity context-A case study in hong kong[J]. HKIE transactions, 2007, 14(2): 35-42.